MCGS 嵌入版组态应用技术

第 2 版

刘长国　黄俊强　编著

机 械 工 业 出 版 社

本书以昆仑通态公司的 MCGS 嵌入版组态软件为例，介绍了 MCGS 嵌入版软件在工业监控系统中的具体应用。

本书采取立体化教材建设的方针，配置了丰富的配套教学资源。这些配套教学资源包括 MCGS 嵌入版组态安装软件、TPC 产品样例工程、纸质教材中项目教学及课后习题工程案例的源文件及 PLC 源程序、课件、教案等，为教师和学生的学习提供了方便。需要配套资源的教师可登录机械工业出版社教育服务网（www.cmpedu.com）免费注册后下载，或联系编辑索取（微信：15910938545，电话：010-88379739）。另外，本书还配有微课视频，扫描书中二维码可观看项目仿真或者制作过程。

本书可作为高职、中职院校以及职业本科院校的机电一体化技术、电气自动化技术、工业互联网技术、智能控制技术、智能机电技术等专业相关课程的教材，也可作为从事自动化技术的工控人员的参考资料和维修电工（技师/高级技师）国家职业资格证书考证用书。

图书在版编目（CIP）数据

MCGS 嵌入版组态应用技术/刘长国，黄俊强编著．—2 版．—北京：机械工业出版社，2021.1（2024.7 重印）
“十三五”职业教育国家规划教材
ISBN 978-7-111-66862-6

Ⅰ．①M…　Ⅱ．①刘…　②黄…　Ⅲ．①工业控制系统-应用软件-高等职业教育-教材　Ⅳ．①TP273

中国版本图书馆 CIP 数据核字（2020）第 212169 号

机械工业出版社（北京市百万庄大街 22 号　邮政编码 100037）
策划编辑：曹帅鹏　　责任编辑：曹帅鹏　陈崇昱
责任校对：张艳霞　　责任印制：张　博
天津光之彩印刷有限公司印刷

2024 年 7 月第 2 版·第 15 次印刷
184mm×260mm·16.5 印张·409 千字
标准书号：ISBN 978-7-111-66862-6
定价：55.00 元

电话服务
客服电话：010-88361066
010-88379833
010-68326294

网络服务
机　工　官　网：www.cmpbook.com
机　工　官　博：weibo.com/cmp1952
金　　书　　网：www.golden-book.com
机工教育服务网：www.cmpedu.com

关于“十四五”职业教育国家规划教材的出版说明

为贯彻落实《中共中央关于认真学习宣传贯彻党的二十大精神的决定》《习近平新时代中国特色社会主义思想进课程教材指南》《职业院校教材管理办法》等文件精神，机械工业出版社与教材编写团队一道，认真执行思政内容进教材、进课堂、进头脑要求，尊重教育规律，遵循学科特点，对教材内容进行了更新，着力落实以下要求：

1. 提升教材铸魂育人功能，培育、践行社会主义核心价值观，教育引导学生树立共产主义远大理想和中国特色社会主义共同理想，坚定“四个自信”，厚植爱国主义情怀，把爱国情、强国志、报国行自觉融入建设社会主义现代化强国、实现中华民族伟大复兴的奋斗之中。同时，弘扬中华优秀传统文化，深入开展宪法法治教育。

2. 注重科学思维方法训练和科学伦理教育，培养学生探索未知、追求真理、勇攀科学高峰的责任感和使命感；强化学生工程伦理教育，培养学生精益求精的大国工匠精神，激发学生科技报国的家国情怀和使命担当。加快构建中国特色哲学社会科学学科体系、学术体系、话语体系。帮助学生了解相关专业和行业领域的国家战略、法律法规和相关政策，引导学生深入社会实践、关注现实问题，培育学生经世济民、诚信服务、德法兼修的职业素养。

3. 教育引导学生深刻理解并自觉实践各行业的职业精神、职业规范，增强职业责任感，培养遵纪守法、爱岗敬业、无私奉献、诚实守信、公道办事、开拓创新的职业品格和行为习惯。

在此基础上，及时更新教材知识内容，体现产业发展的新技术、新工艺、新规范、新标准。加强教材数字化建设，丰富配套资源，形成可听、可视、可练、可互动的融媒体教材。

教材建设需要各方的共同努力，也欢迎相关教材使用院校的师生及时反馈意见和建议，我们将认真组织力量进行研究，在后续重印及再版时吸纳改进，不断推动高质量教材出版。

机械工业出版社

前　言

党的二十大报告中提到，办好人民满意的教育，统筹职业教育、高等教育、继续教育协同创新，推进职普融通、产教融合、科教融汇，优化职业教育类型定位，进一步为职业教育发展指明了前进方向，绘就了美好蓝图。组态和触摸屏作为自动化技术中极其重要的工业领域，是实现二十大报告中强调的教育强国、科技强国、人才强国中关键的技术之一。

本书第1版自2017年出版以来，前后印刷9次，深受广大读者的欢迎，并且被多本同类教材和多篇论文用作参考文献。编者在听取了众多读者的宝贵意见和建议的基础上，结合多年来的教学实践和带队参加技能大赛的心得体会，对本书进行了以下修订。

1）本书的项目内容较第1版更加充实，新增加的案例都是编者自主创新成果，并且新增的案例均有第1版案例没涉及的知识点，使本书的深度和广度有所拓展。本书采用阶梯、递进式的结构安排，更有利于读者从入门到精通。

2）本书中的项目教学并不是采用具体的工程案例，而是以通用型的案例出现，比如有关电动机的各类实训，都用点动、长动、正反转、星角转换等通用术语编写，而不是具体的某工程控制电路，有利于不同工控领域的人员参考。所有项目均是对工程案例的简化处理，这样更适于在实训室进行实训而无须另购设备，保证了各项目的开出率。大多数案例也都限制在两个学时左右，以利于按照标准课时教学。

3）考虑到全国职业院校技能大赛——现代电气控制系统安装与调试赛项的影响力越来越广，该赛项中有关组态工程部分的难度也越来越大，因此本书新增了现代电气控制系统安装与调试赛项中组态工程相关的内容，但并不是盲目地照抄照搬，而是考虑到大多数学生的实际水平和教学学时数等现实情况，对比赛任务书的内容进行了适当删减，有所侧重地阐述了常见题型中共性问题的解题思路和实施过程，为参赛的师生提供帮助。

4）增加了部分项目教学环节中难点和重点内容的视频制作，读者可通过手机等移动终端设备的“扫一扫”功能直接观看，实现课堂零距离，师生面对面，从而加深对知识难点及实操细节的认知和理解。

5）为顺应“互联网+职业教育”改革，编者团队充分完善了数字化网络配套资源，还建有教师交流微信群（可添加机工小编微信13261377872申请加入），在线答疑，及时解决读者的疑难问题，倾听读者的反馈意见和建议。

本书由四平职业大学刘长国老师、宜兴高等职业技术学校黄俊强老师共同编著。同时也感谢工作在工控领域一线的几位毕业生，他们为本书的编辑提供了可以借鉴的素材和编写思路。

由于编者的经验、水平及时间有限，书中内容难免存在错漏，敬请读者批评指正！

编　者

目　　录

绪　论

在学习本课程前，首先了解以下几个工控概念及基础知识。

1. 组态

在使用工控软件中，我们经常提到“组态”一词，组态的英文是“Configuration”，其意义就是用应用软件中提供的工具、方法，完成工程中某一具体任务的过程。

组态这个概念不好理解，考虑到我们大脑绝大部分功能的实现是通过“联想”，因此，与硬件生产相对照，“组态”与“组装”类似。

如要“组装”一台计算机，事先提供了各种型号的主板、机箱、电源、CPU、显示器、硬盘、光驱等，我们的工作就是用这些部件组装成自己需要的计算机。当然软件中的“组态”要比硬件的组装有更大的发挥空间，因为它一般要比硬件中的“部件”更多，而且每个“部件”都很灵活，软件都有其内部属性，通过改变属性就可以改变其规格（如大小、形状、颜色等）。

2. 组态技术的发展状况

长期以来，我国的组态软件市场都是由国外的产品占主导，本土的组态软件进入国际市场还有很长的路要走，需要具有综合优势。我国的工程公司、自动化设备生产商在国际市场取得优势，对组态软件进入国际市场也具有一定的推动作用。以昆仑通态公司为代表的MCGS组态软件的崛起已经让国人感到兴奋不已（MCGS的英文全称为“Monitor and Control Generated System”，即“监控与控制通用系统”）。昆仑通态公司的网址：http://www.mcgs.com.cn/。可在该网址下载最新版本的软件及了解最新的产品信息及技术支持。

目前主流的几种组态软件如下。

- MCGS　　昆仑通态公司
- 组态王　北京亚控科技发展有限公司
- 力控　　北京三维力控科技有限公司
- 世纪星　北京世纪佳诺科技有限公司
- InTouch　美国Wonderware公司（世界第一个工控软件）
- iFIX　　美国GE公司旗下的Intellution公司
- WinCC　西门子公司

3. 组态软件的发展方向

工业自动化组态软件发展有两个方向，一方面是向大型平台软件发展，例如直接从组态发展成大型的计算机集成制造系统（CIMS）、企业资源规划（ERP）系统等；另一方面是向小型化方向发展，由通用组态软件演变为嵌入式组态软件，可使大量的工业控制设备或生产设备具有更多的自动化功能，促使自动化与信息化的“两化融合”程度快速提升，因此嵌入式方向的发展机会更多、市场容量更大。MCGS嵌入式软件和TPC系列触摸屏得到了主流工控硬件企业的大力支持，技术解决方案深受用户的好评。

4. 人机界面（HMI）

人机界面也叫“人机接口”（又称用户界面或使用者界面），英文是“Human Machine Interface”，缩写成 HMI 。人机界面是系统和用户之间进行交互和信息交换的媒介，它实现了信息的内部形式与人类可以接受形式之间的转换。凡参与人机信息交流的领域都存在着人机界面。

5. 人机界面（HMI）产品的组成

人机界面产品的定义：连接可编程序控制器（PLC）、变频器、直流调速器、仪表等工业控制设备，利用显示屏显示，通过输入单元（如触摸屏、键盘、鼠标等）写入工作参数或输入操作命令，实现人与机器信息交互的数字设备，由硬件和软件两部分组成。硬件部分包括处理器、显示单元、输入单元、通信接口、数据存储单元等，其中处理器性能的决定了 HMI 产品性能的高低，是 HMI 的核心单元。根据 HMI 产品的等级不同，可分别选用 8 位、16 位、32 位的处理器。HMI 软件一般分为两部分，即运行于 HMI 硬件中的系统软件和运行于 PC 端的画面组态软件（如 JB-HMI 画面组态软件）。使用者都必须先使用 HMI 的画面组态软件制作“工程文件”，再通过 PC 和 HMI 产品的串行通信口，把编制好的“工程文件”下载到 HMI 的处理器中运行。

6. 人机界面（HMI）产品的使用方法

首先，明确监控任务要求，选择适合的 HMI 产品。然后，在 PC 上用画面组态软件编辑“工程文件”，测试并保存已编辑好的“工程文件”，再将 PC 连接至 HMI 硬件，下载“工程文件”到 HMI 中，连接 HMI 和工业控制器（如 PLC、仪表等），实现人机交互。

7. 如何学习本课程

教育心理学中指出，学习的过程中不但要听、看、操作，还要复习巩固、适时应用和帮助别人，这样才能符合人们掌握新知识、新技能的规律。读者在本课程的学习过程中，不但要自己努力，还要发挥团队合作精神，通过学习不同的案例，掌握组态的各种应用场合，并且要尽可能多地学习一些课外的相关案例，通过到工业现场、参与网络培训、关注相关公众号信息发布及答疑等多种形式，促进知识的掌握和技能的提升。

第一篇　MCGS 嵌入版组态软件初级应用

本篇主要介绍 TPC7062K 与 MCGS 全中文组态软件的简单使用方法，并通过具体实例，以简单、快捷的方式，让用户轻松实现与三菱 PLC 的通信连接。本篇分为四个项目：项目 1 主要认知 MCGS 嵌入版组态软件及 TPC7062K 系列触摸屏；项目 2 主要以三菱 PLC 为例，认知 TPC7062K 与 PLC 的硬件连接；项目 3 在安装 MCGS 嵌入版组态软件后，通过下载一个组态案例到 TPC7062K，实现与 PLC 的通信，从而认知 TPC7062K 与 PLC 的通信操作；项目 4 通过几个 MCGS 嵌入版组态的电动机控制工程，掌握 MCGSTPC 与 PLC 通信的设置及巩固电动机控制线路的安装与调试系统工程。

项目 1　MCGS 嵌入版组态软件及 TPC7062K 触摸屏应用

昆仑通态已经成功推出 MCGS 组态软件的三大系列产品，分别是 MCGS 通用版组态软件、MCGS 网络版组态软件和 MCGS 嵌入版组态软件。三大产品风格相同，功能各异；三个产品完美结合，融为一体，形成了整个工业监控系统中完整的软件产品体系结构，完成了工业现场从设备采集、工作站数据处理和控制，到上位机网络管理和 Web 浏览的所有功能，是企业实现管控一体化的理想选择。如图 1-1 所示的企业管控一体化示意图，包括了 MCGS 组态软件的三大系列产品。

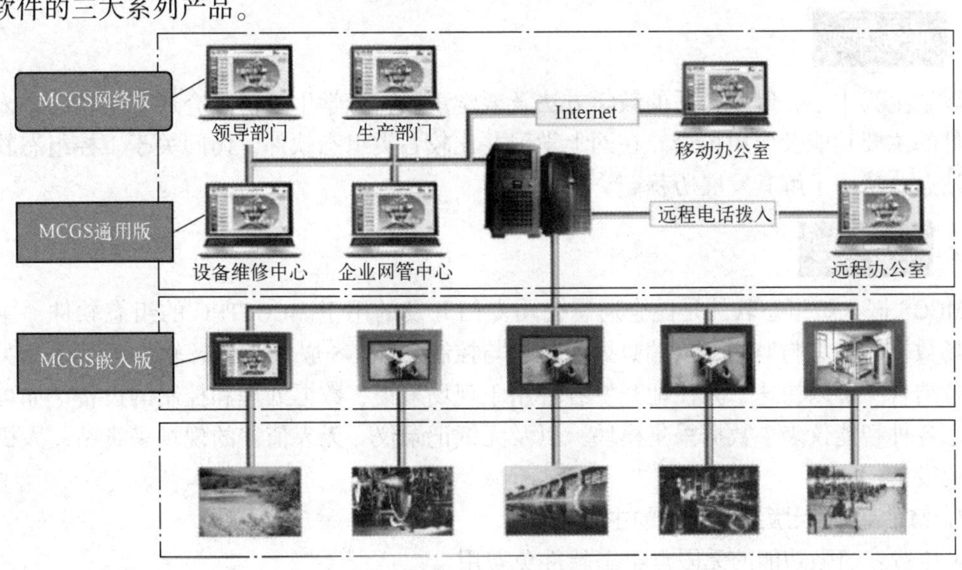

图 1-1　企业管控一体化示意图

处于整个监控系统中最上层的是 MCGS 网络版组态软件。MCGS 网络版组态软件主要完成整个系统的信息收集和发布，即把位于其监控之下的所有监控站点的数据通过各种复杂的网络结构，最终集中在由 MCGS 网络版组态软件构成的网络服务器中，是企业从现场监控到企业网络监控、网络管理的一个重要的工具，也是实现企业现代化管理的必备手段。

处于整个监控系统中间层的是 MCGS 通用版组态软件。MCGS 通用版组态软件主要完成通用工作站的数据采集和加工、实时和历史数据处理、报警和安全机制设置、流程控制、动画显示、趋势曲线和报表输出等日常性监控事务。

处于整个监控系统最下层的是 MCGS 嵌入版组态软件。MCGS 嵌入版组态软件主要完成现场数据的采集、前端数据的处理与控制。MCGS 嵌入版组态软件与其他相关的硬件设备结合，可以快速、方便地开发成各种用于现场采集、数据处理和控制的设备。

嵌入式系统不仅在传统的工业控制和商业管理领域有极其广泛的应用空间，如智能工控设备、POS/ATM 机和 IC 卡等，而且在智能家电领域的应用也具有极为广泛的潜力，例如机顶盒、网络电视、网络冰箱、网络空调等众多的消费类和医疗保健类电子设备，在车载盒、智能交通等领域的应用也呈现出前所未有的生机。MCGS 嵌入版组态软件，成为国内嵌入式组态软件的首开先河者。MCGS 嵌入版组态软件是基于实时操作系统（Real-Time Operating System，RTOS）的专门应用于嵌入式操作系统的组态软件，用户只需要通过简单的组态就可构造自己的应用系统，从而将用户从烦琐的编程中解脱出来，使用户在使用嵌入式系统时更加得心应手。

任务 1.1 认知 MCGS 嵌入版组态软件

任务目标

1）认知 MCGS 软件的主要功能及其组成。

2）了解 MCGS 嵌入版组态软件的组态开发环境和模拟运行环境两大体系结构。

任务计划

以学生为中心，制定合适的教学方法及教学手段，让学生了解昆仑通态公司的嵌入版组态软件的主要功能及应用场合。在网上学习并比较各类组态软件，访问关于工控组态软件的 BBS 站点，从中了解其发展历程。

任务实施

MCGS 嵌入版组态软件是昆仑通态公司专门开发的用于 MCGSTPC 的组态软件，主要完成现场数据的采集与监测、前端数据的处理与控制。MCGS 嵌入版组态软件与其他相关的硬件设备结合，可以快速、方便地开发各种用于现场采集、数据处理和控制的设备。如可以灵活组态各种智能仪表、数据采集模块，以及无纸记录仪、无人值守的现场采集站、人机界面等专用设备。

1. MCGS 嵌入版组态软件的主要功能

- 免费：超强功能的无限点组态软件免费用。

- 兼容：7.7版本向下兼容，支持全系列产品，兼容Windows7-64位系统。
- 低耗：应用于嵌入式计算机，仅占16M系统内存。
- 通信：支持串口、网口等多种通信方式，支持MPI直连、PPI187.5K。
- 驱动：提供了800多种常用设备的驱动。
- 报表：多种数据存盘方式，多样报表显示形式，满足不同现场需求。
- 曲线：支持实时、历史、计划等多种曲线形式，同时历史曲线的显示性能提升了10倍。
- 动画：可实现逼真的动画效果，同时支持JPG、BMP格式图片，满足对容量和画质的不同需求。
- 配方：配方名称支持中文，可任意读写，支持配方导入、导出及在线操作。
- 下载：支持高速网络在线下载，支持U盘离线更新工程。
- 安全：可设置工程密码、操作权限密码、运行期限等安全机制。
- 简化：新增公共窗口，去除双击功能，简化组态流程。
- 开放：用户可以自己编写驱动程序、应用程序，支持个性化定制，内置打印机功能。
- 稳定：优化启动属性，内置看门狗，易用，可在各种恶劣环境下长期稳定运行。
- 功能：提供中断处理，定时扫描可达毫秒级，提供对MCGSTPC串口、内存、端口的访问。
- 存储：高压缩比的数据压缩方式，保证数据完整性，失电存储初值，100亿次以上擦写。

总之，MCGS嵌入版组态软件具有与通用组态软件一样强大的功能，并且操作简单，易学易用。

2. MCGS嵌入版组态软件的组成

MCGS嵌入版生成的用户应用系统，由主控窗口、设备窗口、用户窗口、实时数据库和运行策略这五部分构成，如图1-2所示。

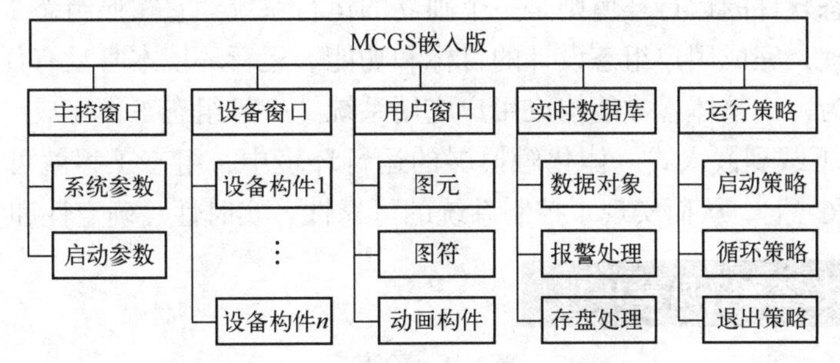

图1-2　MCGS嵌入版的五个组成部分

这五部分均在如图1-3所示软件“工作台”窗口页面中，调取和选用都很方便。

（1）主控窗口构造了应用系统的主框架

主控窗口确定了工业控制中工程作业的总体轮廓，以及运行流程、特性参数和启动特性等内容，是应用系统的主框架。

（2）设备窗口是MCGS嵌入版系统与外部设备联系的媒介

设备窗口专门用来放置不同类型和功能的设备构件，实现对外部设备的操作和控制。设备窗口通过设备构件把外部设备的数据采集进来并送入实时数据库，或把实时数据库中的数据输出到外部设备。

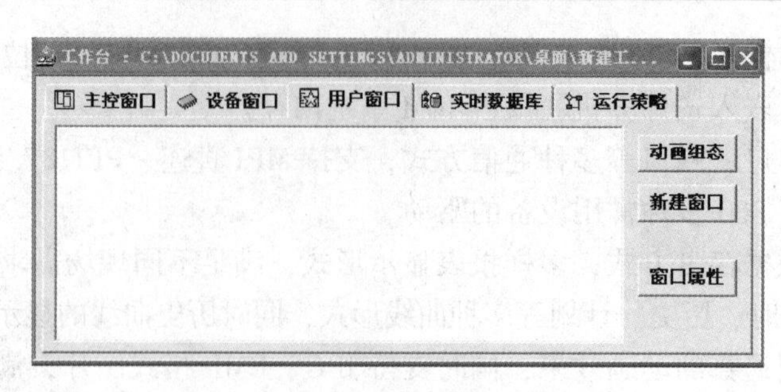

图1-3 “工作台”窗口的五部分

（3）用户窗口实现了数据和流程的“可视化”

用户窗口中可以放置三种不同类型的图形对象：图元、图符和动画构件。通过在用户窗口内放置不同的图形对象，用户可以构造各种复杂的图形界面，用不同的方式实现数据和流程的“可视化”。

（4）实时数据库是MCGS嵌入版系统的核心

实时数据库相当于一个数据处理中心，同时也起到公共数据交换区的作用。从外部设备采集来的实时数据被送入实时数据库，系统其他部分操作的数据也来自实时数据库。

（5）运行策略是对系统运行流程实现有效控制的手段

运行策略本身是系统提供的一个框架，其中放置了由策略条件构件和策略构件组成的“策略行”，通过对运行策略的定义，系统能够按照设定的顺序和条件来操作任务，实现对外部设备工作过程的精确控制。

3. 嵌入式系统的体系结构

嵌入式组态软件的组态环境和模拟运行环境相当于一套完整的工具软件，可以在PC上运行。嵌入式组态软件的运行环境则是一个独立的运行系统，它按照组态工程中用户指定的方式进行各种处理，完成用户组态设计的目标和功能。运行环境本身没有任何意义，必须与组态工程一起作为一个整体，才能构成用户应用系统。一旦组态工作完成，并且将组态好的工程通过USB口下载到嵌入式一体化触摸屏的运行环境中，组态工程就可以离开组态环境而独立运行在TPC㊀上。从而实现了控制系统的可靠性、实时性、确定性和安全性等。

学习成果检查表（见表1-1）

表1-1 检查表

学习成果			评分表		
巩固学习内容	检查与修正	总结与订正	小组自评	学生自评	教师评分
MCGS软件主要功能及其组成					
MCGS嵌入版组态软件的组态开发环境和模拟运行环境					
你还学了什么					
你做错了什么					

㊀ TPC是平板计算机（Tablet Personal Computer）的简称，指用触摸屏代替键盘、鼠标作为主要输入手段的便携式微型计算机。若无特殊说明，本书介绍的TPC均是指昆仑通态生产的MCGSTPC，即嵌入式一体化触摸屏。——编辑注

拓展与提升

下面简单介绍一下 MCGS 嵌入版与通用版的异同。

1. 嵌入版与通用版的相同之处

(1) 相同的操作理念

嵌入版和通用版一样，组态环境都是简单直观的可视化操作界面，通过简单的组态实现应用系统的开发，不需要具备计算机编程的知识，就可以在短时间内开发出一个运行稳定的、具备专业水准的计算机应用系统。

(2) 相同的人机界面

嵌入版的人机界面和通用版的人机界面基本相同。可通过动画组态来反映实时的控制效果，也可进行数据处理，形成历史曲线、报表等，并且可以传递控制参数到实时控制系统。

(3) 相同的组态平台

嵌入版和通用版的组态平台是相同的，都可运行于 Windows 等操作系统。

(4) 相同的硬件操作方式

嵌入版和通用版都是通过挂接设备驱动来实现和硬件的数据交互，这样用户不必了解硬件的工作原理和内部结构，通过设备驱动的选择就可以轻松地实现计算机和硬件设备的数据交互。

2. 嵌入版与通用版的不同之处

虽然嵌入版和通用版有很多相同之处，但嵌入版和通用版是适用于不同控制要求的，所以二者之间又有明显的不同。

(1) 与通用版相比，性能不同

① 功能作用不同：虽然嵌入版中也集成了人机交互界面，但嵌入版是专门针对实时控制而设计的，应用于实时性要求较高的控制系统中，而通用版组态软件则主要应用于实时性要求不高的监测系统中，它的主要作用是用来做监测和数据后台处理，比如动画显示、报表等。当然，对于完整的控制系统来说二者都是不可或缺的。

② 体系结构不同：嵌入版的组态和通用版的组态都是在通用计算机环境下进行的，但嵌入版的组态环境和运行环境是分开的，在组态环境下组态好的工程要下载到嵌入式系统中运行，而通用版的组态环境和运行环境则是在同一个系统中。

(2) 与通用版相比，嵌入版新增了一些功能

① 模拟环境的使用：嵌入版模拟环境 CEEMU. exe 的使用，解决了用户组态时，必须将 PC 与嵌入式系统相连的问题，用户在模拟环境中就可以查看组态的界面美观性、功能的实现情况以及性能的合理性。

② 嵌入式系统函数：通过函数的调用，可以对嵌入式系统进行内存读写、串口参数设置、磁盘信息读取等操作。

③ 工程下载配置：可以使用串口或 TCP/IP 进行与下位机的通信，同时可以监控工程下载情况。

④ 中断策略：在硬件产生中断请求时，该策略被调用。

(3) 与通用版相比，嵌入版不能使用某些功能

① 动画构件中的文件播放、存盘数据处理、多行文本、格式文本、设置时间、条件曲

线、相对曲线、通用棒图。

② 策略构件中的音响输出、Excel 报表输出、报警信息浏览、存盘数据复制、存盘数据浏览、修改数据库、存盘数据提取、设置时间范围构件。

③ 脚本函数中不能使用的包括运行环境操作函数中 !SetActiveX、!CallBackSvr，数据对象操作函数中 !GetEventDT、!GetEventT、!GetEventP、!DelSaveDat，系统操作中 !EnableDDEConnect、! EnableDDEInput、! EnableDDEOutput、! DDEReconnect、! ShowDataBackup、!Navigate、!Shell、!AppActive、!TerminateApplication、!Winhelp，以及 ODBC 数据库函数、配方操作。

④ 数据后处理，包括对 Access、ODBC 数据库的访问功能。

⑤ 远程监控。

（4） 与通用版相比，嵌入版运行时不需要加密狗

MCGS 通用版运行需加密狗（带 USB 的加密锁），加密狗按工程使用点数收费，而嵌入版运行时则不需要加密狗。

任务 1.2　认知 TPC7062K 触摸屏

任务目标

1） 认知 MCGSTPC 的结构、工作原理。

2） 认知嵌入式 MCGSTPC 的行业应用。

3） 认知 MCGSTPC 的硬件接口。

任务计划

以学生为中心，制定合适的教学方法及教学手段，让学生了解 MCGSTPC 嵌入式一体化触摸屏的结构、硬件接口、工作原理。督促学生利用图书馆、网络、数据库等收集 MCGSTPC 嵌入式一体化触摸屏的行业应用。

任务实施

触摸屏（TPC）主要完成现场数据的采集与监测、处理与控制。触摸屏与其他相关的输入输出硬件设备结合，可以快速、方便地开发各种用于现场采集、数据处理和控制的设备。如可以灵活组态各种智能仪表、数据采集模块，无纸记录仪、无人值守的现场采集站、人机界面等专用设备。

MCGSTPC 的产品 TPC7062KX（TPC7062K 系列产品）是一套以嵌入式低功耗 CPU 为核心（主频 400 MHz）的高性能嵌入式一体化触摸屏。该产品设计采用了 7 in（1 in = 0.0254 m）高亮度 TFT 液晶显示屏（分辨率 800×480），四线电阻式触摸屏（分辨率 4096×4096）。同时还预装了 MCGS 嵌入式组态软件，具备强大的图像显示和数据处理功能。

1. TPC7062K 八大优势

① 高清：800 × 480 分辨率，享受精致、自然、通透的视觉体验。

② 真彩：65535 色数字真彩，丰富的图形库，享受高品质画质。

③ 可靠：抗干扰性能达到工业 III 级标准，采用 LED 背光永不黑屏。
④ 配置：ARM9 内核、400 M 主频、64 M 内存、128 M 存储空间。
⑤ 软件：MCGS 全功能组态软件，支持 U 盘备份恢复，功能更强大。
⑥ 环保：低功耗，整机功耗仅 6 W。
⑦ 时尚：7 in 宽屏显示，超轻、超薄机身设计，引领简约时尚。
⑧ 服务：立足国内企业，全方位、本土化服务。

2. TPC7062K 产品外观及外部接口

TPC7062K 产品外观及外部接口（以 TPC7062KX 为例）如图 1-4 所示。

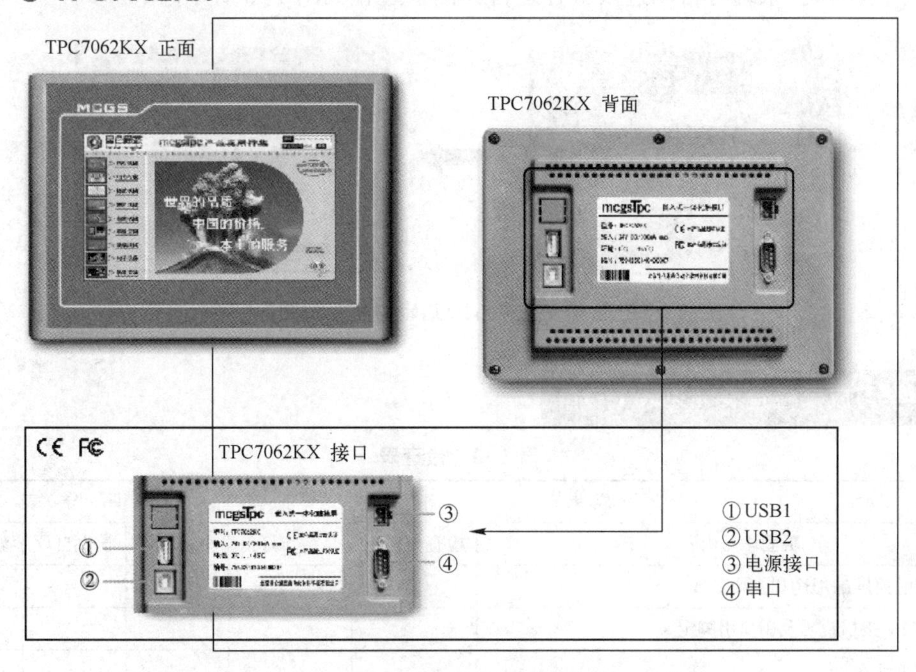

图 1-4　TPC7062KX 产品外观及外部接口示意图

（1）接口说明

TPC7062K 产品接口说明如表 1-2 所示。

表 1-2　TPC7062K 产品接口说明

项　目	TPC7062K
串口（DB9）	1×RS232，1×RS485
USB1	主口，USB1.1 兼容
USB2	从口，用于下载工程
电源接口	24V DC ±20%

（2）串口定义

串口（DB9）引脚定义如图 1-5 所示。

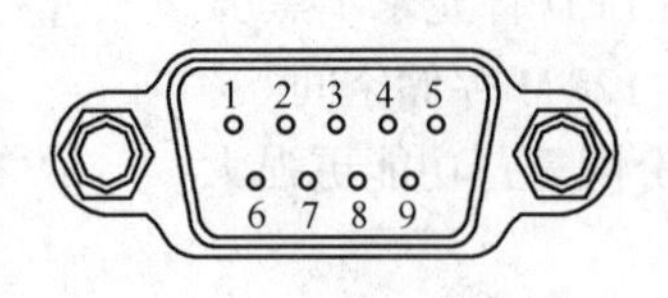

接口	引脚	引脚定义
COM1	2	RS232 RXD
	3	RS232 TXD
	5	GND
COM2	7	RS485+
	8	RS485−

图 1-5　串口（DB9）引脚定义图示

3. TPC7062K 启动

使用 24 V 直流电源给 TPC 供电，开机启动后屏幕出现“正在启动”提示进度条，此时不需要任何操作，系统将自动进入工程运行界面，过程如图 1-6 所示。

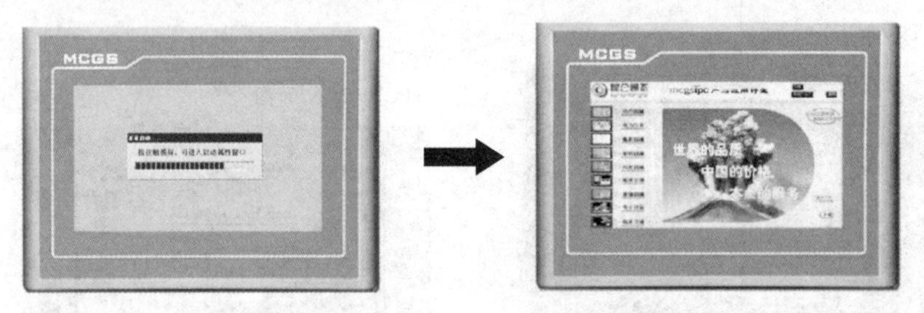

图 1-6　TPC7062K 启动过程示意图

学习成果检查表（见表 1-3）

表 1-3　检查表

学习成果			评分表		
巩固学习内容	检查与修正	总结与订正	小组自评	学生自评	教师评分
嵌入式触摸屏的用途和主要参数					
TPC7062K 接口说明及串口引脚定义					
你还学了什么					
你做错了什么					

拓展与提升

1. TPC 人机界面介绍

基于触摸屏的 TPC 人机界面作为一种高级的多媒体交互设备，使用者只要用手指或触摸笔轻轻地触碰计算机显示屏上的图符或文字就能实现对主机的操作，与老式的硬件（如键盘和鼠标）操作相比，触摸屏具有坚固耐用、反应速度快、节省空间、易于交流、操作方便直观等优点。

2. MCGSTPC 产品人机界面的组成

人机界面产品由硬件和软件两部分组成，硬件部分包括处理器、显示单元、输入单元、通信接口、数据存储单元等。其中处理器的性能决定了产品的性能高低，是人机界面的核心单元。根据人机界面的产品等级不同，可分别选用 8 位、16 位、32 位的处理器。人机界面软件一般分为两部分，即运行于人机界面硬件中的运行环境软件和运行于 PC 端的画面组态软件。使用者都必须先使用人机界面的画面组态软件制作“工程文件”，再通过PC和人机界面产品的USB口、网口或U盘，把组建好的“工程文件”下载到人机界面中运行。

昆仑通态MCGSTPC产品集成了液晶显示屏、触摸面板、通信接口、控制单元及数据存储单元。具有操作控制、状态监控、报表和曲线显示、数据存储、报表打印、网络通信、视频监控等众多工控计算机的高端功能。产品设计采用高亮度TFT液晶显示屏，电阻式触摸屏，同时还预装微软嵌入式实时多任务操作系统WinCE.net（中文版）和MCGS嵌入版组态软件。显示屏尺寸从7 in、10.4 in、12 in再到15 in，为用户提供专业、全方位的解决方案。

3. 人机界面产品与人们常说的“触摸屏”的区别

从严格意义上来说，两者是有本质上的区别的。因为“触摸屏”仅是人机界面产品中可能用到的硬件部分，是一种替代鼠标及键盘部分功能，安装在显示屏前端的输入设备；而人机界面产品则是一种包含硬件和软件的人机交互设备。在工业中，人们常把具有触摸输入功能的人机界面产品称为“触摸屏”，但这是不科学的。

4. 人机界面产品和组态软件的区别

人机界面（HMI）产品，包含HMI硬件和相应的专用画面组态软件，一般情况下，不同厂家的HMI硬件使用不同的画面组态软件，连接的主要设备种类是PLC。而组态软件是运行于PC硬件平台、Windows操作系统下的一个通用工具软件产品，和PC或工控机一起也可以组成HMI产品；通用的组态软件支持的设备种类非常多，如各种PLC、PC板卡、仪表、变频器、模块等设备，而且由于PC的硬件平台性能强大（主要体现在速度和存储容量上），通用组态软件的功能也强很多，适用于大型的监控系统中。

练习与提高

1）平板计算机、触摸屏手机、自动柜员机（ATM）功能与工控触摸屏的区别是什么？

2）常见的触摸屏有哪些？分别用在什么场合？HMI的含义是什么？

项目 2　TPC7062K 与 PLC 的硬件连接

项目目标

1）掌握 TPC7062K 与组态计算机连接。

2）掌握 TPC7062K 与三菱 PLC 的通信接线，认知与其他主流 PLC 的通信接线。

项目计划

以学生为中心，制定合适的教学方法及教学手段，让学生掌握 TPC7062K 与三菱 PLC 的通信接线，认知与其他主流 PLC 的通信接线。访问关于工控组态硬件连接的 BBS 站点，从中了解相关信息。

项目实施

1. TPC7062K 与组态计算机连接

TPC7062K 与组态计算机连接如图 2-1 所示。

图 2-1　TPC7062K 与组态计算机连接

2. TPC7062K 与三菱 PLC 的接线

TPC7062K 与三菱 FX 系列 PLC 接线如图 2-2 所示。本书以后的案例，如无特殊说明，均以三菱 PLC 为例。

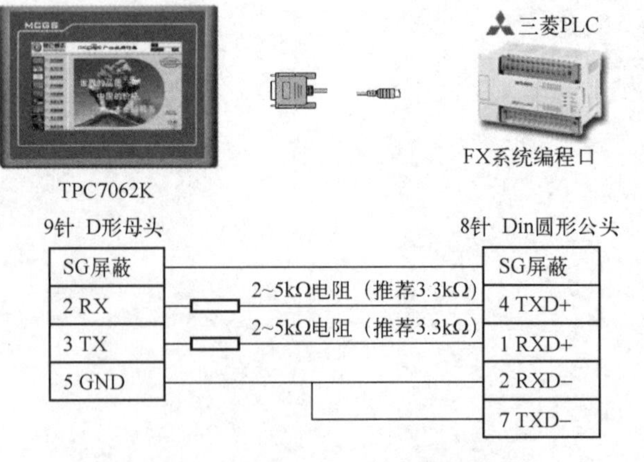

图 2-2　TPC7062K 与三菱 PLC 的接线

3. TPC7062K 与其他主流 PLC 的接线

TPC7062K 与西门子 PLC 和欧姆龙 PLC 的通信方式接线分别如图 2-3 和图 2-4 所示。

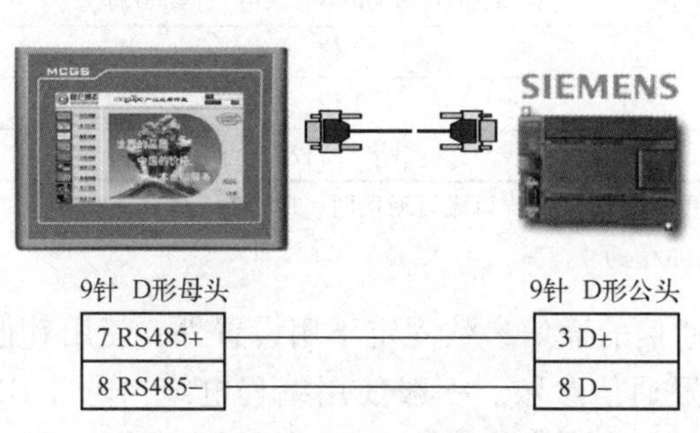

图 2-3　TPC7062K 与西门子 PLC 通信方式接线

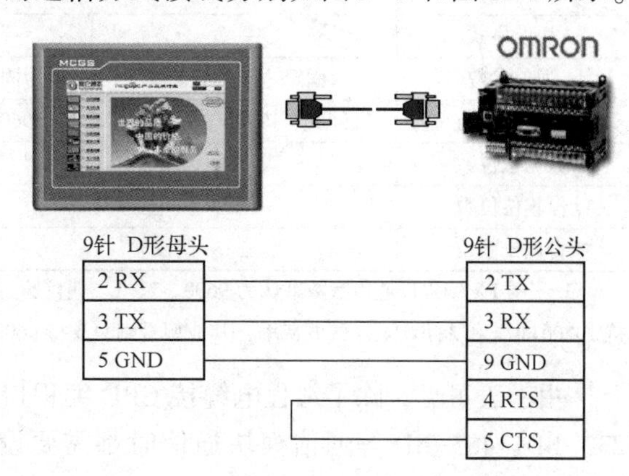

图 2-4　TPC7062K 与欧姆龙 PLC 通信方式接线

学习成果检查表（见表 2-1）

表 2-1　检查表

学习成果			评分表		
巩固学习内容	检查与修正	总结与订正	小组自评	学生自评	教师评分
TPC7062K 与组态计算机连接					
TPC7062K 与三菱 PLC 的通信接线					
TPC7062K 与其他主流 PLC 的通信接线					
你还学了什么					
你做错了什么					

拓展与提升

TPC 与三菱 PLC 的硬件连接过程要先后完成三菱 FX PLC 通信参数设置、安装三菱 FX 系列驱动构件、添加三菱 FX 系列驱动构件、设置驱动通信参数、设备调试、TPC-PLC 接线等必要的硬件连接及硬件参数设置。相关步骤简介如下。

1. 三菱 FX 系列 PLC 通信参数设置

三菱 FX 系列 PLC 的通信分为编程口和串口两种通信方式，两者驱动应用与设置的区别如表 2-2 所示。

表 2-2　三菱 FX PLC 编程口和三菱 FX PLC 串口的通信驱动应用与设置的区别

驱动构件	三菱_FX 系列编程口			三菱_FX 系列串口	
通信硬件	CPU 编程口	422-BD	232-BD	232-BD	422-BD、485-BD
通信方式	1 主 1 从			1 主 1 从	1 主多从
通信电缆	编程电缆		TPC_DL04	TPC_DL05	TPC_DL06

（续）

协议选择	—	无协议通信	专用协议通信
协议格式	—	—	格式 1、格式 4
通信参数	固定，不用设置	设为固定值	可参数设定
通信波特率/(bit/s)①	9600、19200、38400	9600	19200、9600（默认值）、4800 等
数据位位数	7 位		7 位、8 位
停止位位数	1 位		1 位、2 位
奇偶校验位	偶校验		无校验、奇校验、偶校验

① 三菱 FX 编程口通信参数默认为 9600、7、1、偶校验。当使用 CPU 编程口进行通信时，FX_{1N}、FX_{2N}、FX_{3U} 可以支持 19200 bit/s 和 38400 bit/s 的波特率，其他型号则只支持 9600 bit/s 的波特率。

由上表可见，除了编程电缆接 CPU 编程口通信的通信参数固定不用设置外，使用其他 232-BD、485-BD 等通信模块通信时都需要设置通信参数。一般使用编程电缆，通过 GX Developer 编程软件对 PLC 通信扩展模块的通信参数进行设置。下面对具体步骤说明如下。

步骤 1：连接并读取 PLC。

通过编程电缆连接好 PLC 并上电，运行 GX Developer 编程软件。

① 在菜单栏中，单击“在线”→“PLC 读取”，弹出“选择 PLC 系列”对话框，如图 2-5 所示。

② 选择“FXCPU”如图 2-6 所示，并单击“确定”按钮，弹出“传输设置”对话框，如图 2-7 所示。

③ 双击图 2-7 左上角的“串行”。

④ 在弹出的“PC I/F 串口详细设置”对话框中，选择与 PLC 相连的 PC 的串口，并设置传送速度（即：波特率，建议使用 9600 bit/s），然后单击“确认”按钮完成设置。

图 2-5　“PLC 读取”选项

图 2-6　“选择 PLC 系列”对话框

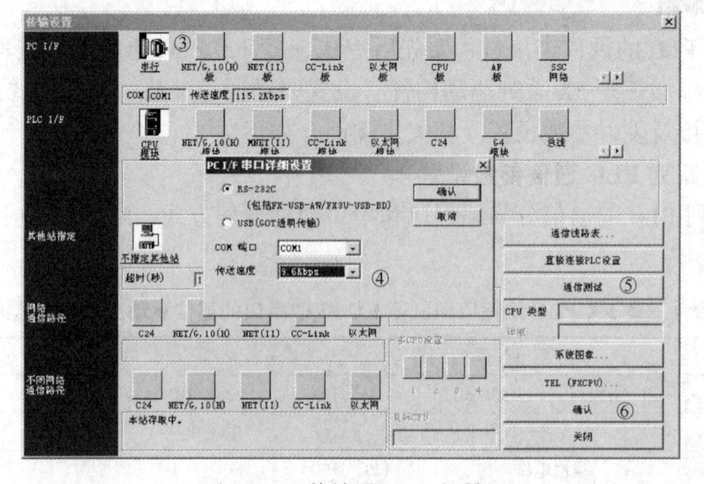

图 2-7　“传输设置”对话框

⑤ 单击“传输设置”对话框右侧的“通信测试”按钮，如果弹出与 FX2NCPU 连接成功的提示（见图 2-8），说明 PLC 连接正常；否则，会弹出无法与 PLC 通信的提示（见图 2-9），此时请根据提示信息检查可能存在的问题并重新测试，成功后方能执行下一步。

图 2-8　与 FX2NCPU 连接成功提示

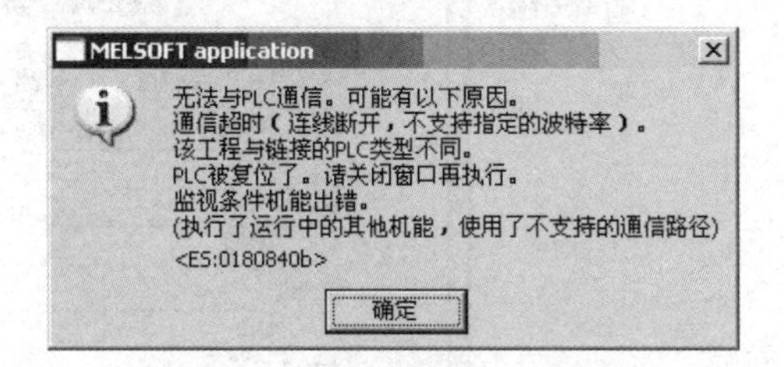

图 2-9　无法与 PLC 通信的提示

注：如果使用三菱 FX 系列编程口驱动，并通过编程电缆接 CPU 编程口通信，则通信参数固定不用设置，只需执行至步骤 1 中的连接 PLC 部分，确保 PLC 正确连接。后面的通信参数设置步骤直接略过即可。

⑥ 通信测试成功后，单击“传输设置”对话框右下方的“确认”按钮，编程软件检测 PLC，并会弹出“PLC 读取”对话框，如图 2-10 所示。

⑦ 确认勾选“PLC 参数”项后，单击“执行”按钮，进行 PLC 参数的读取。

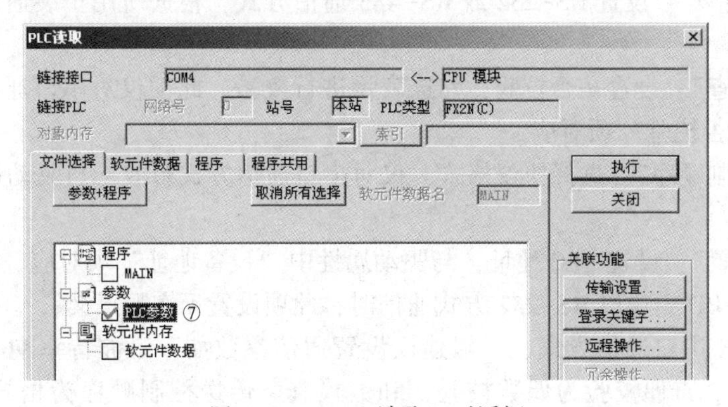

图 2-10　“PLC 读取”对话框

步骤 2：设置 PLC 的通信参数。

PLC 参数读取成功后，单击“关闭”按钮，关闭“PLC 读取”对话框，如图 2-11 所示，双击左侧工程数据列表内的“参数”→“PLC 参数”，在弹出的“FX 参数设置”对话框中，切换到“PLC 系统（2）”选项卡设置页面，进行通信设置操作。

说明：

①“通信设置操作”：选择 232-BD、485-BD 模块后，要勾选“通信设置操作”复选按钮，对通信参数进行设置。而圆 8 针的 422-BD 通信模块，使用“三菱_FX 系列编程口”专有协议通信时，此时 PLC 参数设置中不能勾选“通信设置操作”复选按钮，并要将 D8120 置为 0 值，此时通信参数固定为 9600、7、1、偶校验。

②“协议”：使用三菱 FX 系列编程口通信方式时，232-BD 模块协议要选择“无协议通信”方式；使用 FX 串口通信方式时，协议均选择“专用协议通信”方式。

③“起始符、结束符、控制线”：编程口和串口两种通信方式均设置为不勾选。

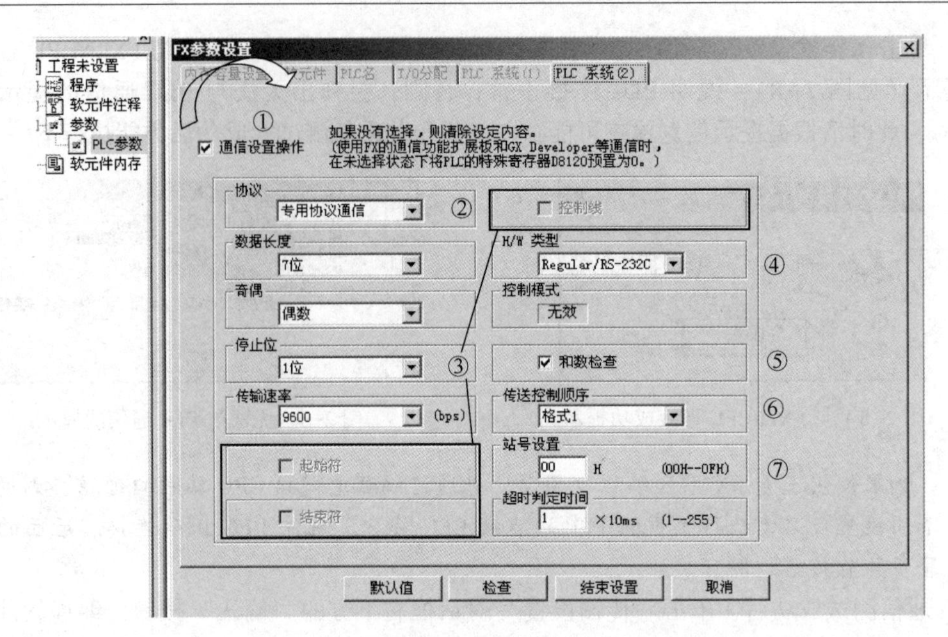

图 2-11　“PLC 系统（2）”选项卡设置页面

④“H/W 类型”：设置 RS-232 或 RS-485 通信方式，根据所用扩展通信模块进行相应选择。

⑤“和数检查”：设置是否校验，勾选表示进行校验，此项仅对串口通信方式有效，与驱动属性中“是否校验”项对应。

⑥“传送控制顺序”：选择协议格式，仅对串口通信方式有效，与驱动属性中“协议类型”项对应。

⑦“站号设置”：设置 PLC 地址，与驱动属性中“设备地址”项对应。三菱_FX 编程口驱动，使用 232-BD 模块以 RS-232 方式通信时，此项设置无实际意义。

对于三菱 FX 串口通信方式，一般建议设置通信参数如下。波特率 9600，数据长度 7 位，停止位 1 位，奇偶校验为偶数校验，和数检查，传送控制顺序为格式 1。本实例中，通信参数设为上述建议值。

步骤 3：将通信参数写入 PLC。

完成上述设置后，保存并选择菜单命令“在线”→“PLC 写入”，在弹出的“PLC 写入”对话框中单击“执行”按钮，以完成 PLC 参数的修改写入。然后重新给 PLC 上电，使参数生效。

步骤 4：测试并确认通信参数。

重复上述 PLC 读取操作，重新读取 PLC 参数，确认设置是否正确。

2. 安装三菱 FX 系列驱动构件

MCGSTPC 与三菱 FX 系列 PLC 进行通信时，有编程口、串口两种通信方式，对应的驱动构件分别为三菱 FX 系列编程口、三菱 FX 系列串口。使用前请确保相应驱动构件正确安装。

3. 添加三菱 FX 系列驱动构件

可根据不同通信方式，添加“通用串口父设备”和相应的子设备驱动构件。驱动构件添加的具体操作，可参考项目 4 中的内容。最终完成驱动添加后分别如图 2-12 和图 2-13 所示。

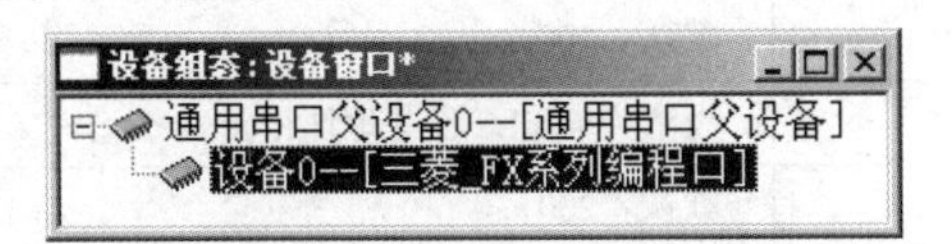

图 2-12　添加三菱 FX 系列编程口

图 2-13　添加三菱 FX 系列串口

4. 设置驱动通信参数

完成驱动添加后，需要根据实际情况进行父设备（“通用串口父设备”）和子设备（“三菱 FX 系列编程口或三菱 FX 系列串口驱动构件”）参数的设置，现分别说明如下。

步骤 1：设置父设备通信参数。

双击“设备组态：设备窗口”中添加好的“通用串口父设备 0”，弹出如图 2-14 所示“通用串口设备属性编辑”对话框，进行串口通信参数设置。

① 三菱 FX 编程口：默认通信参数如下。波特率 9600，数据位 7 位，停止位 1 位、数据校验方式为偶校验，与 MCGSTPC 通过 COM1，即 RS-232C 方式通信。

② 三菱 FX 串口：需要根据实际通信模块的通信参数设置值进行设置，一般建议设置通信参数如下。波特率 9600，数据位 7 位，停止位 1 位、数据校验方式为偶校验。

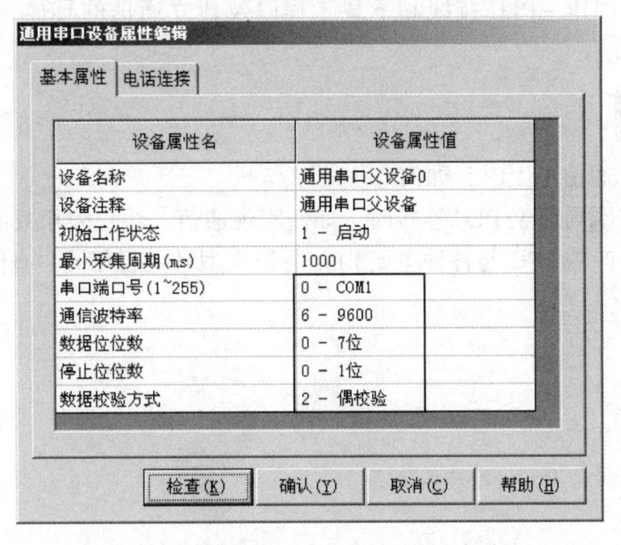

图 2-14　“通用串口设备属性编辑”对话框

说明：在模拟运行环境或设备调试时，所设置的“串口端口号”要与上位机实际串口对应。所以，先将“串口端口号”改为 PC 实际串口的串口号，以方便后续的设备调试。

步骤 2：设置子设备参数。

双击“设备组态：设备窗口”中添加好的“设备 0——三菱_FX 系列编程口”或“设备 0——三菱_FX 系列串口”，进入“设备编辑窗口”，根据实际所连接的设备来设置“设备地址”“通信等待时间”等参数。三菱_FX 系列编程口和三菱_FX 系列串口设置项的区别及建议设置如表 2-3 所示。

表 2-3　三菱_FX 系列编程口和三菱_FX 系列串口设置项的区别

设　置　项	三菱_FX 系列编程口	三菱_FX 系列串口
最小采集周期	默认：100 ms	默认：100 ms
设备地址	默认：0	设置为与 PLC 设备地址相同
通信等待时间	默认：200 ms	默认：200 ms
快速采集次数	默认：0	默认：0
CPU（PLC）类型	根据不同 PLC 类型选择	根据不同 PLC 类型选择
协议格式	—	建议：0—协议 1（即：格式 1）
是否校验	—	建议：1—求校验（即：和数检查）

说明：设置“CPU（PLC）类型”时，要与实际 PLC 类型相同，否则会影响采集速度，甚至无法通信。

5. 设备调试

驱动通道添加并关联变量后，就可以新建窗口，进行工程组态，并实现对应变量与动画、报警构件相关联，以实现工程动画报警等效果。在调试之前，首先，要根据通信方式，用对应的通信电缆将三菱 FX PLC 与调试用的上位 PC 串口连接，并在设备窗口中将“通用串口父设备”的“串口端口号”修改为 PC 实际使用的串口号。然后，再进行设备调试和模拟运行测试。调试、TPC-PLC 接线和下载工程以及建立通信的具体方法详见项目 4 中的内容。

练习与提高

1）PLC 和 TPC 通信不上时，如何查找故障点？

2）TPC 同时与不同厂家 PLC 连接时，如何实现通信？请查阅相关信息。

3）昆仑通态生产的 TPC 与各种主流 PLC 通信线型号是否相同，查阅各种型号通信线的价格及使用方法。

项目 3　MCGS 嵌入版组态软件安装与工程下载

任务 3.1　MCGS 嵌入版组态软件安装

任务目标

1）掌握组态软件嵌入版 MCGS V7.7 的安装方法。

2）掌握组态软件嵌入版 MCGS V7.7 的安装步骤。

任务计划

以学生为中心，制定合适的教学方法及教学手段，让学生亲自动手安装 MCGS V7.7 组态嵌入版软件。在网上学习并比较各类组态软件，了解安装过程中可能出现的问题。

任务实施

第一步：启动计算机系统。

第二步：在光盘驱动器中插入 MCGS 软件的安装光盘，插入光盘后系统自动运行 AutoRun.exe 安装程序，也可以通过光盘中的 AutoRun.exe 文件启动安装程序。还可以登录昆仑通态自动化软件科技有限公司网站（http://www.mcgs.com.cn/）下载最新版本的免费软件，单击 AutoRun.exe 文件，启动安装程序。在如图 3-1 所示的安装页面中，选择“安装 MCGS 组态软件嵌入版”。

图 3-1　MCGS 组态软件嵌入版的选择安装页面

第三步：开始安装。单击“安装 MCGS 组态软件嵌入版”按钮，弹出安装程序对话框，如图 3-2 所示。单击“下一步”按钮，启动安装程序。

第四步：选择 MCGS 软件安装路径。按提示步骤操作，随后，安装程序将提示指定安装目录，用户不指定时，系统默认安装到“D:\MCGSE”目录下，建议使用默认目录，如图 3-3 所示，系统安装大约需要几分钟。

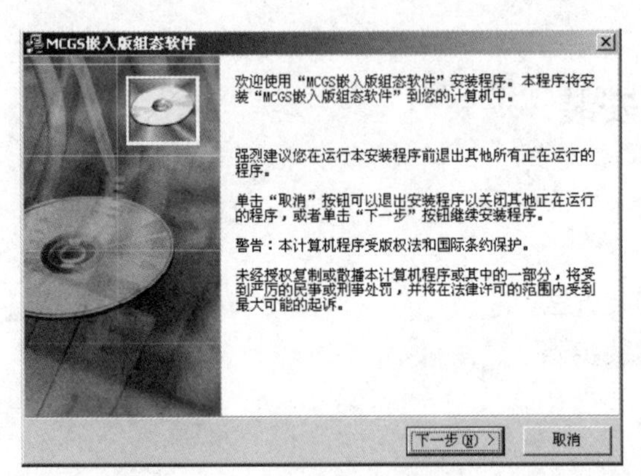

图 3-2　MCGS 组态软件安装程序对话框

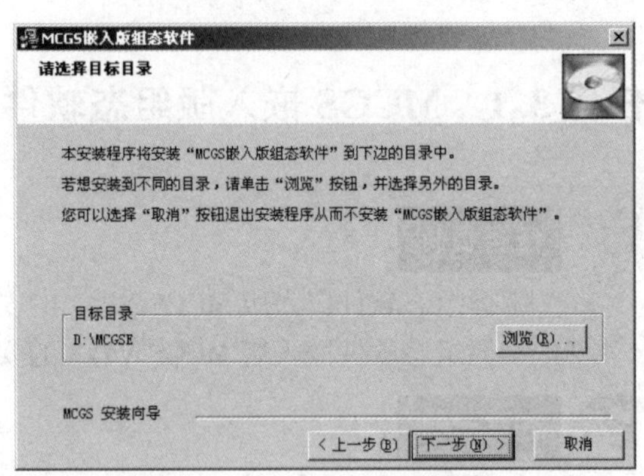

图 3-3　MCGS 软件安装路径

第五步：安装设备驱动。MCGS 嵌入版主程序安装完成后，继续安装设备驱动，在如图 3-4 所示的界面中单击“是”按钮。

第六步：安装所有驱动设备。在“MCGS 嵌入版驱动安装”对话框中，选择“所有驱动”，如图 3-5 所示，单击“下一步”按钮进行安装。

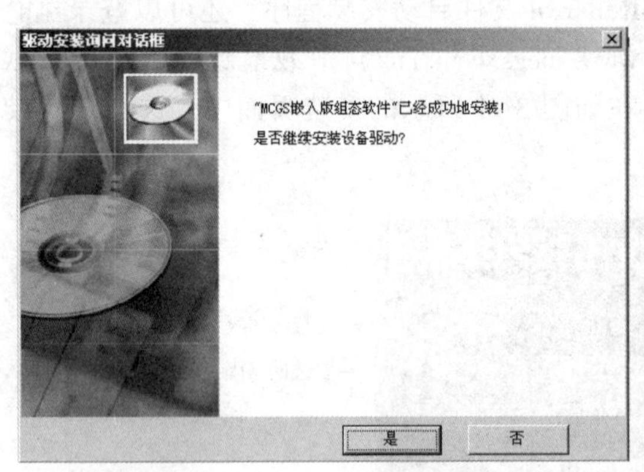

图 3-4　驱动安装询问界面

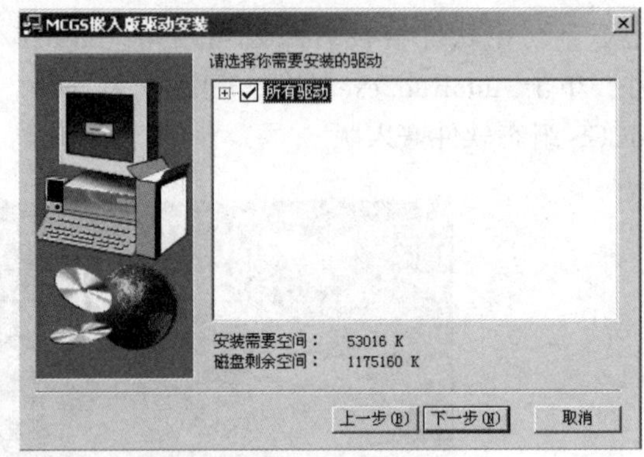

图 3-5　“MCGS 嵌入版驱动安装”对话框

第七步：完成安装。选择好后，按提示操作，MCGS 驱动程序安装过程大约需要几分钟；安装过程完成后，系统将弹出如图 3-6 所示的对话框，提示是否重新启动计算机，单击“确定”按钮后，完成安装。

安装完成后，Windows 操作系统的桌面上会添加如图 3-7 所示的两个快捷方式图标，分别用于启动 MCGS 嵌入式组态环境和模拟运行环境。同时，在 Windows 的“开始”菜单中也添加了如图 3-8 所示的相应程序组。

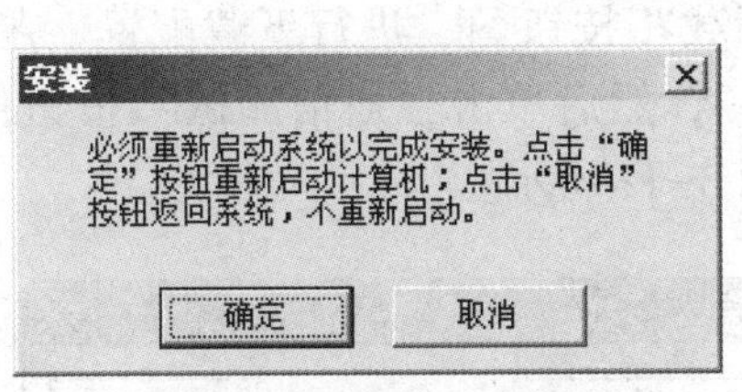

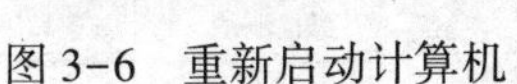
图3-6　重新启动计算机

图3-7　两个快捷方式图标

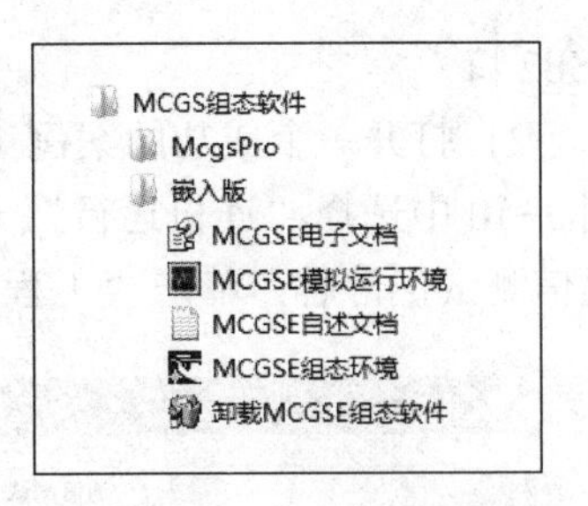

图3-8　MCGS组态的相应程序组

学习成果检查表（表3-1）

表3-1　检查表

学习成果			评分表		
巩固学习内容	检查与修正	总结与订正	小组自评	学生自评	教师评分
组态软件嵌入版MCGS V7.7的安装方法					
组态软件嵌入版MCGS V7.7的安装步骤					
如何进行驱动安装？					
你还学了什么					
你做错了什么					

练习与提高

1）MCGS V7.7版本安装后在桌面上产生了两个快捷方式图标，它们各有什么作用？

2）如何进行驱动安装？如何理解要安装驱动设备？

任务3.2　工程下载

任务目标

1）掌握连接TPC7062K和PC的方法。

2）掌握组态软件工程下载方法。

任务计划

以学生为中心，制定合适的教学方法及教学手段，让学生亲自动手完成工程下载。在网上学习“下载配置”页面各选项的功能。了解连机运行与模拟运行的区别。

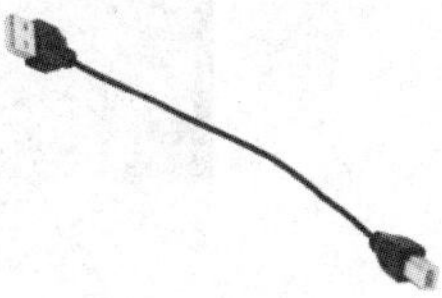

任务实施

图3-9　PC与TPC的连接线

1）将如图3-9所示的普通USB连接线的一端（为扁平接口）插到计算机的USB口，另一端（为微型接口）插到TPC端的

USB2 口。

2）打开一个成功的案例工程，单击工具栏中的“下载”按钮，进行下载配置。在图 3-10 中选择“连机运行”，连接方式选择“USB 通信”，然后单击“通信测试”按钮，通信测试正常后，单击“工程下载”按钮，下载过程如图 3-11 所示。

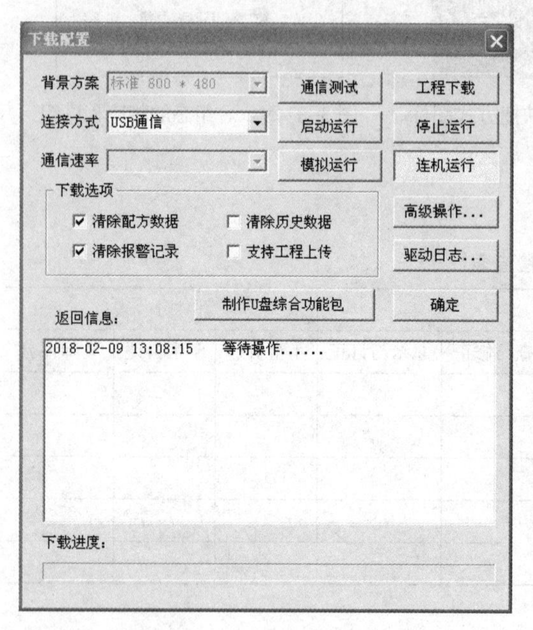

图 3-10　“下载配置”对话框

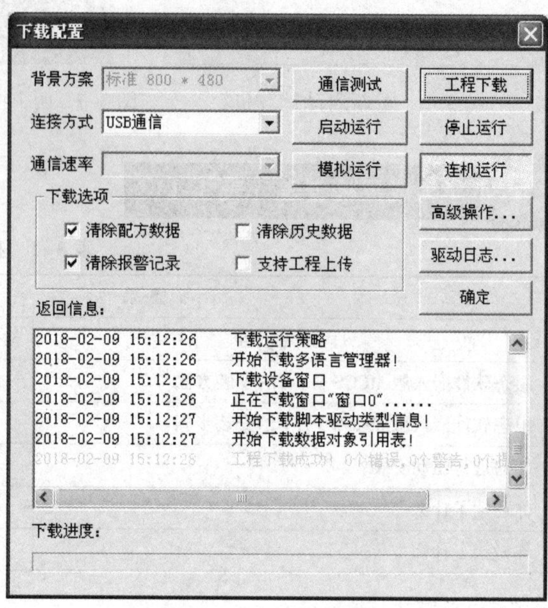

图 3-11　工程下载中页面

3）下载后自动进入到组态运行环境，运行效果如图 3-12 所示，从而完成人机交互的控制功能。

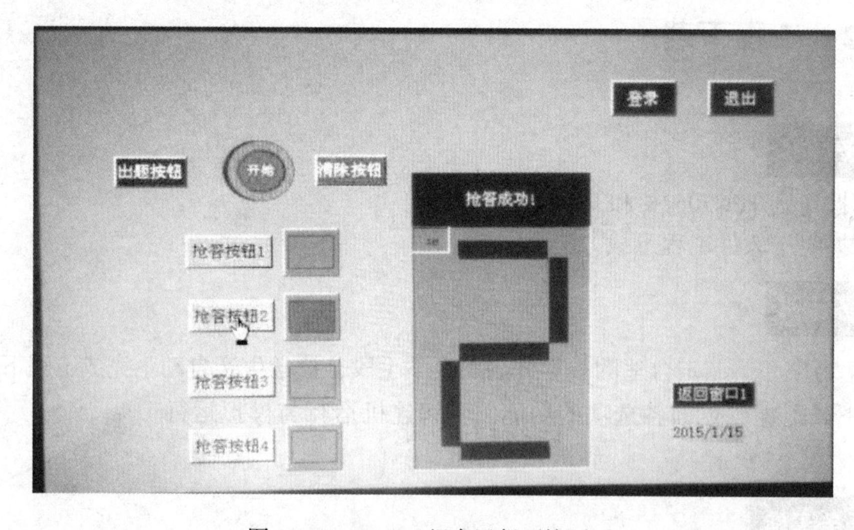

图 3-12　MCGSE 组态运行环境页面

学习成果检查表（见表 3-2）

表 3-2　检查表

学习成果			评分表		
巩固学习内容	检查与修正	总结与订正	小组自评	学生自评	教师评分
下载线是什么型号					
连机下载和模拟下载的异同					
下载提示信息都包含哪些信息					
你还学了什么					
你做错了什么					

练习与提高

1）打开 MCGSE 组态环境演示功能，演示几个案例，培养兴趣。

2）工程下载提示信息中都包含哪些信息，提示信息中如果出现“绿色”“橙色”或者“红色”字体的信息应如何处理？

3）如果昆仑通泰触摸屏自带网口，请尝试用网线下载工程。

项目 4　MCGS 嵌入版组态工程建立

本项目主要介绍 MCGS 嵌入版与三菱 FX 系列 PLC 连接的组态工程建立，并通过三个任务的组态工程，掌握 MCGS 嵌入版组态工程的建立步骤及工程调试步骤。结合具体的案例，分析组态过程中出现的种种问题，并总结解决问题的方法和经验。如果条件允许，也可以练习 MCGS 嵌入版与西门子 PLC、欧姆龙 PLC 等主流 PLC 连接的组态工程。

首先，掌握 MCGS 组态工程建立过程中的常用术语。

- 对象：操作目标与操作环境的统称。如窗口、构件、数据、图形等皆称为对象。
- 组态：在 MCGS 组态软件开发平台中对五大部分（主控窗口、设备窗口、用户窗口、实时数据库、运行策略）进行对象的定义、制作和编辑，并设定其状态特征（属性）参数，将此项工作称为组态。
- 属性：对象的名称、类型、状态、性能及用法等特征的统称。
- 策略：指对系统运行流程进行有效控制的措施和方法。
- 可见度：指对象在窗口内的显现状态，即可见与不可见。
- 变量类型：MCGS 定义的变量有五种类型，分别为数值型、开关型、字符型、事件型和组对象。
- 组对象：用来存储具有相同存盘属性的多个变量的集合，内部成员可包含多个其他类型的变量。组对象只是对有关联的某一类数据对象的整体表示方法，而实际的操作则均针对每个成员进行。
- 构件：具有某种特定功能的程序模块，可用 VB 等程序设计语言编写，通过编辑生成 DLL、OCX 等文件，用户对构件设置一定的属性并与定义的数据变量相连接，即可在运行中实现相应的功能。
- 父设备：本身没有特定功能，但可以和其他设备一起与计算机进行数据交换的硬件设备。
- 子设备：必须通过一种父设备与计算机进行通信的设备。如：PLC、PIC 采集卡等。每个子设备必须挂在父设备下，一个父设备可以挂多个子设备。

任务 4.1　MCGS 嵌入版组态+三菱 FX PLC 工程建立

任务目标

1）熟悉工程建立、组态、下载、模拟运行、连机运行和连接 PLC 运行的过程与方法。

2）掌握控制三菱 FX PLC 输出点及读写数据的方法。

3）掌握工程模拟调试和连机调试的步骤。

任务计划

建立一个“TPC 通信控制”工程，构建 Y0、Y1、Y2 三个按钮，分别控制三菱 PLC 输出端的 Y0、Y1、Y2 端口；构建三个指示灯，显示输出端状态；构建输入框，读写 PLC 的 D0 和 D1 数据。系统由图 4-1 所示亚龙 YL-360B 型系列可编程控制器综合实训装置提供。包括的模块有 TPC7062KS 模块（见图 4-2）、FX_{3U} 系列 PLC 模块（见图 4-3）、通信线及 24V 直流电源等。

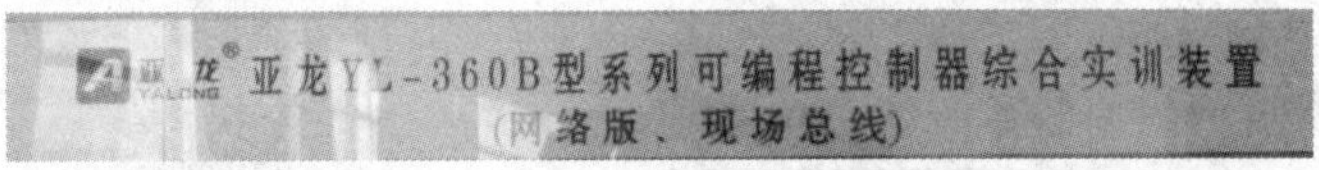

图 4-1　亚龙 YL-360B 型系列可编程控制器综合实训装置

图 4-2　TPC7062KS 模块

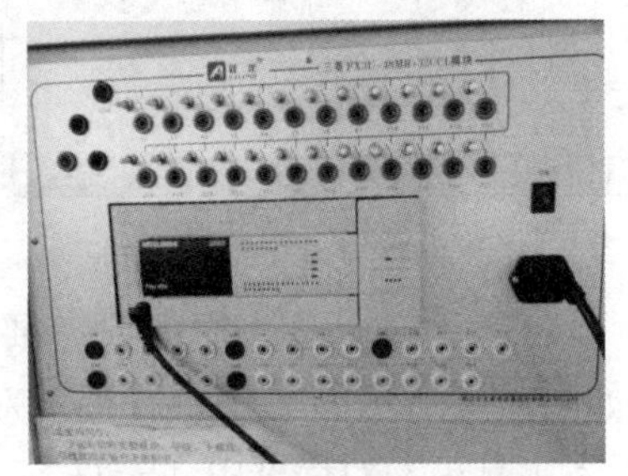

图 4-3　FX_{3U} 系列 PLC 模块

任务实施

1. 工程建立

双击“MCGSE 组态环境”快捷方式图标，打开 MCGS 嵌入版组态软件，然后按如下步骤建立通信工程。

1）单击“文件”菜单中的“新建工程”选项，弹出“新建工程设置”对话框，如图 4-4 所示，TPC 类型选择为“TPC7062K”，单击“确定”按钮。

2）单击“文件”菜单中的“工程另存为”选项，弹出“保存为”对话框。在文件名一栏内输入“TPC 通信控制工程”，保存路径选择“桌面”，如图 4-5 所示。单击“保存”按钮，工程创建完毕。

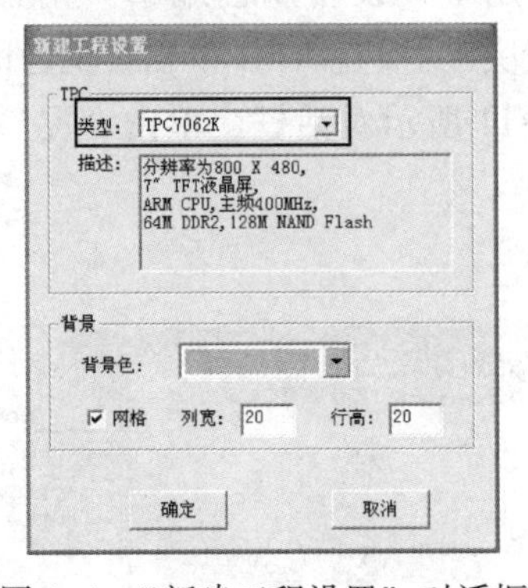

图 4-4　“新建工程设置”对话框

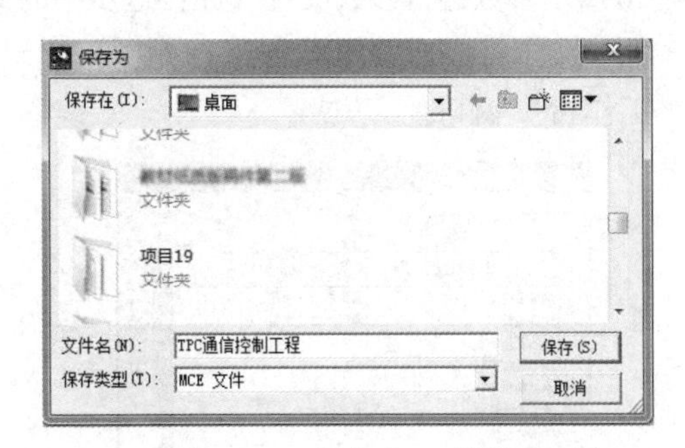

图 4-5　“保存为”对话框

2. 工程组态

（1）设备组态

1）在“工作台”窗口中选择“设备窗口”，单击 设备组态 按钮，进入设备组态界面，单击工具条中的按钮，打开“设备工具箱”对话框，如图 4-6 所示。在用户窗口下，如果工具条、状态条或者绘图工具箱、绘图编辑条在打开软件时没有显示，可通过勾选“查看”菜单中的对应选项来显示，如图 4-7 所示。

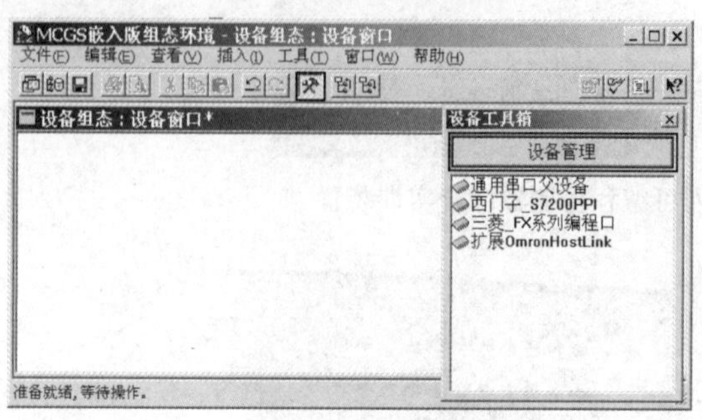

图 4-6 “设备工具箱”对话框

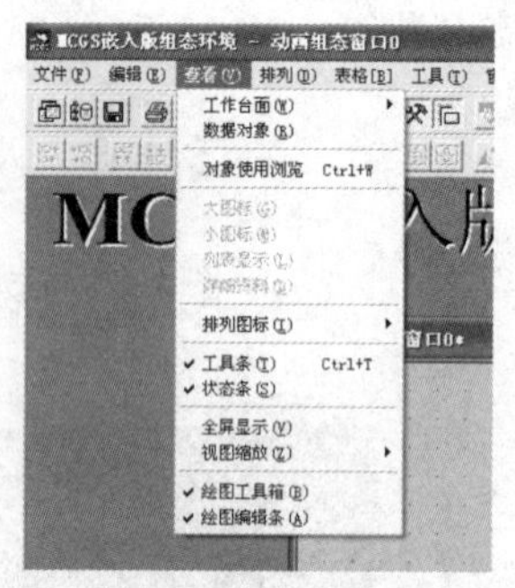

图 4-7 在“查看”菜单中进行设置

2）如果“设备工具箱”对话框中没有要选择的设备选项，可先单击“设备管理”按钮，在弹出的如图 4-8 所示的“设备管理”对话框中添加相应的可选设备。

3）在“设备工具箱”对话框中，先双击“通用串口父设备”，将其添加至设备组态画面，再双击“三菱_FX 系列编程口”，提示是否使用“三菱_FX 系列编程口”驱动的默认通信参数设置串口父设备参数，如图 4-9 所示，单击“是”按钮。

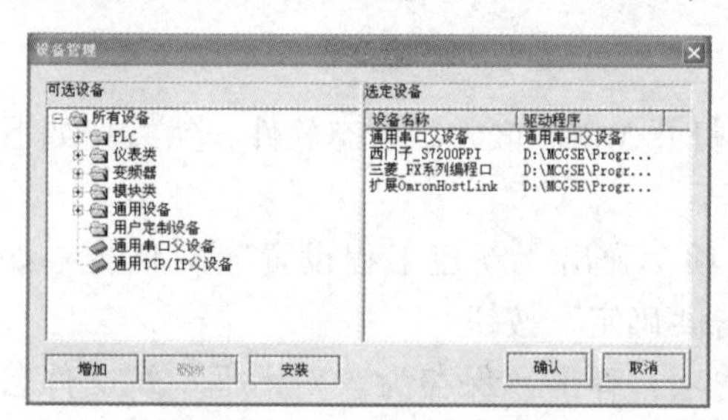

图 4-8 “设备管理”对话框

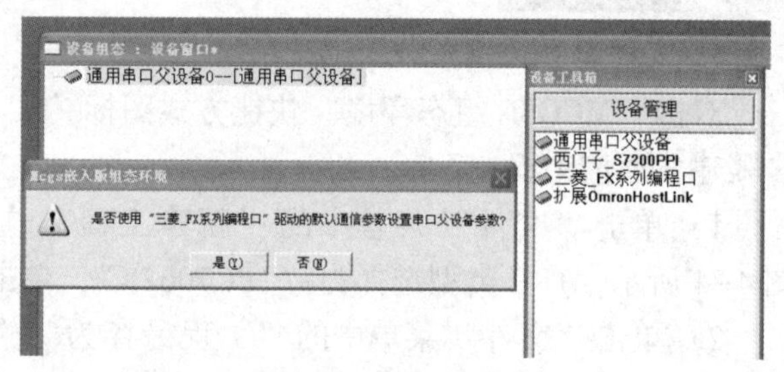

图 4-9 添加设备

4）再双击“通用串口父设备”，在弹出的“通用串口设备属性编辑”对话框中，按图 4-10 所示参数进行参数设置（注：这步中的参数设置决定了组态 TPC 和 PLC 的通信方式）。

所有操作完成后关闭设备组态界面，弹出如图 4-11 所示对话框，单击“是”按钮，返回“工作台”窗口。

图 4-10 “通用串口设备属性编辑”对话框

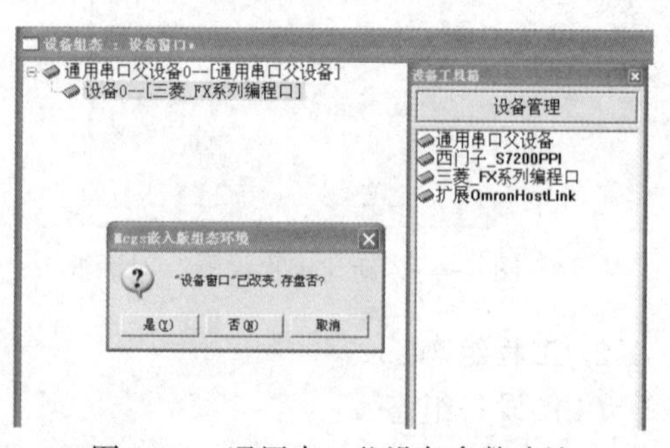

图 4-11 通用串口父设备参数确认

（2）窗口组态

1）在“工作台”窗口中选择“用户窗口”，单击 新建窗口 按钮，建立“窗口 0”，如图 4-12 所示。

2）接下来单击“窗口属性”按钮，弹出“用户窗口属性设置”对话框，在“基本属性”选项卡中，将“窗口名称”修改为“三菱 FX 控制画面”，如图 4-13 所示，单击“确认”按钮进行保存。

图 4-12　建立新画面“窗口 0”

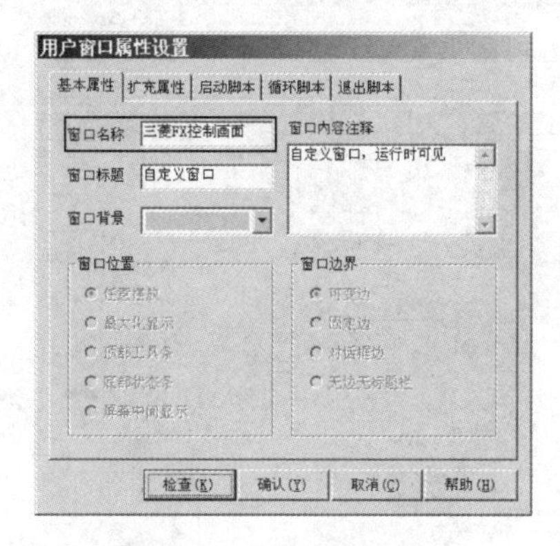

图 4-13　修改窗口名称

3）在用户窗口双击 三菱FX控制画面 图标，进入“动画组态三菱 FX 控制画面”窗口，单击按钮，打开“工具箱”。

4）建立基本图元。

① 按钮：在“工具箱”中单击“标准按钮”构件，然后在窗口编辑位置按住鼠标左键，拖放出一定大小后，松开鼠标左键，这样一个按钮构件就绘制在了窗口画面中，如图 4-14 所示。

接下来双击该按钮，打开“标准按钮构件属性设置”对话框，在“基本属性”选项卡中将“文本”修改为“Y0”，如图 4-15 所示，单击“确认”按钮保存。

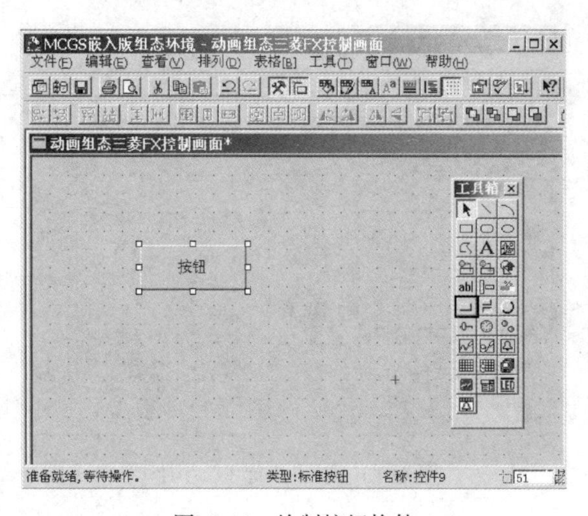

图 4-14　绘制按钮构件

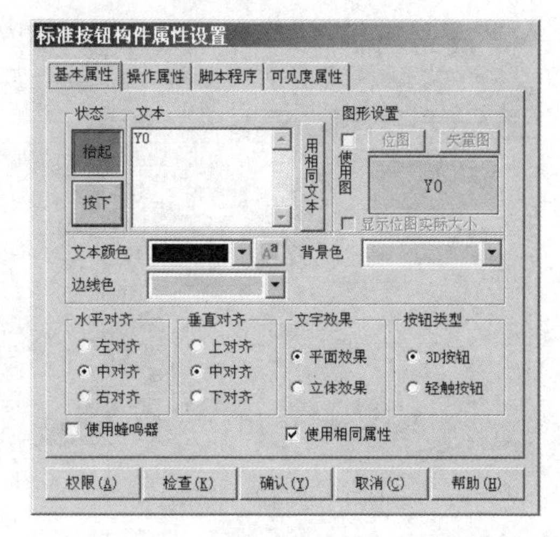

图 4-15　“标准按钮构件属性设置”对话框

按照同样的操作分别绘制另外两个按钮，“文本”分别修改为“Y1”和“Y2”，完成后如图 4-16 所示。

按住键盘的〈Ctrl〉键，然后单击鼠标左键，同时选中三个按钮（用鼠标拖选也可以），使用绘图编辑条中的“等高宽”“左边界（右边界）对齐”和“纵向等间距”等按钮对这三个按钮进行排列对齐，如图 4-17 所示。

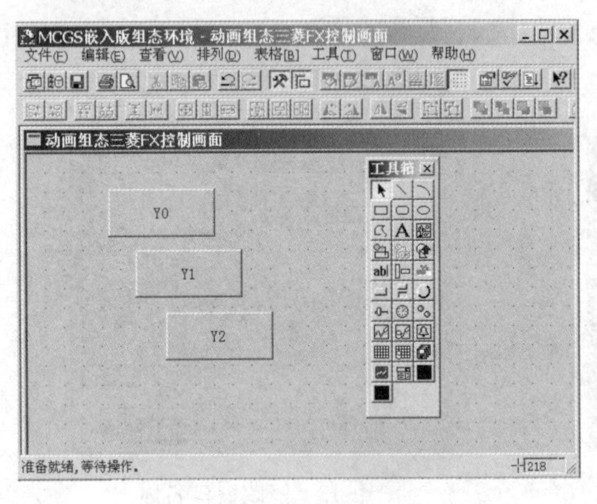

图 4-16 设置另外两个按钮

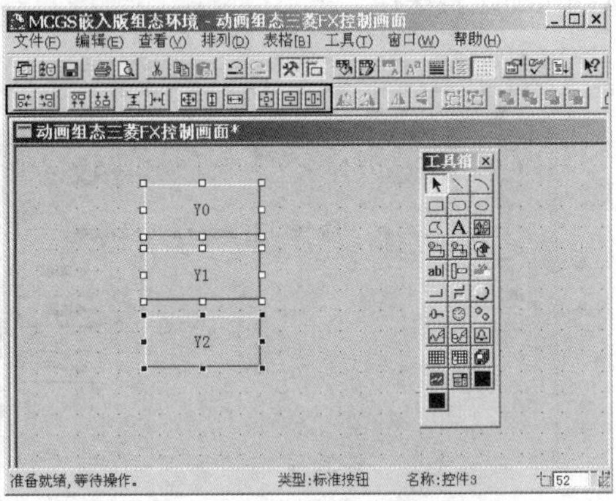

图 4-17 对三个按钮进行排列对齐

② 指示灯：单击工具箱中的“插入元件”图标，打开“对象元件库管理”对话框，依次选择“图形对象库”→“指示灯”→“指示灯 14”，单击“确认”按钮将其添加到窗口画面中，并调整到合适大小。用同样的方法再添加两个指示灯，摆放在窗口中按钮旁边的位置，如图 4-18 所示。

③ 标签：单击工具箱中的“标签”图标，然后在窗口按住鼠标左键，拖放出一定大小的“标签”，如图 4-19 所示。双击该标签，弹出“标签动画组态属性设置”对话框，在“扩展属性”选项卡的“文本内容输入”中输入“D0”，单击“确认”按钮，如图 4-20 所示 。

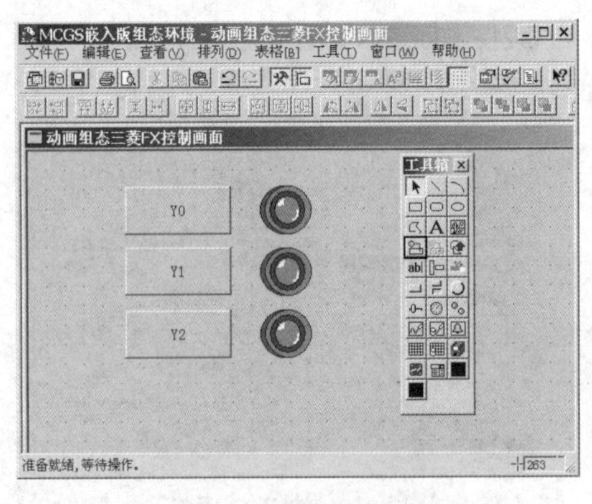

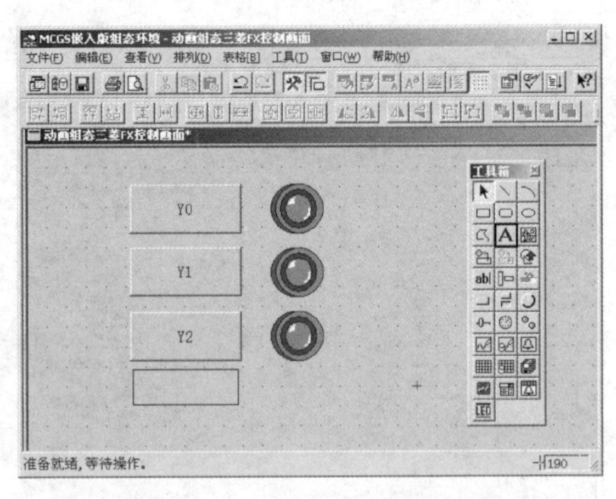

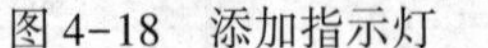
图 4-18 添加指示灯

图 4-19 添加“标签”构件

用同样的方法，添加另一个标签，文本内容设置为“D2”，如图 4-21 所示。

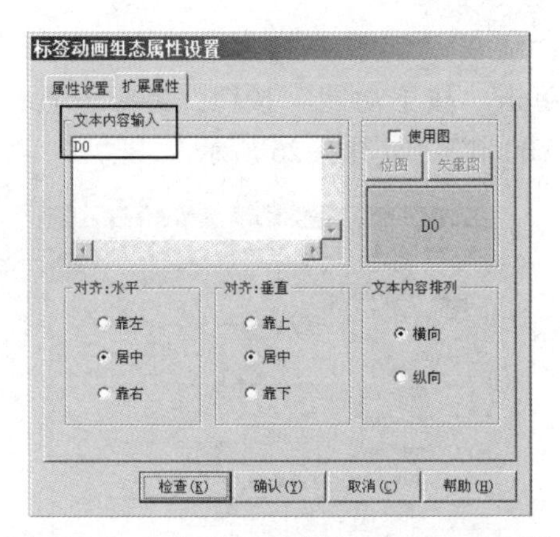

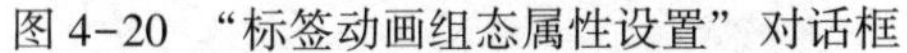

图 4-20　“标签动画组态属性设置”对话框

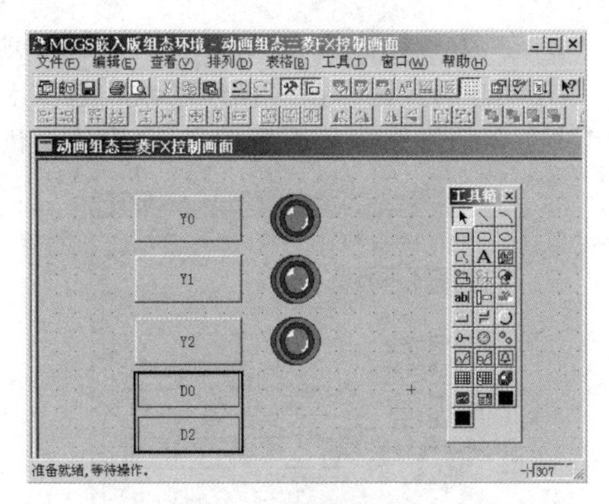

图 4-21　设置标签文本

④ 输入框：单击工具箱中的“输入框”图标，然后在窗口按住鼠标左键，拖放出一定大小的“输入框”，用同样的方法再添加一个“输入框”，将两个“输入框”分别摆放在 D0、D2 标签的旁边，如图 4-22 所示。

5）建立数据连接。

① 按钮：双击 Y0 按钮，弹出“标准按钮构件属性设置”对话框。在“操作属性”选项卡中，默认“抬起功能”按钮为按下状态，勾选“数据对象值操作”复选按钮，选择“清 0”操作，如图 4-23 所示。

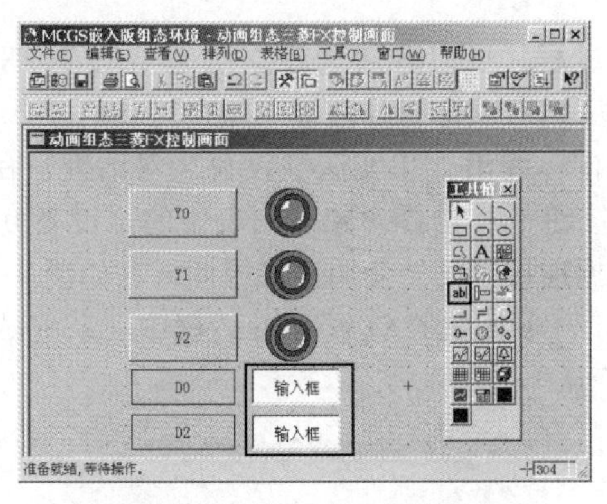

图 4-22　添加“输入框”构件

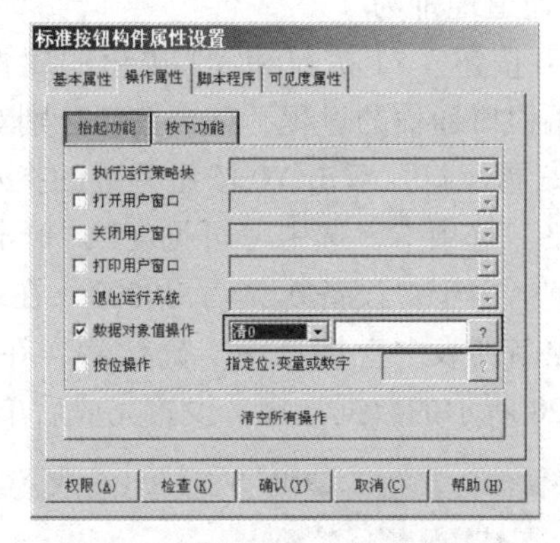

图 4-23　设置 Y0 按钮抬起功能

然后，单击浏览按钮，弹出“变量选择”对话框，选择“根据采集信息生成”单选按钮，通道类型选择“Y 输出寄存器”，通道地址为“0”，读写类型选择“读写”，如图 4-24 所示。设置完成后，单击“确认”按钮。

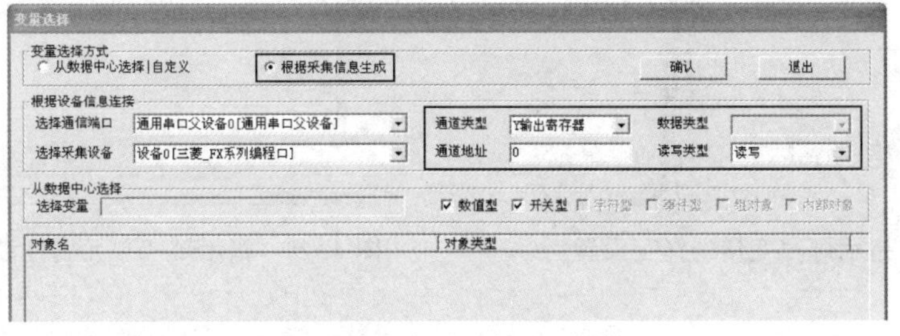

图 4-24　“变量选择”对话框

即在 Y0 按钮抬起时，对三菱 FX 的 Y0 地址“清 0”，如图 4-25 所示。

用同样的方法，在“操作属性”选项卡中单击“按下功能”按钮，进行设置，勾选“数据对象值操作”→“置 1”→“设备 0_读写 Y0000”，如图 4-26 所示。

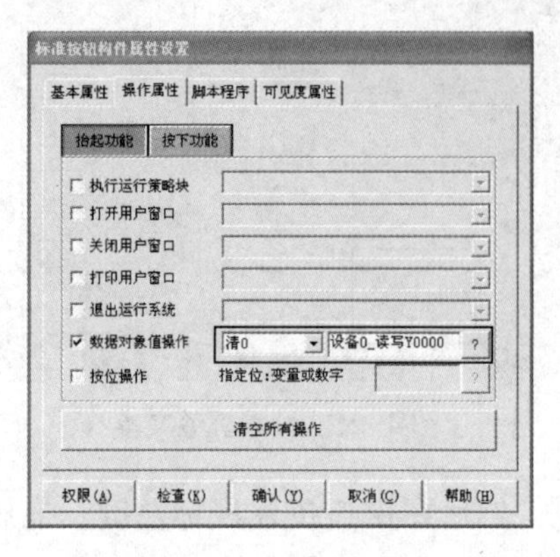

图 4-25　Y0 按钮抬起数据对象

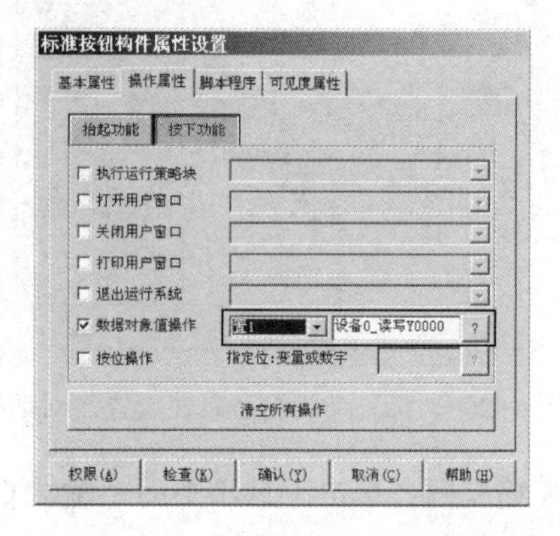

图 4-26　Y0 按钮按下数据对象

用同样的方法，分别对 Y1 和 Y2 的按钮进行设置。

Y1 按钮：“抬起功能”时“清 0”，“按下功能”时“置 1”，变量选择为“Y 输出寄存器”，通道地址为“1”。

Y2 按钮：“抬起功能”时“清 0”，“按下功能”时“置 1”，变量选择为“Y 输出寄存器”，通道地址为“2”。

Y0 按钮、Y1 按钮和 Y2 按钮的属性设置过程，可以理解为建立组态与三菱 FX 系列 PLC 编程口通信的过程，三个按钮分别对应三菱 PLC 实际操作地址中的 Y0、Y1、Y2。

② 指示灯：双击 Y0 按钮旁边的指示灯元件，弹出“单元属性设置”对话框，在“数据对象”选项卡，选中“可见度”，单击浏览按钮?，选择对象名列表中的“设备 0_读写 Y0000”。由于“设备 0_读写 Y0000”在按钮数据连接时已经使用过，因此可在如图 4-27 所示对象名列表中直接选中。确认后，在指示灯“单元属性设置”对话框中，就完成了如图 4-28 所示的数据连接，设置完成后单击“确认”按钮。

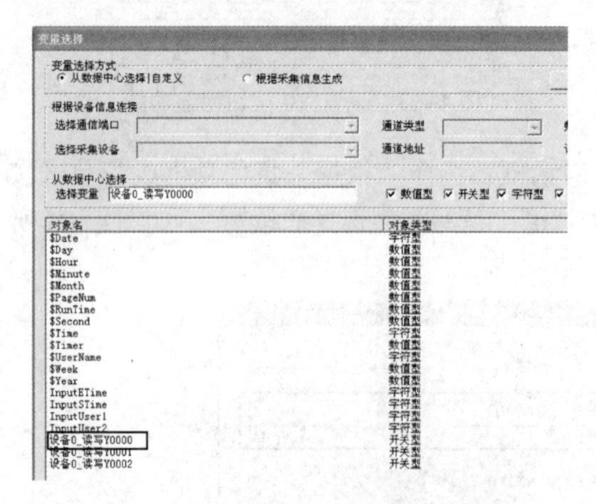

图 4-27　指示灯“变量选择”设置

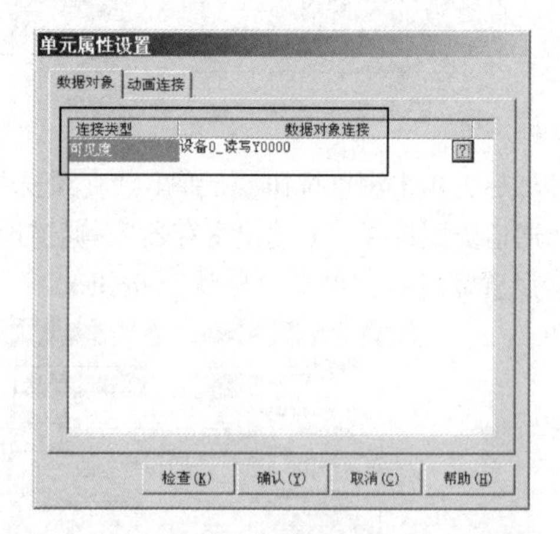

图 4-28　指示灯“单元属性设置”对话框

用同样的方法，将 Y1 按钮和 Y2 按钮旁边的指示灯分别连接变量“设备 0_读写 Y0001”和“设备 0_ 读写 Y0002”。

③ 输入框：双击 D0 标签旁边的输入框构件，弹出“输入框构件属性设置”对话框，在“操作属性”选项卡，单击进行变量选择，选择“根据采集信息生成”单选按钮，通道类型选择“D 数据寄存器”，通道地址为“0”；数据类型选择“16 位 无符号二进制”；读写类型选择“读写”，如图 4-29 所示。完成后单击“确认”按钮，完成如图 4-30 所示“输入框构件属性设置”对话框中数据的连接。

变量选择
变量选择方式
从数据中心选择|自定义　根据采集信息生成　确认　退出
根据设备信息连接
选择通信端口　通用串口父设备0[通用串口父设备]　通道类型　D数据寄存器　数据类型　16位 无符号二进
选择采集设备　设备0[三菱_FX系列编程口]　通道地址　0　读写类型　读写
从数据中心选择
选择变量　数值型　开关型　字符型　事件型　组对象　内部对象

对象名	对象类型
InputETime	字符型
InputSTime	字符型
InputUser1	字符型
InputUser2	字符型
设备0_读写Y0000	开关型
设备0_读写Y0001	开关型
设备0_读写Y0002	开关型

图 4-29　输入框“变量选择”设置

用同样的方法，对 D2 标签旁边的输入框进行设置，在“操作属性”选项卡中，选择对应的数据对象：通道类型选择“D 寄存器”，通道地址为“2”，数据类型选择“16 位 无符号二进制”，读写类型选择“读写”。

6）模拟运行。

先不连接 TPC 和 PLC 设备，单击下载按钮，在弹出如图 4-31 所示的对话框中，选择“模拟运行”功能。然后，单击“工程下载”按钮，在信息框中显示下载的相关信息，如图 4-32 所示，如果有红色的信息或者错误提示，将无法运行，如果显示绿色的成功信息，表明组态过程中没有出现违反组态规则的信息。

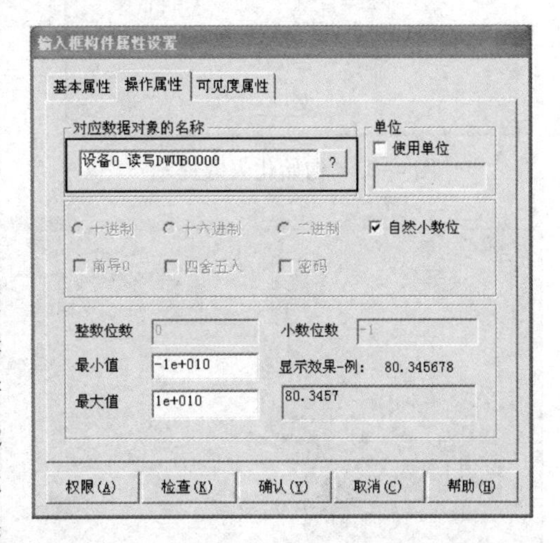

图 4-30　“输入框构件属性设置”结果

本案例中，由于已经添加了设备组态，如果只进行“模拟运行”，在按下“启动运行”按钮时，将会弹出如图 4-33 所示的提示信息，表明“通用串口父设备”没有与 PC 连接。单击“确认”按钮，进入 MCGS 模拟运行环境，如图 4-34 所示。

在模拟运行环境下，按下 Y1 按钮，对应的指示灯由红变绿，如图 4-35 所示。表明二者之间已经建立了数据连接。

在模拟运行环境下，单击 D0 标签右边的“输入框”，在弹出的对话框中通过弹出键盘输入数值 2，如图 4-36 所示，单击“确定”按钮。

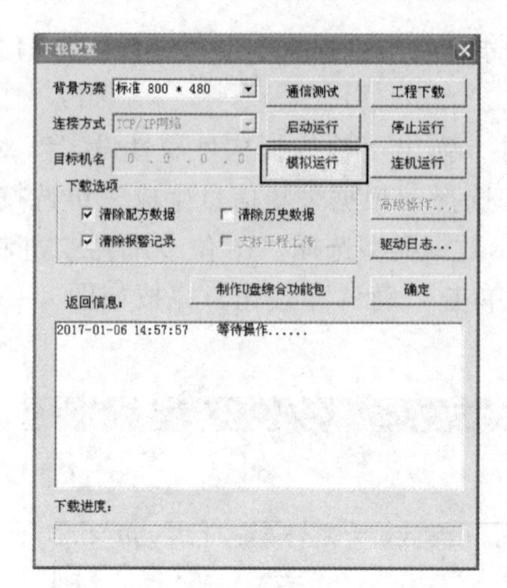

图 4-31 “模拟运行”功能

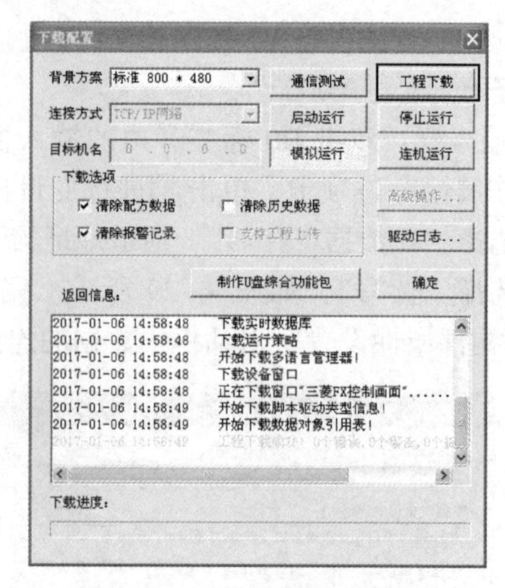

图 4-32 “工程下载”的信息

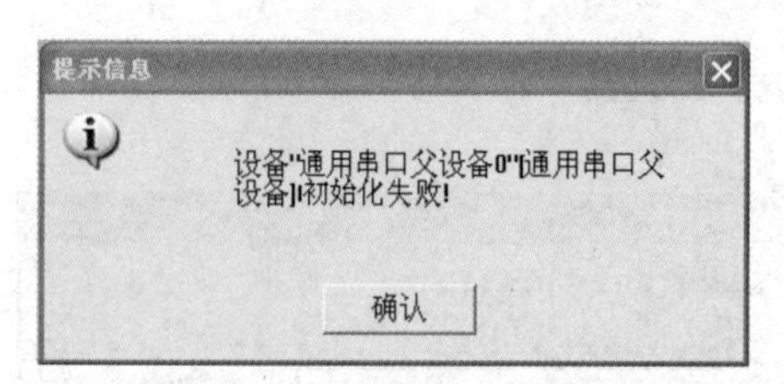

图 4-33 初始化失败提示

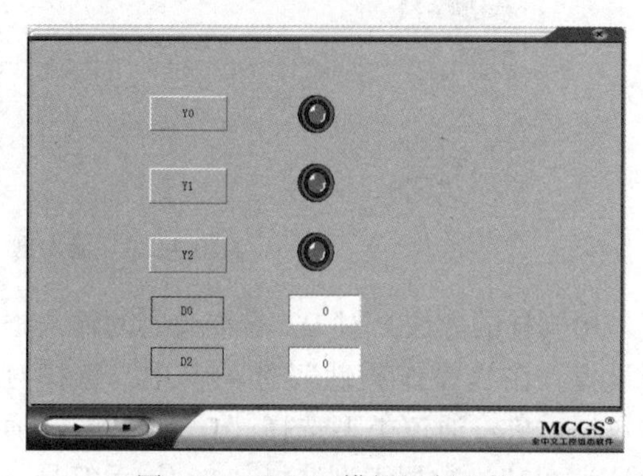

图 4-34 MCGS 模拟运行环境

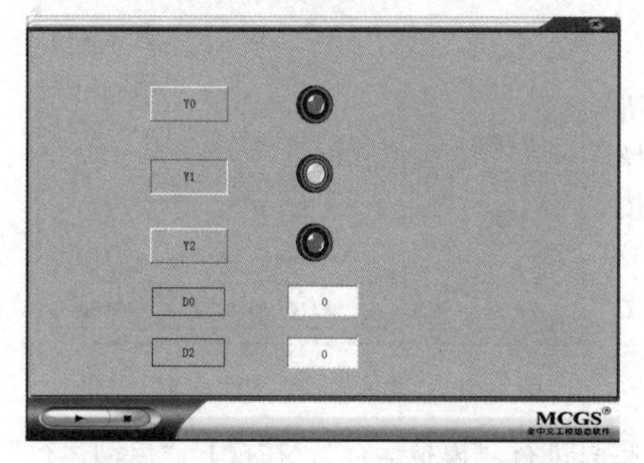

图 4-35 Y1 按钮和对应指示灯的仿真

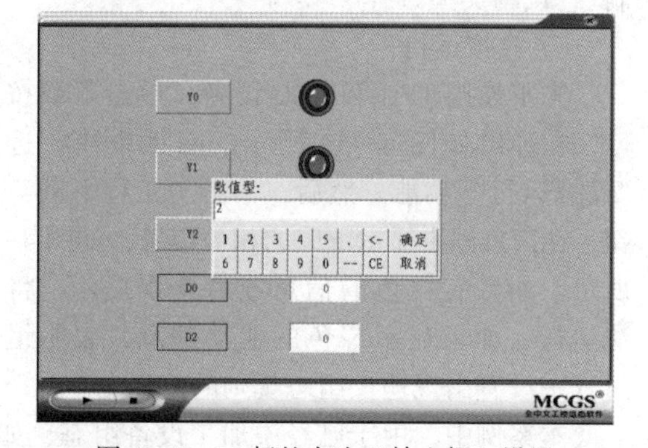

图 4-36 D0 标签右边“输入框”设置

单击 D2 标签右边的“输入框”，在弹出的对话框中输入数值 3，单击“确定”按钮，这时输入框中的数据显示如图 4-37 所示。

由于是模拟仿真环境下，没有与 PLC 连接通信，所以这个案例的图元之间的数据无法与 PLC 中的数据进行连接。

01 窗口中的图元绘制

7）连机运行。

在连机运行前，必须将前面的组态过程进行相应的修改。

① 对组态窗口中的图元进行相应的修改。将三个按钮的文本分别修改为 SB1、SB2、SB3，如图 4-38 所示。

② 单击工具箱中的“标签”图标，在组态窗口中，分别为三个按钮和两个数据输入框添加标签。通过工具条中的四个按钮，分别对标签的填充色、边框线色、字符色、字符字体进行设置，完成效果如图 4-39 所示。

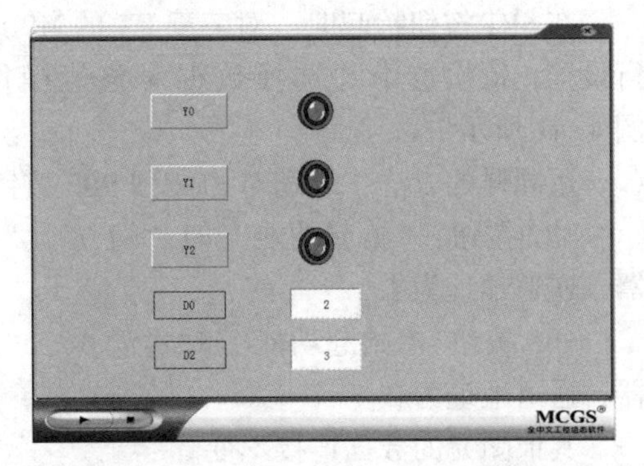

图 4-37　D2 右边“输入框”中的数据显示

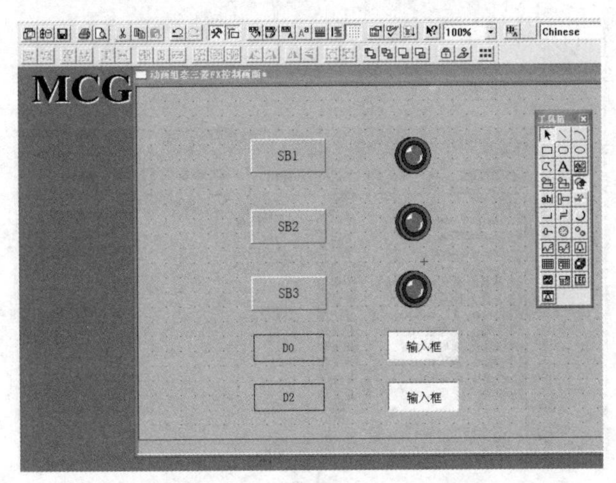

图 4-38　三个按钮的文本修改

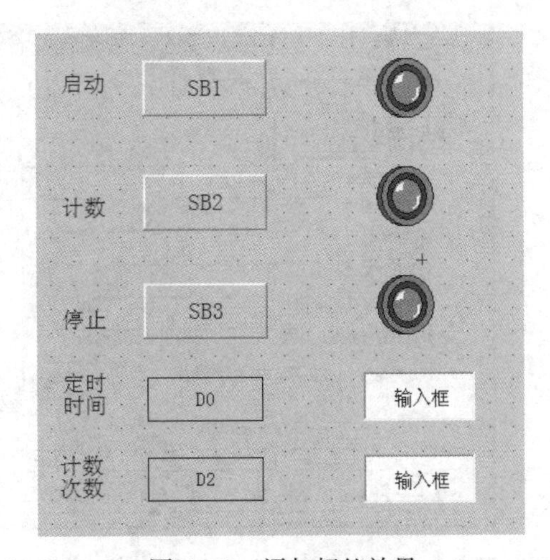

图 4-39　添加标签效果

③ 重新对按钮建立数据连接。双击“SB1”按钮，弹出“标准按钮构件属性设置”对话框。在“操作属性”选项卡中，默认“抬起功能”按钮为按下状态，勾选“数据对象值操作”复选按钮，选择“清 0”操作，参考图 4-23。单击浏览按钮，弹出“变量选择”对话框，选择“根据采集信息生成”单选按钮，通道类型选择“M 辅助寄存器”，通道地址为“0”，读写类型选择“读写”，如图 4-40 所示。设置完成后单击“确认”按钮。

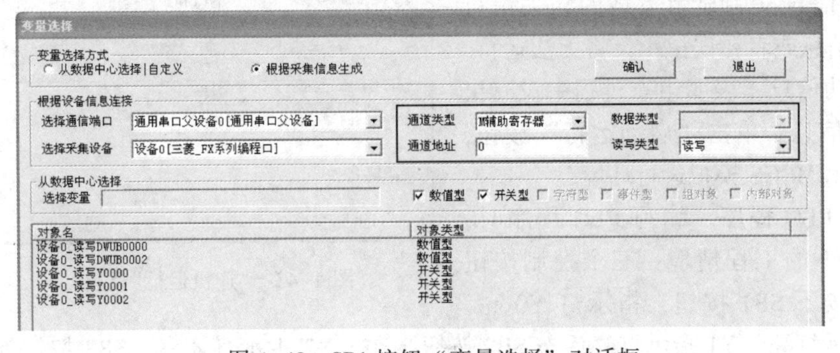

图 4-40　SB1 按钮“变量选择”对话框

02　建立数据连接

在 SB1 按钮抬起时，对三菱 FX 的 M0 地址“清 0”。用同样的方法，对“按下功能”进行设置，依次选中“选择数据对象值操作”→“置 1”→“设备 0_读写 M0000”。如图 4-41 所示。

用同样的方法，分别对 SB2 和 SB3 按钮进行设置。

SB2 按钮：“抬起功能”时“清 0”，“按下功能”时“置 1”，变量选择为 M 辅助寄存器，通道地址为 1。

SB3 按钮：“抬起功能”时“清 0”，“按下功能”时“置 1”，变量选择为 M 辅助寄存器，通道地址为 2。

其他图元的数据连接不变。

④ 在“工作台”窗口中选择“实时数据库”，显示如图 4-42 所示。按钮、指示灯、输入框连接的数据均已经在数据库中自动生成了。

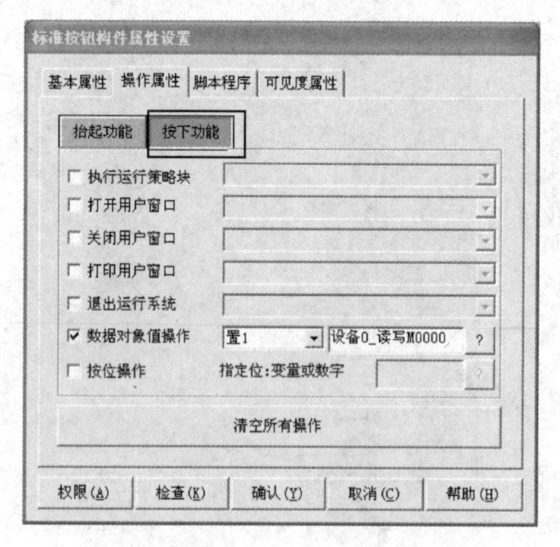

图 4-41　对 SB1 按钮“按下功能”进行设置

工作台：C:\DOCUMENTS AND SETTINGS\ADMINISTRATOR\桌面\TPC...

主控窗口　设备窗口　用户窗口　实时数据库　运行策略

名字	类型	注释	报警
InputETime	字符型	系统内建...	
InputSTime	字符型	系统内建...	
InputUser1	字符型	系统内建...	
InputUser2	字符型	系统内建...	
设备0_读写DWUB0000	数值型		
设备0_读写DWUB0002	数值型		
设备0_读写M0000	开关型		
设备0_读写M0001	开关型		
设备0_读写M0002	开关型		
设备0_读写Y0000	开关型		
设备0_读写Y0001	开关型		
设备0_读写Y0002	开关型		

新增对象　成组增加　对象属性

图 4-42　实时数据库

⑤ 下载与调试。

第一步：参考图 2-1，将 TPC7062KS 与组态计算机连接。单击下载按钮，在弹出的对话框中，选择“连机运行”功能，连接方式选择“USB 通信”，如图 4-43 所示。通信测试正常后，单击“工程下载”按钮，在信息框中显示下载的相关信息中，如果有红色的信息或者错误提示，将无法运行，如果显示绿色的成功信息，表明组态过程中没有出现违反组态规则的信息。单击“启动运行”按钮，TPC7062KS 中将显示 MCGS 模拟运行环境。

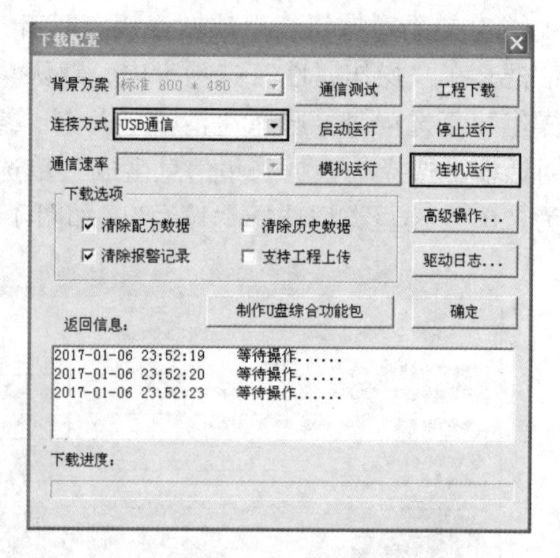

图 4-43　“连机运行”设置

第二步：编写 PLC 程序。编写 PLC 程序时，首先要设计一个如下的工程情境：三个控制按钮 SB1、SB2、SB3。按下 SB1 按钮，指示灯 Y0 亮，延时 5 s 后，Y1 指示灯亮，Y1 指示灯亮后按 SB2 按钮 2 次，Y2 指示灯才亮。SB3 按钮为停止按钮，无论何时，SB3 按钮按下，全部灯都灭。

首先，根据控制要求，建立输入输出分配表，如表 4-1 所示。根据控制要求编写的 PLC 参考程序如图 4-44 所示。

第三步：将图 4-44 所示的 PLC 程序下载到 PLC 中。

表 4-1　输入输出分配表

输　入		输　出	
元件名称	地址	元件名称	地址
按钮 SB1	M0	指示灯 1	Y0
按钮 SB2	M1	指示灯 2	Y1
按钮 SB3	M2	指示灯 3	Y2
		定时器	T0　D0
		计数器	C0　D2

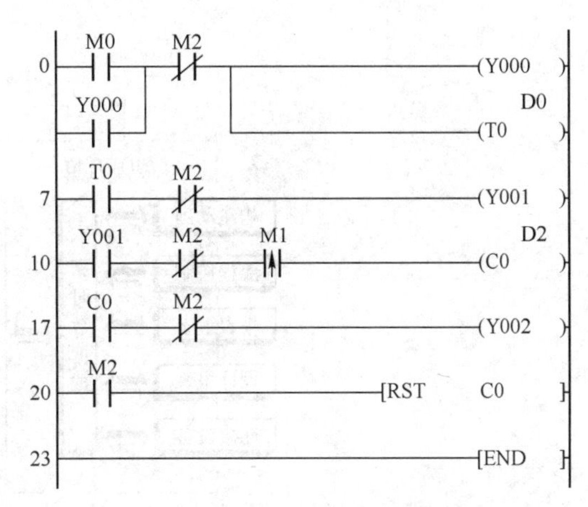

图 4-44　PLC 参考程序

第四步：参考图 2-2 所示 TPC7062K 与三菱 PLC 的接线，连接 TPC7062K 与三菱 PLC，进行连机运行。

第五步：TPC 上电后，初始状态时，在 D0 输入框中输入数据为 20（2 s 定时），D2 输入框输入数据为 3（3 次计数），并按照设定的工程情境进行调试。

03　工程调试

学习成果检查表（见表 4-2）

表 4-2　“TPC 通信控制”工程检查表

学习成果			评分表		
巩固学习内容	检查与修正	总结与订正	小组自评	学生自评	教师评分
工程建立的一般过程和步骤					
模拟运行步骤					
连机运行步骤					
数据连接是如何实现的					
实时数据库的作用					
PLC 编程口的通信参数					
你还学了什么					
你做错了什么					

拓展与提升

本案例中，调试运行时，通过 TPC 中的按钮不但可以控制 TPC 中的指示灯，还可以控制 PLC 输出端对应的指示灯，这是如何实现的呢？

MCGS 组态软件系统包括组态环境和运行环境两个部分。组态环境相当于一套完整的工具软件，用来帮助用户设计和构造自己的应用系统。运行环境则按照组态环境中构造的组态工程，以用户的制定方式运行，并进行各种处理，完成用户设计的目标和功能。组态环境和运行环境的关系如图 4-45 所示。

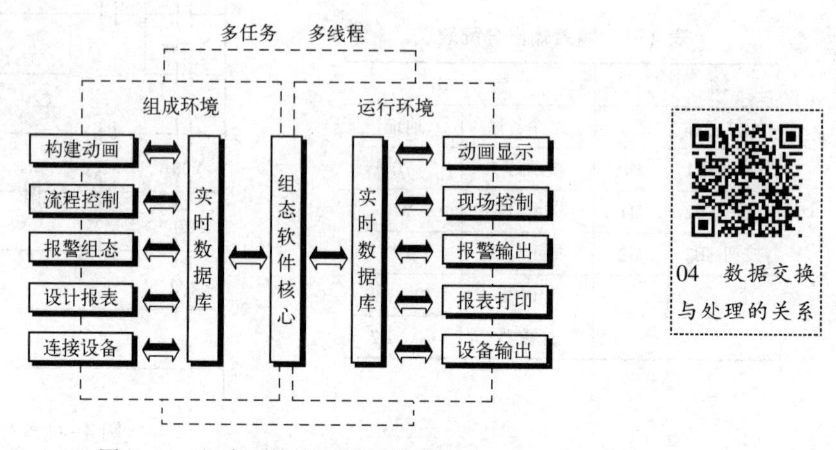

图 4-45　组态环境和运行环境的关系

由图 4-45 可见，实时数据库是工程各个部分的数据交换与处理中心，是 MCGS 的核心，它将 MCGS 工程各个部分连接成有机的整体。窗口内定义的不同类型和名称的变量，将作为数据采集、处理、输出控制、动画连接及设备驱动的对象。因此，本案例中连机运行时，数据交换与处理的关系可用图 4-46～图 4-48 清晰地表示出来。

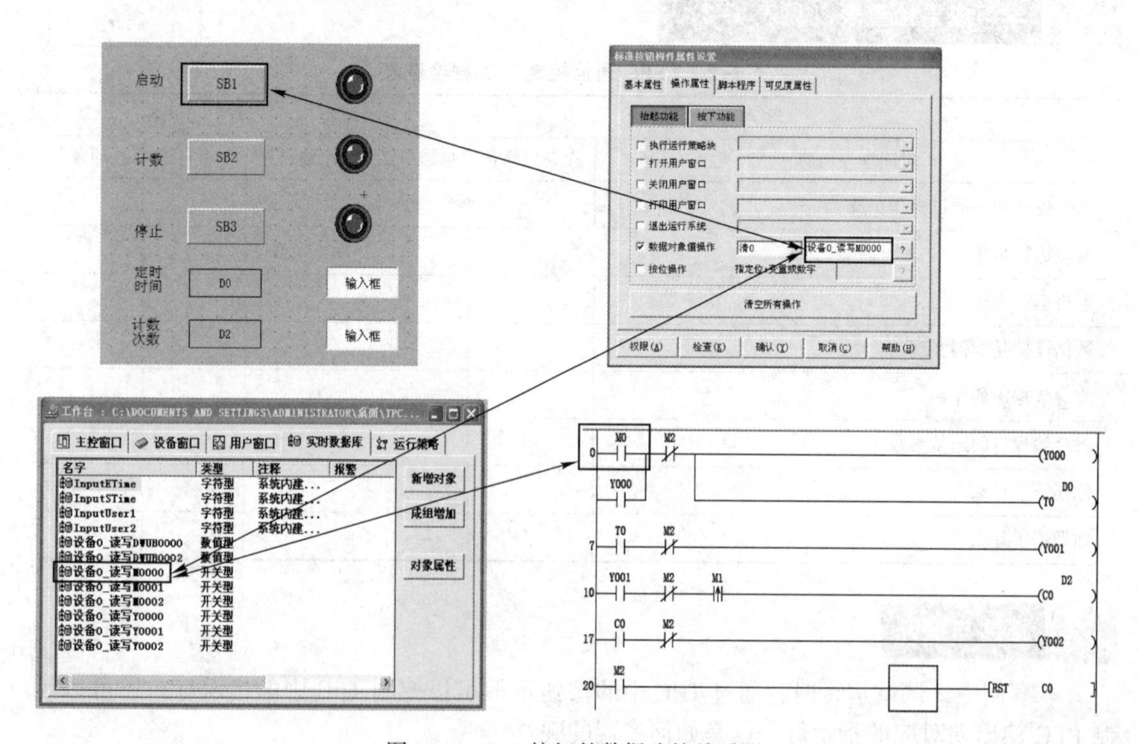

图 4-46　SB1 按钮的数据连接关系图

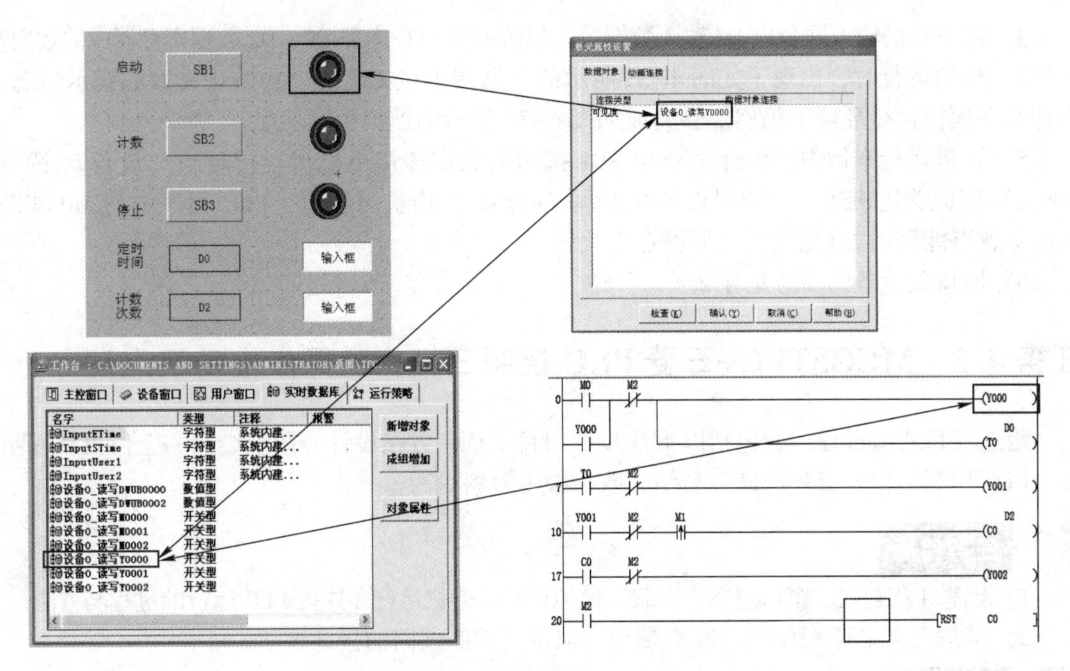

图 4-47　窗口中指示灯的数据连接关系图

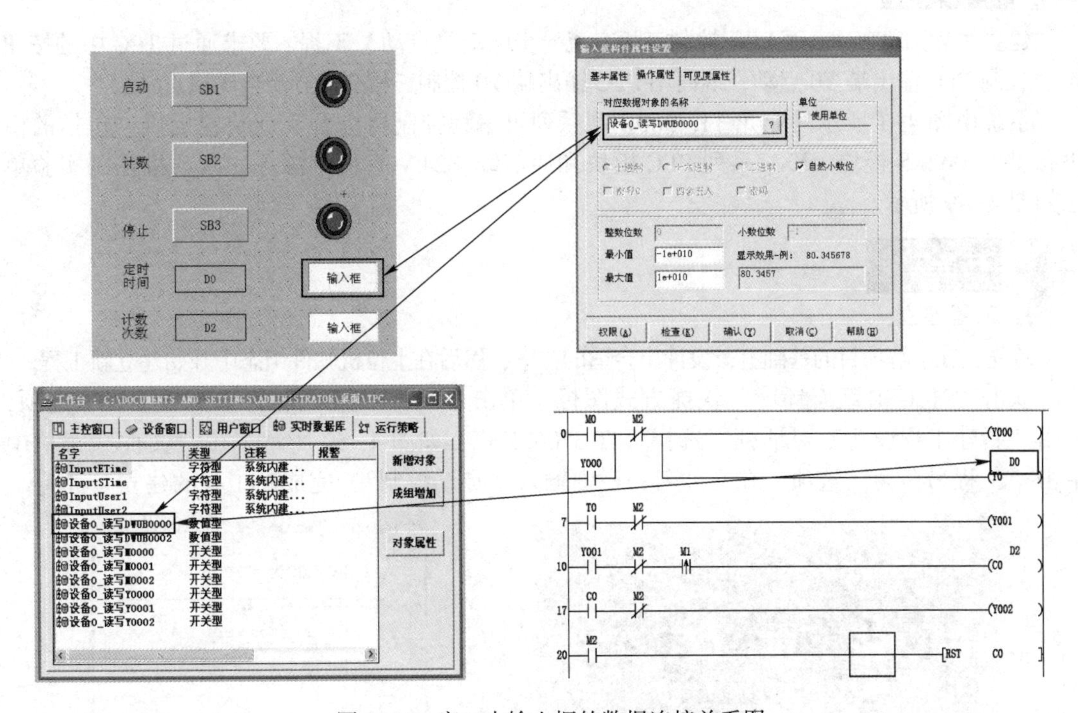

图 4-48　窗口中输入框的数据连接关系图

练习与提高

1）本项目中按钮 SB1、SB2、SB3 的功能一样吗？为什么？

2）TPC 上的 D0 标签和 D2 标签各代表什么意思？PLC 内部的 D0、D2 又代表什么意思？

3）向 TPC 的输入框 D0、D2 输入数据后，如何观察 PLC 内部 D0、D2 数据寄存器中的数据？

4）模拟运行时，出现了如图 4-33 所示的“通用串口父设备”初始化失败的提示信息，为什么在模拟运行环境下仍然能够完成如图 4-35 所示的模拟仿真功能？

5）连机运行案例中，为什么要将 SB1 按钮的数据连接由模拟运行时的“设备 0_读写 Y0000”修改为连机运行时的“设备 0_读写 M0000”？连机运行时，PLC 程序中的 M0 辅助继电器触点能否用 X0 输入继电器触点来代替？

6）串口父设备的功能是什么？

任务 4.2　MCGSTPC+三菱 PLC 控制三相交流异步电动机点动

组态项目实施过程一般包括以下几步：项目了解→方案设计→图纸绘制→上位机软件组态→PLC 控制编程→安装调试→总结验收→技术资料编写。

任务目标

1）熟悉工程建立、窗口组态、下载、模拟运行、连机运行和连接 PLC 运行的过程与方法。

2）掌握三菱 FX 系列 PLC 输出端与交流电气控制线路的接线方法。

任务计划

建立“MCGSTPC+三菱 PLC 控制三相交流异步电动机点动”工程。要求通过 TPC 中的按钮 M1，控制 PLC 输出端 Y0 点动，继而用 PLC 输出端 Y0 控制三相交流异步电动机点动。

系统由图 4-1 所示的亚龙 YL-360B 型系列可编程控制器综合实训装置提供。包括的模块有 TPC7062KS 模块、FX_{3U} 系列 PLC 模块和通信线、24 V 直流电源等。电动机控制实验单元如图 4-49 所示。

任务实施

1. 工程建立

首先，在了解项目的基础上，设计出合适的方案，然后在上位机软件组态中开始建立新工程。

双击“MCGSE 组态环境”快捷方式图标，单击“文件”菜单中的“新建工程”选项，弹出“新建工程设置”对话框，选择“TPC7062KS”，如图 4-50 所示。在“文件”菜单中单击“工程另存为”选项，在文件名一栏内输入“点动控制”，完成新工程的建立。

图 4-49　电动机控制实验单元

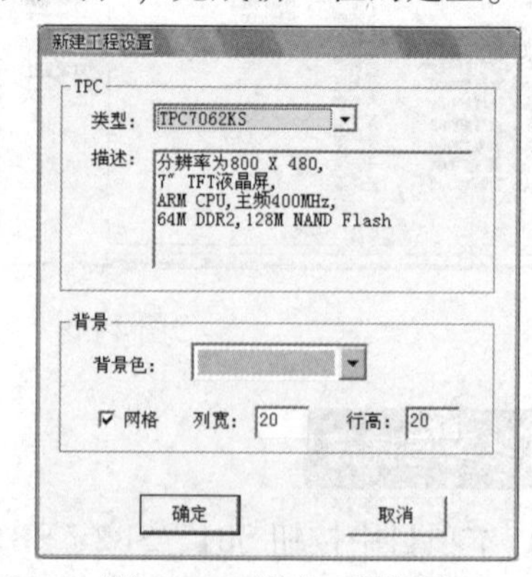

图 4-50　新建工程设置

2. 窗口组态

1）在“工作台”窗口中选择“设备窗口”，单击“设备组态”按钮，进入设备组态界面，单击工具条中的🛠按钮，弹出“设备工具箱”对话框，如图 4-51 所示。

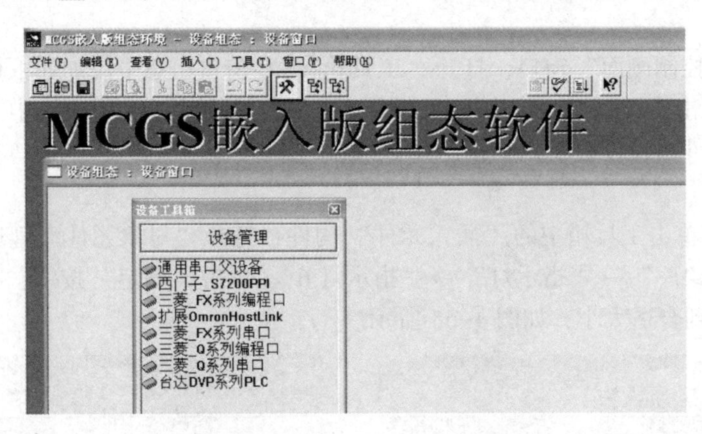

图 4-51　“设备工具箱”对话框

2）在“设备工具箱”中，先后双击“通用串口父设备”和“三菱_FX 系列编程口”，将它们添加至设备组态界面，如图 4-52 所示。

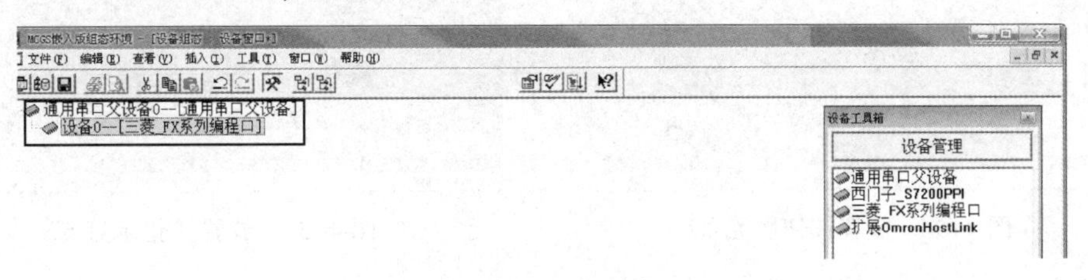

图 4-52　添加设备

3）双击“三菱_FX 系列编程口”，在弹出的“设备编辑窗口”中，选择三菱 FX 系列 PLC 的 CPU 类型，一定要与本任务使用的 PLC 类型相同，如图 4-53 所示。

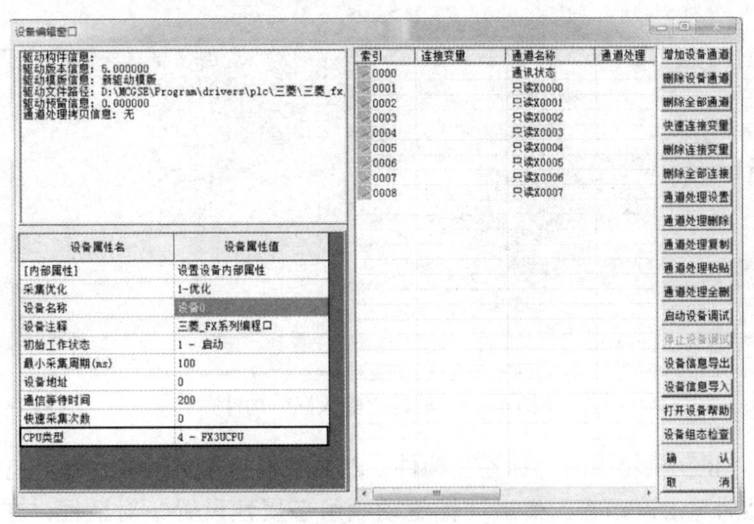

图 4-53　CPU 类型选择

3. 用户窗口组态

在“工作台”窗口中选择“用户窗口”，单击“新建窗口”按钮，建立新画面“窗口0”。单击“窗口属性”按钮，弹出“用户窗口属性设置”对话框，将“窗口名称”修改为“三菱控制画面”。

双击“三菱控制画面”窗口，打开“工具箱”，在窗口组态中添加如下构件。

① 按钮：单击工具箱中“标准按钮”构件，将按钮构件拖放到窗口中。双击该按钮打开“标准按钮构件属性设置”对话框，将“文本”修改为“M1”，单击“确认”按钮，如图 4-54 所示。

② 指示灯：单击工具箱中的“插入元件”构件，打开“对象元件库管理”对话框，依次选择“图形对象库”→“指示灯”→“指示灯 6”，单击“确定”按钮，将其添加到窗口画面中，并调整到合适大小，如图 4-55 所示。

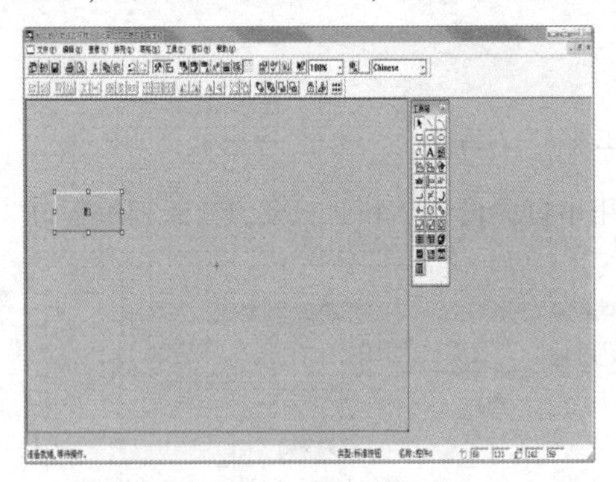

图 4-54　放置按钮图元

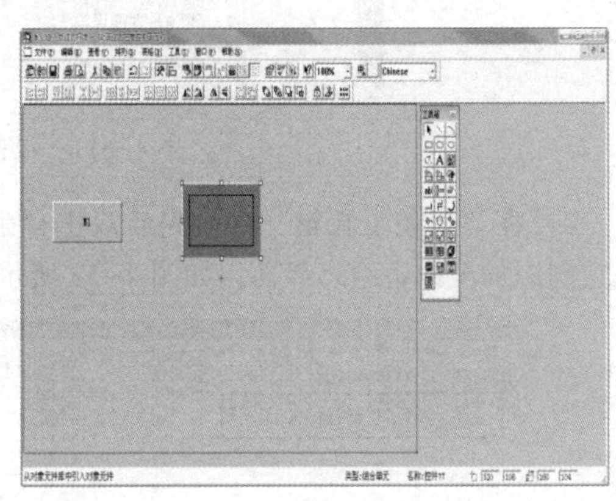

图 4-55　放置“指示灯 6”

③ 输入框：单击工具箱中的“输入框”构件，然后在窗口按住鼠标左键，拖放出一个一定大小的“输入框”，如图 4-56 所示。

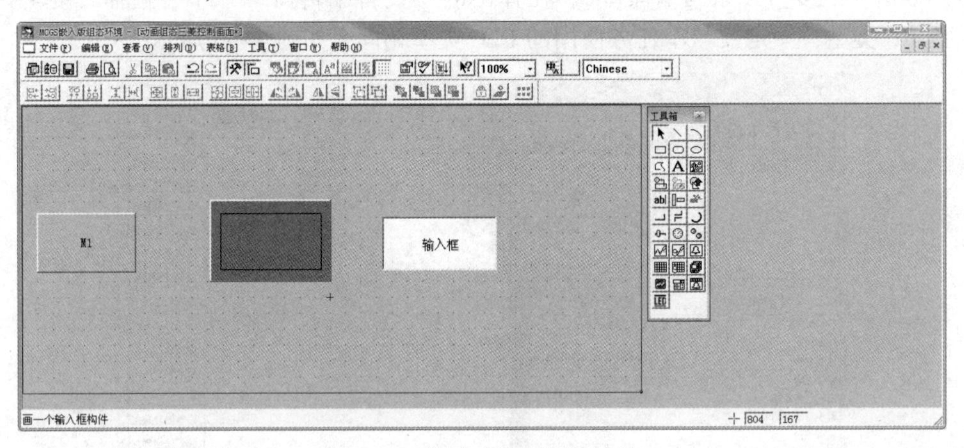

图 4-56　放置“输入框”构件

④ 标签：单击工具箱中的“标签”构件，然后在窗口按住鼠标左键，拖放出一定大小的“标签”。然后双击该标签，弹出“标签动画组态属性设置”对话框，在“扩展属性”选项卡的“文本内容输入”中输入“输入框”，单击“确认”按钮。

4. 建立数据连接

① 按钮：双击M1按钮，弹出“标准按钮构件属性设置”对话框，在“操作属性”选项卡中，默认“抬起功能”按钮为按下状态，勾选“数据对象值操作”复选按钮，选择“清0”操作，然后单击?按钮，弹出“变量选择”对话框，按图4-57所示选择“根据采集信息生成”单选按钮，通道类型选择“M辅助寄存器”，通道地址为“1”，读写类型选择“读写”。设置完成后，单击“确认”按钮。即在M1按钮抬起时，对三菱PLC的M1“清0”，如图4-58所示。

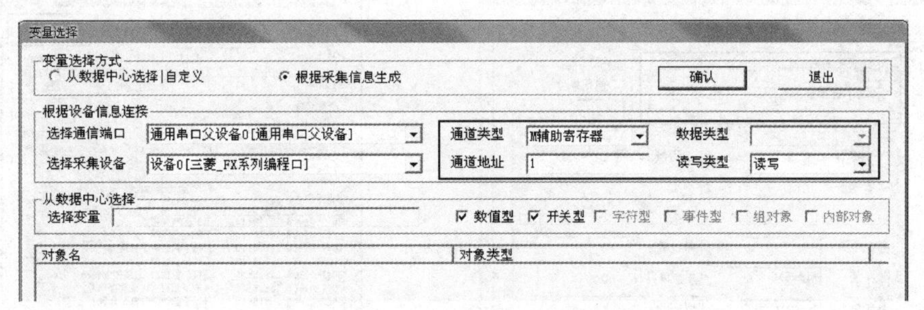

图4-57 “变量选择”对话框

用同样的方法，在“操作属性”选项卡中，单击“按下功能”按钮，勾选“数据对象值操作”→“置1”→“设备0_读写M0001”，如图4-59所示。

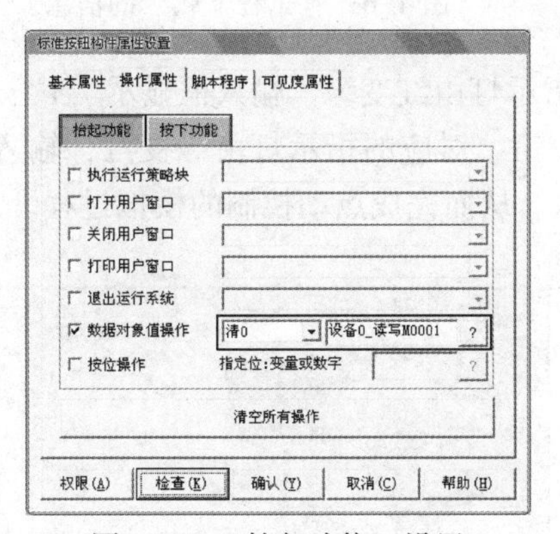

图4-58 “抬起功能”设置

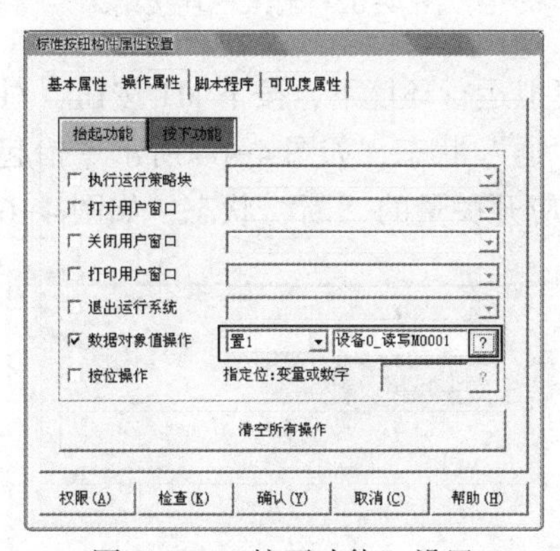

图4-59 “按下功能”设置

② 指示灯：双击按钮旁边的指示灯构件，弹出“单元属性设置”对话框，在如图4-60所示的“数据对象”选项卡中，选中“填充颜色”，单击?按钮，选择数据对象列表中的“设备0_读写M0001”，确认后如图4-61所示。

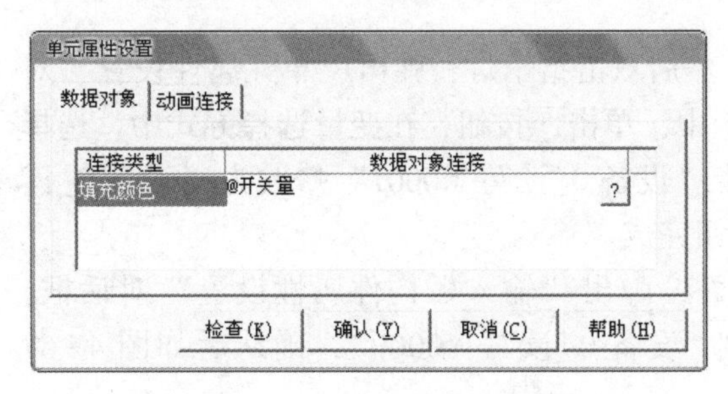

图4-60 “单元属性设置”对话框

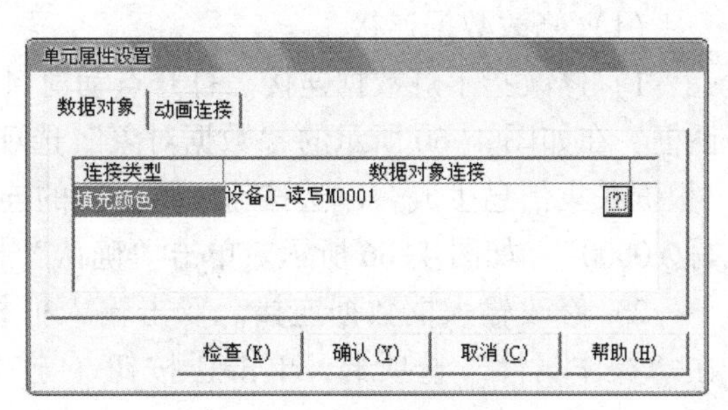

图4-61 指示灯连接结果

③ 输入框：双击输入框构件，弹出“输入框构件属性设置”对话框，在“操作属性”选项卡，单击[?]按钮，连接“设备 0_读写 M0001”，确认后如图 4-62 所示。

5. 模拟运行调试

先不连接 PLC 设备，单击下载按钮，在弹出的“下载配置”对话框中，选择“模拟运行”功能。然后，单击“工程下载”按钮，在信息框中显示下载的相关信息如图 4-63 所示。

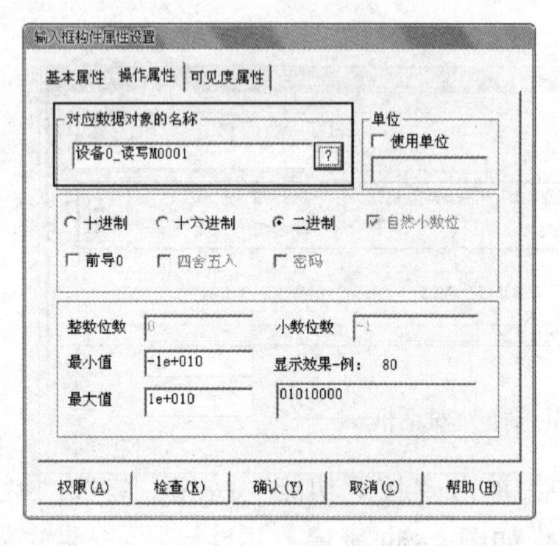

图 4-62　输入框连接结果

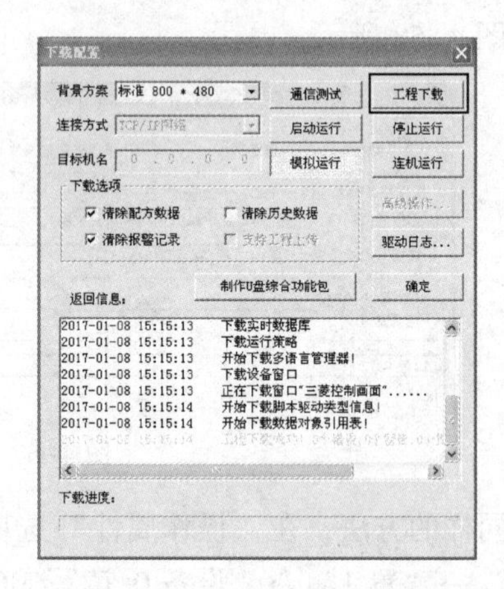

图 4-63　“工程下载”的信息

在模拟运行环境下，按下 M1 按钮，对应的指示灯由红变绿，输入框显示“1”，对应开关量的“通”状态，如图 4-64 所示。抬起 M1 按钮，对应的指示灯由绿变红，输入框显示“0”，对应开关量的“断”状态，如图 4-65 所示。从而完成点动控制的模拟过程。

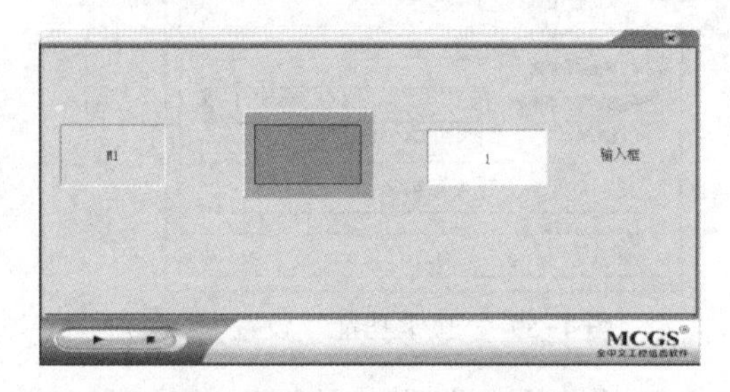

图 4-64　按下 M1 按钮状态

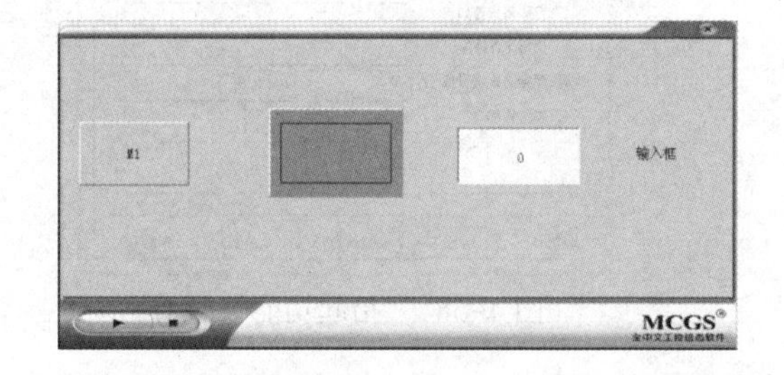

图 4-65　抬起 M1 按钮状态

6. 连机运行

（1）修改数据连接

1）修改指示灯数据连接。打开点动窗口，然后双击指示灯，弹出“单元属性设置”对话框，在如图 4-60 所示的“数据对象”选项卡中，单击[?]按钮，在变量选择方式中，选择“根据采集信息生成”单选按钮，将原来的连接“设备 0_读写 M0001”修改为“设备 0_读写 Y0000”，如图 4-66 所示。单击“确认”按钮完成。

2）修改输入框数据连接。双击输入框构件，弹出“输入框构件属性设置”对话框，在“操作属性”选项卡，单击[?]按钮，连接“设备 0_读写 Y0000”，确认后如图 4-67 所示。

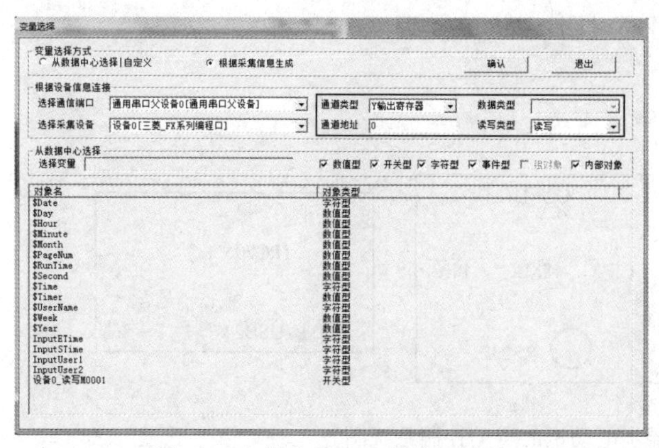

图 4-66　修改指示灯的数据连接

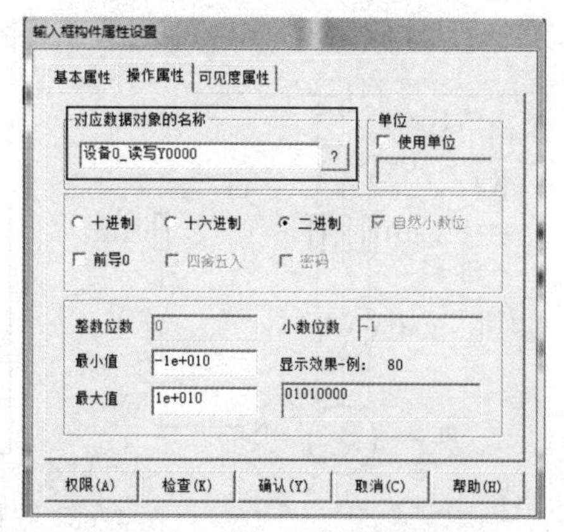

图 4-67　修改输入框数据连接

（2）重新下载组态工程到 TPC 中

参考图 2-1，将 TPC7062KS 与组态计算机连接，单击下载按钮，在弹出的对话框中，选择“连机运行”功能，连接方式选择“USB 通信”。单击“启动运行”按钮，TPC7062KS 中将显示 MCGS 运行环境。

（3）PLC 程序编写及下载

1）打开三菱 PLC 编程软件 GX Developer，把 PLC 系列设置为“FXCPU”，PLC 类型为“FX3U”，单击“确定”按钮。然后，开始编写一个点动控制的 PLC 程序：输入常开触点 M1；输出线圈 Y0。

2）程序编译之后，将程序下载到三菱 PLC 中。

3）参考图 2-2 所示的接线方式，连接 TPC7062KS 与三菱 PLC，进行连机运行。

4）观测 PLC 的输出端是不是按照设计要求完成点动输出，并总结分析控制过程。

05　点动调试

学习成果检查表（见表 4-3）

表 4-3　电动机点动控制工程检查表

学习成果			评分表		
巩固学习内容	检查与修正	总结与订正	小组自评	学生自评	教师评分
讲述三相异步电动机的点动控制系统图的功能					
与 PLC 连机运行时，组态中的数据连接如何进行修改					
按钮“操作属性”中的“数据对象操作”，清 0、置 1、按 1 松 0 的设置功能的异同					
你还学了什么					
你做错了什么					

拓展与提升

1. 完成三相异步电动机点动控制系统的安装与调试

既然本案例要完成对三相异步电动机的点动控制，就需要在已经完成的工程的基础上去控制实际的电气控制线路，从而完成 TPC 控制 PLC，再使用 PLC 的输出端控制三相异步电动机的具体应用。这个控制过程系统图可通过图 4-68 来实现。

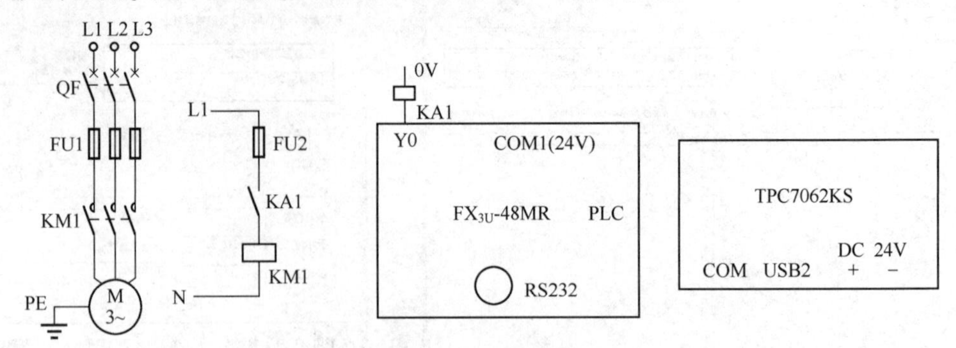

图 4-68　三相异步电动机的点动控制系统图

图 4-68 中，三相异步电动机控制线路的主电路和控制电路都通过图 4-49 所示自配的电动机控制实验单元来实现。TPC 通过 RS232 数据线和 PLC 连接。由于 FX_{3U}-48MR 系列 PLC 输出端不能直接与三相交流连接，可通过直流中间继电器进行一步转换，本案例中间继电器使用亚龙 YL-360B 型系列可编程控制器综合实训装置所配置的中间继电器，如图 4-69 所示。用 PLC 输出端 Y0 控制中间继电器 KA1 的线圈，再用中间继电器 KA1 的动合触点控制交流接触器 KM1 的线圈，通过交流接触器 KM1 的主触点去控制三相异步电动机的工作。从而达到通过 TPC 控制 PLC，再使用 PLC 控制三相电动机点动的人机交互控制要求。

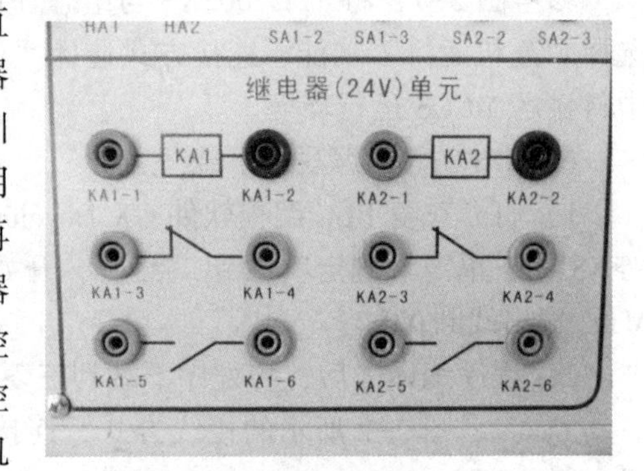

图 4-69　直流中间继电器单元

图 4-68 中的三菱 PLC 型号为 FX_{3U}-48MR，输出可接交流接触器。从安全角度出发，学生刚开始进行安装时还是按照图 4-68 所示，输出接直流继电器过渡一下较妥。电气控制回路应根据所选择的交流接触器额定电压来选择交流电压的大小。从而做到直流控制交流、虚拟控制现实的目标。

2. MCGSTPC+三菱 PLC 控制三相交流异步电动机长动

根据项目实施的过程：项目了解→方案设计→图纸绘制→上位机软件组态→PLC 控制编程→安装调试→总结验收。先分析点动控制和长动控制的区别，在点动控制工程的基础上可快速完成长动控制系统的设计。

（1）图纸的修改

长动控制电路的主电路中应该添加热继电器，不过考虑到实验室的实训工作时间比较短，另外图 4-49 所示自配的电动机控制实验单元中并没有配置加热继电器，所以可以不考虑添加热继电器（注：工程应用中必须有热继电器）。在长动控制电路中，由于控制中间继电器的 Y0 已经在 PLC 程序中实现了自锁控制功能，所以交流接触器 KM1 就可以不用再加自锁 KM1 动合触点。PLC 的输出端仍然只有一个 Y0 输出端，也没有变化。PLC 与 TPC 的连接也没有变化。所以三相异步电动机的长动控制系统图与点动控制系统图完全一样，也就是说硬件连接不用做任何改动。

(2) 组态的修改

与点动时相比，只需增加一个停止按钮（见图 4-70），在两个按钮的基本属性对话框中，文本内容分别修改为“启动”和“停止”。

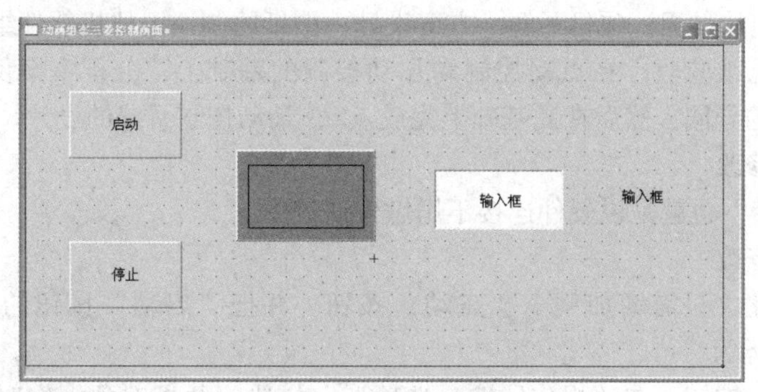

图 4-70　长动组态窗口

双击“启动”按钮，在“操作属性”选项卡中勾选“数据对象操作”复选按钮，选择“按 1 松 0”操作，单击 ? 按钮，在弹出的对话框中，选择“根据采集信息生成”单选按钮，通道类型选择“M 辅助寄存器”，通道地址为“1”，确认后如图 4-71 所示。同理，停止按钮的设置如图 4-72 所示。其他构件的设置不做任何改变。

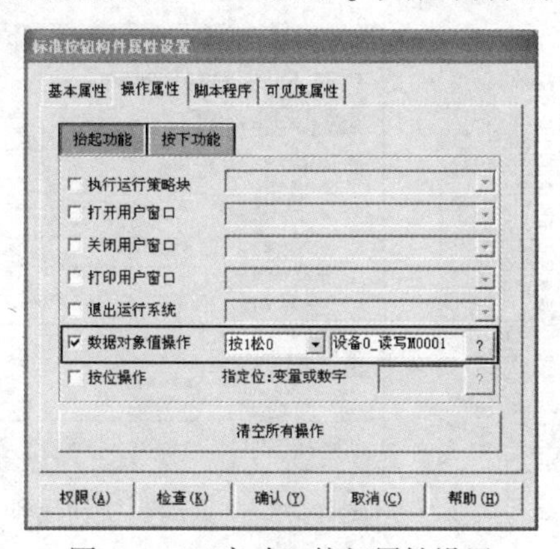

图 4-71　“启动”按钮属性设置

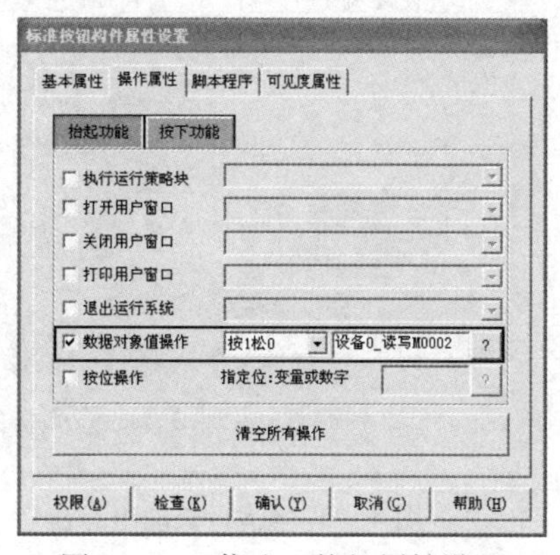

图 4-72　“停止”按钮属性设置

(3) PLC 程序的修改

三相交流异步电动机长动控制的 PLC 程序如图 4-73 所示，与点动控制程序相比，增加了 Y0 的自锁环节和 M2 的停止环节。

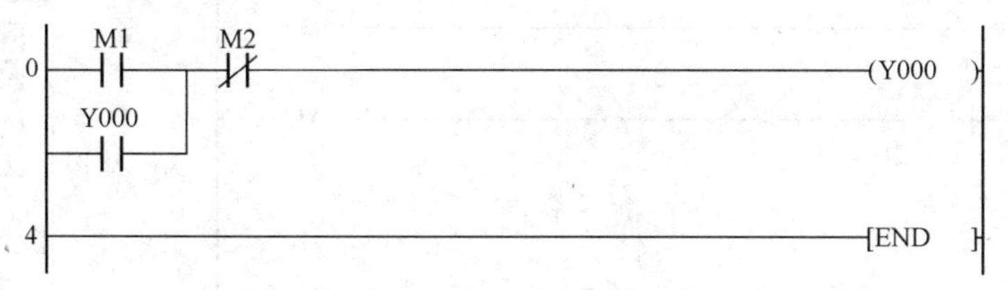

图 4-73　三相交流异步电动机长动控制的 PLC 程序

06　长动调试

(4) 连机运行与调试

与点动相比，电气控制线路连接不变，硬件完成连接后，将三菱 PLC 程序下载到三菱 PLC 中，将组态工程下载到 TPC 中，最后将 PLC 和 TPC 连机运行。

调试时：按下“启动”按钮，电动机完成起动并连续运行，按下“停止”按钮，电动机停止。

3. MCGSTPC+三菱 PLC 控制三相交流异步电动机点动+长动

根据项目实施的过程：项目了解→方案设计→图纸绘制→上位机软件组态→PLC 控制编程→安装调试→总结验收。在点动控制和长动控制的基础上，分析本案例与单独“点动”和单独“长动”的异同，然后在此基础上完成点动+长动控制系统的设计。

(1) 图纸的修改

不做任何改变，也就是说硬件连接不用做任何改变。

(2) 组态的修改

与长动时相比，只需增加一个“点动”按钮，并把“启动”按钮的文本修改为“长动”，如图 4-74 所示。

双击“点动”按钮，在“操作属性”选项卡中勾选“数据对象操作”复选按钮，选择“按 1 松 0”操作，单击 ? 按钮，在弹出的对话框中，选择“根据采集信息生成”单选按钮，通道类型选择“M 辅助寄存器”，通道地址为“0”，确认后如图 4-75 所示。其他构件的设置不做任何改变。

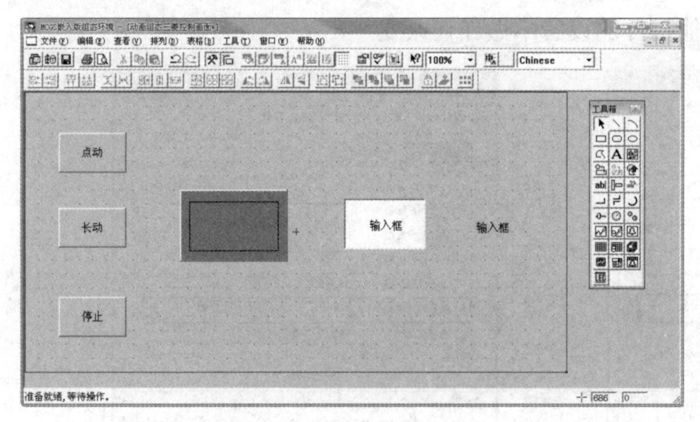

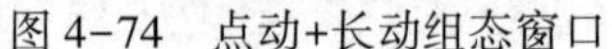
图 4-74　点动+长动组态窗口

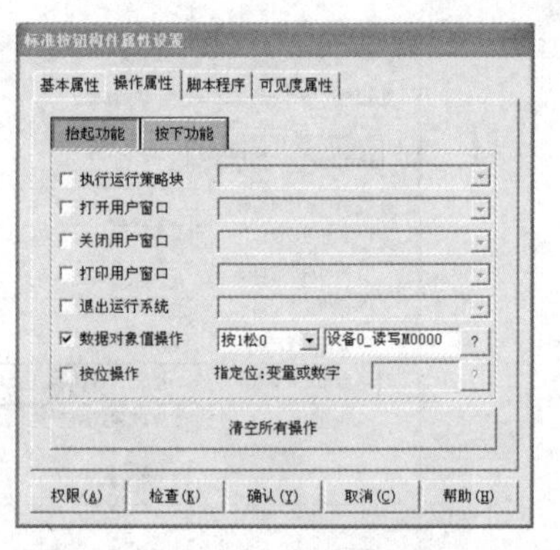

图 4-75　“点动”按钮属性设置

(3) PLC 程序的修改

三相交流异步电动机点动+长动控制的 PLC 程序如图 4-76 所示，由于只有一个输出 Y0，因此考虑到编程规则，引入了 M6 和 M7 中间寄存器。

07　点动+
长动调试

图 4-76　电动机点动+长动控制的 PLC 程序

（4）连机运行与调试

硬件完成连接后，将三菱 PLC 程序下载到三菱 PLC 中，将组态工程下载到 TPC 中，最后将 PLC 和 TPC 连机运行。

调试时：按下“点动”按钮，电动机进行点动运行；按下“长动”按钮，电动机完成起动并连续运行；按下“停止”按钮，电动机停止。

练习与提高

1）本案例中 PLC 的输出端为什么不能直接连接到交流电路中？

2）电动机的点动、长动、点动+长动控制电路的硬件连接为什么不用做变化？只通过修改软件（组态和 PLC 程序）就能完成不同的控制功能，这样做大大提高了工程安装调试的效率且缩短了周期，请说明这是如何实现的。

任务 4.3　MCGSTPC+三菱 PLC 控制三相交流异步电动机正反转

任务目标

1）熟悉工程建立、组态、下载、模拟运行、连机运行和连接 PLC 运行的过程与方法。

2）掌握控制三菱 FX 系列 PLC 输出点及读写数据方法。

3）掌握工程连机调试的步骤。

任务计划

建立“MCGSTPC+三菱 PLC 控制三相交流异步电动机正反转”工程。要求按下正转按钮 M2，电动机正转；按下停止按钮 M4，电动机停止；按下反转按钮 M3，电动机反转；电动机不能直接在正反转之间转换，必须停止后才能换向。

任务实施

1. 建立组态工程

双击组态快捷方式，单击“文件”菜单中的“新建工程”选项，弹出“新建工程设置”对话框，选择“TPC7062KS”。在“工作台”窗口中选择“用户窗口”，然后单击“新建窗口”按钮。在此界面中添加三个标准按钮，并在“基本属性”选项卡中将文本分别修改为“正转”“反转”“停止”，如图 4-77 所示。

2. 设备组态

在“工作台”窗口中选择“设备窗口”，单击“设备组态”按钮，进入设备组态界面，单击工具条中的⚒按钮，在弹出的设备工具箱中，先后双击“通用串口父设备”和“设备 0-[三菱_FX 系列编程口]”，将它们添加至组态界面，如图 4-78 所示。双击“设备 0-[三菱_FX 系列编程口]”，在弹出的“设备编辑窗口”中，选择三菱 FX 系列 PLC 的 CPU 类型，一定要与本任务使用的 PLC 类型相同。

3. 建立数据连接

正转按钮的操作属性设置如图 4-79 所示；停止按钮的操作属性设置如图 4-80 所示；反转按钮的操作属性设置如图 4-81 所示。

图 4-77　设置三个按钮的文本

图 4-78　添加设备

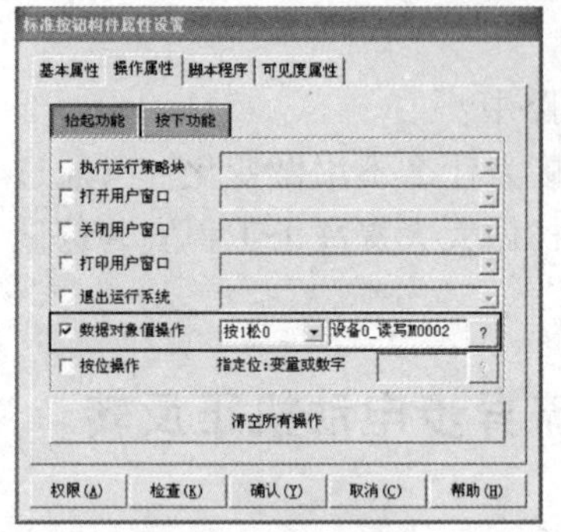

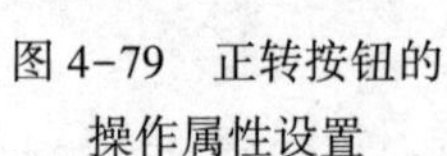

图 4-79　正转按钮的操作属性设置

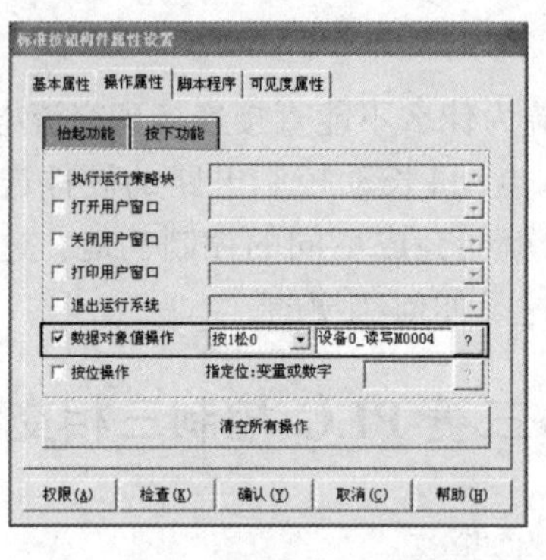

图 4-80　停止按钮的操作属性设置

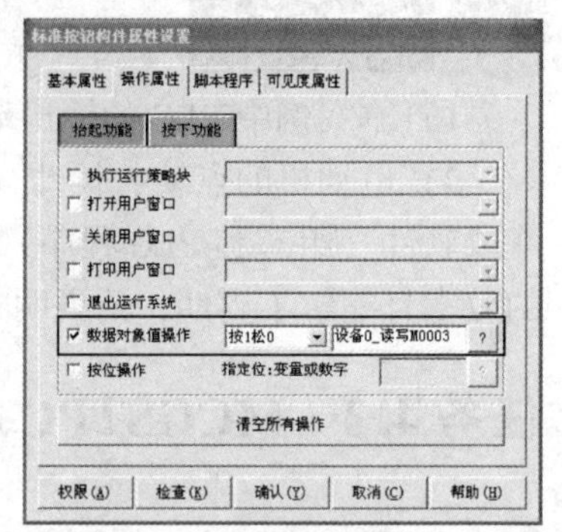

图 4-81　反转按钮的操作属性设置

4. 三菱 PLC 程序的编写

打开三菱 PLC 软件，新建工程，根据表 4-4 所示的输入输出分配表，编写如图 4-82 所示的正反转控制 PLC 程序。

表 4-4　正反转控制输入输出分配表

输　入		输　出	
元件名称	地址	元件名称	地址
正转按钮	M2	正转输出控制端	Y1
反转按钮	M3	反转输出控制端	Y2
停止按钮	M4		

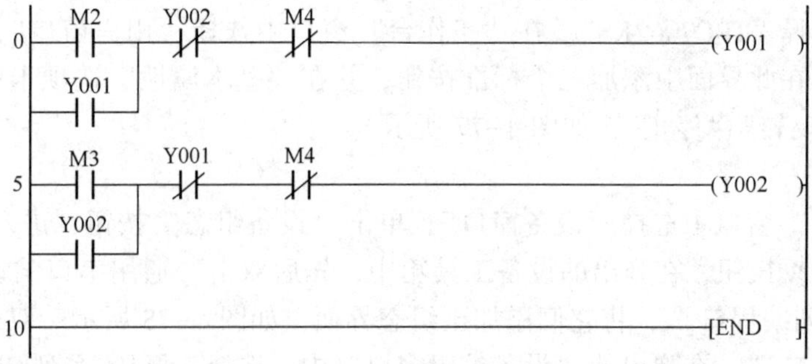

```
0  ──┤M2├──┬──┤/Y002├──┤/M4├──────────(Y001)
     ┤Y001├┘
5  ──┤M3├──┬──┤/Y001├──┤/M4├──────────(Y002)
     ┤Y002├┘
10 ───────────────────────────────────[END]
```

图 4-82　正反转控制 PLC 程序

5. 连机运行调试

1）下载组态到 TPC 中。将 TPC7062KS 与组态计算机连接，单击下载按钮，在弹出的对话框中，选择“连机运行”功能，连接方式选择“USB 通信”。单击“启动运行”按钮，TPC7062KS 中将显示 MCGS 运行环境。

2）PLC 程序编辑后，将其下载到 PLC 中。

3）参考图 2-2 所示 TPC7062K 与三菱 PLC 的接线方式，连接 TPC7062KS 与三菱 PLC 进行连机运行。

4）MCGSTPC+三菱 PLC 控制三相交流异步电动机正反转系统硬接线如图 4-83 所示。

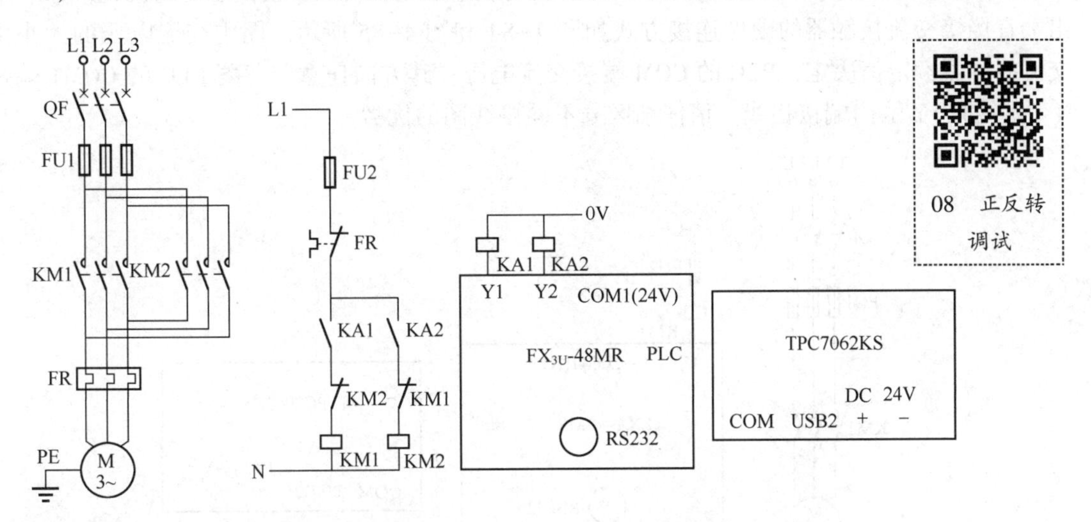

图 4-83　MCGSTPC+三菱 PLC 控制电动机正反转硬件接线示意图

图 4-83 中，三相异步电动机控制线路的主电路和控制电路都通过图 4-49 所示自配的电动机控制实验单元来实现。TPC 通过 RS232 数据线和 PLC 连接。通过中间继电器，用 PLC 输出端 Y1 控制中间继电器 KA1 的线圈；用 PLC 输出端 Y2 控制中间继电器 KA2 的线圈；再用中间继电器 KA1 的动合触点控制交流接触器 KM1 的线圈，用中间继电器 KA2 的动合触点控制交流接触器 KM2 的线圈；通过交流接触器 KM1 的主触点去控制三相异步电动机正转，通过交流接触器 KM2 的主触点去控制三相异步电动机反转。从而达到通过 TPC 控制 PLC，再由 PLC 控制三相电动机正反转工作的人机交互控制要求。

学习成果检查表（见表 4-5）

表 4-5　电动机正反转控制工程检查表

学习成果			评分表		
巩固学习内容	检查与修正	总结与订正	小组自评	学生自评	教师评分
连机运行步骤					
硬件接线图中互锁触点					
你还学了什么					
你做错了什么					

拓展与提升

1. 系统硬接线的变化图

任务4.2和任务4.3中，三菱PLC型号为FX_{3U}-48MR，此种型号的PLC输出为继电器输出。输出端既可接直流，又可接交流。那么对应的图4-68和图4-83中的PLC输出端就可以直接接交流接触器的线圈，而不必再用直流继电器进行转换，使接线更为简化。PLC输出端直接接交流接触器的硬件连接方式如图4-84和图4-85所示。图中交流电压的大小由交流接触器额定值决定，PLC的COM端接交流电压，其方向任意，三菱PLC的COM1端接N（零线），Y输出端接相线。请仔细区分不同接线图的优劣。

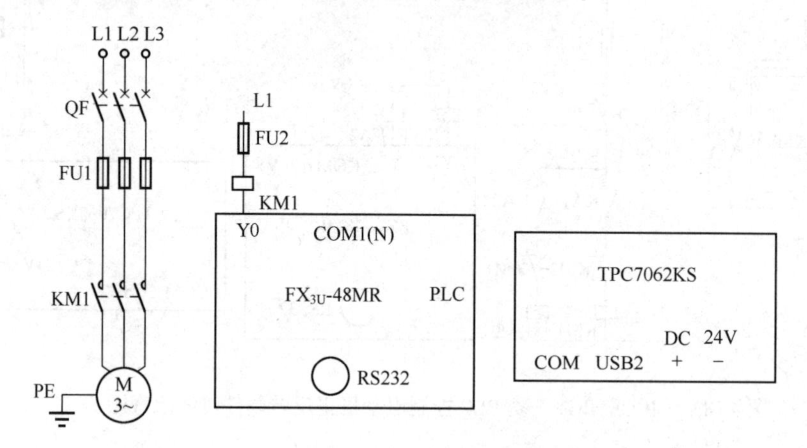

图4-84　点动或者长动接线示意图（接交流接触器）

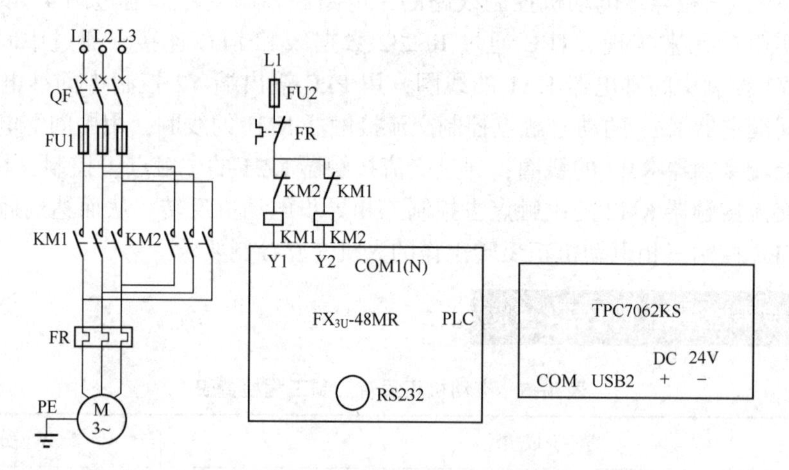

图4-85　电动机正反转接线示意图（接交流接触器）

2. 以PLC为核心的工控系统优势

比较任务4.2和任务4.3的控制系统图可以看出：PC与TPC之间的硬件连接没有变化，PLC与TPC之间的硬件连接也没有变化。只是根据输出端的多少和具体完成任务要求，修改少量的电气控制接线就能达到新工程任务的要求。所以这种接线系统应用比较广泛，一定要认真理解并掌握。

3. 设备窗口组态

设备窗口是 MCGS 嵌入版系统的重要组成部分，负责建立系统与外部硬件设备的连接，使得 MCGS 嵌入版能从外部设备读取数据并控制外部设备的工作状态，实现对应工业过程的实时监控。

MCGS 嵌入版实现设备驱动的基本方法是：在设备窗口内配置不同类型的设备构件，并根据外部设备的类型和特征，设置相关的属性，将设备的操作方法，如硬件参数配置、数据转换、设备调试等都封装在构件之内，以对象的形式与外部设备建立数据的传输通道连接。系统运行过程中，设备构件由设备窗口统一调度管理，通过通道连接，向实时数据库提供从外部设备采集到的数据，从实时数据库查询控制参数，发送给系统其他部分，进行控制运算和流程调度，实现对设备工作状态的实时检测和过程的自动控制。

在 MCGS 嵌入版的单机版中，一个用户工程只允许有一个设备窗口，且要设置在主控窗口内。运行时，由主控窗口负责打开设备窗口。设备窗口是不可见的窗口，在后台独立运行，负责管理和调度设备驱动构件的运行。

由于 MCGS 嵌入版对设备的处理采用了开放式的结构，在实际应用中，可以很方便地定制并增加所需的设备构件，不断充实设备工具箱。MCGS 嵌入版将逐步提供与国内外常用的工控产品相对应的设备构件。

对设备驱动程序，MCGS 嵌入版使用设备构件管理工具进行管理，在设备窗口中，单击“设备工具箱”中的“设备管理”按钮，将弹出如图 4-86 所示的“设备管理”对话框。

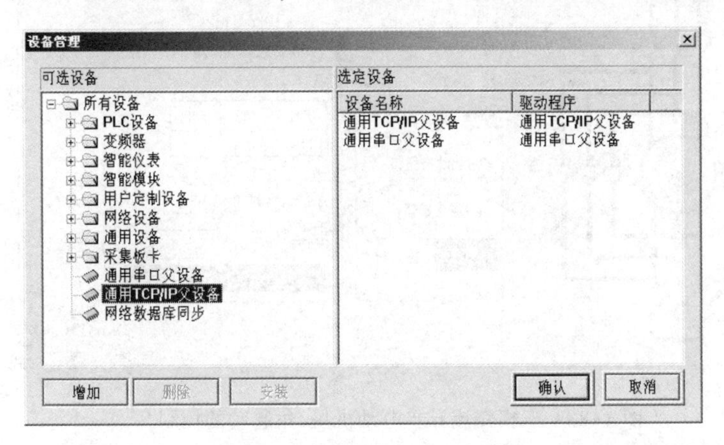

图 4-86 “设备管理”对话框

设备管理工具的主要功能是方便用户在多种设备驱动程序中快速地找到适合自己设备的驱动程序，并完成所选设备在 Windows 中的登记和删除登记等工作。

设备驱动程序的登记方法：如图 4-86 所示，在对话框左边的“可选设备”列表框中列出了 MCGS 嵌入版现在支持的所有设备，在对话框右边的“选定设备”列表框中列出了所有已经登记设备，用户只需在左边的列表框中选中需要使用的设备，单击“增加”按钮即可完成 MCGS 嵌入版设备的登记工作，在右边的列表框中选中需要删除的设备，单击“删除”按钮即可完成 MCGS 嵌入版设备的删除登记工作。

MCGS 嵌入版设备目录的分类方法，为了让用户在众多的设备驱动中方便快速地找到所需要的设备驱动，MCGS 嵌入版中所有的设备驱动都是按合理的分类方法排列的，分类方法如图 4-87 所示。

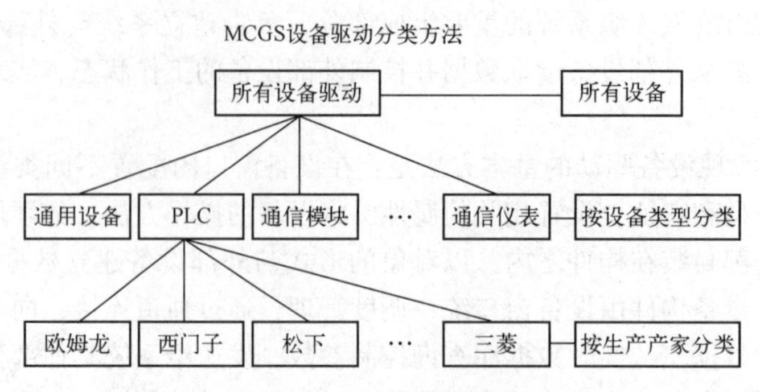

图 4-87　MCGS 嵌入版设备目录的分类方法

练习与提高

1）如图 4-88 所示为 MCGSTPC 模拟仿真控制三相交流异步电动机星/角起动的控制工程。在本工程的基础上，请在设备窗口中增加三菱 PLC，并用 PLC 控制完成实现同样功能。

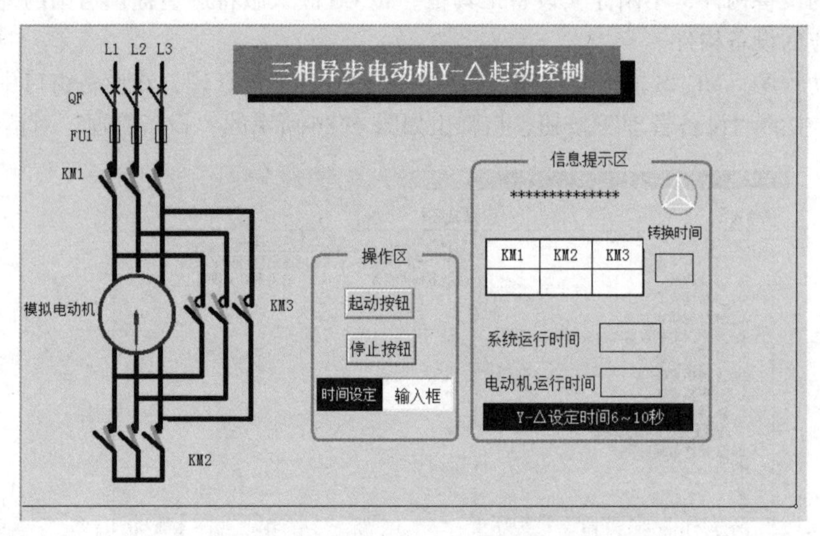

09　练习与提高 1

图 4-88　三相交流异步电动机星/角起动的控制

2）如图 4-89 所示为 MCGSTPC 模拟仿真三相交流异步电动机顺序起动、逆序停止的控制工程。在本工程的基础上，请在设备窗口中增加三菱 PLC，并用 PLC 控制完成实现同样功能。

3）如图 4-90 所示为 MCGSTPC 模拟仿真三相交流异步电动机正反转+星/角起动的控制工程。在本工程的基础上，请在设备窗口中增加三菱 PLC，并用 PLC 控制完成实现同样功能。

4）如图 4-91 所示为 MCGSTPC 模拟仿真三台电动机 M1、M2、M3 顺序控制：按下 SB1，M1 起动，延时 5 s 后，按下 SB2，M2 起动，延时 8 s 后，按 SB3 后，M3 起动；按下 SB4 全部停止。请用按钮、指示灯、电动机、输入框、标签等组态控制画面。在本工程的基础上，请在设备窗口中增加三菱 PLC，并用 PLC 控制完成实现同样功能。

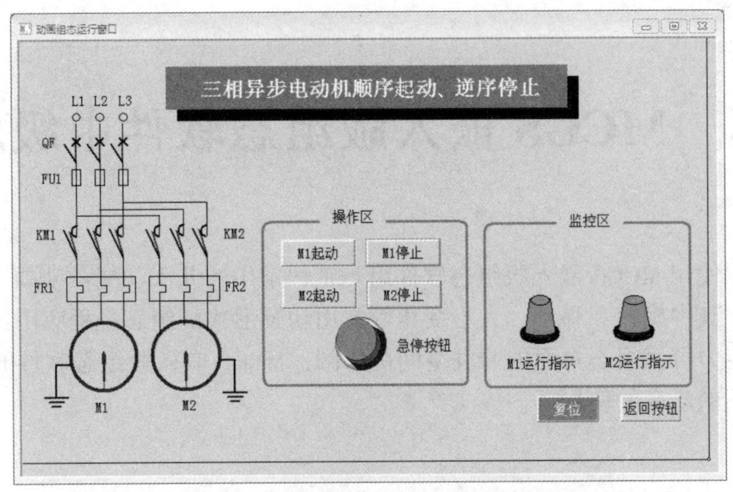

图 4-89　三相交流异步电动机顺起逆停控制

10　练习与提高 2

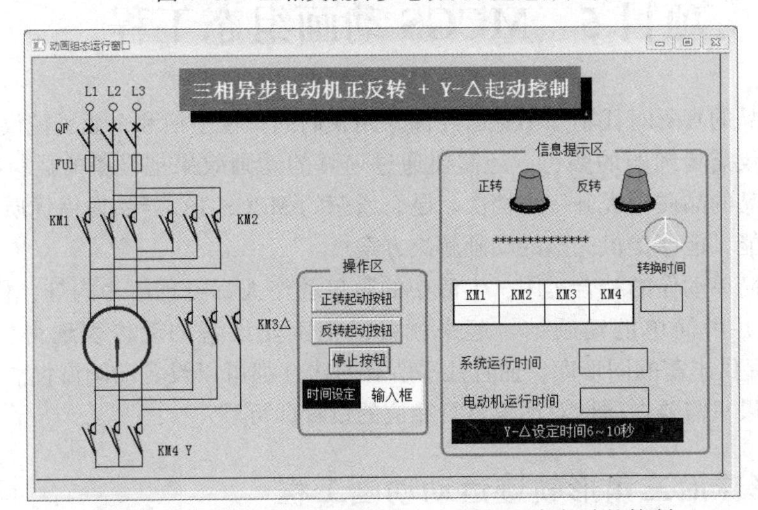

图 4-90　三相交流异步电动机正反转+星/角起动的控制

11　练习与提高 3

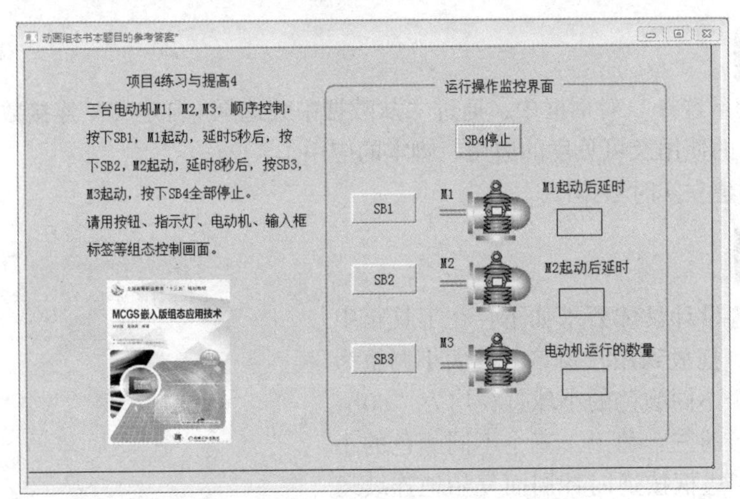

图 4-91　三台三相交流异步电动机的控制

12　练习与提高 4

第二篇　MCGS 嵌入版组态软件中级应用

本篇主要介绍使用 MCGS 嵌入版组态软件组态工程常用的几大功能：动画、多语言及构件的制作与修改。其中旋转、移动、大小变化等常用动画形式的组态过程应用比较广泛；构件的修改与制作能力可使组态页面的开发空间更广阔；MCGS 嵌入版组态软件的多语言功能可使本软件面向不同语言的使用者。

项目 5　MCGS 动画组态工程

人机界面产品的真彩时代不知不觉已经深入到我们的日常生活和企业工控设备中。现代人机界面产品不仅需要绚丽的颜色，还需要通过逼真的动画效果把设备的运行状态仿真出来，使得整个产品的品质再提升一个档次。昆仑通态的 MCGSTPC 产品凭借优质的硬件特性和强大的软件功能，能够提供完整的动画解决方案。

复杂动作是简单动作的结合运用，生活中的简单动作大都可理解为闪烁、移动、旋转、大小变化等。这几种简单的动画结合起来就可以把工业设备的动作表现得生动、逼真。MCGS 组态软件提供丰富的图形库，而且几乎所有的构件都可以设置动画属性。移动、大小变化、闪烁等效果只需要在属性对话框进行相应的设置即可。

任务 5.1　彩球沿三角形轨迹运动动画工程

任务目标

1）掌握“变量选择”对话框中，通过“从数据中心选择 | 自定义”连接数据的方法。
2）掌握位图的使用及可见度的应用、脚本的应用。
3）如何主动建立实时数据库。

任务计划

彩球运动轨迹设计具体要求如下：在工具箱中选“等腰三角形”拖放到用户窗口，其大小调整为“300 * 200”；三个不同颜色的小球直径均为“50”，放置在等腰三角形的三个角上。三个不同颜色的小球绕着等腰三角形边框按逆时针周而复始地连续运动。如图 5-1 所示。

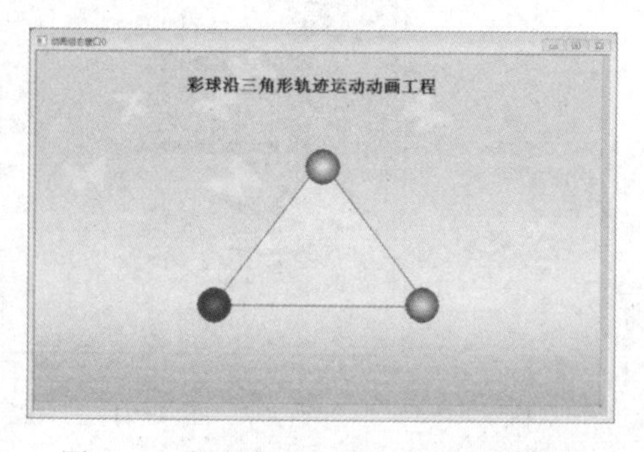

图 5-1　彩球沿三角形轨迹运动示意图

任务实施

1. 新建工程

新建一个组态工程，工程名称为“彩球沿三角形轨迹运动动画”。新建用户窗口，并进入窗口页面。

2. 设置窗口背景

为了使组态画面更美观，在组态画面之前，先定好整个画面的风格及色调，以便在组态时更好地设置其他构件的颜色。

首先，设置窗口背景。新建窗口并进入组态画面，添加一个“位图”，在窗口右下方状态栏设置位图的坐标为（0，0），大小为“800 * 480”，如图 5-2 所示。

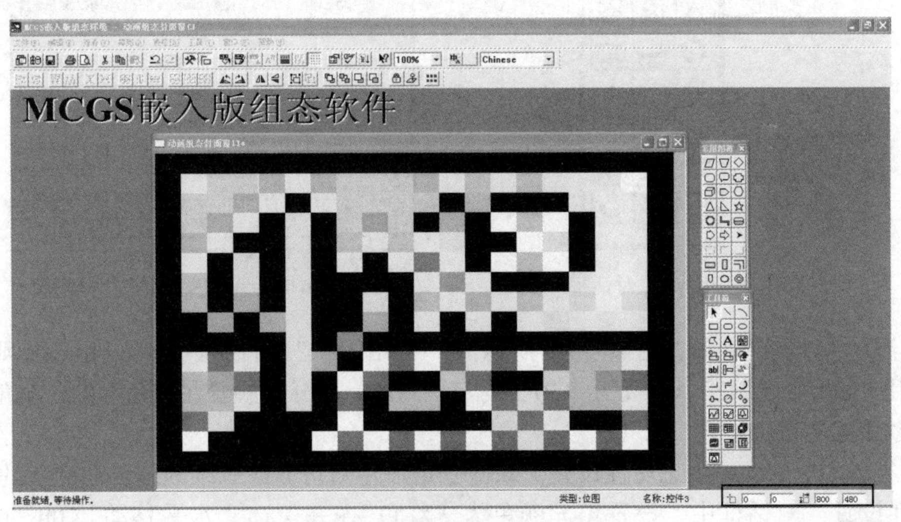

图 5-2　添加位图及大小设置

右键单击该位图，从弹出的快捷菜单中选择“装载位图”选项，选择配套资源中事先准备好的位图“粉红背景 . bmp”，如图 5-3 所示。装载后的效果是如图 5-1 所示的粉红背景。右键单击位图，在弹出的快捷菜单中选择“排列”→“最后面”，背景就设置完成了。

3. 建立实时数据库

在工作台中切换到“实时数据库”窗口，单击“新增对象”按钮，添加“X”“Z”“C”三个数值型数据，再添加“移动 1”“移动 2”“移动 3”三个开关型数据。这种事先建立数据库的方法可以理解为“主动建库”。本任务建立的实时数据库如图 5-4 所示。

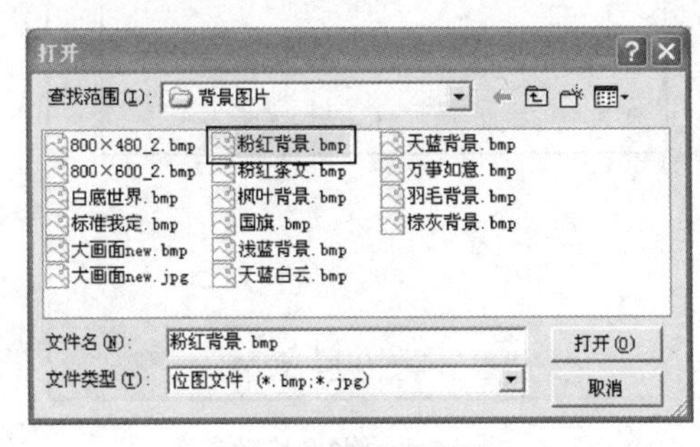

图 5-3　装载位图

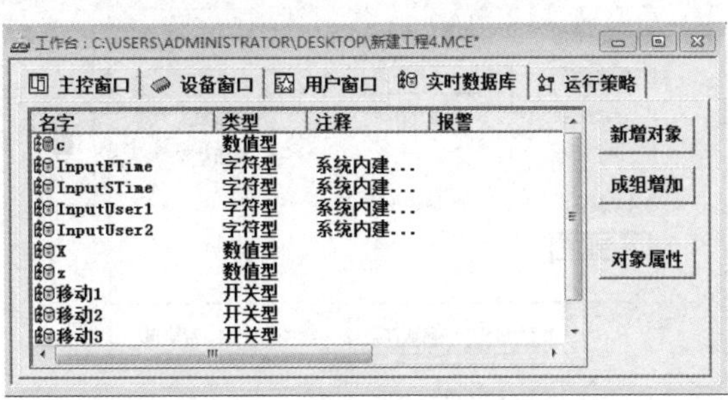

图 5-4　主动建立“实时数据库”

4. 添加构件

1）添加三角形。单击工具箱中的常用符号，弹出如图 5-5 所示的“常用图符”对话框，再单击等腰三角形符号，在用户窗口中绘制一个“300 * 200”的等腰三角形。双击等腰三角形，在“动画组态属性设置”对话框中，设置填充颜色为“浅蓝色”，如图 5-6 所示。单击“确认”按钮完成。

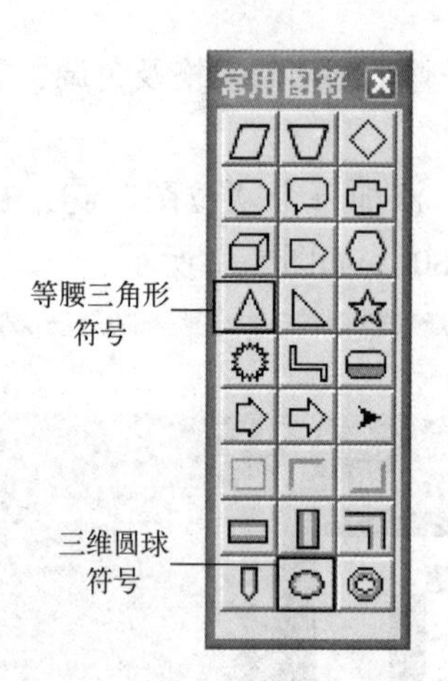

图 5-5 “常用图符”对话框

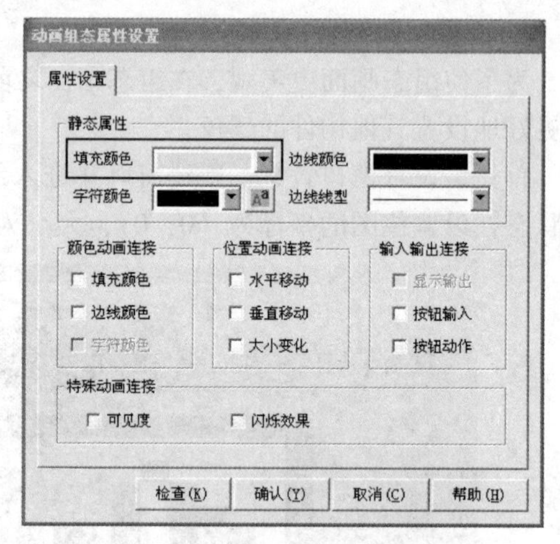

图 5-6　设置填充颜色为“浅蓝色”

2）添加三个彩色小球。在图 5-5 所示的“常用图符”对话框中，单击三维圆球符号，在用户窗口中绘制三个直径为“50”的三维圆球，并分别放置在三角形的三个角上。

5. 动画组态属性设置

1）红色小球的动画组态属性设置。双击三角形左侧角上的三维圆球，在弹出的“动画组态属性设置”对话框中，设置填充颜色为“红色”，并勾选“水平移动”和“可见度”复选按钮，如图 5-7 所示。

切换到“水平移动”选项卡，设置红色小球的水平移动连接：“最小移动偏移量”“最大移动偏移量”“表达式”“表达式的值”，如图 5-8 所示。

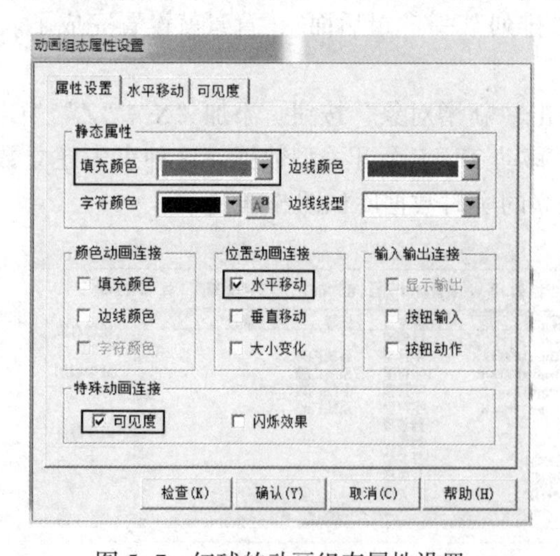

图 5-7　红球的动画组态属性设置

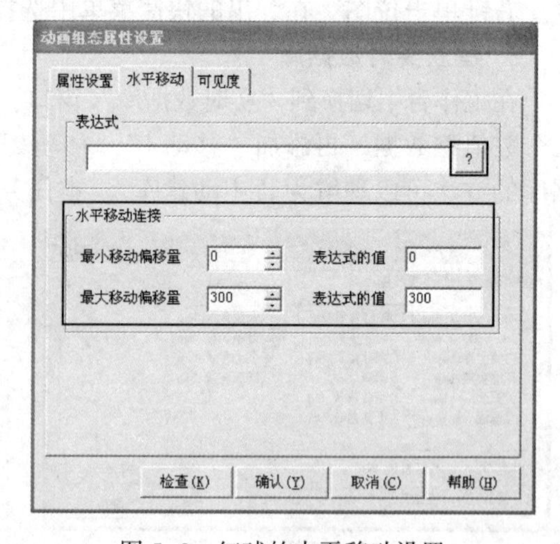

图 5-8　红球的水平移动设置

单击“表达式”输入框旁边的浏览按钮 ? ，在弹出的“变量选择”对话框中，选择“从数据中心选择 | 自定义”，如图5-9所示。选择事先已经建立的数据“Z”，单击“确认”按钮，完成红色小球的数据连接，如图5-10所示。

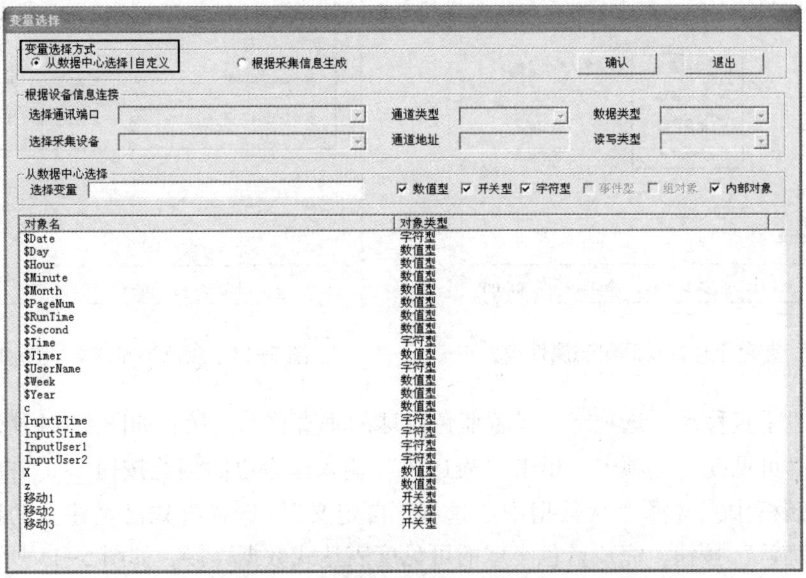

图5-9　通过“从数据中心选择 | 自定义”连接数据

切换到“可见度”选项卡，单击“表达式”输入框旁边的浏览按钮 ? ，在弹出的“变量选择”对话框中，选择“从数据中心选择 | 自定义”。选择事先已经建立的数据“移动1”，单击“确认”按钮，完成红色小球的可见度表达式数据连接，如图5-11所示。

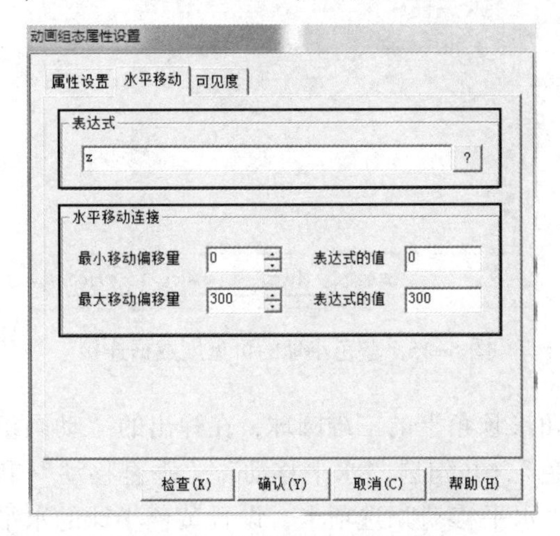

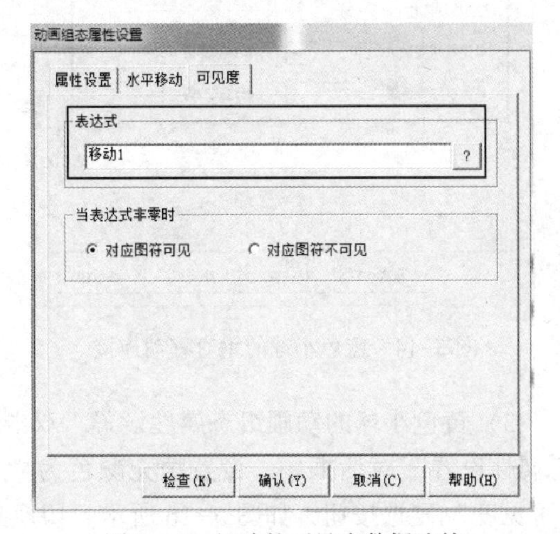

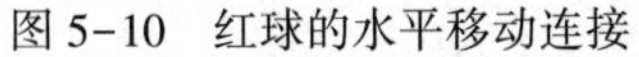
图5-10　红球的水平移动连接

图5-11　红球的可见度数据连接

2）蓝色小球的动画组态属性设置。双击三角形右侧角上的三维圆球，在弹出的“动画组态属性设置”对话框中，设置填充颜色为“蓝色”，并勾选“水平移动”“垂直移动”和“可见度”复选按钮，如图5-12所示。切换到“水平移动”选项卡，设置蓝色小球的水平移动连接，如图5-13所示。

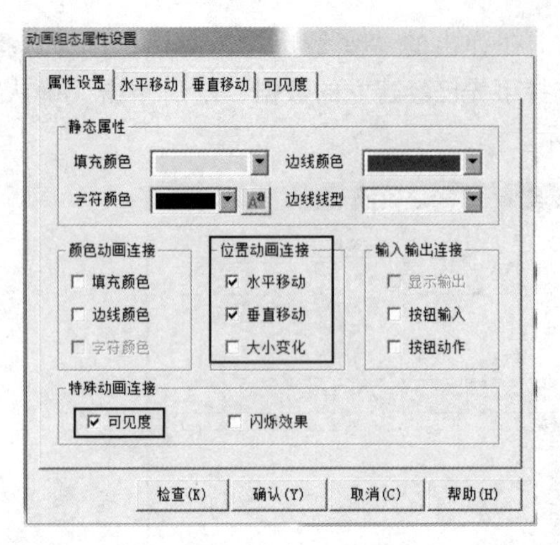

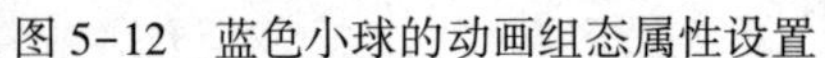
图 5-12　蓝色小球的动画组态属性设置

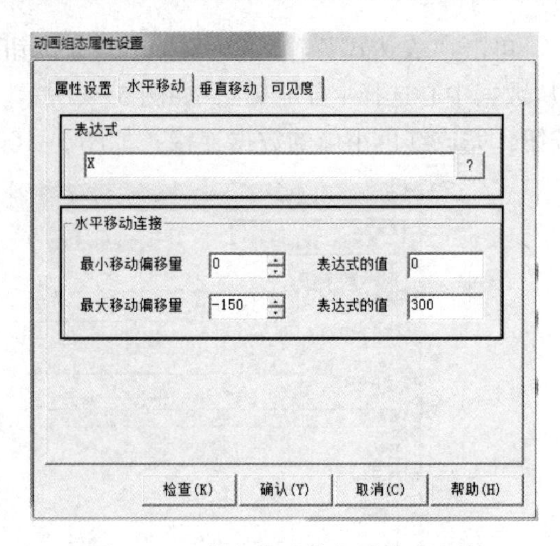

图 5-13　蓝色小球的水平移动连接

切换到“垂直移动”选项卡，设置蓝色小球的垂直移动连接，如图 5-14 所示。

切换到“可见度”选项卡，单击“表达式”输入框旁边的浏览按钮 ? ，在弹出的“变量选择”对话框中，选择“从数据中心选择 | 自定义”。选择事先已经建立的数据“移动2”，单击“确认”按钮，完成蓝色小球的可见度表达式数据连接，如图 5-15 所示。

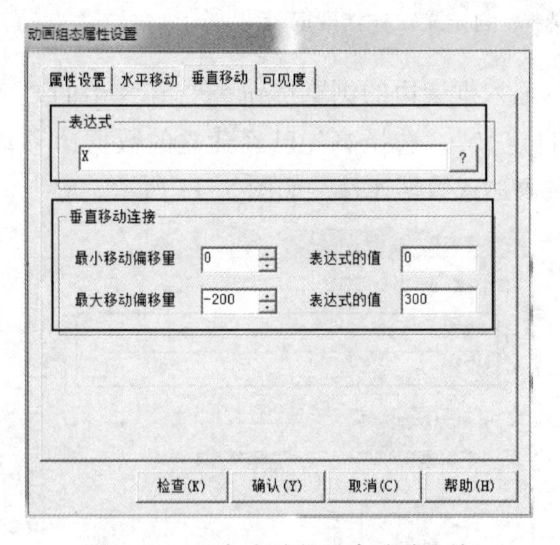

图 5-14　蓝色小球的垂直移动连接

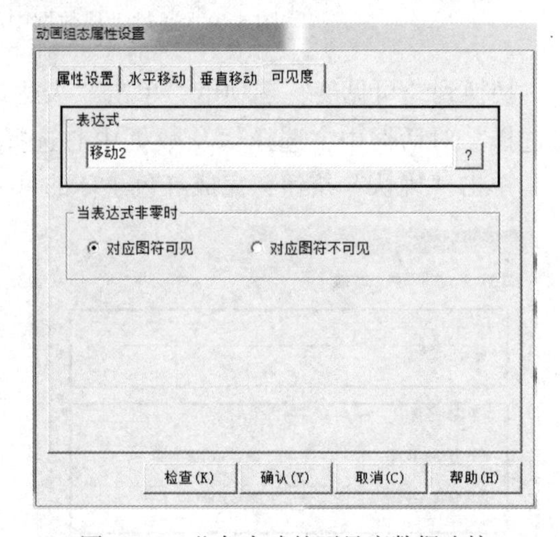

图 5-15　蓝色小球的可见度数据连接

3）黄色小球的动画组态属性设置。双击三角形顶角上的三维圆球，在弹出的“动画组态属性设置”对话框中，设置填充颜色为“黄色”，并勾选“水平移动”“垂直移动”和“可见度”复选按钮，如图 5-16 所示。切换到“水平移动”选项卡，设置黄色小球的水平移动连接，如图 5-17 所示。

切换到“垂直移动”选项卡，设置黄色小球的垂直移动连接，如图 5-18 所示。

切换到“可见度”选项卡，单击“表达式”输入框旁边的浏览按钮 ? ，在弹出的“变量选择”对话框中，选择“从数据中心选择 | 自定义”。选择事先已经建立的数据“移动3”，单击“确认”按钮，完成黄色小球的可见度表达式数据连接，如图 5-19 所示。

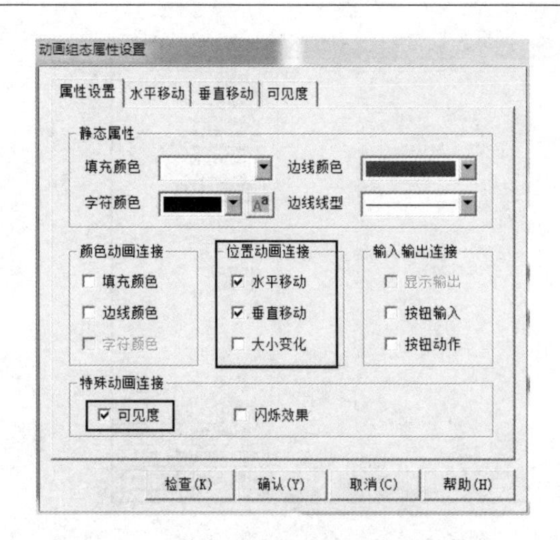

图 5-16　黄色小球的动画组态属性设置

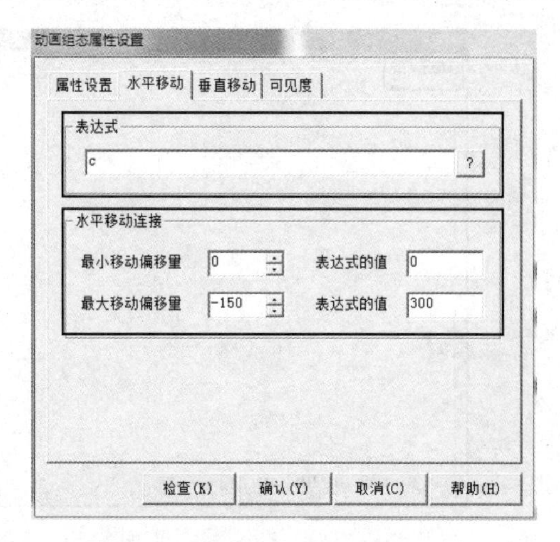

图 5-17　黄色小球的水平移动连接

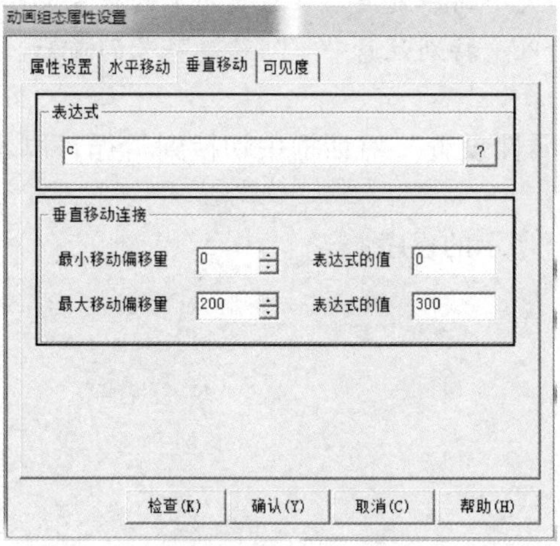

图 5-18　黄色小球的垂直移动连接

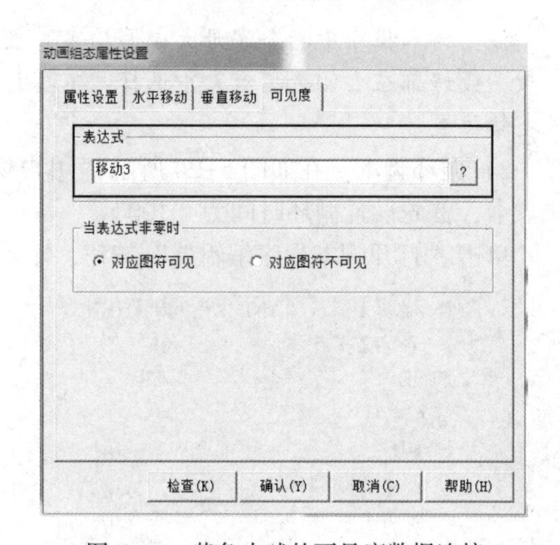

图 5-19　黄色小球的可见度数据连接

6. 脚本编写

1）启动脚本。在用户窗口，单击工具栏中的图标，弹出“用户窗口属性设置”对话框。或者在用户窗口，鼠标右键单击空白处（不要单击背景图片），在弹出菜单中选择“属性”，也可以弹出“用户窗口属性设置”对话框。

如图 5-20 所示，切换到“启动脚本”选项卡，再单击“打开脚本程序编辑器”按钮，双击“脚本程序”对话框右侧列表框中“数据对象”下方的“移动 1”，将其添加到编辑区，在页面右下角单击“=”符号，再用键盘输入“1”（确保键盘英文输入法），编写完成“移动 1=1”，如图 5-21 所示。单击“确定”按钮完成。

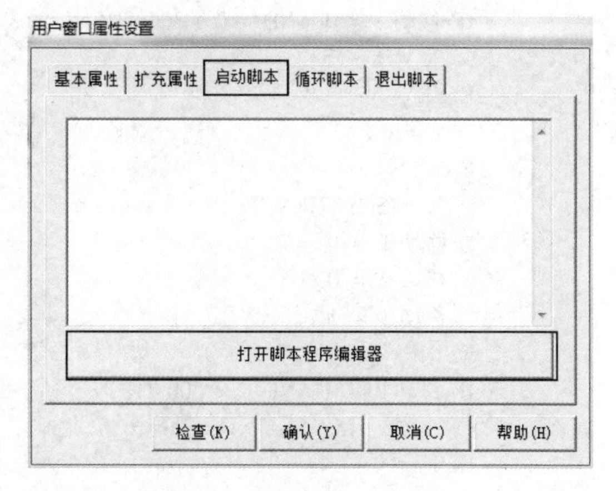

图 5-20　“启动脚本”选项卡

图 5-21　“启动脚本”编写

注：脚本程序中指令字母大小写均可，数据的大小写一定要与实时数据库的数据大小写一致，最好都在右侧数据对象中选择，不要自行输入。特别注意“=”这类符号的前后，有无空格位置。

2）循环脚本。在如图 5-20 所示“用户窗口属性设置”对话框中切换到“循环脚本”选项卡，首先设置循环时间为“100”。

单击“打开脚本程序编辑器”按钮，输入如下所示的程序：

```
IF 移动 1 = 1   AND Z< 300 THEN
   Z = Z + 5
ELSE
  Z = 0
ENDIF
IF Z = 300 THEN
  移动 1 = 0
  移动 2 = 1
  移动 3 = 0
ENDIF
IF 移动 2 = 1 AND   X < 300 THEN
   X = X + 5
ELSE
  X = 0
ENDIF
IF X = 300 THEN
  移动 1 = 0
  移动 2 = 0
  移动 3 = 1
ENDIF
IF 移动 3 = 1 AND C < 300 THEN
   c = c + 5
ELSE
  c = 0
ENDIF
```

```
IF c = 300 THEN
  移动1 = 1
  移动2 = 0
  移动3 = 0
ENDIF
```

输入完成后，单击输入框下方的“检查”按钮，如有错误要进行修改，直到无错误为止。然后单击“确定”按钮完成。

7. 下载调试

将工程模拟运行下载后，在运行过程中，小球绕着三角形边框按逆时针周而复始地运动。

8. 增加标签的闪烁动画

标签除了可以显示数据外，还可以作为文本显示，如显示一段公司介绍、注释信息、标题等。通过标签的属性对话框还可以设置动画效果。标签是用处最多的构件之一。

添加“标签”构件，通过工具条中的设置标签，设置填充颜色为“没有填充”，字符颜色为“藏青色”，字体设置为“宋体、粗体、小二”。双击“标签”，弹出“标签动画组态属性设置”对话框，切换到“扩展属性”选项卡，文本内容输入“彩球沿三角形轨迹运动动画工程”。在“属性设置”选项卡中勾选“闪烁效果”复选按钮。切换到“闪烁效果”选项卡，闪烁效果表达式填写“1”，表示条件永远成立。选择闪烁实现方式为“用图元可见度变化实现闪烁”，如图5-22所示。设置完成后单击“确认”按钮。

注：当所连接的数据对象（或者由数据对象构成的表达式）的值非0时，图形对象就以设定的速度开始闪烁，而当表达式的值为0时，图形对象就停止闪烁。

模拟运行下载后，“彩球沿三角形轨迹运动动画工程”标签就开始闪烁。

9. 增加“大小变化”动画

在红球的“动画组态属性设置”对话框中，勾选位置动画的“大小变化”复选按钮，并在“大小变化”选项卡中做如图5-23所示的设置。单击“确认”按钮时，会弹出错误提示框，单击“是（Y）”按钮，弹出“数据对象属性设置”对话框，选择“大小变化”的对象类型为“数值”。

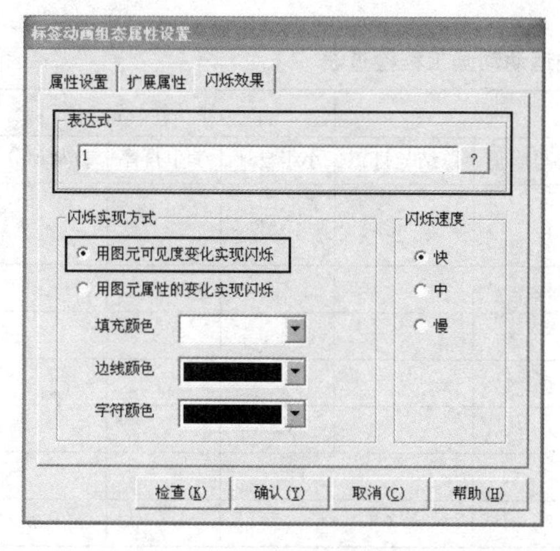

图5-22　闪烁效果设置

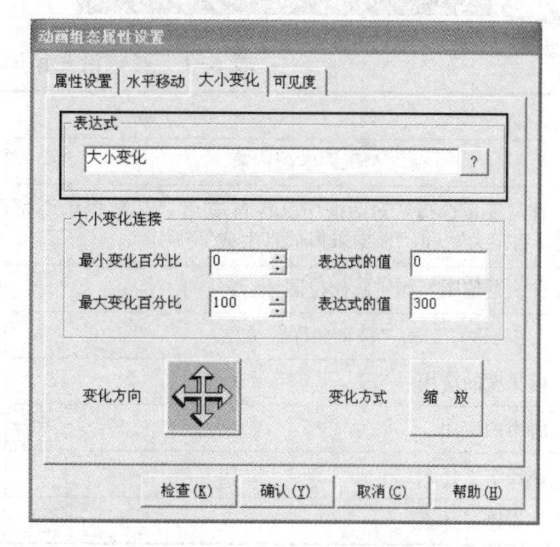

图5-23　大小变化选项设置

重新回到如图 5-20 所示“用户窗口属性设置”对话框下的“循环脚本”选项卡中，单击“打开脚本程序编辑器”按钮，在原来程序的基础上，补充输入如下所示的程序：

```
IF 移动1 = 1  AND Z < 300 THEN
大小变化 = 大小变化 + 10
ELSE
大小变化  = 0
ENDIF
```

补充“循环脚本”如图 5-24 所示，单击“确认”按钮完成。

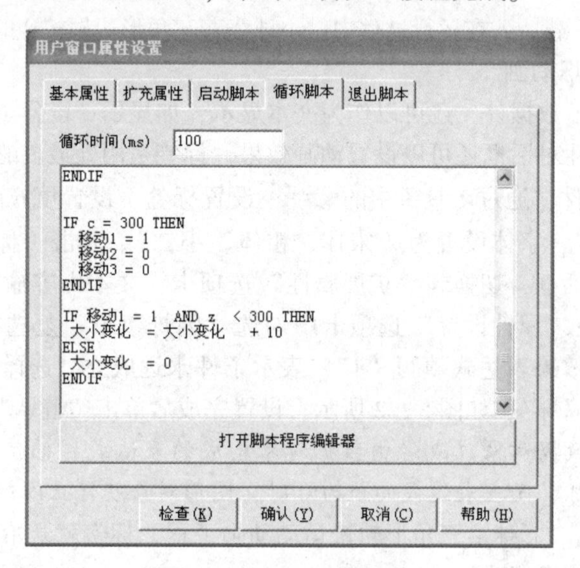

图 5-24　补充“循环脚本”

将修改后的组态工程重新下载运行仿真，红色小球就会边运动边“由小变大”变化。其他两个小球可参考红球的设置，也能完成大小变化动画。

学习成果检查表（见表 5-1）

表 5-1　彩球沿三角形轨迹运动动画工程检查表

学习成果			评分表		
巩固学习内容	检查与修正	总结与订正	小组自评	学生自评	教师评分
在“变量选择”对话框中，各自应用“从数据中心选择｜自定义”和“根据采集信息生成”					
什么是位图？如何制作位图					
“主动建库”和“被动建库”方法					
可见度的应用					
脚本的应用					
你还学了什么					
你做错了什么					

拓展与提升

用户窗口中的动画构件是如何“动”起来的呢？这得从 MCGS 组态软件的大体框架和工作流程说起。实时数据库是整个软件的核心，从外部硬件采集的数据送到实时数据库，再由窗口来调用；通过用户窗口更改数据库的值，再由设备窗口输出到外部硬件。用户窗口中的动画构件关联实时数据库中的数据对象，动画构件按照数据对象的值进行相应的变化，从而达到“动”起来的效果。这个关系如图 5-25 所示。

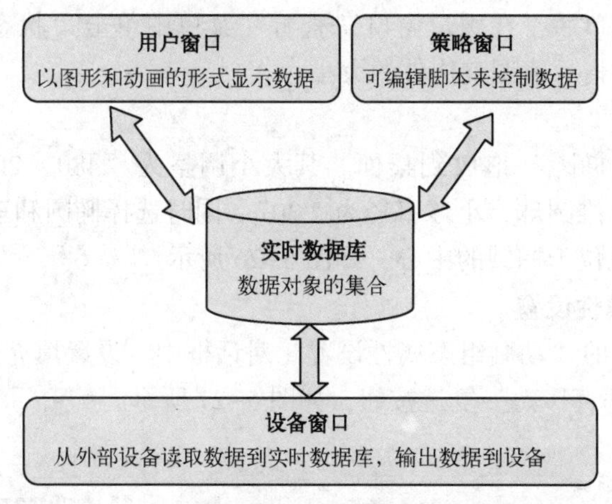

图 5-25　MCGS 软件实时数据库动画控制关系图

练习与提高

14　练习与提高 3

15　练习与提高 4

1）“变量选择”对话框中，“从数据中心选择 | 自定义”用来连接项目 4 中模拟仿真运行案例中的数据行不行？用来连接项目 4 中连机仿真运行案例中的数据行不行？

2）建立本任务中数据库时，数据分为“开关型”和“数值型”，二者有何区别？可否将“开关型”数据设定为“数值型”数据？可否将“数值型”数据设定为“开关型”数据？

3）配套资源中彩球沿三角形轨迹运行时，三条边均可以由小变大，是如何实现的？

4）配套资源中彩球沿四边形轨迹运行时，彩球的动画组态属性如何设置？启动脚本和循环脚本如何设置？

任务 5.2　小球沿椭圆轨迹运动动画工程

任务目标

1）掌握“变量选择”对话框中，“从数据中心选择 | 自定义”连接数据。

2）掌握运行策略的应用。

3）如何被动建立实时数据库。

任务计划

设计一个小球沿一个大的椭圆轨迹运动。小球绕着椭圆的边线轨迹按顺时针周而复始地运动。

任务实施

1. 新建小球沿椭圆轨迹运动工程

新建工程及用户窗口后，在用户窗口“查看”菜单中单击“状态条”选项，打开状态条，可以根据右下角的指示值调整构件的大小。

2. 放置构件

在工具箱中选中“椭圆”拖放到桌面。其大小调整为“480 * 200”，设置填充颜色为“浅蓝色”。绘制一个三维圆球，小球直径为“30”。同时选择椭圆和三维圆球后单击“中心对齐”按钮，小球就位于椭圆的中心，如图 5-26 所示。

3. 小球的定位与属性设置

双击小球，在弹出的“动画组态属性设置”对话框中，设置填充颜色为“红色”，并勾选“水平移动”和“垂直移动”复选按钮，如图 5-27 所示。

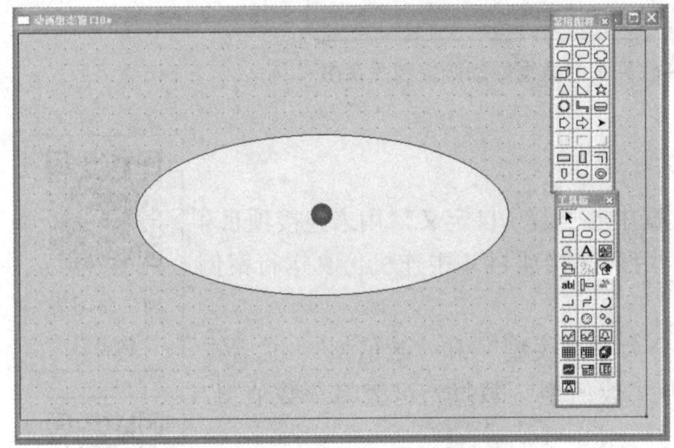

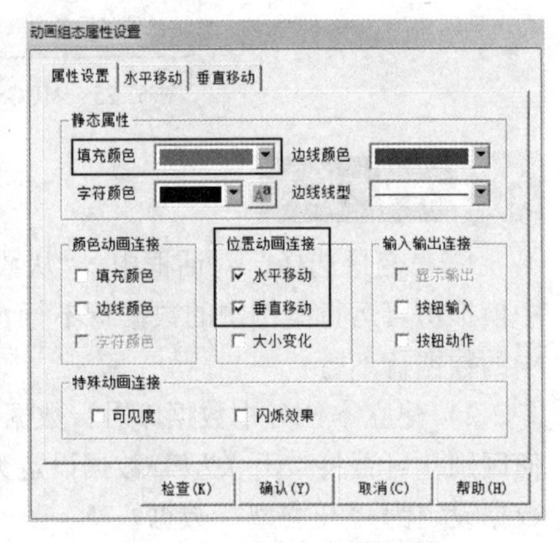

图 5-26　放置小球和椭圆构件　　　　图 5-27　小球的动画组态属性设置

切换到“水平移动”选项卡，设置红色小球的水平移动连接：“最小移动偏移量”“最大移动偏移量”“表达式”“表达式的值”，如图 5-28 所示。单击“确认”按钮，弹出如图 5-29 所示提示框，单击“是（Y）”按钮，弹出“数据对象属性设置”对话框，选择“角度”的对象类型为“数值”，如图 5-30 所示。数据对象“角度”就会被添加到实时数据库中。（注：这种添加数据的方法叫“被动建库”或者“快速添加变量”）

红色小球的垂直移动按照如图 5-31 所示设置，详细过程略。

4. 循环策略设计

在 MCGS 组态软件开发平台上，进入“运行策略”窗口，再双击“循环策略”，或选中“循环策略”后单击“策略组态”按钮，进入策略组态中。在工具条中单击“新增策略行”按钮，新增加一个策略行。再从“策略工具箱”对话框中选取“脚本程序”拖到策略行的上，如图 5-32 所示。

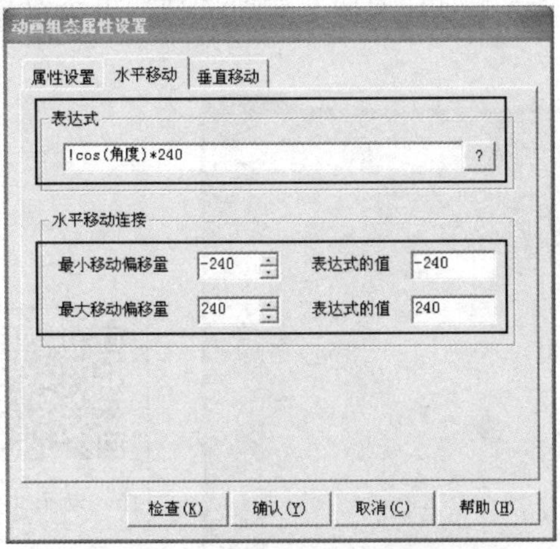

图 5-28　红球的水平移动设置

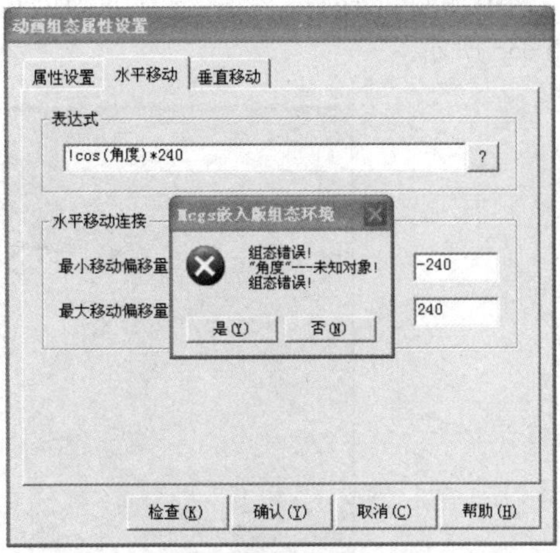

图 5-29　数据对象报错信息

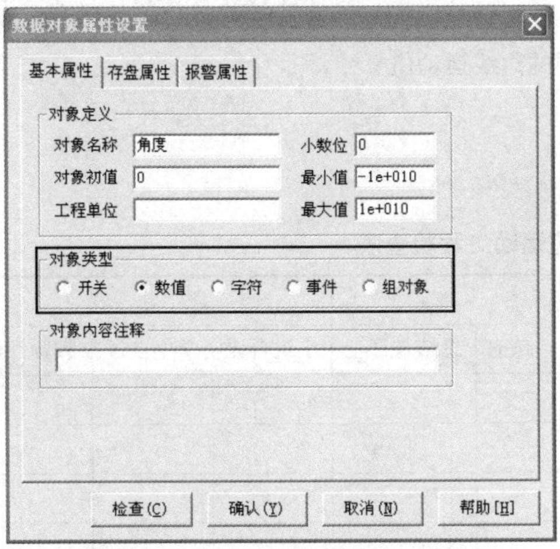

图 5-30　设置“角度”的对象类型

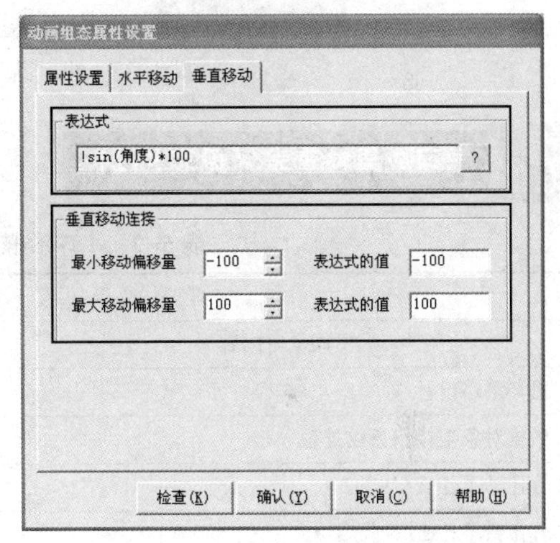

图 5-31　红球垂直移动设置

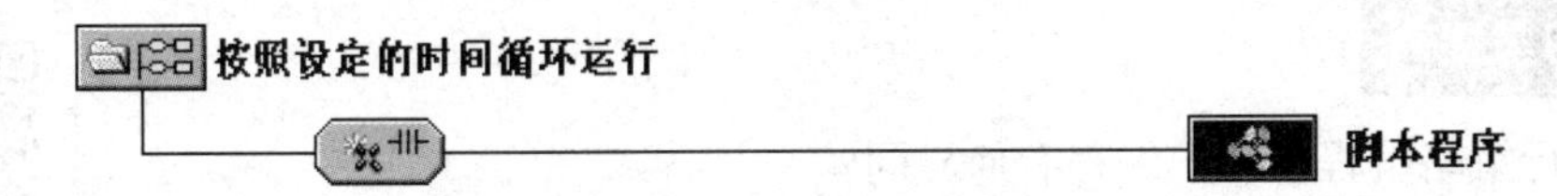

图 5-32　脚本建立过程

双击图标，将“循环时间”设为“200”。

双击进入脚本程序编辑环境，输入下面的程序：

```
角度=角度+3.14/180＊2
IF  角度 >=3.14 THEN
角度=-3.14
ELSE
角度=角度+3.14/180＊2
ENDIF
```

5. 模拟仿真调试

模拟运行下载后，小球绕着椭圆的边线轨迹按顺时针周而复始地运动。组态效果如图 5-33 所示。

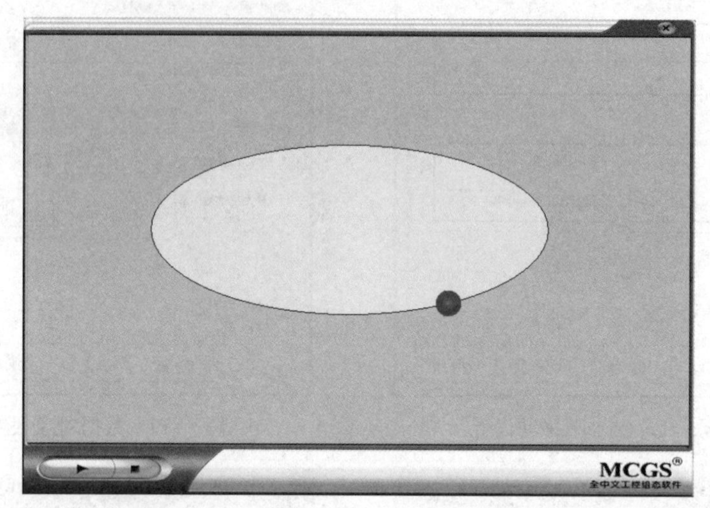

图 5-33　小球绕着椭圆的边线运动仿真

16　动画工程

学习成果检查表（见表 5-2）

表 5-2　小球沿椭圆轨迹运动工程检查表

学习成果			评分表		
巩固学习内容	检查与修正	总结与订正	小组自评	学生自评	教师评分
循环策略设计					
数据对象报错信息的处理					
你还学了什么					
你做错了什么					

练习与提高

1）运行策略编程和脚本编程有何异同？

2）运行策略编程和脚本编程时如何尽量减少出错？出现错误如何修改？

3）小球沿着圆的边线轨迹按顺时针周而复始地运动，参数和脚本程序如何修改？（参见配套资源）

4）小球绕着椭圆的边线轨迹按逆时针周而复始地运动，参数和脚本程序如何修改？（参见配套资源）

17　练习与提高 3

18　练习与提高 4

任务 5.3　风扇旋转的动画工程

风扇的旋转效果可以用动画显示构件来实现。动画显示构件可以添加分段点，每个分段点可以添加图片，多个分段点可以有多张图片。多张不同状态图片交替显示就可以实现风扇的旋转效果。

任务目标

1）掌握旋转效果的实现方法及应用。

2）掌握“动画显示”构件的使用。

任务计划

用两张不同状态的图片交替显示实现风扇的旋转效果。

任务实施

1. 新建工程及新建窗口

2. 制作风扇框架

从常见图符中添加“凸平面”，设置其大小为“30＊90”，双击构件弹出“动画组态属性设置”对话框，设置填充颜色为“橄榄色”，单击“确认”按钮保存。复制两个凸平面，调整大小为“70＊30”，分别摆放在原凸平面的上、下方。同时选取三个凸平面，并单击“横向对中”按钮，调整三个凸平面的位置如图 5-34 所示。风扇的框架就制作完成了。

图 5-34 风扇的框架

3. 设置风扇效果

从工具箱中添加“动画显示”构件，双击此构件，弹出“动画显示构件属性设置”对话框，选择分段点“0”，单击“位图”按钮加载图像（见图 5-35a），弹出“对象元件库管理”对话框（见图 5-35b）。单击“装入”按钮，添加事先已经准备好的配套资料中的风扇图片“绿 3-1. jpg”。

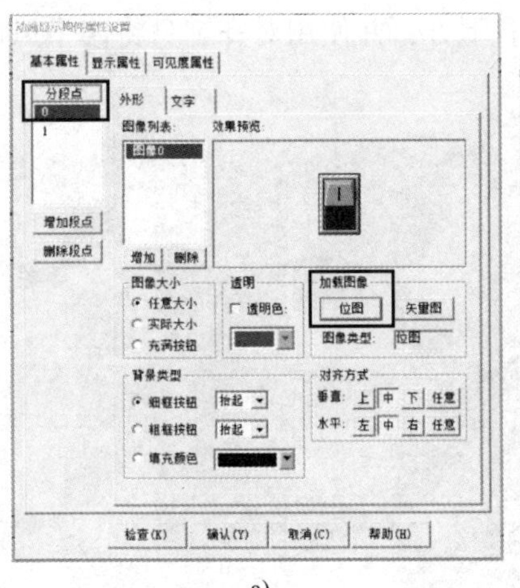

a)

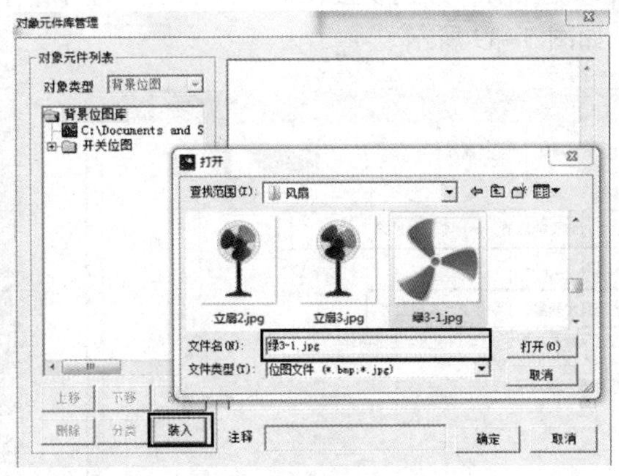

b)

图 5-35 “动画显示”功能添加图片过程

a）选择分段点“0” b）加载图像

图片装载成功之后，选中刚添加的风扇位图，单击“确认”按钮保存。分段点“0”成功插入位图。删除文本列表中的内容，设置图像大小为“充满按钮”。如图5-36所示。

采用同样的方法设置分段点“1”，插入配套资源中的风扇位图“绿3-2.jpg”。图片装载成功之后，选中刚添加的风扇位图，单击“确认”按钮保存。分段点“1”成功插入位图。删除文本列表中的内容，设置图像大小为“充满按钮”。如图5-37所示。注意观察两个风扇图片的区别，这里正是利用两个不同状态的图片交替显示实现风扇的旋转效果。

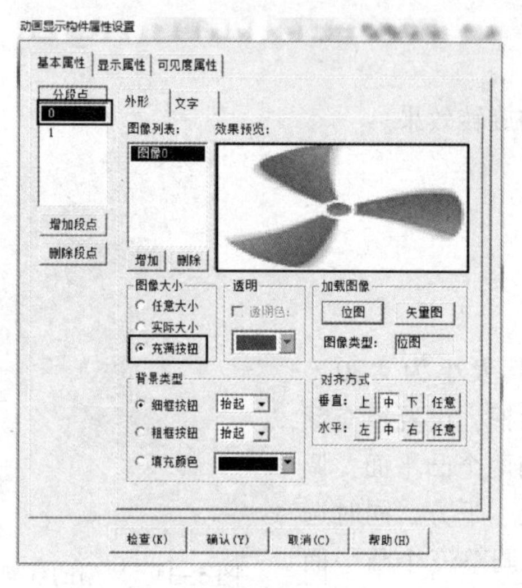

图5-36　风扇分段点“0”设置

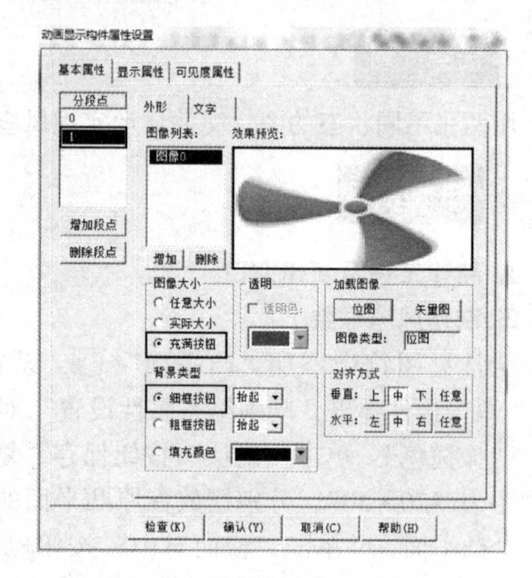

图5-37　风扇分段点“1”设置

切换到“显示属性”选项卡，选择显示变量的类型为“开关，数值型”，关联数值型变量定义为“旋转可见度”，动画显示方式选择“根据显示变量的值切换显示各幅图像”，如图5-38所示。单击“确认”按钮，提示组态错误时，选择添加数据对象“旋转可见度”。

4. 风扇定位

风扇设置好之后，调整动画显示构件的大小为“60＊60”，拖到风扇框架的左上方。再复制出3个风扇。分别放置在框架的右上、左下、右下方，并使用对齐工具将四个风扇对齐放置，如图5-39所示。

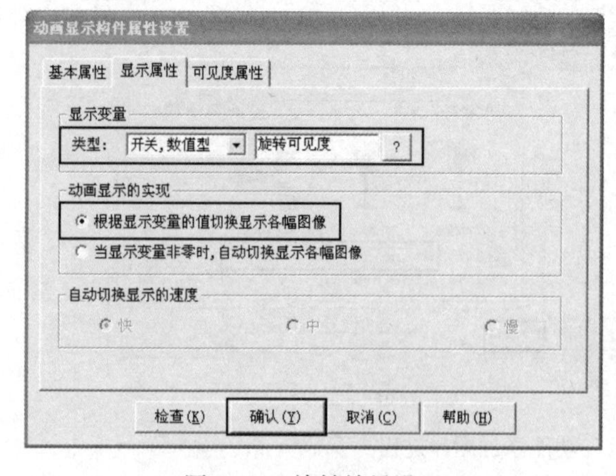

图5-38　旋转效果设置

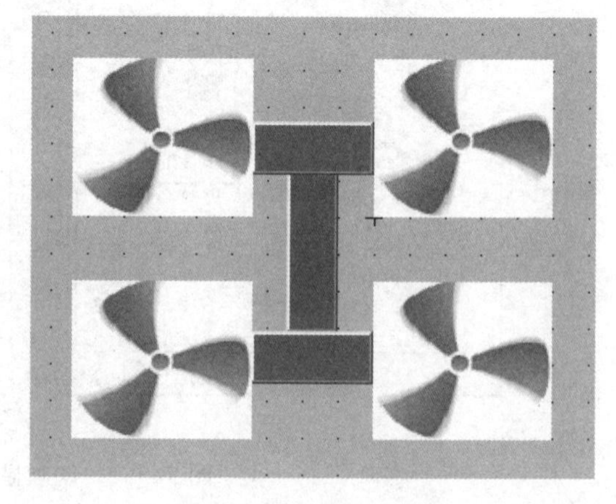

图5-39　风扇组态效果

5. 添加脚本

打开“用户窗口属性设置”对话框，按照图 5-40 所示设置启动脚本，按照图 5-41 所示设置循环脚本。

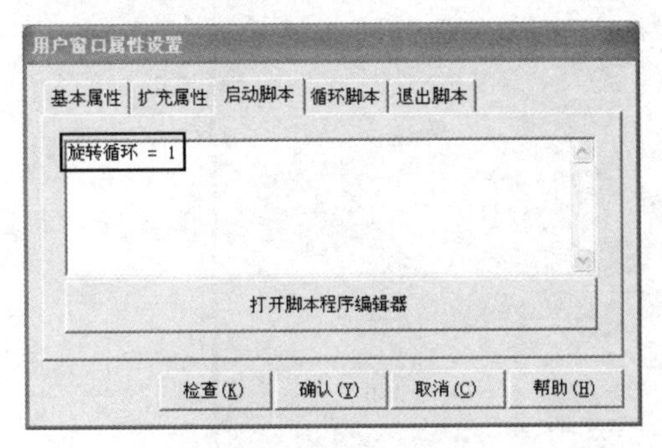

图 5-40　启动脚本设置

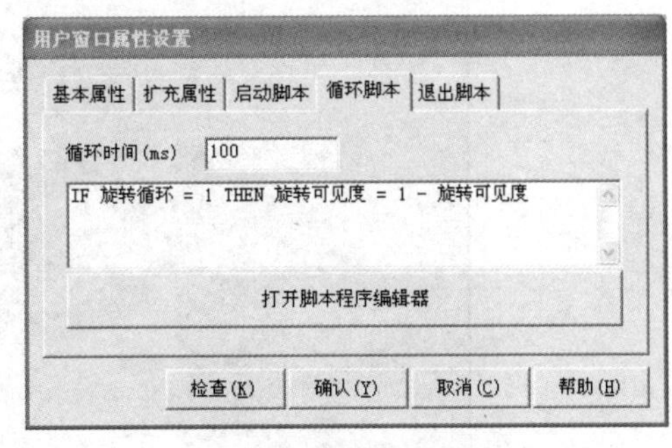

图 5-41　循环脚本设置

6. 模拟仿真调试

运行模拟仿真，风扇实现旋转动画效果。为了使动画页面有更丰富的信息展示，往往要在用户窗口中添加其他的动画功能，下面学习标签动画属性中动画、时间和日期一同显示的做法以及“立体文字”动画。

1）“显示输出”动画。

要求通过工具箱中的标签，完成显示当前日期和显示当前时钟的功能。单击工具箱中的标签，添加一个适当大小的标签。双击标签，在弹出的“标签动画组态属性设置”对话框中，设置边线颜色为“没有边线”，字体设置为“粗体，小三”；同时勾选“显示输出”复选按钮。

切换到“显示输出”选项卡，再单击“表达式”输入框旁边的浏览按钮 ? ，在弹出的“变量选择”对话框中，选择“$Date”作为变量，单击“确认”按钮。设置输出类型为“字符串输出”，如图 5-42 所示。单击“确认”按钮完成设置。

用同样方法再添加一个标签，标签动画组态设置对话框相同，只是在输出数据连接时选择“$Time”作为变量，如图 5-43 所示。

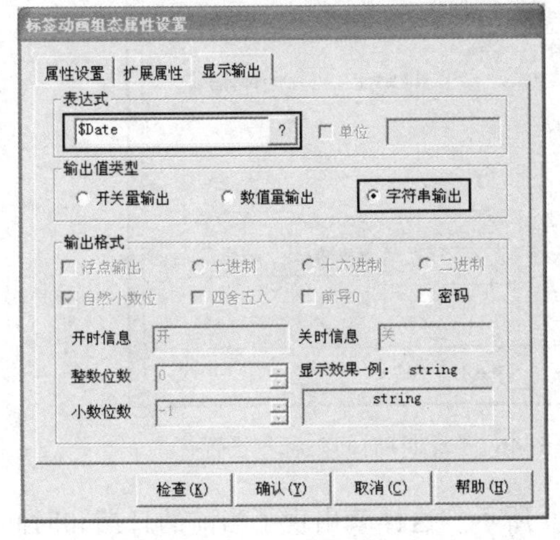

图 5-42　输出数据连接（一）

图 5-43　输出数据连接（二）

再重新下载并模拟仿真运行，就出现了当前的日期和时间。效果如图 5-44 所示。

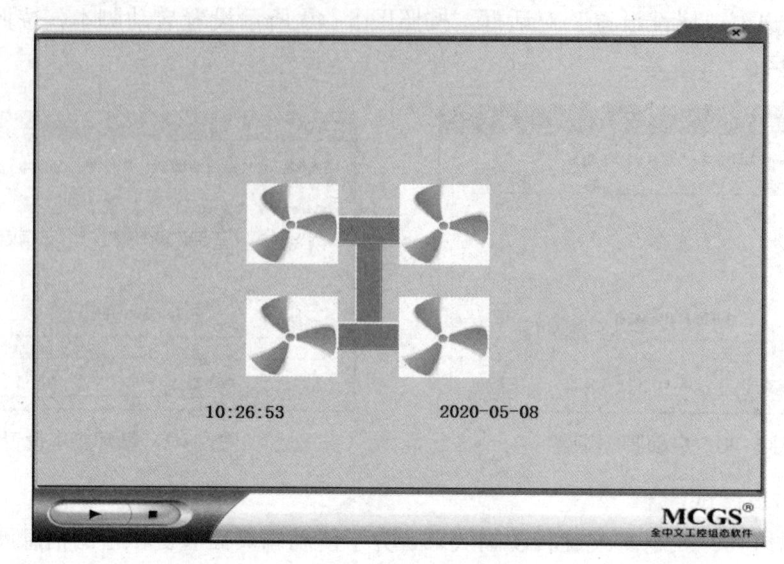

图 5-44　输出显示效果

2）时间和日期一同显示的做法。

在用户窗口中，绘制 6 个标签，调整大小和放置位置，并分别在 3 个标签中输入如图 5-45 所示的文字。

双击“日期”右面的标签，为了在日期右侧的标签框中同时显示日期和时间，在“标签动画组态属性设置”对话框显示输出选项卡的“表达式”输入框中输入“$Date+"　" + $Time”，如图 5-46 所示。单击“确认”按钮完成设置。同理，双击“系统已运行”右面的标签，按图 5-47 所示完成该标签动画组态属性的设置；双击“星期”右面的标签，按图 5-48 所示完成该标签动画组态属性的设置。

图 5-45　绘制标签

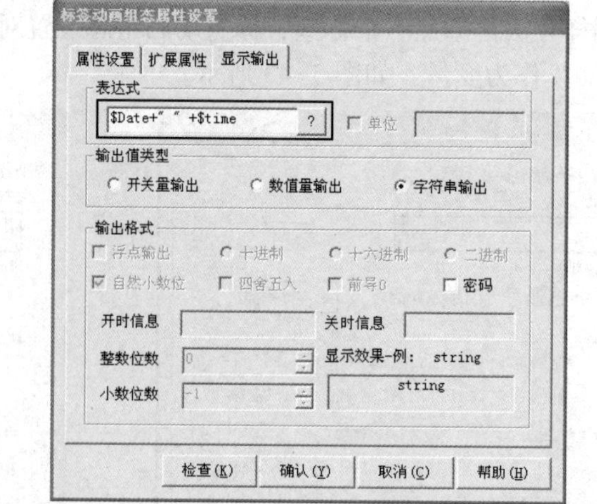

图 5-46　“日期+时间”标签设置

再重新下载并模拟仿真运行，效果如图 5-49 所示。这样就出现了当前的日期和时间，以及系统已经运行的时间和星期。

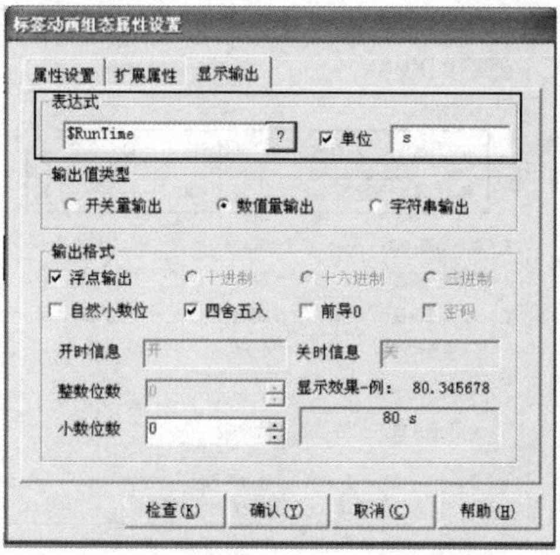

图 5-47　“系统已运行”标签设置

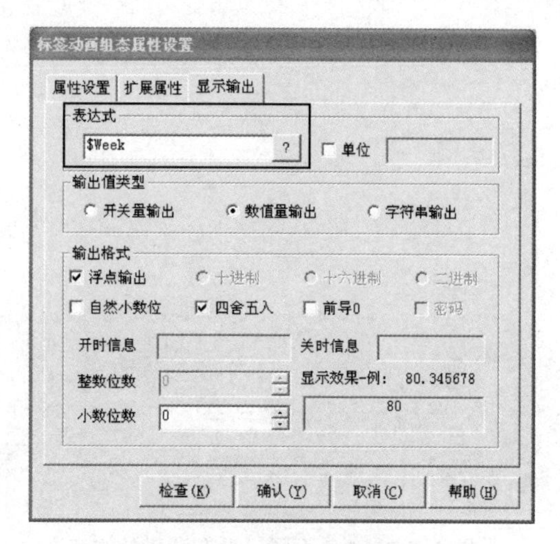

图 5-48　“星期”标签设置

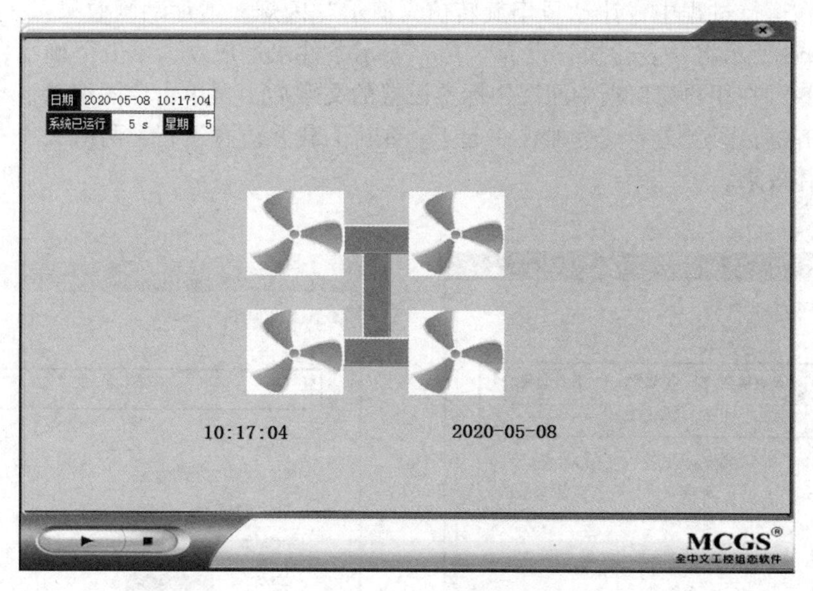

图 5-49　添加“日期+时间”标签后的输出显示效果

3）立体文字效果设计。

立体文字是通过两个文字颜色不同、没有背景（背景与窗口颜色相同）的文字标题重叠而成的。建立一个文字标签框图，框图内输入文字，采用“拷贝”的方法复制另一个文字框图，两个文字框图除设置的字体颜色不同之外，其他属性完全相同。两个文本框重叠在一起，利用绘图编辑条中的层次调整按钮，改变两者之间的前后层次和相对位置，使上面的文字遮盖下面文字的一部分，形成立体效果。两层用标签设置的文字为“风扇旋转仿真演示”，效果如图 5-50 所示。

可以按图 5-51 所示设置红色（上方）文字，各选项均不用改变。按图 5-52 所示设置绿色（下方）文字，勾选“闪烁效果”复选按钮。

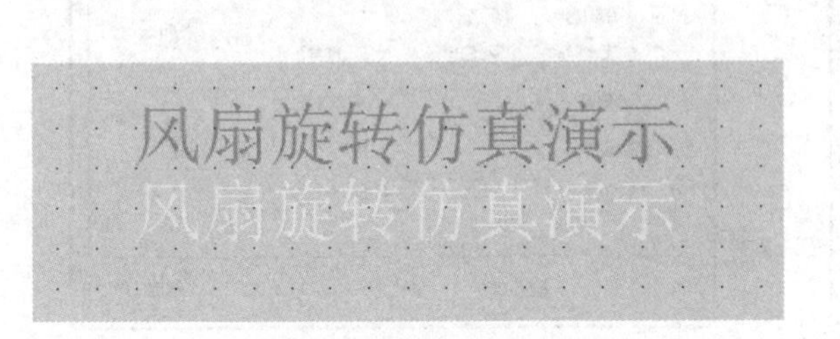

图 5-50　颜色不同、没有背景的文字

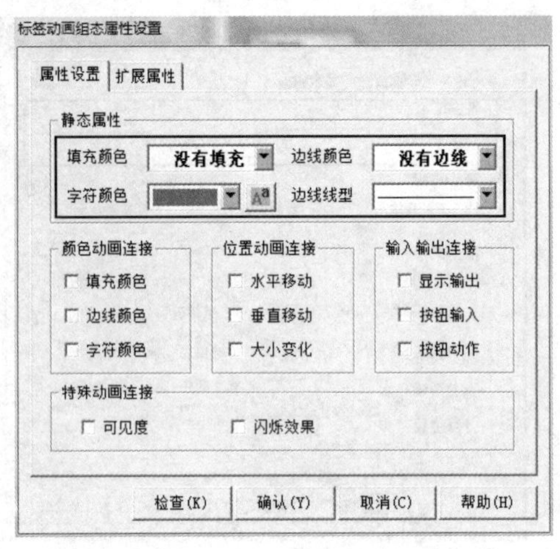

图 5-51　红色（上方）文字设置

如果要在运行过程中，让“风扇旋转仿真演示”闪烁，增加动画效果，可以按图 5-53 所示将“表达式”设为“1”，表示条件永远成立，单击“确认”按钮结束。在用户窗口选中两层用标签设置的文字后，再单击绘图编辑条的中心对齐，两层文字就叠加在一起了。重新下载并仿真运行，两层文字就有了立体效果。

19　动画工程

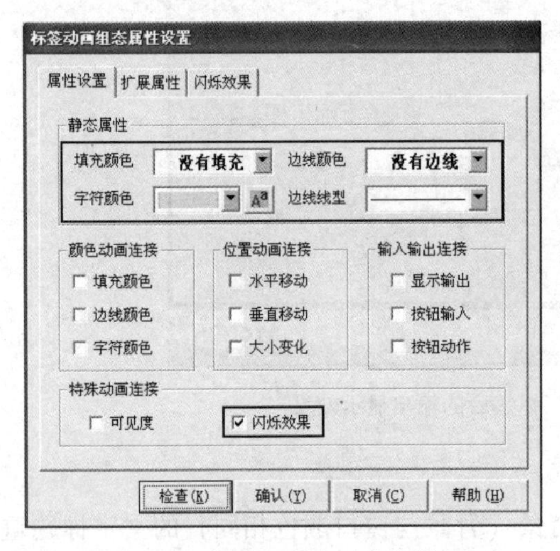

图 5-52　绿色（下方）文字设置

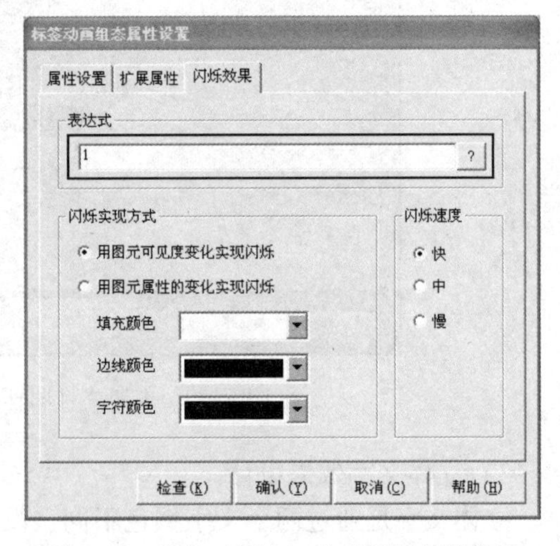

图 5-53　绿色（下方）文字闪烁效果设置

学习成果检查表（见表 5-3）

表 5-3　风扇旋转的动画工程检查表

学习成果			评分表		
巩固学习内容	检查与修正	总结与订正	小组自评	学生自评	教师评分
“动画显示”构件的使用					

（续）

学习成果			评分表		
巩固学习内容	检查与修正	总结与订正	小组自评	学生自评	教师评分
启动脚本和循环脚本分别如何设置					
旋转的动画设置					
立体文字效果设计					
你还学了什么					
你做错了什么					

拓展与提升

1）模拟家用立式电风扇运行组态工程。模拟家用立式电风扇运行组态工程如图5-54所示，由于风扇要通过动画显示正、停、反三种不同的状态，因此在“动画显示构件属性设置”对话框中，应该在“分段点”选项下单击“增加段点”按钮，使分段点数为3。在不同分段点分别装载三个位置有差异的风扇图，如图5-55所示。其他构件设置可参考配套资源。

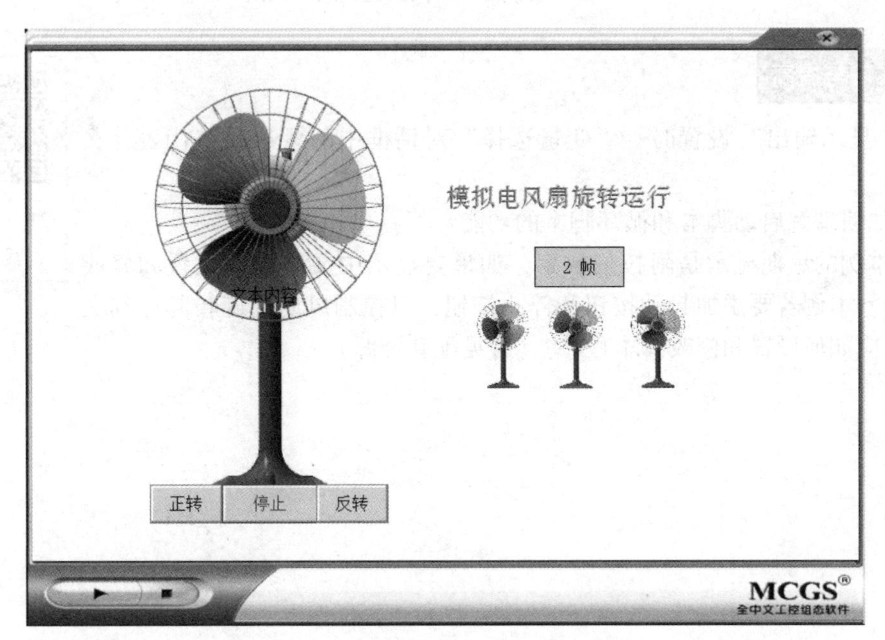

图5-54 家用立式电风扇运行组态工程

2）查看配套资源中的THMDZW-2型机电设备安装与维修综合实训平台组态工程实例，理解并体会组态工程的应用、窗口间的连接、动画的制作等相关知识，为后续任务应用打下好的基础。

3）查看配套资源中的YL-335B自动化生产线实训考核装备平台组态工程实例，理解并体会组态工程的应用、窗口间的连接、动画的制作等相关知识，为后续任务应用打下好的基础。

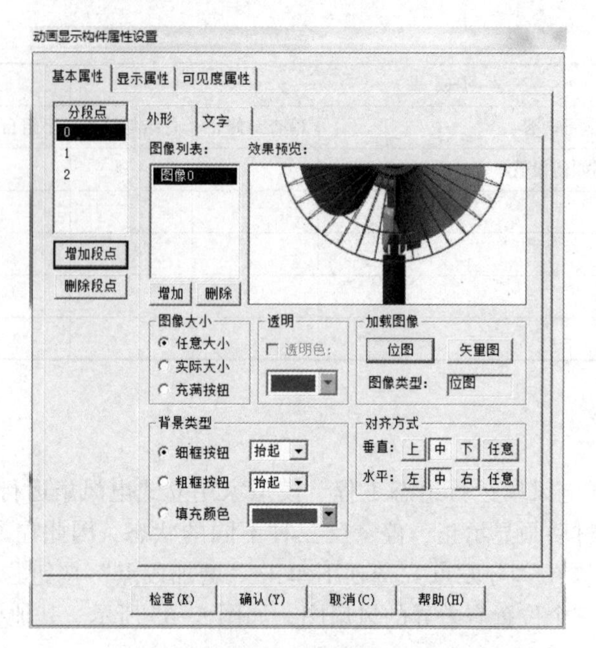

图 5-55　装载三个不同的立式风扇位图

20　立式风扇

练习与提高

21　练习与提高 3

1）“显示输出”设置时，“变量选择”对话框中的各选项都代表什么含义？

2）如何理解启动脚本和循环脚本的功能？

3）本例的星期显示是阿拉伯数字，如果要显示中文应如何设置和修改脚本程序？本例若要添加起动按钮和停止按钮，以控制风扇的旋转起停和文字闪烁，应如何设置和修改脚本程序？（参见配套资源）

项目 6　MCGS 对象元件库构件的修改与制作

对象元件库是存放组态完好并具有通用价值动画图形的图形库，便于日后对组态成果的重复利用。MCGS 组态软件提供了丰富的图形库，而且几乎所有的构件都可以设置动画属性。移动、大小变化、闪烁等效果只要在属性对话框进行相应的设置即可。可现实应用中，总会有些设计者想用的构件在 MCGS 组态软件图形库中并不存在，或者动画效果在属性设置中与使用者想象的不一样。这就需要在本软件的平台上，能够自己制作构件和修改构件的属性。

项目目标

1）掌握自己制作元件的方法及应用。

2）掌握修改图形库中元件的动画组态属性设置。

3）掌握仪表的使用方法。

项目计划

以荧光灯照明仿真动画电路为例，掌握自己制作元件的方法及应用；掌握修改图形库中元件的动画组态属性设置，制作精美的动画页面和完成精美的动画效果。

项目实施

在如图 6-1 所示的荧光灯照明仿真动画电路中，荧光灯、镇流器、辉光启动器（俗称启辉器）、熔断器和图片开关等几个构件在 MCGS 图形库中并不存在。这就要求自己制作或者根据已有构件进行修改。还有一些仪表、按钮的动画组态属性设置中没有“数据对象”或者“动画连接”选项，无法完成动画设置。这就要求修改这些构件的动画组态属性设置，完成相应的动画设置功能。

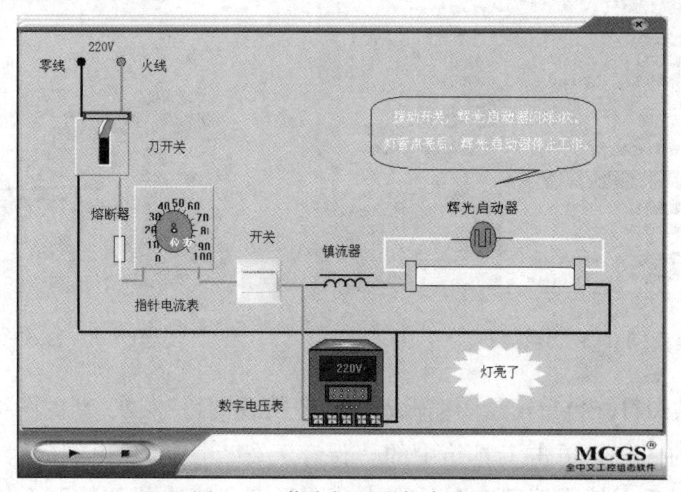

图 6-1　荧光灯照明仿真动画

1. 新建荧光灯照明仿真动画电路工程，并新建用户窗口

2. 新建或者修改构件

（1）新建（修改）镇流器构件

在用户窗口中，单击工具箱中的“插入元件”，弹出如图 6-2 所示的“对象元件库管理”对话框，选择电气符号中的“符号 40”，单击“确定”按钮，将符号放置到用户窗口中。

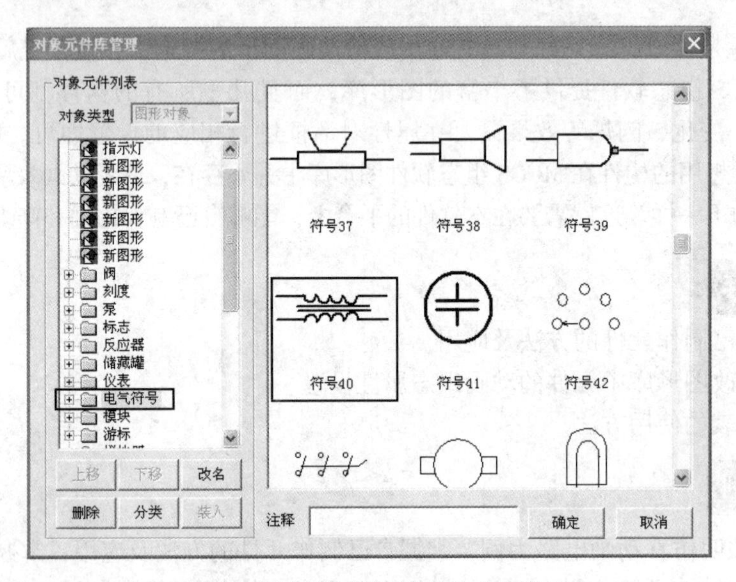

图 6-2　“对象元件库管理”对话框

右键单击“符号 40”，在弹出的快捷菜单中选择“排列”→“分解图符”，如图 6-3 所示。将分解后的图符修改为镇流器图符，如图 6-4 所示。

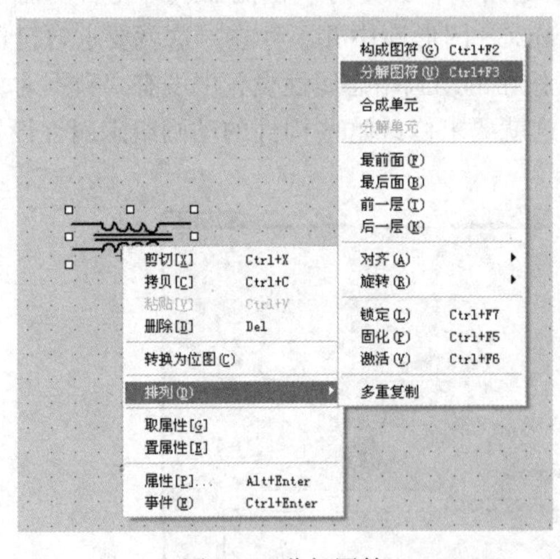

图 6-3　分解图符

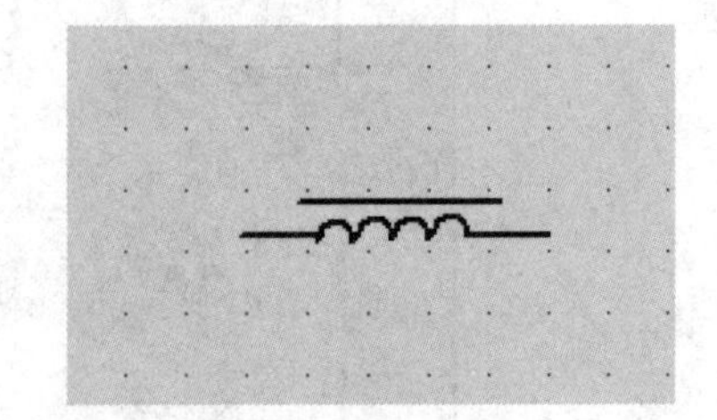

图 6-4　修改图符

全选修改后的图符，再单击绘图编辑条中的“构成图符”，新的图符就生成了。

选择新生成的图符，单击工具箱中的“保存元件”，弹出询问对话框，单击“确定”按钮。在“对象元件库管理”对话框中的图形对象库中找到最下面的“新图形”，在

“注释”输入框中输入“镇流器”，单击“改名”按钮，将符号名称修改为“镇流器”，如图 6-5 所示。单击“确定”按钮后，镇流器图符就保存在了图形对象库中，以后可随时调用。

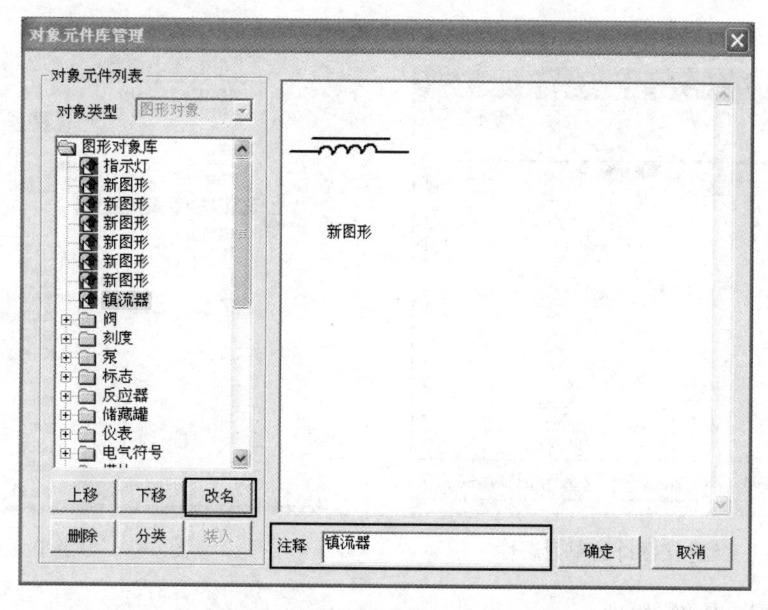

图 6-5　图形对象库生成镇流器图符

(2) 新建（修改）辉光启动器构件

参照镇流器图符的创建过程，可用如图 6-6 所示的“符号 51”修改成辉光启动器构件。双击辉光启动器，弹出“单元属性设置”对话框，其中“数据对象”或者“动画连接”选项卡中没有连接图符，如图 6-7 所示。无法完成动画设置。

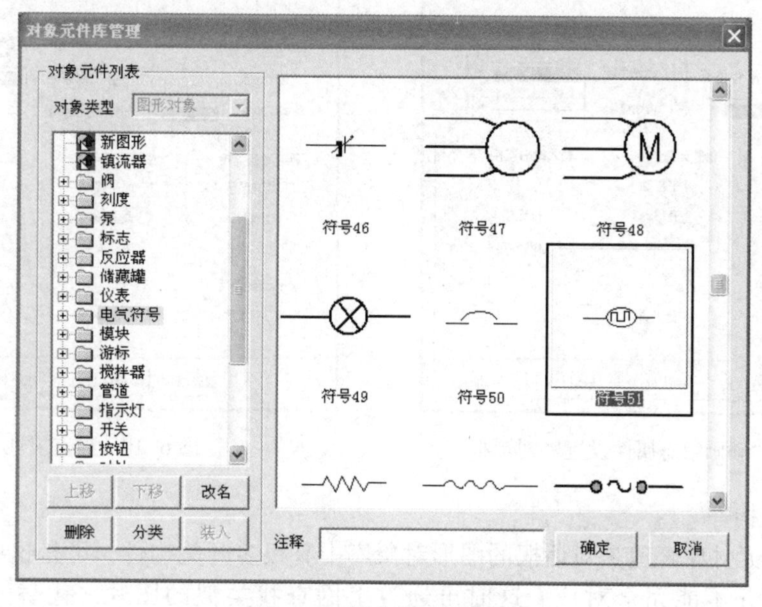

图 6-6　辉光启动器构件

右键单击“符号 51”，在弹出的快捷菜单中选择“排列”→“分解单元”，如图 6-8 所示。然后再双击分解后的图符中的单元符号，弹出“动画组态属性设置”对话框，如图 6-9 所示。在这个对话框中，可以设置单元符号的动作。辉光启动器闪烁效果就是在此基础上完成的。

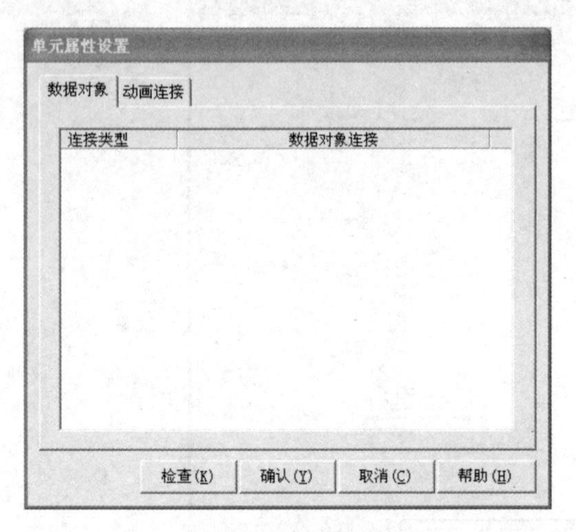

图 6-7　无连接图符的单元属性

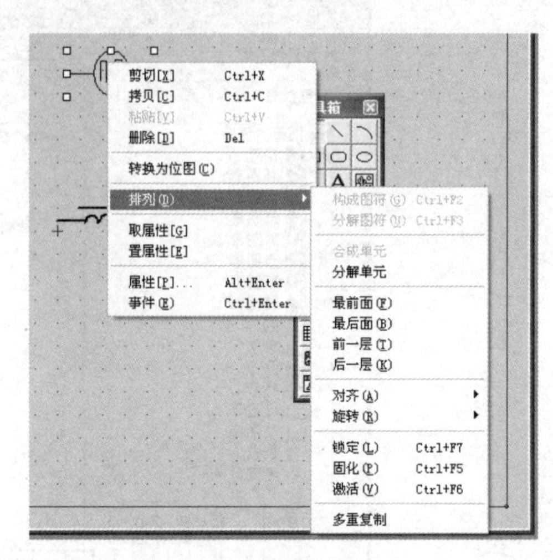

图 6-8　分解单元

（3）新建荧光灯管构件

在工具箱中单击矩形 和圆角矩形 ，调整大小到适当，并对中间的圆角矩形的静态属性进行设置，填充颜色为“白色”，如图 6-10 所示。动画组态属性将在数据连接中介绍。荧光灯管构件如图 6-11 所示。

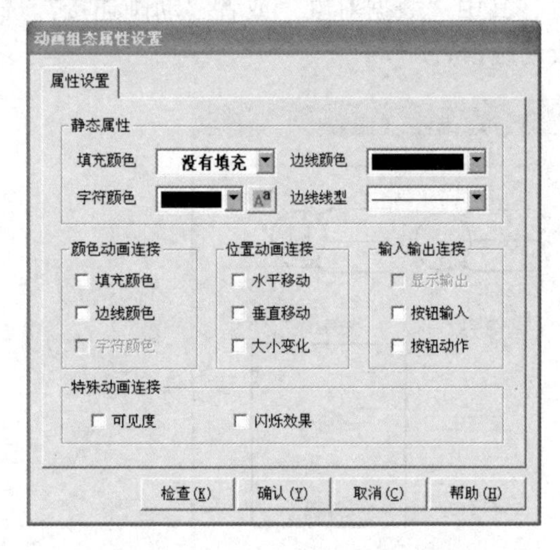

图 6-9　“动画组态属性设置”对话框

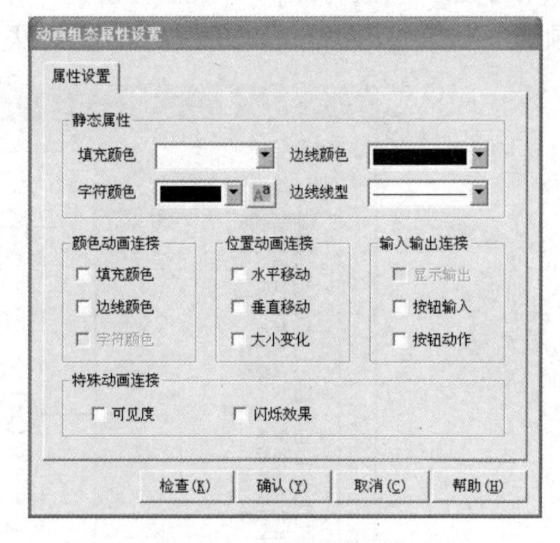

图 6-10　静态属性

（4）开关构件

在“对象元件库管理”对话框的图形对象库中有很多开关构件，可是这些与日常生活中的开关符号并不能完全对应。这时可通过上网查找类似的图片，代替开关构件。如图 6-12 所示的两个图片正好对应开关的“开”和“关”两个状态。

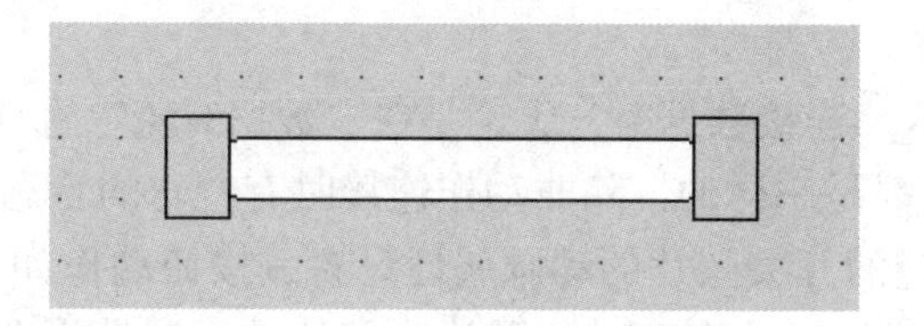
图 6-11　荧光灯管构件

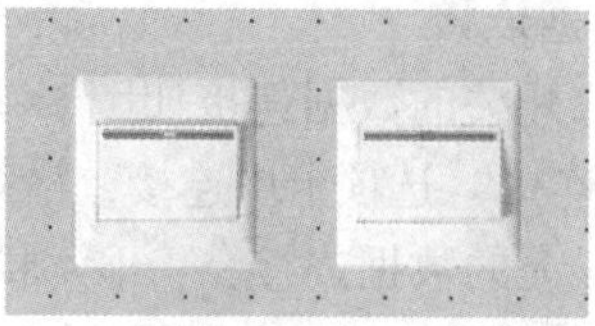

图 6-12　开关构件

(5) 仪表的修改

在用户窗口中，单击工具箱中的“插入元件”，在弹出如图 6-2 所示的“对象元件库管理”对话框中，选择仪表中的“仪表 20”，单击“确定”按钮，符号被放置到用户窗口中，如图 6-13 所示。图中的数字式仪表虽然能够设置数据连接，但由于显示数据大小和倍数的原因，往往会造成显示不正常。这样就要将“仪表 20”按照图 6-8 所示过程进行分解单元处理，然后再合成单元。

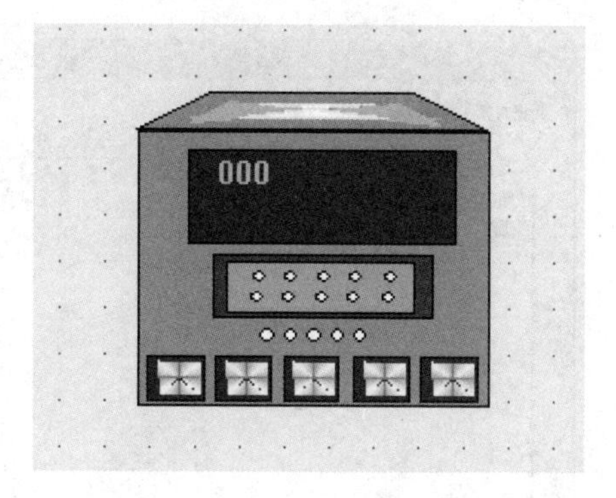

图 6-13　仪表

本案例中的模拟式电流表的设置也会出现同样的问题，修改过程略。

(6) 熔断器的制作

在工具箱中单击矩形，调整大小到适当，再画一根直线穿过矩形。并在矩形的静态属性设置中将“填充颜色”设为“黄色”，设置后的熔断器构件如图 6-14 所示。选择新生成的“熔断器”图符，单击工具箱中的“保存元件”，弹出询问对话框，单击“确定”按钮。在“对象元件库管理”对话框中的图形对象库中找到最下面的“新图形”，单击“改名”按钮，将符号名称修改为“熔断器”。单击“确定”按钮，熔断器图符就保存在了图形对象库中。

(7) 添加其他构件

在“对象元件库管理”对话框中找到其他的构件，放置到用户窗口中，并按照图 6-1 所示进行连线和标注。

3. 建立实时数据库

参考图 6-15 所示内容建立实时数据库。

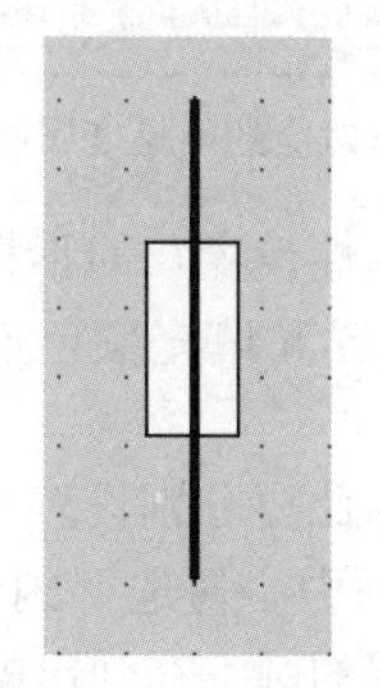
图 6-14　熔断器图符

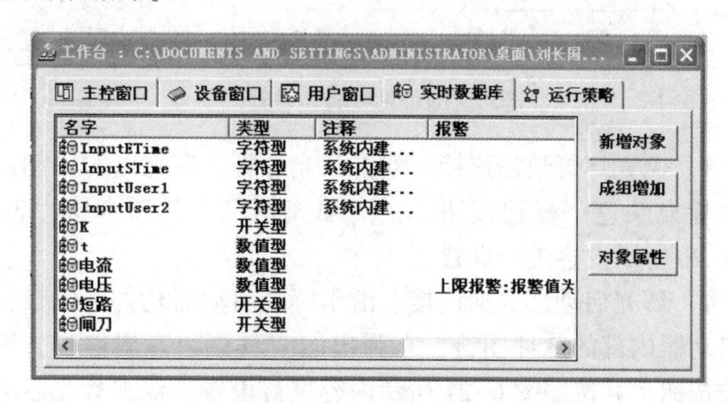

图 6-15　实时数据库

4. 数据连接

1）刀开关的数据连接如图6-16所示。连接数据时，无论是在“数据对象”选项卡还是在“动画连接”选项卡中连接，最终效果都是一样的，除非动作连接时有特殊的状态关系。

2）开关的数据连接，“开”状态对应的开关图片的动画属性设置、按钮动作如图6-17所示，可见度属性设置如图6-18所示。“关”状态对应的图片开关的动画属性设置、按钮动作与图6-17相同，可见度属性设置如图6-19所示。

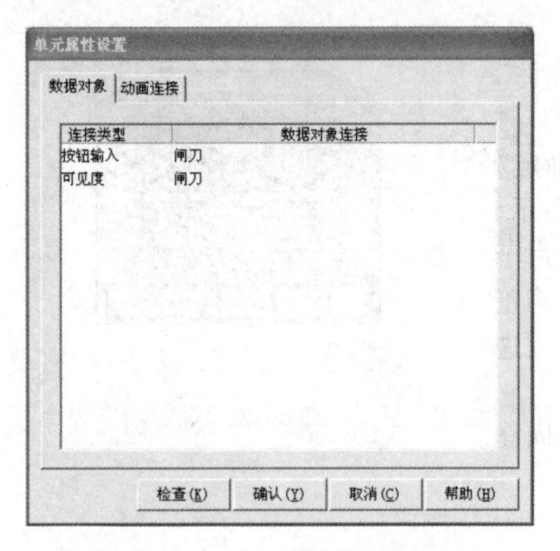

图6-16　刀开关的数据连接

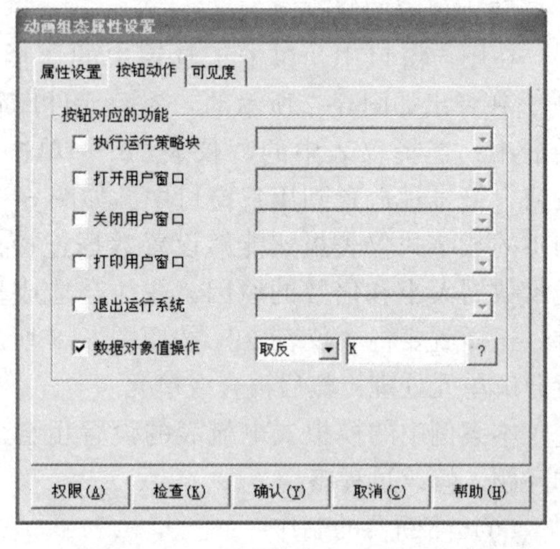

图6-17　“开”状态和“关”状态开关按钮的动作设置

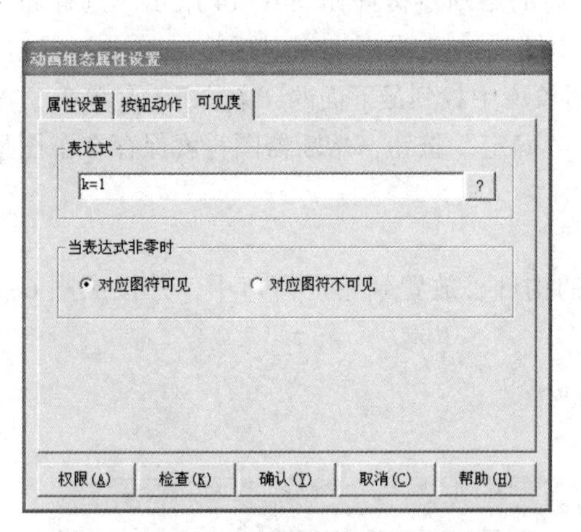

图6-18　“开”状态对应的可见度属性设置

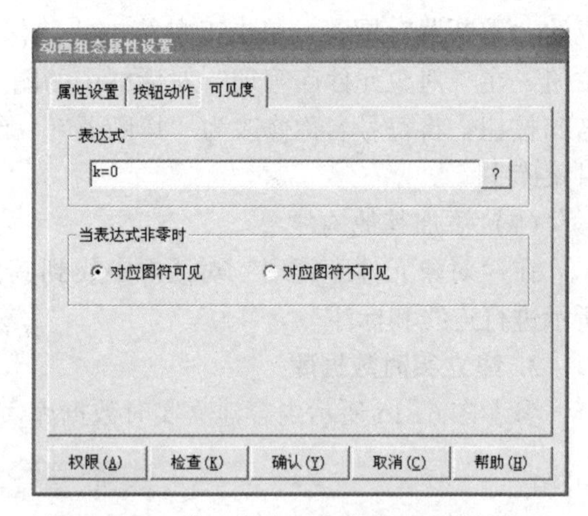

图6-19　“关”状态对应的可见度属性设置

3）荧光灯管数据连接。双击荧光灯管，在弹出的“动画组态属性设置”对话框中，勾选“填充颜色”复选按钮，在“填充颜色”选项卡中，表达式设置和填充颜色连接按照图6-20所示内容进行设置。

4）辉光启动器数据连接。由于辉光启动器构件已经被分解，因此要分别设置。单击辉光启动器内部的脉冲图符，在弹出的“动画组态属性设置”对话框中，勾选“闪烁效果”复选按钮，并按照图6-21所示内容进行设置。双击辉光启动器外部的圆，在弹出的“动画组态属性设置”对话框中，勾选“填充颜色”复选按钮，在“填充颜色”选项卡中，表达式设置和填充颜色连接按照图 6-22 所示内容进行设置。

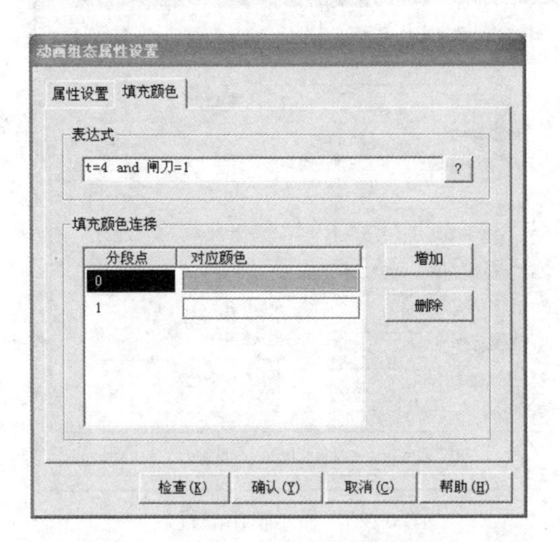

图 6-20　荧光灯管填充颜色设置

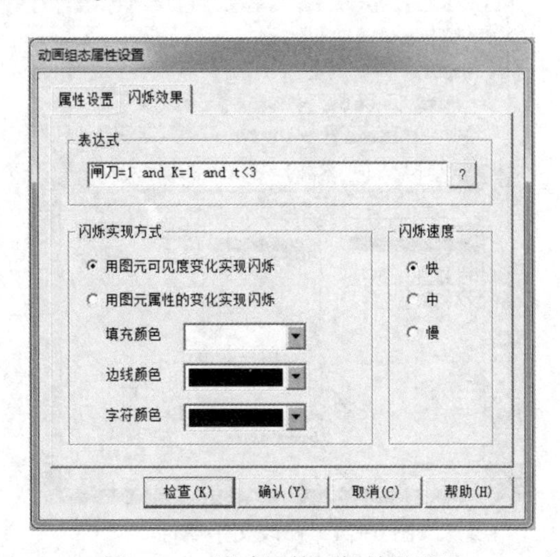

图 6-21　脉冲图符闪烁效果设置

5）数字电压表的数据连接。首先，双击仪表，弹出“单元属性设置”对话框，按照图 6-23 所示内容进行设置。虽然数据连接是正确的，但是当仪表调整到比较小的时候，显示的数值就会不正常，因此必须对显示的文字大小进行重新设定。

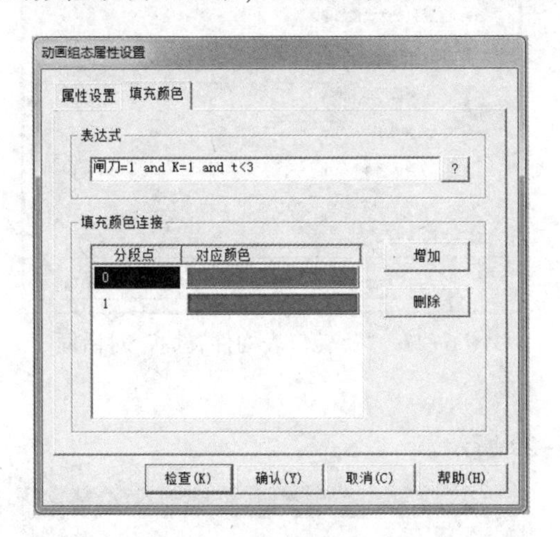

图 6-22　圆填充颜色设置

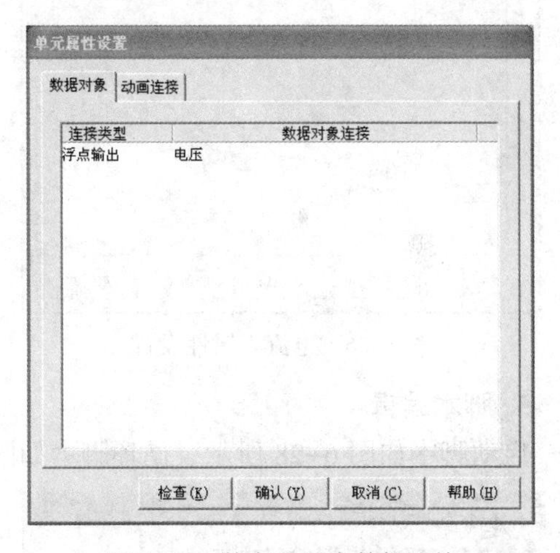

图 6-23　数字电压表数据连接

先将仪表进行分解单元，然后双击数字显示部分的标签框，在弹出的“标签动画组态属性设置”对话框中，单击 ，在弹出的如图 6-24 所示的“字体”对话框中，设置文字的大小和字体等。切换到“显示输出”选项卡，参照图 6-25 所示内容进行设置。

6）指针式仪表的数据连接。选择“仪表 7”作为电流表，双击电流表弹出“单元属性设置”对话框，参考图 6-26 所示内容进行设置。仿真动画时由于仪表量程较电路中电流大得多，所以指针几乎不偏转，“电流”的两个字也不能完全显示。还要参考数字仪表的修改方法，将指针仪表分解单元后，对各部分图元分别设置。特别是最上层的“旋转仪表构件属性设置”对话框，应根据实际参考图 6-27 所示内容进行设置。

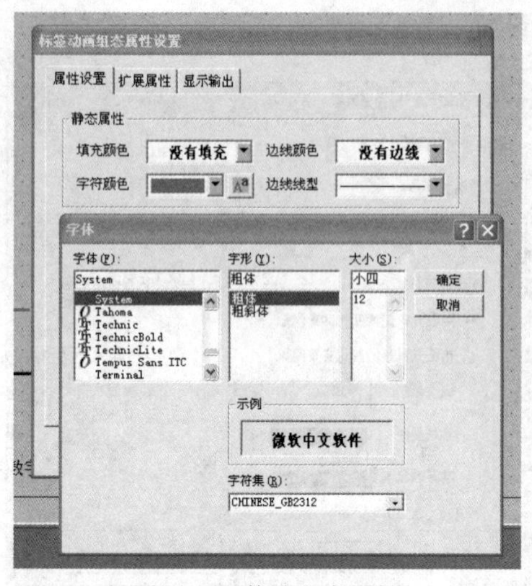

图 6-24 修改文字属性

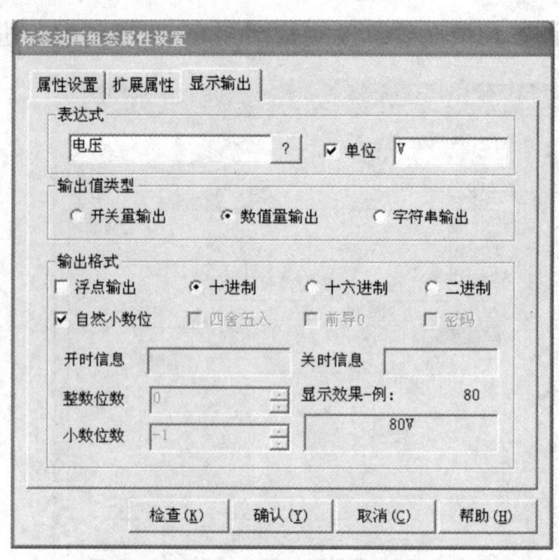

图 6-25 显示输出属性

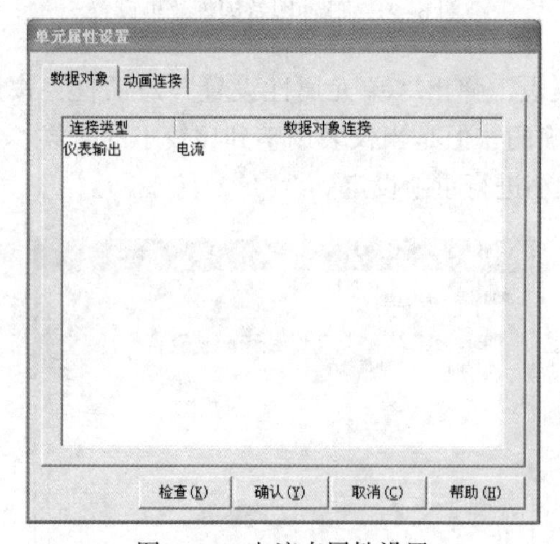

图 6-26 电流表属性设置

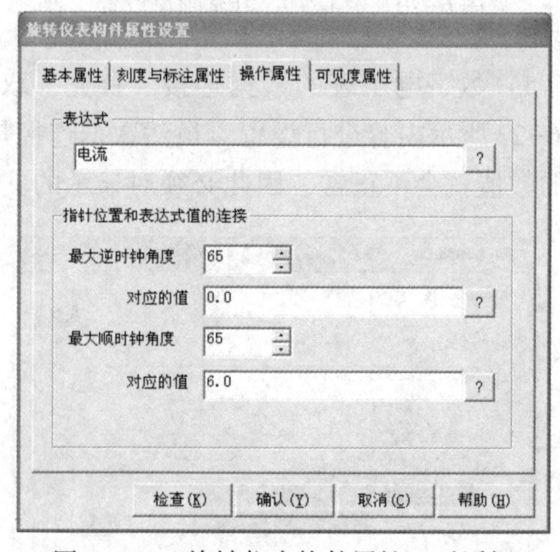

图 6-27 “旋转仪表构件属性”对话框

5. 脚本编辑

启动脚本如图 6-28 所示。循环脚本如图 6-29 所示。

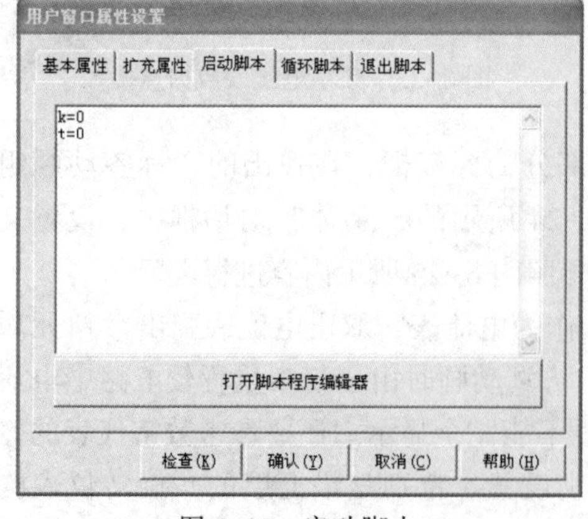

图 6-28 启动脚本

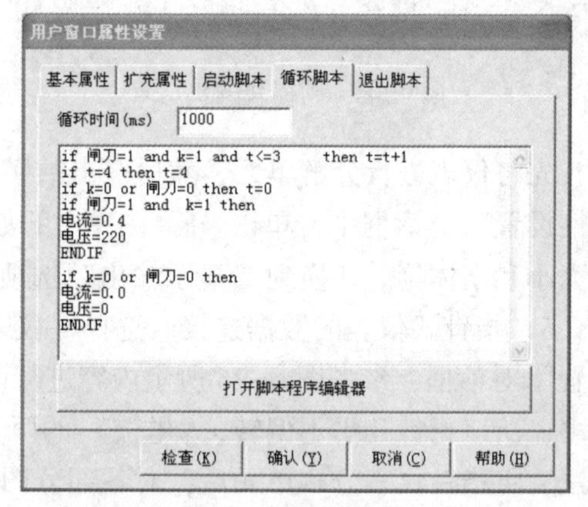

图 6-29 循环脚本

6. 下载运行调试

将组态工程下载后，首先闭合刀开关，再按下开关，辉光启动器闪烁三次后，荧光灯管点亮，电压表指示电压为 220 V，电流表指示电流约为 0.4 A。

22　仿真动画

学习成果检查表（见表 6-1）

表 6-1　荧光灯照明仿真动画电路检查表

学习成果			评分表		
巩固学习内容	检查与修正	总结与订正	小组自评	学生自评	教师评分
元件的制作					
元件的修改					
你还学了什么					
你做错了什么					

拓展与提升

1）MCGS 组态软件的动画功能很丰富，比如图 6-30 所示的动画功能。就是灵活使用可见度属性而设置完成的。请参考配套资源中的这个组态工程的源程序，自己制作一个类似的动画作品。

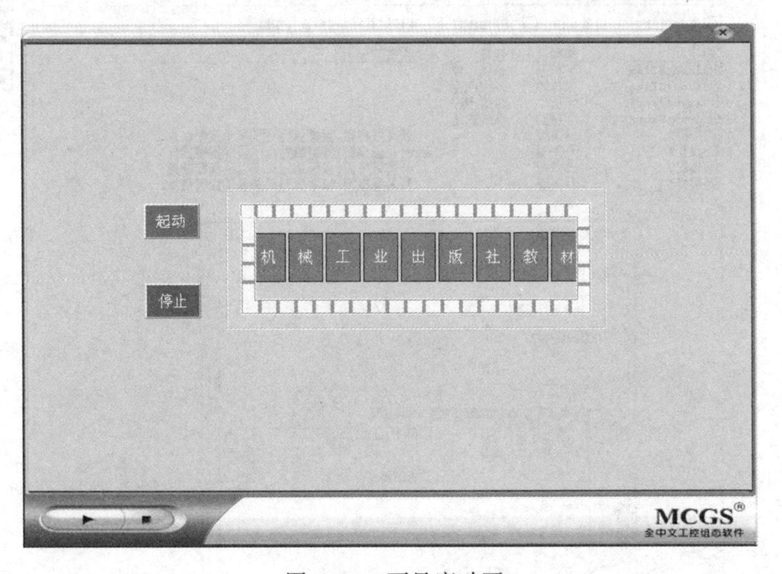

图 6-30　可见度动画

23　可见度动画

2）如图 6-31 所示为报警条应用典型示例，图中各构件的连接不必表述，关键问题是要介绍一下 4 个报警参数实时数据的设置。

以“报警 1”数据为例，在实时数据库中建立开关型“报警 1”数据量，在其“数据对象属性设置”对话框中选择“报警属性”选项卡，按如图 6-32 所示内容进行设置。这里需要注意的是“报警注释”和“报警值”设置完成后，在左侧“开关量报警”复选按钮不被选中的情况下，“报警注释”和“报警值”输入框中的信息不会再显示，容易引起误解。

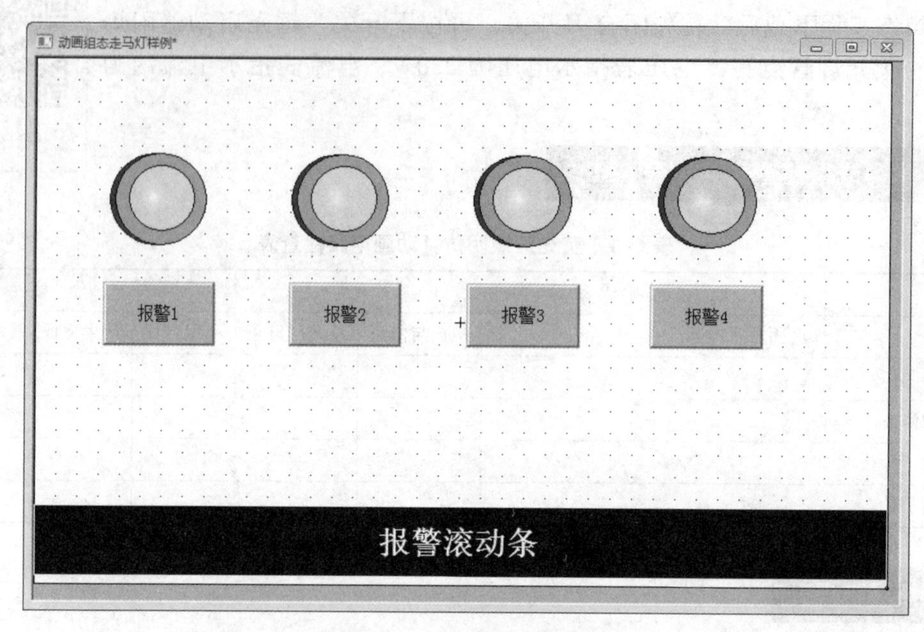

图 6-31　报警条应用示意图

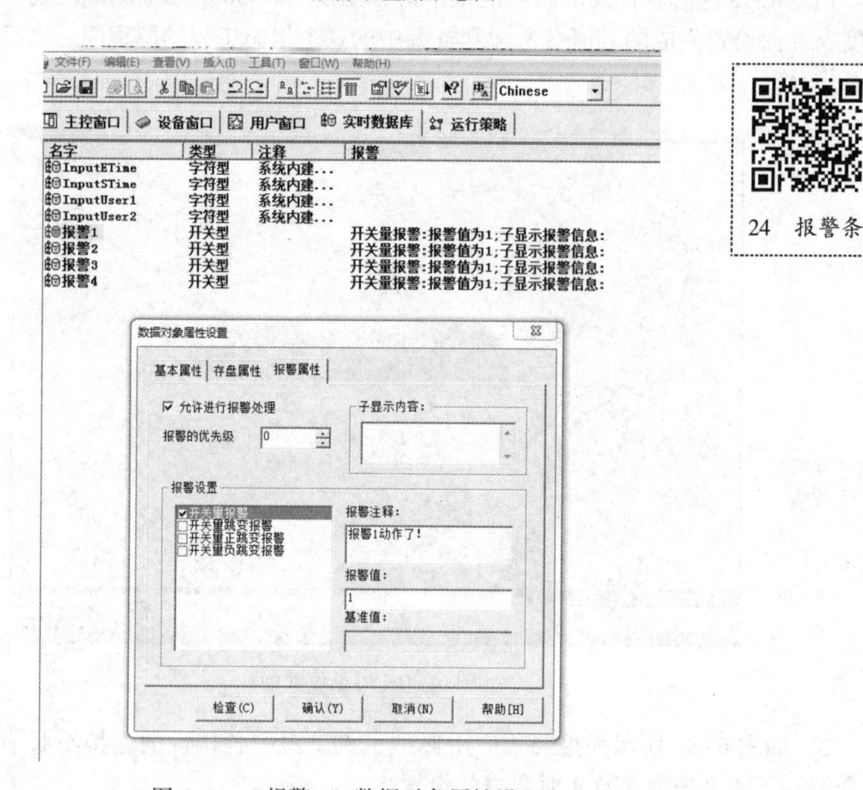

图 6-32　“报警 1”数据对象属性设置

24　报警条

其他三个报警数据的设置参考“报警 1”。报警条的动画设置，详情请参考配套资源中的报警动画的源程序。

练习与提高

1）在用户窗口中，执行如下操作：单击“插入元件”→“对象元件列表”→“按钮”→“按钮 99”，将“按钮 99”放置到用户窗口中，并对其进行数据连接。

2）在用户窗口中，执行如下操作：单击“插入元件”→“对象元件列表”→“开关”→“开关 13”，将“开关 13”放置到用户窗口中，并对其进行数据连接。

3）选中“对象元件库管理”对话框中的图形，对其进行分解，观察图形是如何组成的？

4）如何将新的图形添加进入“对象元件库管理”对话框？

5）如图 6-33 所示“两地控制一灯”组态工程，练习“白炽灯”元件的制作及开关动态属性的设置方法。其他构件的设置可在后续的项目学完后再完成。详情参见配套资源。

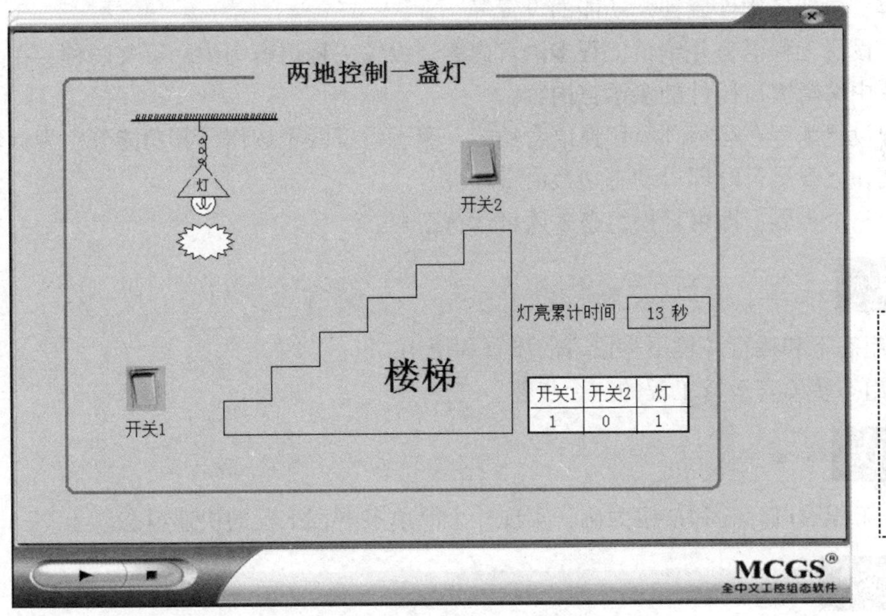

图 6-33 “两地控制一灯”组态工程

25　练习与提高 5

项目 7　MCGS 嵌入版多语言工程组态

随着工业领域国际化的发展，多语言显示效果已经成为众多国际化公司的基本需求。MCGS 嵌入版软件在 6.8 以上版本中都具有了多语言功能，为用户提供多语言显示的方案。

MCGS 是全中文的组态软件，针对大多数用户使用中文的情况以及 MCGS 软件的特点，我们给出如下组态思路，分为三个步骤。

第一步：按照工程默认语言组态工程。工程初始默认语言为中文，先组态中文语言环境下的窗口内容，包括各构件属性及功能的设置等。

第二步：设置工程语言并编辑工程多语言内容。设置工程语言为中、英文两种，在多语言文本表中集中编辑窗口构件的多语言内容。

第三步：设置工程在运行环境切换语言功能。组态设置两个按钮，其功能分别为将环境切换到中英文，下载运行时即可动态切换语言环境。

按照以上三个步骤，即可轻松组态多语言运行工程。

项目目标

1）学习组态下和运行环境下多语言的设置和使用。

2）了解组态多语言运行工程的三个步骤。

项目计划

新建一个工程，以标签和按钮为例，实现一个简单多语言工程的快速组态。

项目实施

1. 按照工程默认语言组态

1）界面组态：新建一个“用户窗口”，进入“用户窗口属性设置”对话框，设置窗口背景为蓝色。添加一个“标签” A，作为此窗口的标题，设置其坐标为（0，0），大小为“800 * 80”，填充颜色为“白色”，文本内容为“多语言组态”。然后，添加两个“圆角矩形”。

2）标签组态：添加两个“标签” A，进入其属性设置对话框，设置文本内容分别为“标签 1”和“标签 2”；字符颜色设为“黄色”；边线颜色设为“浅绿色”；填充颜色选择“没有填充”，如图 7-1 所示。

3）按钮组态：添加两个“标准按钮”构件，第一个按钮的文本不做修改，保持默认状态。进入第二个按钮属性设置对话框，取消“使用相同属性”，设置“抬起”状态的文本改为“抬起”，“按下”状态的文本改为“按下”，按钮的背景色设为“紫色”，如图 7-2 所示。这里初始语言环境为中文，所以此处设置的是标签按钮的中文语言内容。

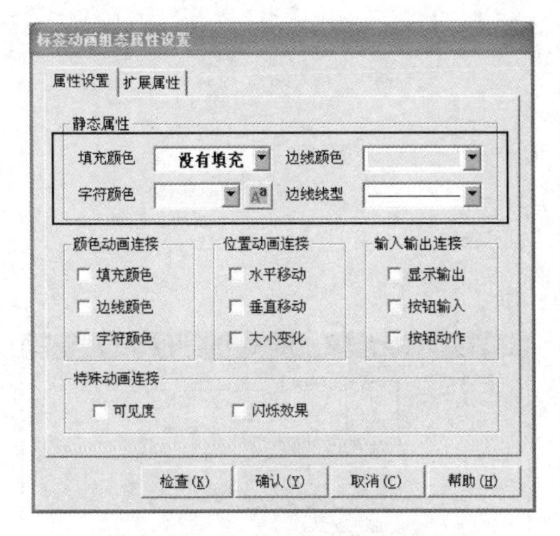

图 7-1　标签组态

图 7-2　按钮组态

4）最后再适当调整各构件的大小和位置，页面组态设置完成后的效果如图 7-3 所示。

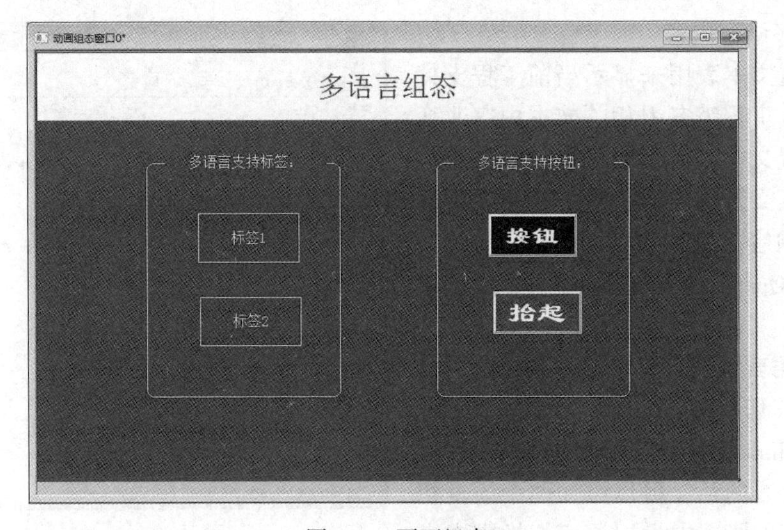

26　页面组态

图 7-3　页面组态

2. 多语言内容编辑

组态好窗口的构件后，接下来要编辑工程的多语言内容，首先要将工程语言设置为中文和英文，然后对各构件的多语言内容进行编辑。

（1）设置工程语言

单击工具栏中的“多语言配置”，打开“多语言配置”窗口，如图 7-4 所示 。初始情况下，窗口中显示序号、语言列（中文）和引用列内容，引用列内容为多语言文本在组态窗口中的位置。序号、语言列和引用列合在一起统称为多语言配置文本表。

单击“多语言配置”窗口工具栏中的“打开语言选择对话框”，进入“运行时语言选择”对话框，如图 7-5 所示 。勾选“English”，此时工程设置为两种语言。左侧的下拉框用来设置工程的默认语言，即工程下载运行时的初始运行语言，默认选择为中文。单击“确定”按钮后回到“多语言配置”窗口，此时窗口中增加了“English”显示列。

序号	Chinese	引用
1	多语言支持标签:	\用户窗口\窗口0\标签\控件2\标题
2	多语言支持按钮:	\用户窗口\窗口0\标签\控件4\标题
3	标签1	\用户窗口\窗口0\标签\控件5\标题
4	标签2	\用户窗口\窗口0\标签\控件6\标题
5	多语言组态	\用户窗口\窗口0\标签\控件9\标题
6	按钮	\用户窗口\窗口0\标准按钮\控件12\按下
7	按钮	\用户窗口\窗口0\标准按钮\控件12\抬起
8	按下	\用户窗口\窗口0\标准按钮\控件13\按下
9	抬起	\用户窗口\窗口0\标准按钮\控件13\抬起
10	中文	\用户窗口\窗口0\标准按钮\控件14\按下
11	中文	\用户窗口\窗口0\标准按钮\控件14\抬起
12	English	\用户窗口\窗口0\标准按钮\控件15\按下
13	English	\用户窗口\窗口0\标准按钮\控件15\抬起
14	系统管理[&S]	\主控窗口\菜单\菜单项0
15	用户窗口管理[&M]	\主控窗口\菜单\菜单项1

图 7-4 “多语言配置”对话框

图 7-5 “运行时语言选择”对话框

（2）编辑多语言内容

多语言配置文本表用来显示当前工程支持的语言列内容。工程组态中相关文本内容改变时，多语言配置文本表会实时显示。如果要编辑当前界面的英文语言内容，只需在英文列输入对应的英文内容。例如：“标签 1”的英文内容为“Label One”，只需按照图 7-6 所示输入此内容即可。

序号	Chinese	English
1	多语言支持标签:	Multilanguage Label
2	多语言支持按钮:	Multilanguage button
3	标签1	Label One
4	标签2	Label Two
5	多语言组态	Multilanguage MCGS
6	按钮	button
7	按钮	button
8	按下	down
9	抬起	up
10	中文	中文
11	中文	中文
12	English	English
13	English	English

图 7-6 多语言内容编辑

3. 工程的语言切换设置

工程的语言切换是通过脚本函数“!SetCurrentLanguageIndex()”来实现的，想要在运行时手动切换语言的话，可以添加两个语言切换按钮，在按钮的脚本中设置语言切换脚本来实现。

1）在窗口中添加两个“标准按钮”构件，设置其属性，一个文本内容为“中文”，另一个为“English”。如图 7-7 所示。这里将按钮的背景颜色分别设置为“浅蓝色”和“红色”。

图 7-7 中英文切换按钮

2）进入“中文”按钮的属性设置对话框，在“脚本程序”选项卡中选中“抬起脚本”，单击“打开脚本程序编辑器”按钮，进入到脚本程序编辑页面，在页面右侧的目录树中依次选择“系统函数”→“运行环境操作”→“!SetCurrentLanguageIndex()”，点击“确定”按钮，将函数添加到脚本中。回到“脚本程序”选项卡，在函数括号中添加参数“0”(其中“0”代表设置为中文，“1”代表设置为英文)，如图 7-8 所示。“English”的按钮也同样设置，函数内的参数为“1”，如图 7-9 所示。

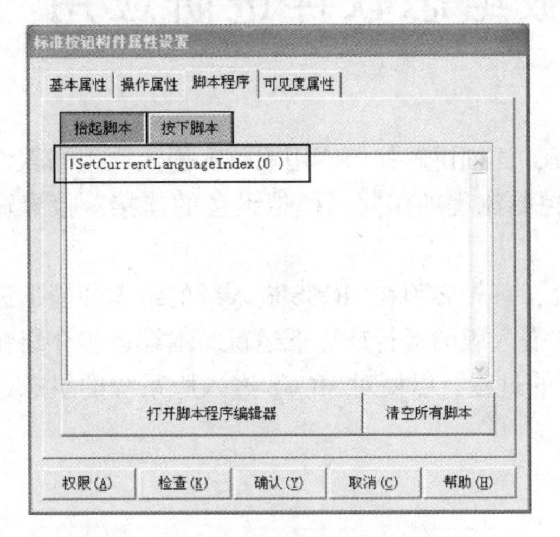

图 7-8　“中文”按钮脚本程序页

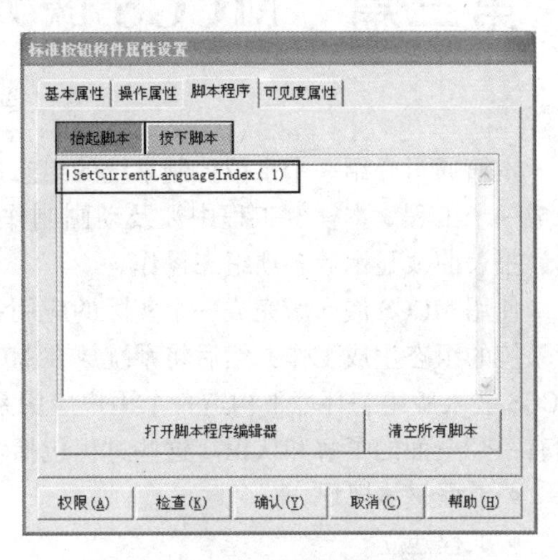

图 7-9　“English”按钮脚本程序页

按照以上步骤，组态多语言运行工程运行“中文”语言如图 7-10 所示；组态多语言运行工程运行“English”语言如图 7-11 所示。

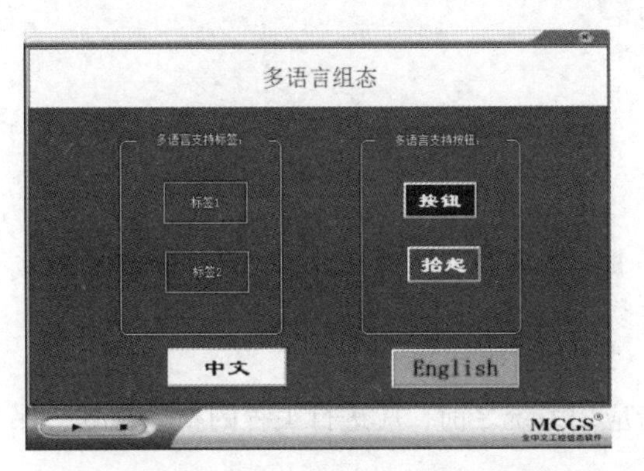

图 7-10　“中文”组态

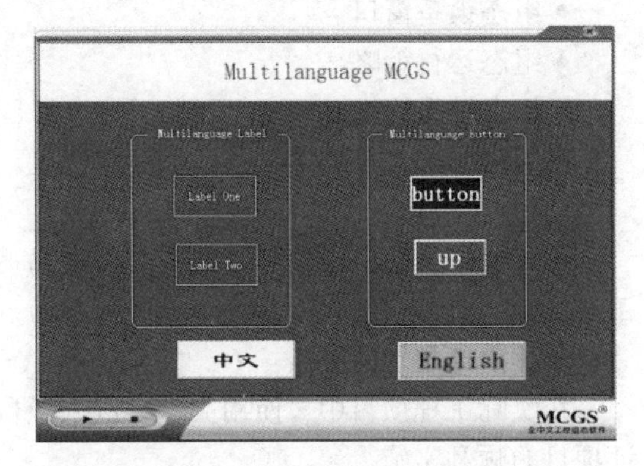

图 7-11　“English”组态

学习成果检查表（见表 7-1）

表 7-1　多语言工程组态检查表

学习成果			评分表		
巩固学习内容	检查与修正	总结与订正	小组自评	学生自评	教师评分
MCGS 嵌入版软件中支持的多语言构件及内容					
你还学了什么					
你做错了什么					

第三篇　MCGS 嵌入版组态软件进阶应用

本篇通过介绍一个水位控制系统的组态过程，详细讲解如何应用 MCGS 嵌入版组态软件完成一个工程。本样例工程中涉及动画制作、控制流程的编写、模拟设备的连接、报警输出、报表曲线显示等多项组态操作。

使用 MCGS 嵌入版完成一个实际的应用系统，首先必须在 MCGS 嵌入版的组态环境下进行系统的组态生成工作，然后将系统放在 MCGS 嵌入版的运行环境下运行。本篇逐步介绍在 MCGS 嵌入版组态环境下构造一个用户应用系统的过程，以便对 MCGS 嵌入版系统的组态过程有一个全面的了解和认识。这些过程包括：

- 工程整体规划。
- 工程建立。
- 构造实时数据库。
- 组态用户窗口。
- 组态主控窗口。
- 组态设备窗口。
- 组态运行策略。
- 组态结果检查。
- 工程测试。

注意：

本篇所描述的组态过程只是一般性的描述，其先后顺序并不是固定不变的，例如先生成图形界面、最后构造实时数据库也是可行的。在实际应用过程中，可以根据需要灵活运用。

工程整体规划的要点：

在实际工程项目中，使用 MCGS 嵌入版构造应用系统之前，应进行工程的整体规划，保证项目的顺利实施。

对工程设计人员来说，首先要了解整个工程的系统构成和工艺流程，清楚监控对象的特征，明确主要的监控要求和技术要求等问题。在此基础上，拟定组建工程的总体规划和设想，主要包括系统应实现哪些功能，控制流程如何实现，需要什么样的用户窗口界面，实现何种动画效果以及如何在实时数据库中定义数据变量等环节，同时还要分析工程中设备的采集及输出通道与实时数据库中定义的变量的对应关系，分清哪些变量是要求与设备连接的，哪些变量是软件内部用来传递数据及用于实现动画显示等问题。做好工程的整体规划，在项目的组态过程中能够尽量避免一些无谓的劳动，快速有效地完成工程项目。

完成工程的规划，下面就开始工程的建立工作了。

项目 8　HMI 水位工程

本项目结合水位控制工程实例，对 MCGS 嵌入版组态软件的组态过程、操作方法和实现功能等环节进行全面的讲解，帮助读者在短时间内对 MCGS 嵌入版组态软件的内容、工作方法和操作步骤有一个总体的认识。工程中涉及动画制作、控制流程的编写、模拟设备的连接、报警输出和报表曲线显示等多项组态操作。

任务 8.1　水位控制工程组态设计

任务目标

1）学会开始组态工程之前，先对该工程进行剖析，以便从整体上把握工程的结构、流程、需实现的功能及如何实现这些功能。

2）掌握水位控制工程窗口组态设计。

3）了解工程设计的实施步骤。

任务计划

建立 2 个用户窗口：水位控制、数据显示；建立 3 个策略：启动策略、退出策略、循环策略；建立如下数据对象：水泵、调节阀、出水阀、液位 1、液位 2、液位 1 上限、液位 1 下限、液位 2 上限、液位 2 下限、液位组。完成水位控制的模拟功能及数据显示功能。

通过控制水泵的起动和停止，实现水罐 1 自动注水；通过调节阀的开和关，自动调节水灌 1 的液位高度在合适的位置；调节阀和出水阀共同控制水罐 2 中液位保持在合适的位置。利用组态脚本程序编写控制流程，采用滑动输入器实现手动调节液位高低变化的方法，实现水泵、调节阀和出水阀的自动开启和关闭。

任务实施

1. 水位控制工程运行效果图

工程最终效果如图 8-1 和图 8-2 所示。

2. 创建工程

可以按如下步骤建立样例工程：

1）鼠标单击“文件”菜单中“新建工程”选项，如果 MCGS 嵌入版安装在 D 盘根目录下，则会在“D:\MCGSE\WORK\”下自动生成新建工程，默认的工程名为“新建工程 X. MCE”（X 表示新建工程的顺序号，如：0、1、2 等）。

2）选择“文件”菜单中的“工程另存为”菜单项，弹出文件保存窗口。

3）在文件名一栏内输入“水位控制系统”，单击“保存”按钮，工程创建完毕。

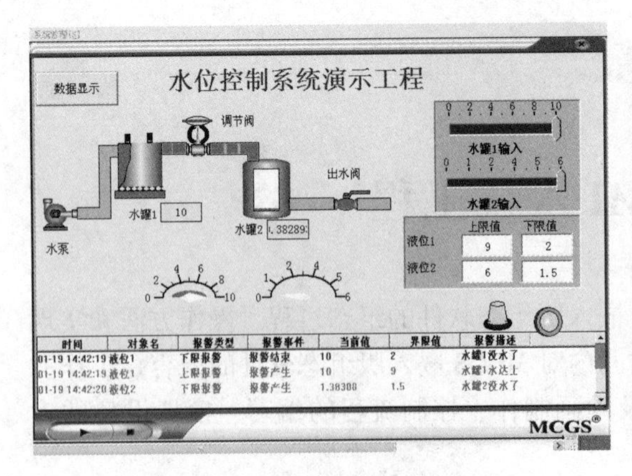

图 8-1 水位控制工程主界面

图 8-2 水位控制工程数据显示

3. 制作工程画面

(1) 建立画面

1) 在“用户窗口”中单击“新建窗口”按钮，建立“窗口 0”。

2) 选中“窗口 0”，单击“窗口属性”按钮，进入“用户窗口属性设置”对话框。

3) 将窗口名称改为“水位控制”；窗口标题改为“水位控制”；其他不变，单击“确认”按钮。

4) 在“用户窗口”中，选中“水位控制”，单击鼠标右键，选择下拉菜单中的“设置为启动窗口”选项，将该窗口设置为运行时自动加载的窗口，如图 8-3 所示。

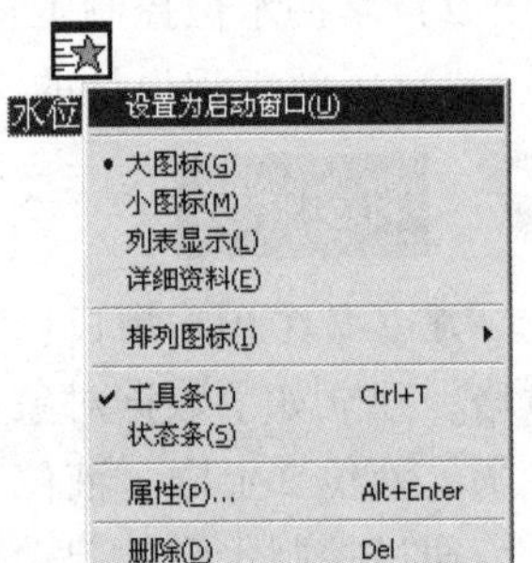

图 8-3 设置启动窗口

(2) 编辑画面

选中“水位控制”窗口图标，单击“动画组态”按钮（或者双击“水位控制”窗口图标），进入动画组态窗口，开始编辑画面。

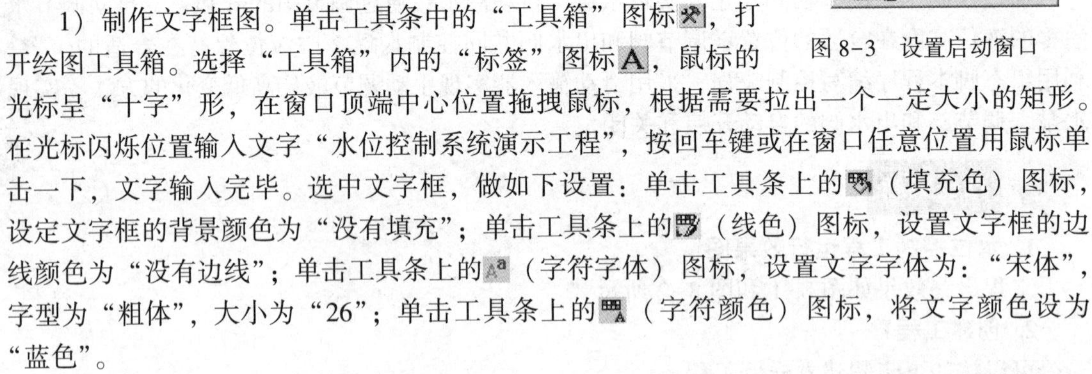

1) 制作文字框图。单击工具条中的“工具箱”图标，打开绘图工具箱。选择“工具箱”内的“标签”图标，鼠标的光标呈“十字”形，在窗口顶端中心位置拖拽鼠标，根据需要拉出一个一定大小的矩形。在光标闪烁位置输入文字“水位控制系统演示工程”，按回车键或在窗口任意位置用鼠标单击一下，文字输入完毕。选中文字框，做如下设置：单击工具条上的（填充色）图标，设定文字框的背景颜色为“没有填充”；单击工具条上的（线色）图标，设置文字框的边线颜色为“没有边线”；单击工具条上的（字符字体）图标，设置文字字体为：“宋体”，字型为“粗体”，大小为“26”；单击工具条上的（字符颜色）图标，将文字颜色设为“蓝色”。

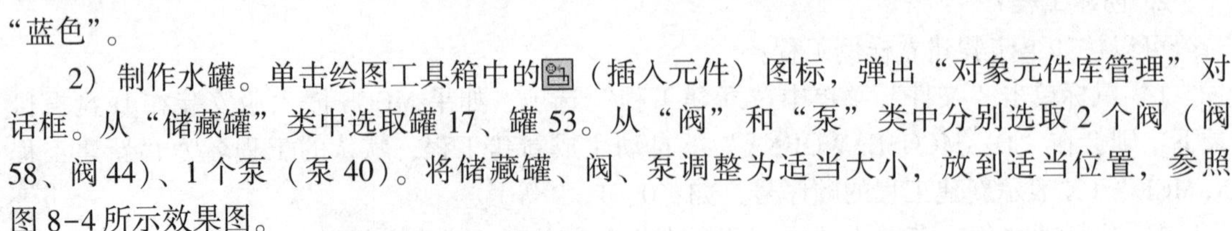

2) 制作水罐。单击绘图工具箱中的（插入元件）图标，弹出“对象元件库管理”对话框。从“储藏罐”类中选取罐 17、罐 53。从“阀”和“泵”类中分别选取 2 个阀（阀 58、阀 44）、1 个泵（泵 40）。将储藏罐、阀、泵调整为适当大小，放到适当位置，参照图 8-4 所示效果图。

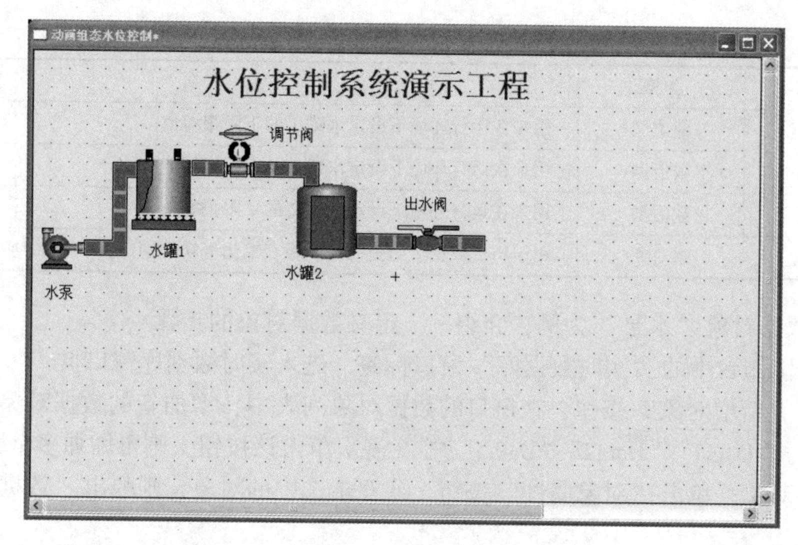

图 8-4　整体画面

3）制作流动块。选中工具箱内的流动块动画构件图标，鼠标的光标呈“十字”形，移动鼠标至窗口的预定位置，单击一下鼠标左键，移动鼠标，在鼠标光标后形成一道虚线，拖动一定距离后，单击鼠标左键，生成一段流动块。再拖动鼠标（可沿原来方向，也可垂直原来方向），生成下一段流动块。当用户想结束绘制时，双击鼠标左键即可。当用户想修改流动块时，选中流动块（流动块周围出现选中标志：白色小方块），鼠标指针指向小方块，按住左键不放，拖动鼠标，即可调整流动块的形状。

4）整体画面。通过工具箱中的A图标，分别对阀、泵、罐进行文字注释。依次为：水泵、水罐 1、调节阀、水罐 2、出水阀。文字注释的设置同“编辑画面”中的“制作文字框图”。选择“文件”菜单中的“保存窗口”选项，保存画面。最后生成的画面如图 8-4 所示。

4. 定义数据对象

前面已经讲过，实时数据库是 MCGS 嵌入版工程的数据交换和数据处理中心。数据对象是构成实时数据库的基本单元，建立实时数据库的过程也就是定义数据对象的过程。

定义数据对象的内容主要包括：指定数据变量的名称、类型、初始值和数值范围；确定与数据变量存盘相关的参数，如存盘的周期、存盘的时间范围和保存期限等。在开始定义之前，我们先对所有数据对象进行分析。在本样例工程中需要用到表 8-1 所示的数据对象。

表 8-1　数据对象

对象名称	类型	注　　释
水泵	开关型	控制水泵“起动”“停止”的变量
调节阀	开关型	控制调节阀“打开”“关闭”的变量
出水阀	开关型	控制出水阀“打开”“关闭”的变量
液位 1	数值型	水罐 1 的水位高度，用来控制 1#水罐水位的变化
液位 2	数值型	水罐 2 的水位高度，用来控制 2#水罐水位的变化
液位 1 上限	数值型	用来在运行环境下设定水罐 1 的上限报警值

（续）

对象名称	类型	注释
液位 1 下限	数值型	用来在运行环境下设定水罐 1 的下限报警值
液位 2 上限	数值型	用来在运行环境下设定水罐 2 的上限报警值
液位 2 下限	数值型	用来在运行环境下设定水罐 2 的下限报警值
液位组	组对象	用于历史数据、历史曲线、报表输出等功能构件

下面以数据对象“水泵”为例，介绍一下定义数据对象的步骤。

1）单击工作台中的“实时数据库”窗口标签，进入实时数据库窗口页。

2）单击“新增对象”按钮，在窗口的数据对象列表中，增加新的数据对象，系统默认定义的名称为“Data1”“Data2”“Data3”等（多次单击该按钮，则可增加多个数据对象）。

3）选中对象，单击“对象属性”按钮，或双击选中的对象，则弹出“数据对象属性设置”对话框。

4）将对象名称改为“水泵”；对象类型选择“开关型”；在对象内容注释输入框内输入“控制水泵起动、停止的变量”，单击“确认”按钮。

按照此步骤，根据上面列表，设置其他 9 个数据对象。

定义组对象与定义其他数据对象略有不同，需要对组对象成员进行选择。具体步骤如下。

1）在数据对象列表中，双击“液位组”，弹出“数据对象属性设置”对话框。

2）选择“组对象成员”选项卡，在左边数据对象列表中选择“液位 1”，单击“增加”按钮，数据对象“液位 1”被添加到右边的“组对象成员列表”中。按照同样的方法将“液位 2”添加到组对象成员中。

3）选择“存盘属性”选项卡，在“数据对象值的存盘”选择框中，选择“定时存盘”，并将存盘周期设为 5 s。

4）单击“确认”按钮，组对象设置完毕。

5. 动画连接

由图形对象搭配而成的图形画面是静止不动的，需要对这些图形对象进行动画设计，以便真实地描述外界对象的状态变化，达到过程实时监控的目的。MCGS 嵌入版组态软件实现图形动画设计的主要方法是将用户窗口中的图形对象与实时数据库中的数据对象建立相关性连接，并设置相应的动画属性。在系统运行过程中，图形对象的外观和状态特征，由数据对象的实时采集值驱动，从而实现图形的动画效果。

本样例中需要制作动画效果的部分包括：水箱中水位的升降；水泵、阀门的起停；水流效果。

（1）水位升降效果

水位升降效果是通过设置数据对象“大小变化”连接类型实现的。具体设置步骤如下。

1）在用户窗口中，双击“水罐 1”，弹出“单元属性设置”对话框。选择“动画连接”选项卡，显示如图 8-5 所示窗口。

选中折线，在右端出现[>]。单击[>]进入动画组态属性设置窗口。按照下面的要求设置各个参数：表达式为“液位 1”；最大变化百分比对应的表达式的值为“10”；其他参数不变。如图 8-6 所示。

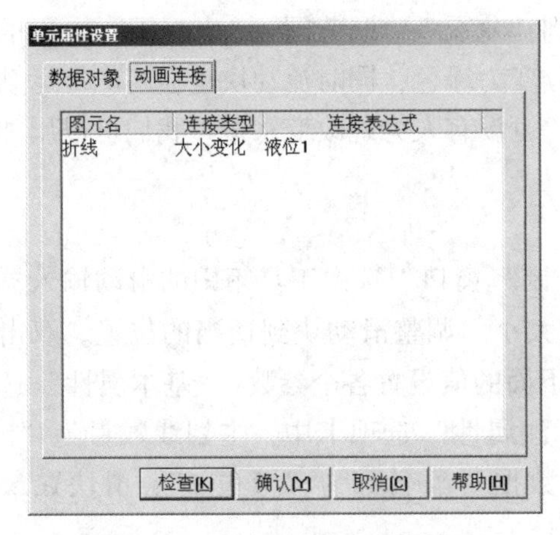

图 8-5　“动画连接”选项卡

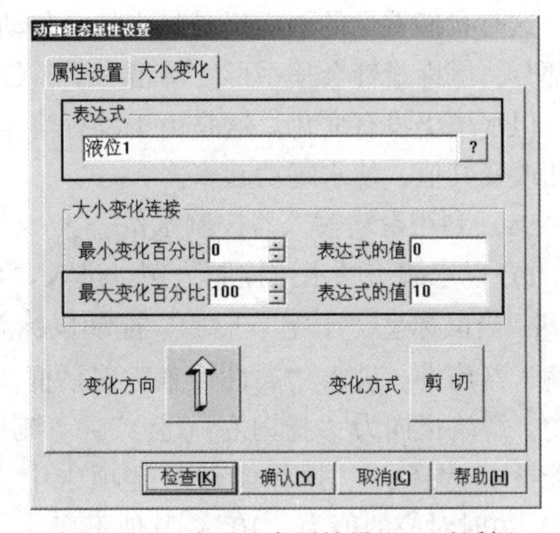

图 8-6　“动画组态属性设置”对话框

2）单击“确认”按钮，水罐 1 水位升降效果制作完毕。水罐 2 水位升降效果的制作同理。单击 进入“动画组态属性设置”对话框后，按照下面的值进行参数设置：表达式为“液位 2”；最大变化百分比对应的表达式的值为“6”；其他参数不变。

（2）水泵、阀门的起停

水泵、阀门的起停动画效果是通过设置连接类型对应的数据对象实现的。设置步骤如下。

1）在用户窗口中，双击“水泵”，弹出“单元属性设置”对话框。选中“数据对象”选项卡中的“按钮输入”，右端出现浏览按钮 ? 。单击浏览按钮 ? ，双击数据对象列表中的“水泵”。使用同样的方法将“填充颜色”对应的数据对象也设置为“水泵”。如图 8-7 所示。单击“确认”按钮，水泵的起停效果设置完毕。

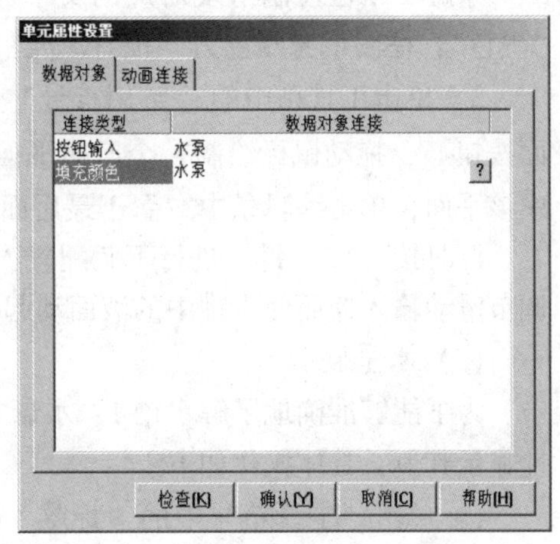

图 8-7　设置水泵的起停效果

2）调节阀的起停效果同理。只需在“数据对象”选项卡中，将“按钮输入”“填充颜色”的数据对象均设置为“调节阀”。

3）出水阀的起停效果，需在“数据对象”选项卡中，将“按钮输入”“可见度”的数据对象均设置为“出水阀”。

（3）水流效果

水流效果是通过设置流动块构件的属性实现的。实现步骤如下。

1）双击“水泵”右侧的流动块，弹出“流动块构件属性设置”对话框；

2）在“流动块属性”选项卡中，进行如下设置：表达式→水泵 = 1；选择当表达式非零时，流块开始流动。水罐 1 右侧流动块及水罐 2 右侧流动块的制作方法与此相同，只需将表达式相应改为“调节阀 = 1”“出水阀 = 1”即可。

至此动画连接已完成，看一下组态后的结果。前面已将“水位控制”窗口设置为启动窗口，所以在运行时，系统会自动运行该窗口。

这时我们看见的画面仍是静止的。移动鼠标到“水泵”“调节阀”“出水阀”上面的红色部分，鼠标指针会呈手形。单击一下，红色部分变为绿色，同时流动块也会相应地运动起来，但水罐仍没有变化。这是由于没有信号输入，也没有人为地改变水量。我们可以用如下方法改变其值，使水罐动起来。

（4）利用滑动输入器控制水位

1）以水罐1的水位控制为例：进入“水位控制”窗口。选中工具箱中的滑动输入器图标，当鼠标呈“十字”形后，拖动鼠标到适当大小。调整滑动块到适当的位置。双击滑动输入器构件，进入“属性设置”对话框。按照下面的值设置各个参数：“基本属性”选项卡中，滑块指向为“指向左（上）”；“刻度与标注属性”选项卡中，主划线数目为“5”，即能被10整除；“操作属性”选项卡中，对应数据对象名称为“液位1”；滑块在最右（下）边时对应的值为“10”；其他不变。

在制作好的滑块下面适当的位置，制作一文字标签，按下面的要求进行设置：输入文字为“水罐1输入”；文字颜色为“黑色”；框图填充颜色为“没有填充”；框图边线颜色为“没有边线”。

2）按照上述方法设置水罐2的水位控制滑块，参数设置：“基本属性”选项卡中，滑块指向为“指向左（上）”；“操作属性”选项卡中，对应数据对象名称为“液位2”；滑块在最右（下）边时对应的值为“6”；其他不变。

水罐2水位控制滑块对应的文字标签设置：输入文字为“水罐2输入”；文字颜色为“黑色”；框图填充颜色为“没有填充”；框图边线颜色为“没有边线”。

3）单击工具箱中的“常用符号”按钮，打开常用图符工具箱。选择其中的凹槽平面按钮，拖动鼠标绘制一个凹槽平面，使其能够恰好将两个滑动块及标签全部覆盖。选中该平面，单击编辑条中“置于最后面”按钮，最终效果如图8-8所示。

此时按〈F5〉键，进行下载配置，工程下载完后，进入模拟运行环境，此时可以通过调节滑动输入器而使水罐中的液面动起来。

（5）水量显示

为了能够准确地了解水罐1、水罐2的水量，可以通过设置标签A的“显示输出”属性显示其值，具体操作如下。

1）单击“工具箱”中的“标签”图标A，绘制两个标签，调整大小位置，将其并列放在水罐1下面。

2）第一个标签用于标注，显示文字为“水罐1”；第二个标签用于显示水罐水量；双击第一个标签进行属性设置，参数设置如下：输入文字为“水罐1”；文字颜色为“黑色”；框图填充颜色为“没有填充”；框图边线颜色为“没有边线”。

3）双击第二个标签，进入“标签动画组态属性设置”对话框。填充颜色设置为“白色”；边线颜色设置为“黑色”；在“输入输出连接”域中，选中“显示输出”选项，在“标签动画组态属性设置”对话框中则会出现“显示输出”选项卡，如图8-9所示。

4）切换到“显示输出”选项卡，设置显示输出属性。参数设置如下：表达式为“液位1”；输出值类型为“数值量输出”；输出格式中选择“十进制”；小数位数为“1”。单击

“确认”按钮，水罐 1 水量显示标签制作完毕。

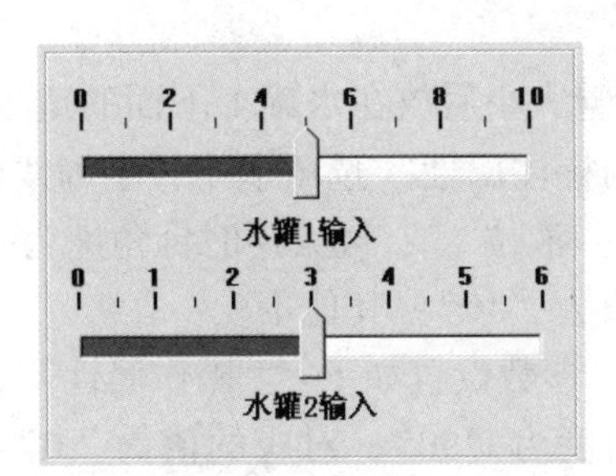

图 8-8　滑动块、标签及凹槽平面

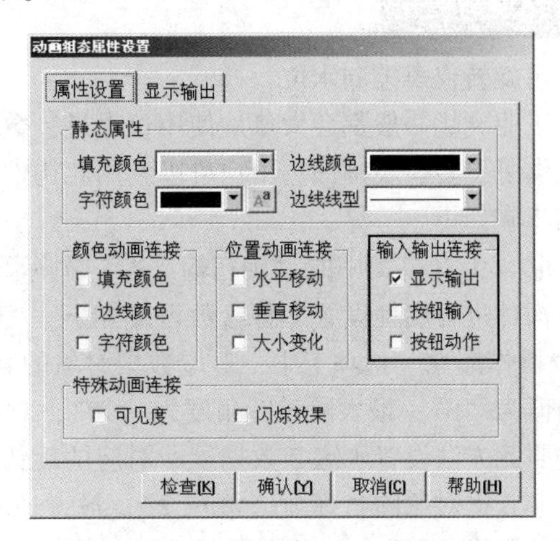

图 8-9　“显示输出”选项卡

水罐 2 水量显示标签的设置与此相同，需做的改动：第一个用于标注的标签，显示文字为“水罐 2”；第二个用于显示水罐水量的标签，表达式改为“液位 2”。

27　组态设计

6. 运行调试

滑动控制水位输入器的调试过程：将工程下载到触摸屏中，手动调节水罐 1、水罐 2 对应的滑动输入器，观察水罐 1、水罐 2 中的水位是否跟随滑动输入器数值大小变化而变化，并将变化结果填到表 8-2 中。

表 8-2　运行调试表

	水泵状态	水泵颜色	调节阀状态	调节阀颜色	出水阀状态	出水阀颜色
液位 1<9，同时液位 2=0						
液位 2>1，同时液位 1=0						
液位 1>1，同时液位 2<6						

学习成果检查表（见表 8-3）

表 8-3　水位控制成果检查表

学习成果			评分表		
巩固学习内容	检查与修正	总结与订正	小组自评	学生自评	教师评分
流动块的制作					
滑动控制水位输入器的制作					
利用旋转仪表控制水位的制作					
水量显示标签的制作					
你还学了什么					
你做错了什么					

拓展与提升

利用旋转仪表控制水位

在工业现场一般都会大量地使用仪表进行数据显示。MCGS 嵌入版组态软件为适应这一要求提供了旋转仪表构件。用户可以利用此构件在动画界面中模拟现场的仪表运行状态。具体制作步骤如下。

选取“工具箱”中的“旋钮输入器”图标，调整大小后放在水罐 1 下面的适当位置。双击该构件进行属性设置。各参数设置如下：“刻度与标注属性”选项卡中，主划线数目为“5”；“操作属性”选项卡中，对应数据对象的名称为“液位 1”；最大逆时针角度为“90”，对应的值为“0”；最大顺时针角度为“90”，对应的值为“10”；其他不变。

按照此方法设置水罐 2 数据显示对应的旋钮仪表。参数设置如下：“操作属性”选项卡中，对应数据对象的名称为“液位 2”；最大逆时针角度为“90”，对应的值为“0”；最大顺时针角度为“90”，对应的值为“6”；其他不变。

进入运行环境后，可以通过拉动旋钮仪表的指针使整个画面动起来。利用旋转仪表控制水位，并把变化结果填到表 8-2 中，与滑动控制水位输入器调试过程比较。

练习与提高

1）实时数据库中的数据对象有哪些类型？数据对象的类型是不是绝对不能变动的？

2）组对象类型数据对象成员有什么要求？

3）流动块中有的流向不一致，可能是哪些因素造成的？如何修改？

4）水罐 1 的“液位 1”大小变化设置中，将表达式的值改为 100，会出现什么现象？为什么？

5）将水罐 2 的“液位 2”大小变化设置时，最大变化百分比设为 50，会出现什么现象？为什么？

6）请利用标签构件添加水罐中液位的工程单位为米。

任务 8.2　模拟设备及脚本编程控制水位工程

MCGS 嵌入版组态软件提供了大量的工控领域常用的设备驱动程序。在本样例中，我们仅以模拟设备为例，简单地介绍一下关于 MCGS 嵌入版组态软件的设备连接，使用户对该部分有一个概念性的了解。模拟设备是供用户调试工程的虚拟设备。该构件可以产生标准的正弦波、方波、三角波、锯齿波信号。其幅值和周期都可以任意设置。通过模拟设备的连接，动画可以自动运行起来而不需要手动操作。

用户脚本程序是由用户编制的、用来完成特定操作和处理的程序，脚本程序的编程语法非常类似于普通的 Basic 语言，但在概念和使用上更简单直观，力求做到使大多数普通用户都能正确、快速地掌握和使用。

对于大多数简单的应用系统，通过 MCGS 嵌入版的简单组态就可完成。只有比较复杂的系统，才需要使用脚本程序，而正确地编写脚本程序，可简化组态过程，大大提高工作效率，优化控制过程。本任务通过编写一段脚本程序实现水位控制系统的控制流程，从而使用户熟悉脚本程序的编写环境。

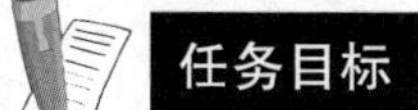

任务目标

1）学会开始组态工程之前，先对该工程进行剖析，以便从整体上把握工程的结构、流程、要实现的功能及如何实现这些功能。

2）掌握 MCGS 嵌入版组态软件的模拟设备连接。

3）基本掌握编写控制流程的方法。

4）掌握 MCGS 嵌入版组态软件的报警显示。

任务计划

利用模拟设备实现自动调节液位高低变化的方法，实现水泵、调节阀和出水阀的自动开起和关闭。通过控制水泵的起动和停止，实现水罐 1 自动注水；通过调节阀的开和关，自动调节水灌 1 的液位高度保持在合适的位置；调节阀和出水阀共同控制水罐 2 中的液位保持在合适的位置。

程序控制：利用脚本程序自动调节水位。控制要求：当“水罐 1”的液位达到 9 m 时，“水泵”关闭；“水罐 1”液位不足 9 m，“水泵”打开。当“水罐 2”的液位不足 1 m 时，关闭“出水阀”，否则打开“出水阀”。当“水罐 1”的液位大于 1 m，同时“水罐 2”的液位小于 6 m 时，打开“调节阀”，否则关闭“调节阀”。

为此还需要构建设计水位工程的实时报警，调用组态系统函数实现报警上下限值的修改，制作报警指示灯，显示报警状态。

任务实施

1. 设备连接

通常情况下，在启动 MCGS 嵌入版组态软件时，模拟设备都会被自动装载到设备工具箱中。如果未被装载，可按照以下步骤将其选入。

1）在“设备窗口”中双击“设备窗口”图标进入。单击工具条中的“工具箱”图标，打开“设备工具箱”。

2）单击“设备工具箱”中的“设备管理”按钮，弹出如图 8-10 所示“设备管理”对话框。

3）在“可选设备”列表中，双击“通用设备”。

4）双击“模拟数据设备”，在下方出现“模拟设备”图标。双击“模拟设备”图标，即可将“模拟设备”添加到右侧“选定设备”列表中。

5）选中“选定设备”列表中的“模拟设备”，单击“确认”按钮，“模拟设备”即被添加到“设备工具箱”中。

2. 模拟设备的添加及属性设置

1）双击“设备工具箱”中的“模拟设备”，模拟设备被添加到设备组态窗口中。如图 8-11 所示。

2）双击“设备 0-[模拟设备]”，进入“设备编辑窗口”，如图 8-12 所示。选中“设置设备内部属性”选项，该项右侧会出现按钮，单击此按钮进入“内部属性”设置。将通道 1、2 的最大值分别设置为“10”和“6”，如图 8-13 所示。单击“确认”按钮，完成“内部属性”设置。

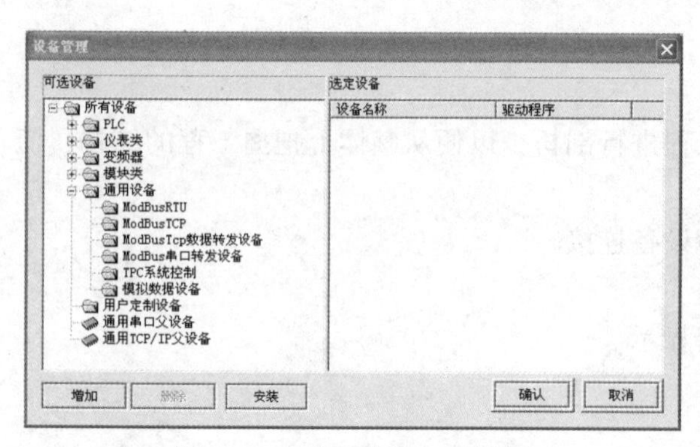

图 8-10　“设备管理”对话框

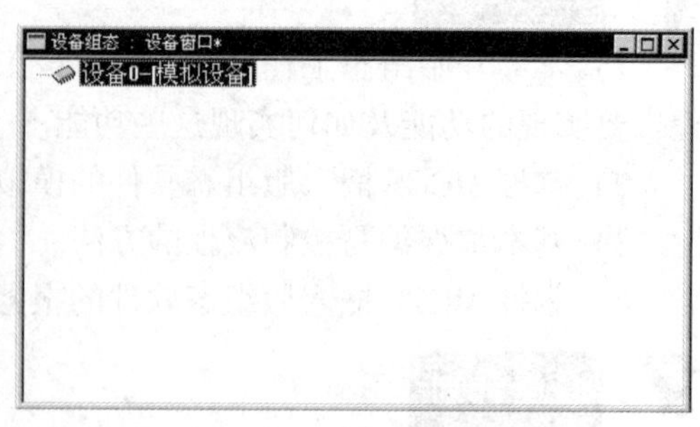

图 8-11　添加模拟设备

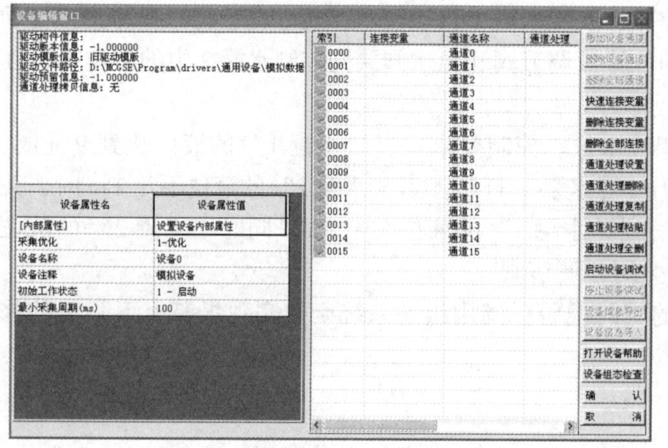

图 8-12　设置模拟设备属性

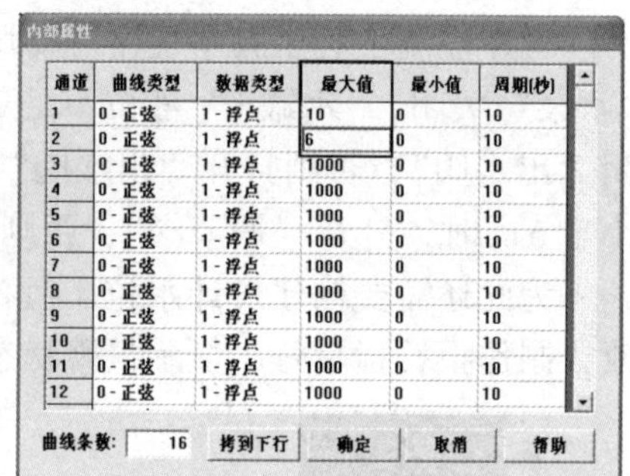

图 8-13　设置通道最大值

3）回到“设备编辑窗口”，单击最右侧的“快速连接变量”按钮，进入“快速连接”设置。选中通道 0 对应的数据对象输入框，输入“液位 1”；选中通道 1 对应数据对象输入框，输入“液位 2”，如图 8-14 所示。

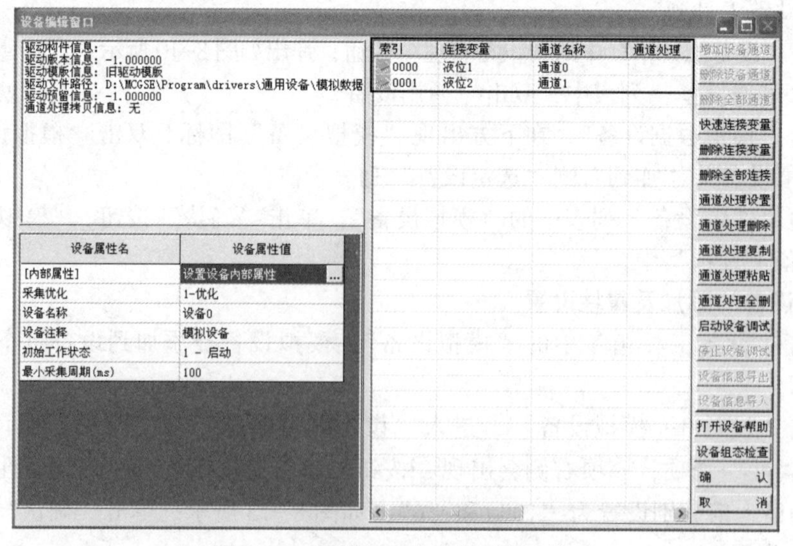

图 8-14　通道与对应数据对象连接

4）单击“启动设备调试”按钮，进入设备调试属性页，即可看到通道值中的数据在变化，说明模拟量已经连接成功，如图 8-15 所示。单击“停止设备调试”按钮，退出。单击“确认”按钮，完成设备属性设置。

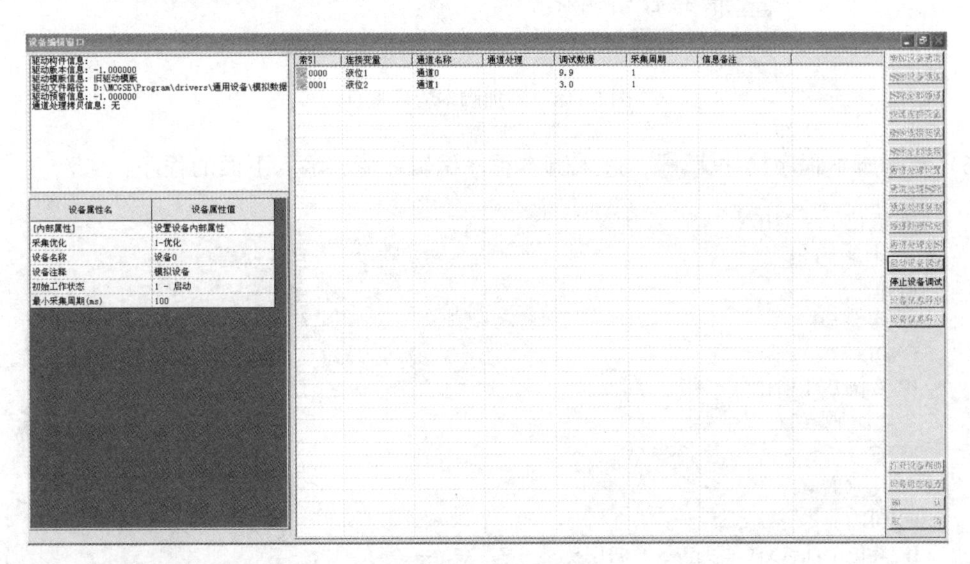

图 8-15　调试设备属性

3. 编写控制流程

下面先对控制流程进行分析：当“水罐 1”的液位达到 9 m 时，就要把“水泵”关闭，否则就要自动打开“水泵”；当“水罐 2”的液位不足 1 m 时，就要自动关闭“出水阀”，否则自动打开“出水阀”；当“水罐 1”的液位大于 1 m 且“水罐 2”的液位小于 6 m 时就要自动打开“调节阀”，否则自动关闭“调节阀”。

具体操作如下：

1）在“运行策略”中，双击“循环策略”进入策略组态窗口。

2）双击图标进入“策略属性设置”，将循环时间设为 200 ms，单击“确认”按钮。

3）在策略组态窗口中，单击工具条中的“新增策略行”按钮，增加一策略行，如图 8-16 所示。

4）如果策略组态窗口中没有策略工具箱，请单击工具条中的“工具箱”按钮，弹出“策略工具箱”，如图 8-17 所示。

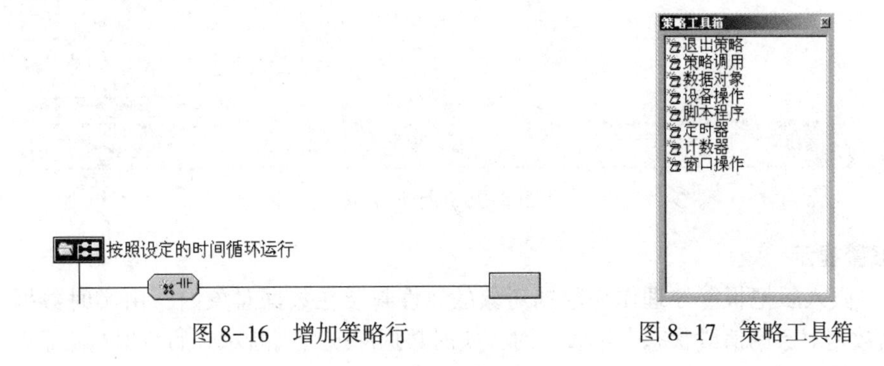

图 8-16　增加策略行　　图 8-17　策略工具箱

5）单击“策略工具箱”中的“脚本程序”，将鼠标指针拖动到策略块图标上，单击鼠标左键，添加脚本程序构件，如图 8-18 所示。

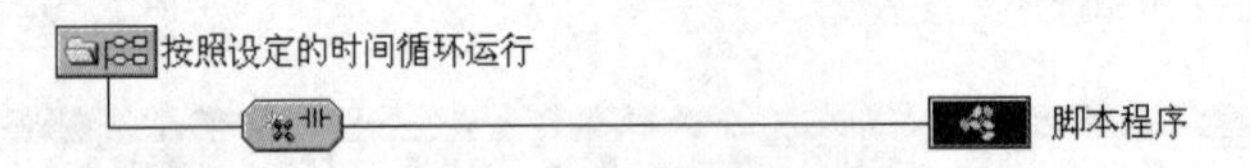

图 8-18　添加脚本程序构件

6）双击脚本程序构件，进入脚本程序编辑环境，输入下面的程序：

```
IF 液位 1<9 THEN
    水泵=1
ELSE
    水泵=0
ENDIF
IF 液位 2<1 THEN
    出水阀=0
ELSE
    出水阀=1
ENDIF
IF 液位 1>1 AND  液位 2<6 THEN
    调节阀=1
ELSE
    调节阀=0
ENDIF
```

如图 8-19 所示，单击“确定”按钮，脚本程序编写完毕。

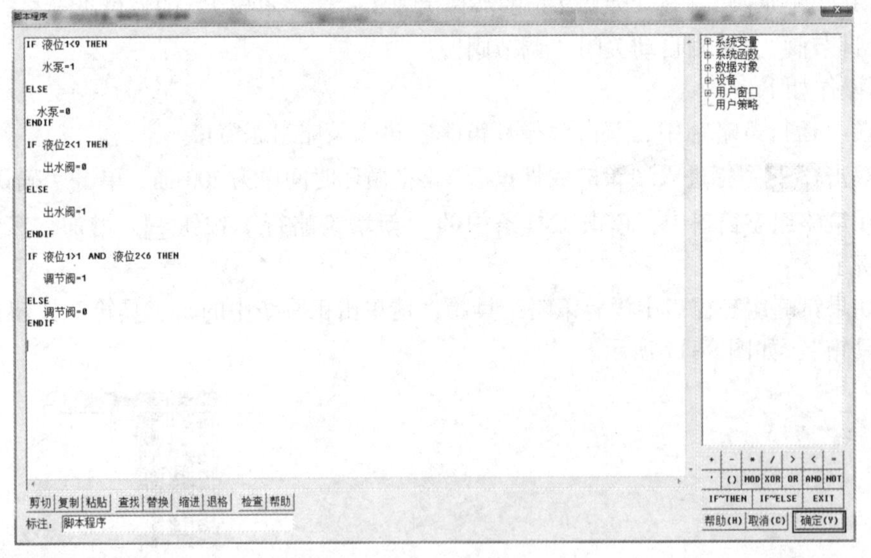

图 8-19　脚本程序

4. 报警显示

MCGS 嵌入版把报警处理作为数据对象的属性封装在数据对象内，由实时数据库来自动处理。当数据对象的值或状态发生改变时，实时数据库就会判断对应的数据对象是否发生了报警或已产生的报警是否已经结束，并把所产生的报警信息通知给系统的其他部分。

本样例中需设置报警的数据对象包括液位 1 和液位 2。

(1) 定义报警的具体操作

1) 进入“实时数据库”，双击数据对象“液位 1”，切换到“报警属性”选项卡。选中“允许进行报警处理”，使报警设置被激活，如图 8-20 所示。

2) 选中报警设置中的“下限报警”，报警值设为“2”；报警注释输入“水罐 1 没水了!”，如图 8-21 所示。

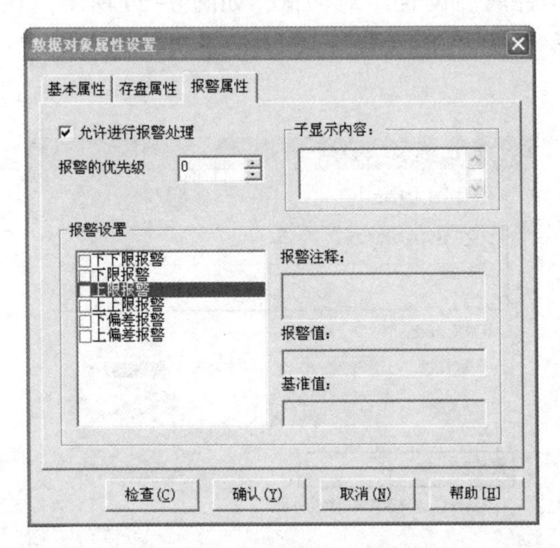

图 8-20　允许进行报警处理

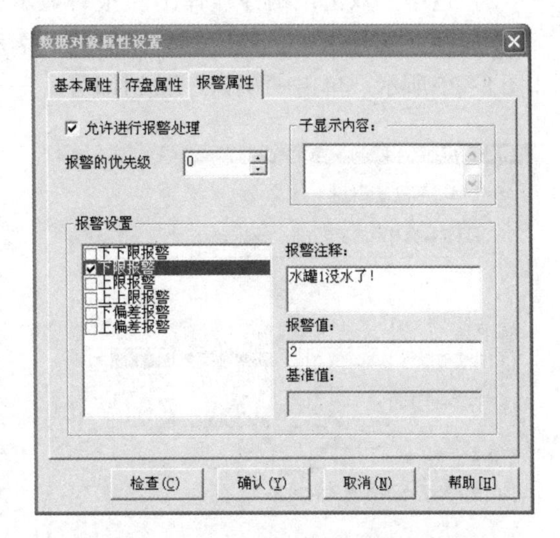

图 8-21　“液位 1”的下限报警属性设置

3) 选中“上限报警”，报警值设为“9”；报警注释输入“水罐 1 的水已达上限值!”，如图 8-22 所示。然后，在“存盘属性”选项卡中选中“自动保存产生的报警信息”。单击“确认”按钮，“液位 1”的报警属性设置完毕。

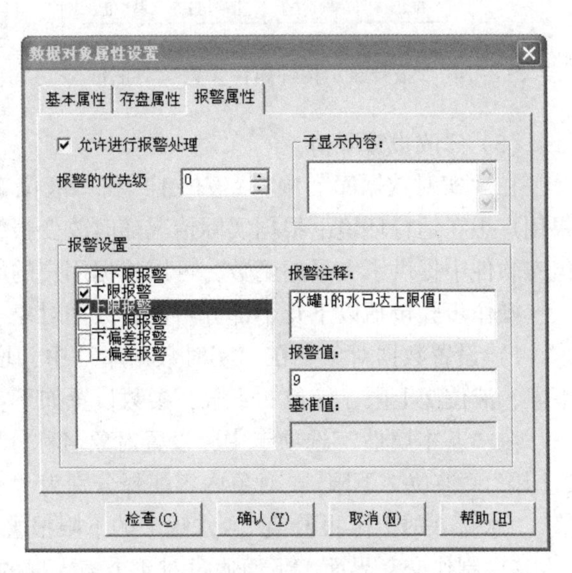

图 8-22　“液位 1”的上限报警属性设置

4) 同理设置“液位 2”的报警属性。需要改动的设置：下限报警的报警值设为“1.5”；报警注释输入“水罐 2 没水了!”；上限报警的报警值设为“4”；报警注释输入“水罐 2 的水已达上限值!”。

(2) 制作报警显示画面

“实时数据库”只负责关于报警的判断、通知和存储三项工作，而报警产生后所要进行的其他处理操作（即对报警动作的响应），则需要在组态时实现。具体操作如下。

1) 双击“用户窗口”中的“水位控制”窗口，进入组态画面。选取“工具箱”中的“报警显示”构件。鼠标指针呈“十字”形后，在适当的位置，将其拖动至适当大小。如

图 8-23 所示。

时间	对象名	报警类型	报警事件	当前值	界限值	报警描述
02-05 12:44:09	Data0	上限报警	报警产生	120.0	100.0	Data0上限报警
02-05 12:44:09	Data0	上限报警	报警结束	120.0	100.0	Data0上限报警
02-05 12:44:09	Data0	上限报警	报警应答	120.0	100.0	Data0上限报警

图 8-23　“报警显示”框

2）选中并双击该构件，弹出“报警显示构件属性设置”对话框，如图 8-24 所示。在“基本属性”选项卡中，对应的数据对象的名称设为“液位组”；最大记录次数设为“6”，如图 8-25 所示。单击“确认”按钮即可。

图 8-24　“报警显示构件属性设置”对话框

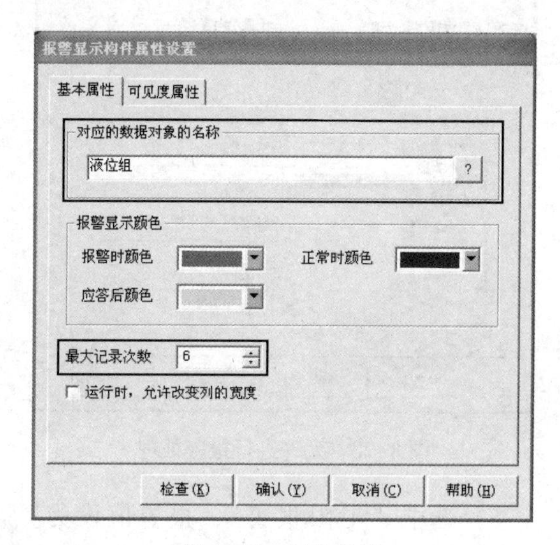

图 8-25　属性设置

（3）修改报警限值

在“实时数据库”中，“液位 1”和“液位 2”的上、下限报警值都是已定义好的。如果用户想在运行环境下根据实际情况随时改变报警上、下限值，又该如何实现呢？在 MCGS 组态软件中提供了大量的函数，可以根据用户的需要灵活地运用。

操作步骤包括以下几个部分：设置数据对象、制作交互界面、编写控制流程。

1）设置数据对象。在“实时数据库”中，增加 4 个变量，分别为液位 1 上限、液位 1 下限、液位 2 上限、液位 2 下限，参数设置如下：

在“基本属性”选项卡中，设置对象名称分别为“液位 1 上限”“液位 1 下限”“液位 2 上限”“液位 2 下限”；对象内容注释分别为“水罐 1 的上限报警值”“水罐 1 的下限报警值”“水罐 2 的上限报警值”“水罐 2 的下限报警值”。

2）制作交互界面。下面通过对 4 个输入框的设置，实现用户与数据库的交互。

需要用到的构件包括 4 个标签（用于标注）和 4 个输入框（用于输入修改值）。

最终效果，如图 8-26 所示。

具体制作步骤如下：

① 在“水位控制”窗口中，按照图 8-26 所示制作 4 个标签。

② 选中"工具箱"中的"输入框"构件，拖动鼠标，绘制 4 个输入框。双击输入框，进行属性设置。如图 8-27 所示为液位 1 上限值输入框设置，其他输入框对应数据对象的名称分别为"液位 1 下限""液位 2 上限""液位 2 下限"；4 个输入框最小值、最大值分别参考表 8-4 进行设置。

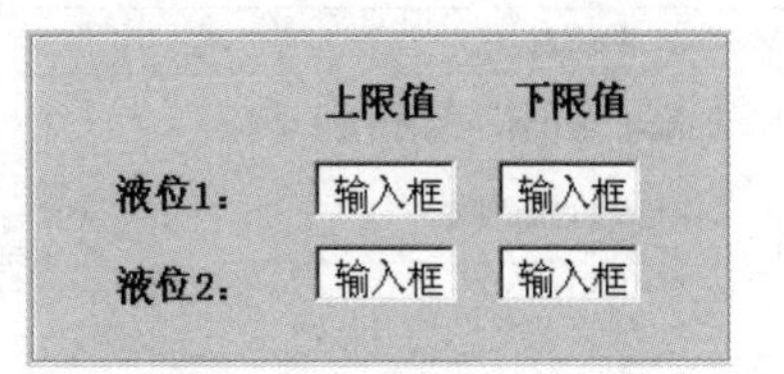

图 8-26　四个输入框及标签

表 8-4　4 个输入框的最小值、最大值设置

	最 小 值	最 大 值
液位 1 上限值	5	10
液位 1 下限值	0	5
液位 2 上限值	4	6
液位 2 下限值	0	2

③ 单击"常用图符"中的"凹平面"按钮，绘制一个大小适当的凹平面区域，将 4 个输入框及标签包围起来。

3）编写控制流程。进入"运行策略"窗口，双击"循环策略"，双击脚本程序构件进入脚本程序编辑环境，在脚本程序中增加以下语句：

```
!SetAlmValue(液位 1,液位 1 上限,3)
!SetAlmValue(液位 1,液位 1 下限,2)
!SetAlmValue(液位 2,液位 2 上限,3)
!SetAlmValue(液位 2,液位 2 下限,2)
```

如果对函数"!SetAlmValue（液位 1，液位 1 上限，3）"不太了解，可按〈F1〉键查看"在线帮助"。进入"MCGS 嵌入版帮助系统"窗口后，切换到"索引"选项卡，在输入框中输入关键字"!SetAlmValue"，即可获得详细的解释。

5. 报警提示按钮

当有报警产生时，可以用指示灯提示。具体操作如下。

1）在"水位控制"窗口中，单击"工具箱"中的"插入元件"图标，进入"对象元件库管理"。从"指示灯"类中选取指示灯 1、指示灯 3，调整大小后放在适当位置。指示灯 1 作为"液位 1"的报警指示；指示灯 3 作为"液位 2"的报警指示。

2）双击，切换到"动画连接"选项卡。单击，进入"动画组态属性设置"对话框。将"填充颜色"选项卡中的表达式设置为"液位 1>=液位 1 上限　or　液位 1<=液位 1 下限"。如图 8-28 所示。

3）双击，按照上面的步骤设置"液位 2"的报警指示灯，其属性设置和报警指示灯 1 的并不完全相同，需要在"属性设置"选项卡中勾选"可见度"选项。将"填充颜色"选项卡中的表达式设置为"液位 2>=液位 2 上限　or　液位 2<=液位 2 下限"；当表达式非零时，选中"对应图符不可见"。

图 8-27　液位 1 上限值输入框设置

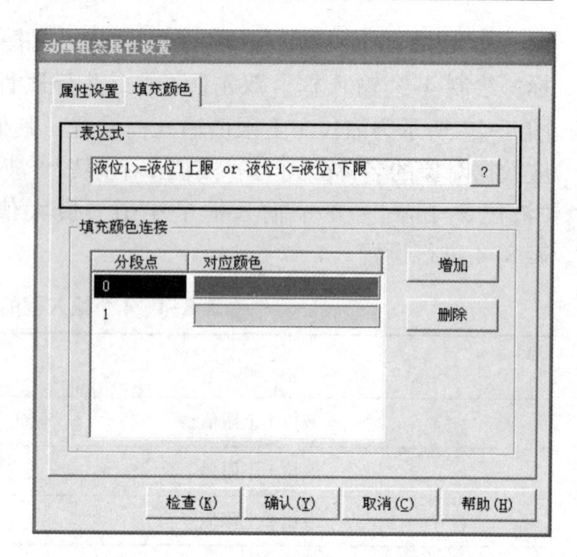

图 8-28　报警灯 1 属性设置

6. 运行调试

按〈F5〉键进入运行环境，整体效果如图 8-1 所示。将工程下载到触摸屏中，手动调节水罐 1、水罐 2 对应的滑动输入器，观察水罐 1、水罐 2 中的水位是否跟随滑动输入器的数值大小变化而变化，并将结果填入表 8-5。

28　控制水位工程

表 8-5　运行调试表

	水泵状态	水泵颜色	调节阀状态	调节阀颜色	出水阀状态	出水阀颜色
液位 1<9，同时液位 2=0						
液位 2>1，同时液位 1=0						
液位 1>1，同时液位 2<6						

学习成果检查表（见表 8-6）

表 8-6　模拟设备及脚本编程控制水位报警设置检查表

学习成果			评　分　表		
巩固学习内容	检查与修正	总结与订正	小组自评	学生自评	教师评分
模拟设备的使用					
报警的设置					
模拟运行整个组态动画功能					
你还学了什么					
你做错了什么					

练习与提高

1）进入运行环境后，窗口中没有画面可能是什么原因？

2）液位 1 的报警上限改为 8，液位 2 的报警上限改为 4，应如何设置？

3）自行设计制作报警指示灯，反映报警情况。

4）报警对象虽然选择了液位组，但无报警信息，可能是什么原因？

5）如何在组态运行过程中修改报警限值？

6）“!SetAlmValue” 函数的作用是什么？

7）在组态运行中，如果将液位 2 的上限值修改为 7，将会出现什么现象？

任务 8.3　水位工程报表输出及曲线显示

在工程应用中，大多数监控系统需要对设备采集的数据进行存盘和统计分析，并根据实际情况打印出数据报表。所谓数据报表就是根据实际需要以一定格式将统计分析后的数据记录、显示和打印出来，如实时数据报表、历史数据报表（班报表、日报表、月报表等）。数据报表在工控系统中是必不可少的一部分，是数据显示、查询、分析、统计、打印的最终体现，是整个工控系统的最终结果输出；数据报表是对生产过程中系统监控对象的状态的综合记录和规律总结。

在实际生产过程控制中，对实时数据和历史数据的查看、分析是不可缺少的工作。但对大量数据仅做定量的分析还远远不够，必须根据大量的数据信息画出曲线，分析曲线的变化趋势，并从中发现数据变化规律，曲线处理在工控系统中也是一个非常重要的部分。

任务目标

1）掌握实时报表和历史报表的制作。

2）掌握组态实时曲线和历史曲线的制作。

3）了解组对象的使用。

4）了解建立安全机制的必要性及如何建立安全机制。

任务计划

根据水位控制工程的液位 1、液位 2、水泵、调节阀和出水阀数据对象，制作完成实时数据、历史数据、实时曲线和历史曲线。

任务实施

1. 实时报表

实时报表是对瞬时量的反映，通常用于将当前时间的数据变量按一定报告格式（用户组态）显示和打印出来。实时报表可以通过 MCGS 嵌入版系统的自由表格构件来组态显示实时数据报表。具体制作步骤如下。

1）在“用户窗口”中，新建一个窗口，窗口名称、窗口标题均设置为“数据显示”。双击“数据显示”窗口，进入动画组态。

2）使用“标签”A，制作一个标题：数据显示；制作 4 个注释：实时报表、历史报表、实时曲线、历史曲线。

3）选取“工具箱”中的“自由表格”图标▦，在桌面适当位置，绘制一个表格。

4）双击表格进入编辑状态。改变单元格大小的方法同微软的 Excel 表格的编辑方法，即：把鼠标指针移到 A 与 B 或 1 与 2 之间，当鼠标指针呈分隔线形状时，拖动鼠标至所需大小即可。

5）保持编辑状态，这时工具栏中与表格处理相关的工具都被激活，可通过相应的工具对表格进行处理，也可以通过鼠标右键弹出的快捷菜单进行操作。单击鼠标右键，从弹出的快捷菜单中选取“删除一列”选项，连续操作两次后，删除两列。再选取“增加一行”选项，在表格中增加一行。效果如图 8-29 所示。

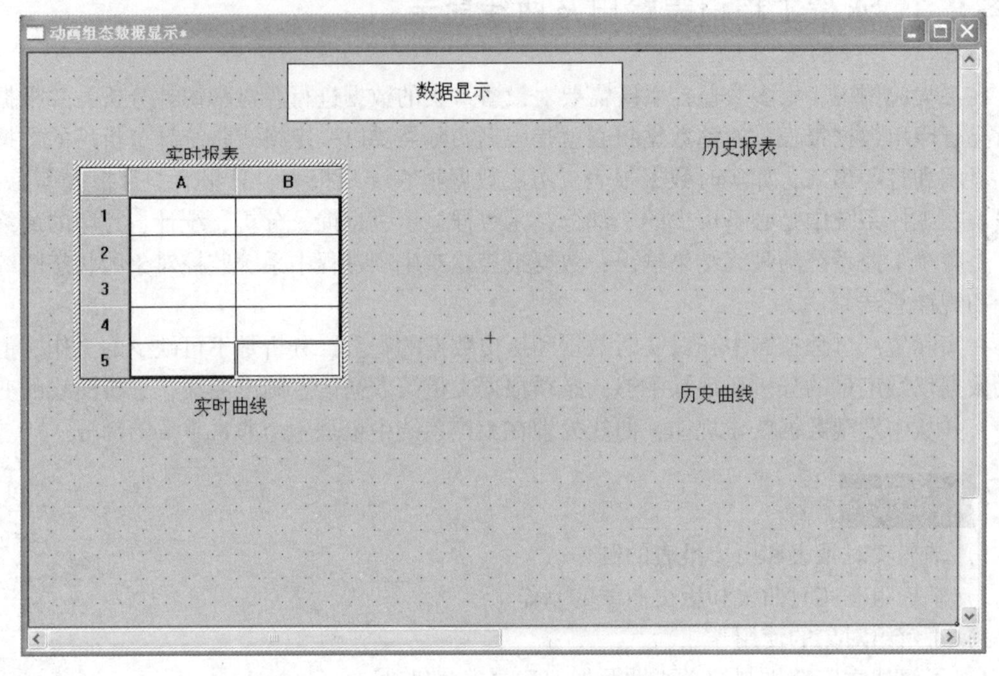

图 8-29　自由表格的修改

6）在 A 列的 5 个单元格中分别输入“液位 1”“液位 2”“水泵”“调节阀”“出水阀”；在 B 列的 5 个单元格中均输入“1 | 0”，表示输出的数据有 1 位小数，无空格。效果如图 8-30 所示。

7）在 B 列中，选中液位 1 对应的单元格，单击鼠标右键。从弹出的快捷菜单中选取“连接”项，如图 8-31 所示。再次单击鼠标右键，弹出“变量选择”对话框，在数据对象列表中双击数据对象“液位 1”，B 列第 1 行单元格所显示的数值即为“液位 1”的数据。按照上述操作，将 B 列第 2、3、4、5 行分别与数据对象液位 2、水泵、调节阀、出水阀建立连接。如图 8-32 所示。单击空白处完成连接。

	A	B
1	液位1	1|0
2	液位2	1|0
3	水泵	1|0
4	调节阀	1|0
5	出水阀	1|0

图 8-30　表格设置

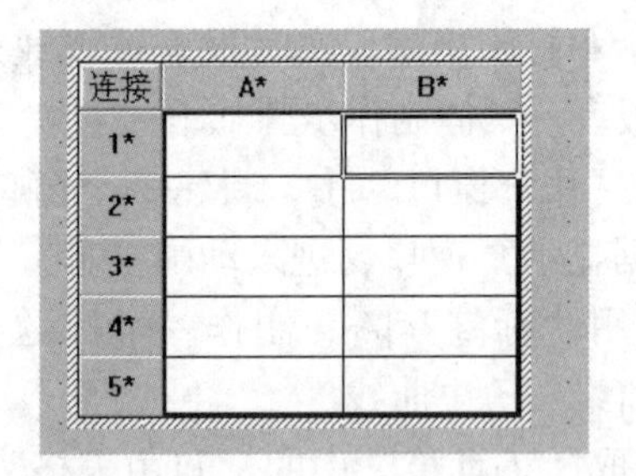

图 8-31　表格与对应的数据对象建立连接

8）进入“水位控制窗口”中，增加一个名为“数据显示”的按钮，在“操作属性”选项卡中勾选“打开用户窗口”，从该项旁边的下拉菜单中选中“数据显示”。

9）按〈F5〉键进入运行环境后，单击“数据显示”按钮，即可打开“数据显示”窗口。运行效果如图 8-33 所示。

实时报表

液位1	1|0
液位2	1|0
水泵	1|0
调节阀	1|0
出水阀	1|0

图 8-32　实时报表内容制作

实时报表

液位1	7.8
液位2	4.7
水泵	1.0
调节阀	1.0
出水阀	1.0

图 8-33　实时报表运行效果

2. 历史报表

历史报表通常用于从历史数据库中提取数据记录，并以一定的格式显示历史数据。本任务学习用动画构件中的“历史表格”构件实现历史报表。“历史表格”构件是基于“Windows 下的窗口”和“所见即所得”机制的，用户可以在窗口上利用“历史表格”构件强大的格式编辑功能配合 MCGS 嵌入版的画图功能做出各种精美的报表。

1）在“数据显示”组态窗口中，选取“工具箱”中的“历史表格”构件，在适当位置绘制一“历史表格”。

2）双击“历史表格”进入编辑状态。单击鼠标右键，在弹出的快捷菜单中先后选取“增加一行”和“删除一列”选项，或者单击工具条中的按钮，使用编辑条中的、、、编辑表格，制作一个 5 行 3 列的表格。列表头分别为“采集时间”“液位 1”“液位 2”。如图 8-34 所示。

3）选中 R2、R3、R4、R5，单击鼠标右键，选择“连接”选项。依次选择菜单栏中的“表格”→“合并表元”项（或者单击编辑条中的“合并表元”按钮），所选区域会出现反斜杠。如图 8-35 所示。

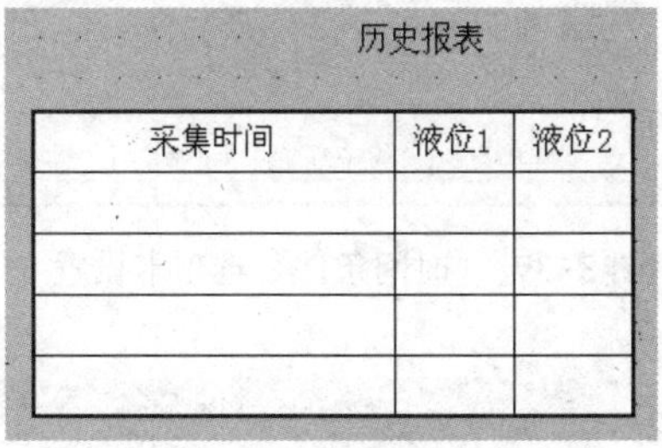

历史报表

采集时间	液位1	液位2

图 8-34　历史报表内容制作

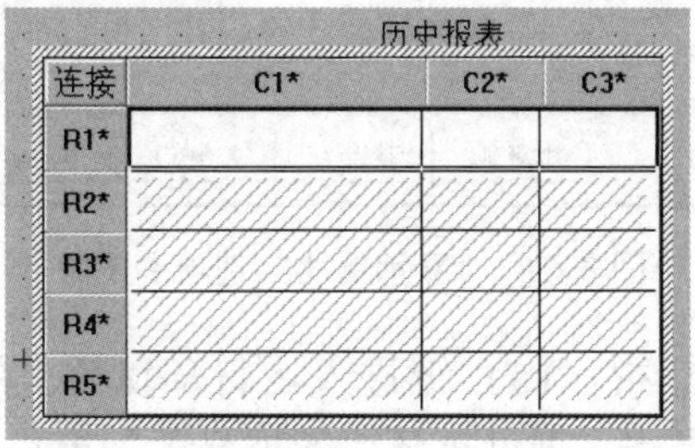

历史报表

连接	C1*	C2*	C3*
R1*			
R2*			
R3*			
R4*			
R5*			

图 8-35　“合并表元”效果

4）双击该区域，弹出“数据库连接设置”对话框，具体设置如下。

① 在“基本属性”选项卡中，连接方式选取“在指定的表格单元内，显示满足条件的数据记录”；勾选“按照从上到下的方式填充数据行”和“显示多页记录”，如图 8-36 所示。

② 在“数据来源”选项卡中，选取“组对象对应的存盘数据”；组对象名为“液位

组”，如图 8-37 所示。

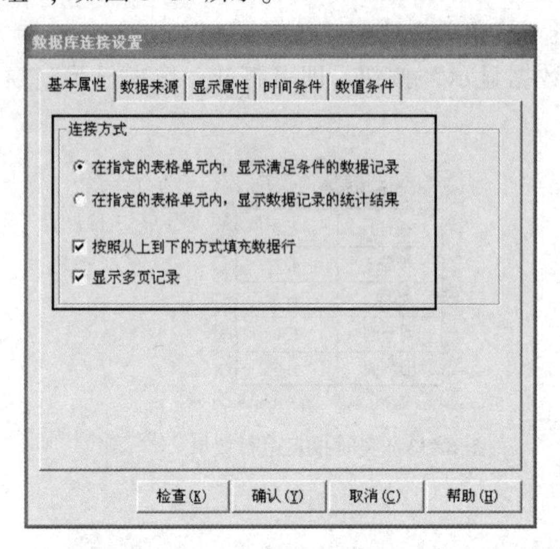

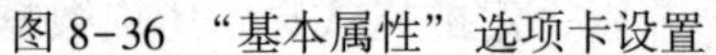

图 8-36 “基本属性”选项卡设置

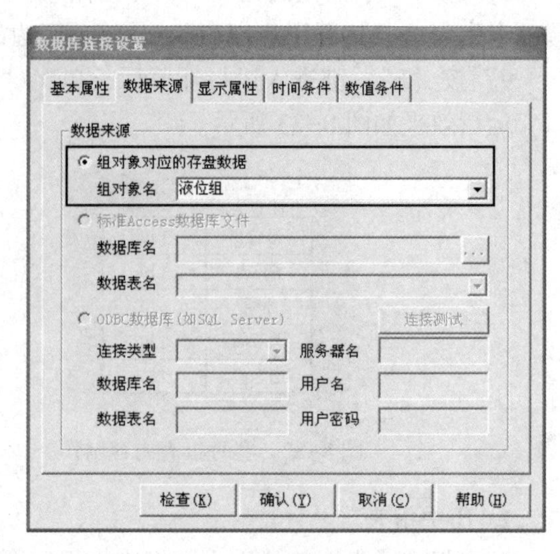

图 8-37 “数据来源”选项卡设置

③ 在“显示属性”选项卡中，单击“复位”按钮，页面变成如图 8-38 所示。

④ 在“时间条件”选项卡中，排序列名设置为“MCGS_Time”“升序”；时间列名为“MCGS_Time”；选取“所有存盘数据”。如图 8-39 所示。单击“确认”按钮。

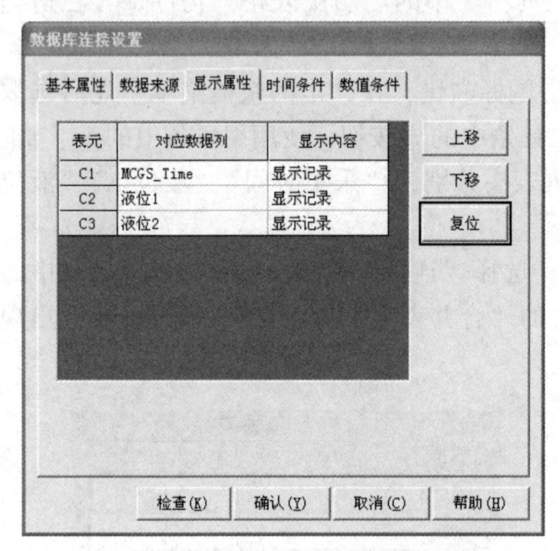

图 8-38 “显示属性”选项卡设置

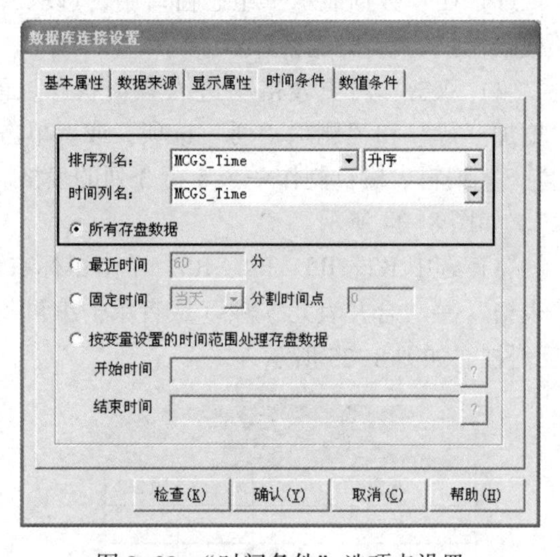

图 8-39 “时间条件”选项卡设置

⑤ 按〈F5〉键进入运行环境后，单击“数据显示”按钮，即可打开“数据显示”窗口。历史报表运行效果如图 8-40 所示。

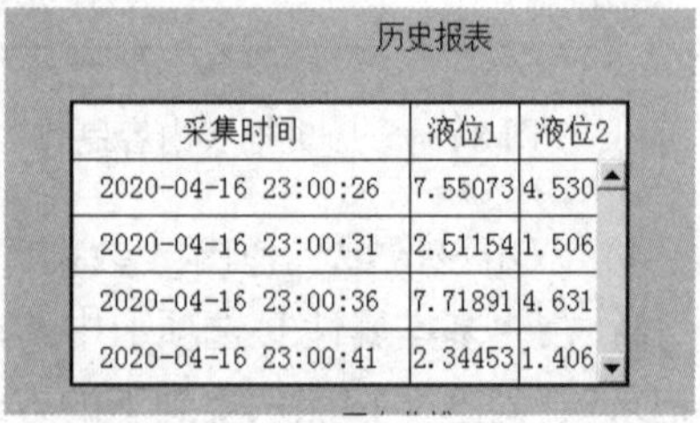

历史报表

采集时间	液位1	液位2
2020-04-16 23:00:26	7.55073	4.530
2020-04-16 23:00:31	2.51154	1.506
2020-04-16 23:00:36	7.71891	4.631
2020-04-16 23:00:41	2.34453	1.406

图 8-40 历史报表运行效果

3. 实时曲线

实时曲线构件是用曲线显示一个或多个数据对象数值的动画图形，像笔绘记录仪一样实时记录数据对象值的变化情况。具体制作步骤如下。

1）在“数据显示”组态窗口单击“工具箱”中的“实时曲线”图标，在标签下方绘制一个实时曲线，并调整大小。

2）双击实时曲线，弹出“实时曲线构件属性设置”对话框，进行如下设置。

① 在“基本属性”选项卡中，将 Y 轴主划线数目设为“5”；其他不变。如图 8-41 所示。

② 在“标注属性”选项卡中，时间单位设为“秒钟”；小数位数设为“1”；最大值设为“10.0”；其他不变。如图 8-42 所示。

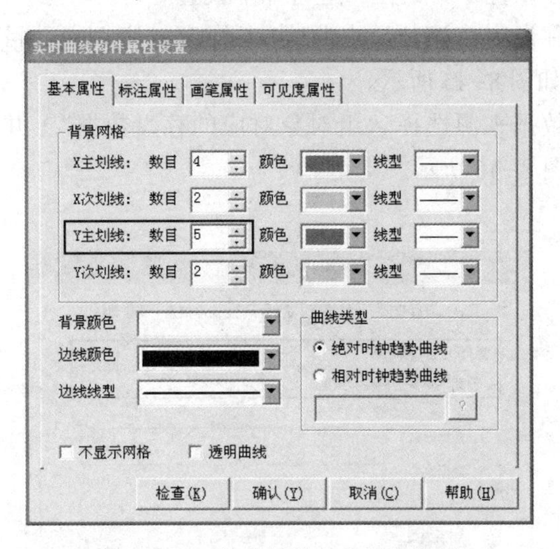

图 8-41　“基本属性”选项卡设置

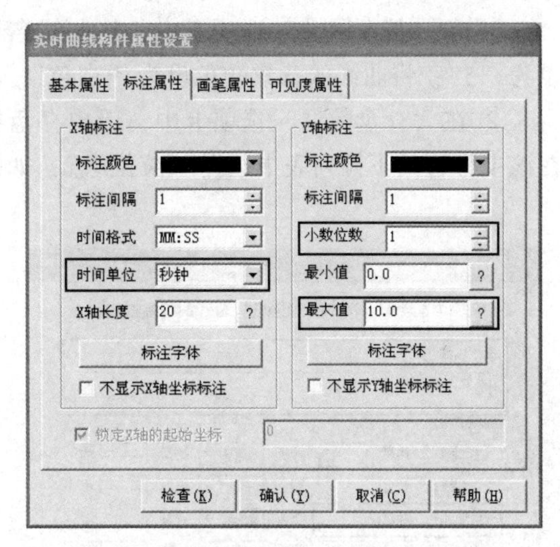

图 8-42　“标注属性”选项卡设置

③ 在“画笔属性”选项卡中，曲线 1 对应的表达式设为“液位 1”；颜色为“蓝色”；曲线 2 对应的表达式设为“液位 2”；颜色为“红色”。如图 8-43 所示。单击“确认”按钮即可。

3）这时，在运行环境中单击“数据显示”按钮，就可看到实时曲线如图 8-44 所示。双击曲线可以将其放大。

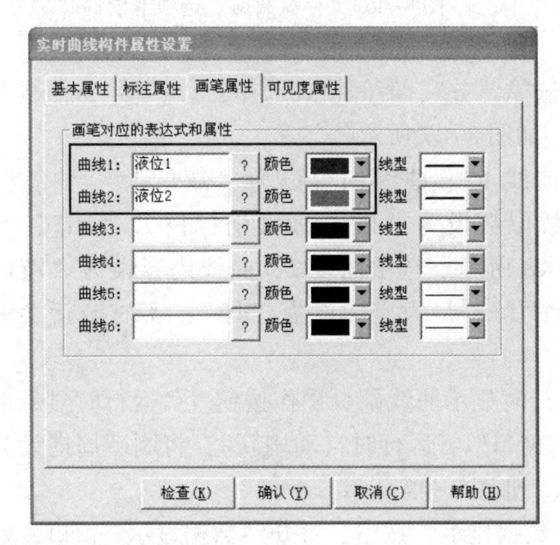

图 8-43　“画笔属性”选项卡设置

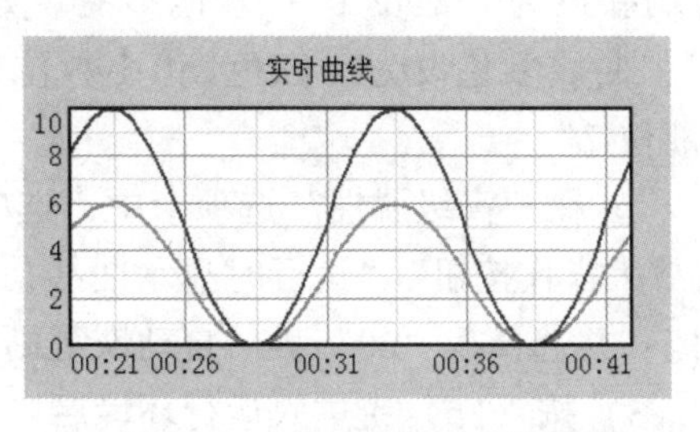

图 8-44　实时曲线运行效果

4. 历史曲线

历史曲线构件实现了历史数据的曲线浏览功能。运行时，历史曲线构件能够根据需要画出相应历史数据的趋势效果图。历史曲线主要用于事后查看数据和状态变化趋势以及总结规律。制作步骤如下。

1）在“数据显示”窗口中，使用“工具箱”中的“历史曲线”构件，绘制一个一定大小的历史曲线图形。

2）双击该曲线，弹出“历史曲线构件属性设置”对话框，进行如下设置。

① 在“基本属性”选项卡中，将曲线名称设为“液位历史曲线”；将 Y 轴主划线数目设为“5”；将曲线的背景颜色设为“白色”。如图 8-45 所示。

② 在“存盘数据”选项卡中，历史存盘数据来源选择“组对象对应的存盘数据”，并在该项旁边的下拉列表中选择“液位组”，如图 8-46 所示。

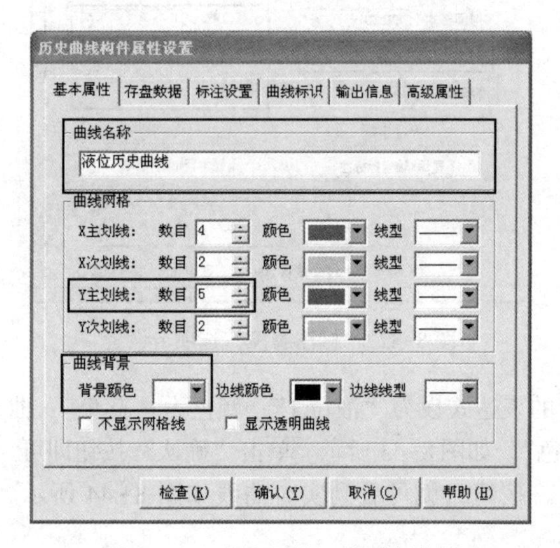

图 8-45　“基本属性”选项卡设置

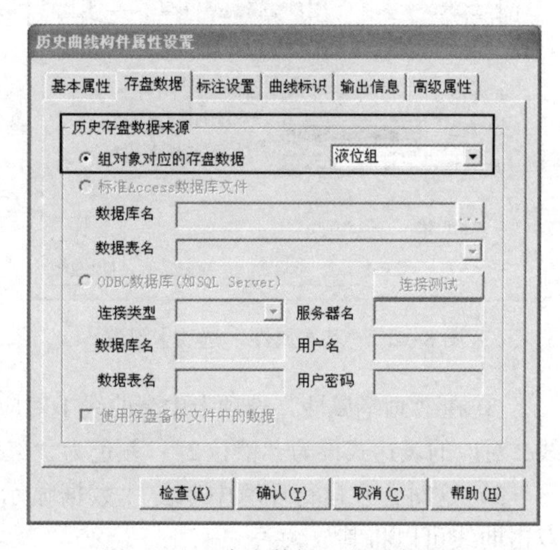

图 8-46　“存盘数据”选项卡设置

③ 在“标注设置”选项卡中，时间单位选择“分”，时间格式选择“分：秒”，曲线起始点选择“当前时刻的存盘数据”单选按钮。如图 8-47 所示。

④ 在“曲线标识”选项卡中，选中“曲线 1”，曲线内容设为“液位 1”；曲线颜色设为“蓝色”；工程单位设为“m”；小数位数设为“1”；最大坐标设为“10”；实时刷新设为“液位 1”；其他不变。如图 8-48 所示。选中曲线 2，曲线内容设为“液位 2”；曲线颜色设为“红色”；小数位数设为“1”；最大坐标设为“10”；实时刷新设为“液位 2”。

⑤ 在“高级属性”选项卡中，选中“运行时显示曲线翻页操作按钮”“运行时显示曲线放大操作按钮”“运行时显示曲线信息显示窗口”“运行时自动刷新”，将刷新周期设为“1”；并选择在“60”秒后自动恢复刷新状态。如图 8-49 所示。

3）按〈F5〉键进入运行环境后，单击“数据显示”按钮，打开“数据显示”窗口，就可以看到实时报表、历史报表、实时曲线、历史曲线，如图 8-50 所示。

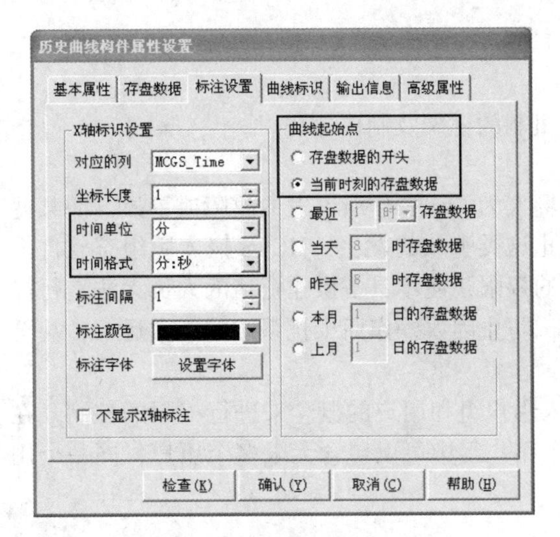

图 8-47　“标注设置”选项卡设置

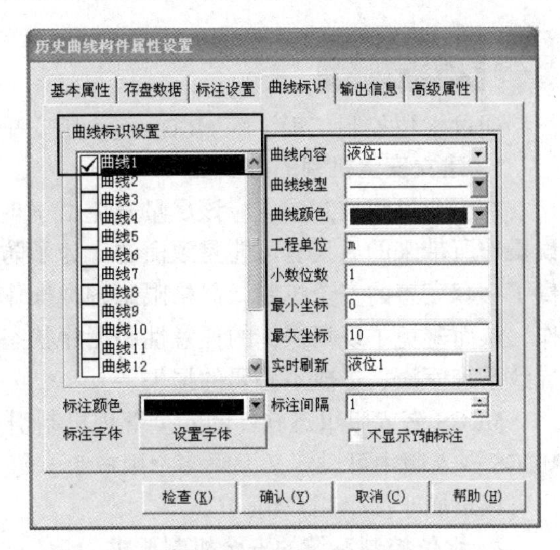

图 8-48　“曲线标识”选项卡设置

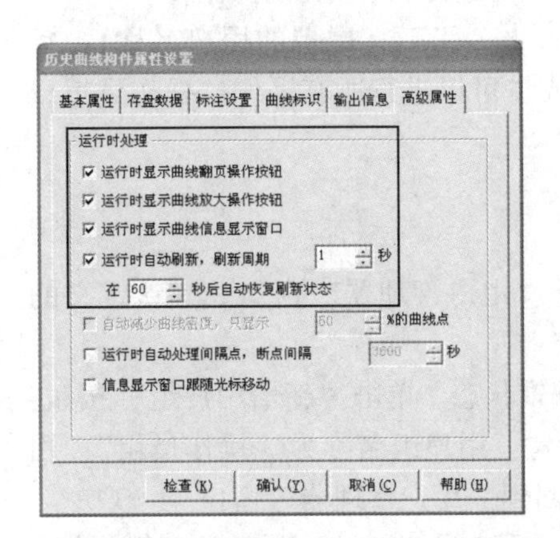

图 8-49　“高级属性”选项卡设置

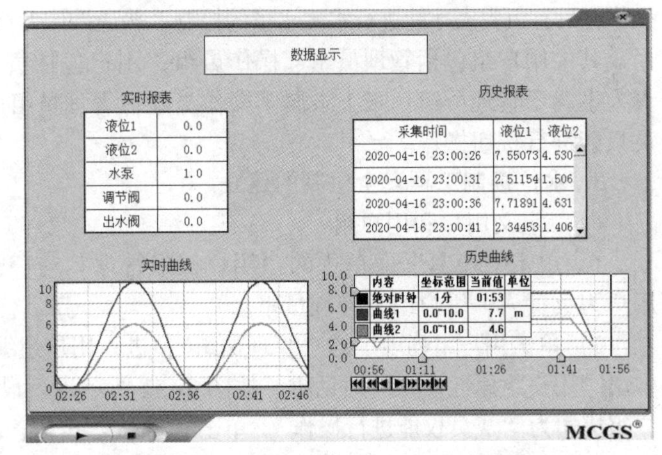

图 8-50　“数据显示”窗口的运行效果

学习成果检查表（见表 8-7）

表 8-7　报表输出及曲线显示检查表

学习成果			评分表		
巩固学习内容	检查与修正	总结与订正	小组自评	学生自评	教师评分
实时报表和历史报表的制作					
液位组的数据连接					
制作实时曲线与历史曲线					
安全机制的设定					
你还学了什么					
你做错了什么					

拓展与提升

通过水位控制工程了解 MCGS 嵌入版安全机制的框架及制作方法。

1. 建立安全机制的必要性

在工业过程控制中，应该尽量避免由于现场人为的误操作所引发的故障或事故，而某些误操作所带来的后果有可能是致命的。为了防止这类事故的发生，MCGS 嵌入版组态软件提供了一套完善的安全机制，严格限制各类操作的权限，使不具备操作资格的人员无法进行操作，从而避免了现场操作的任意性和无序状态，防止因误操作而干扰系统的正常运行，甚至导致系统瘫痪，造成不必要的损失。

MCGS 嵌入版组态软件的安全管理机制引入用户组和用户的概念来进行权限的控制。在 MCGS 嵌入版中可以定义无限多个用户组，每个用户组中可以包含无限多个用户，同一个用户可以隶属于多个用户组。

2. 水位控制系统的安全机制要求

只有负责人才能进行用户和用户组管理；只有负责人才能进行“打开工程”“退出系统”的操作；只有负责人才能进行水罐水量的控制；普通操作人员只能进行基本按钮的操作。

其中用户组包括管理员组、操作员组；用户包括负责人、张工（虚拟的用户名称）；负责人隶属于管理员组；张工隶属于操作员组；管理员组成员可以进行所有操作；操作员组成员只能进行按钮操作。

3. 水位控制工程安全机制的建立

（1）定义用户和用户组

1）单击“工具”菜单中的“用户权限管理”，打开“用户管理器”窗口。默认定义的用户为负责人，用户组为管理员组。

2）单击用户组列表中的“管理员组”，进入用户组编辑状态。单击“新增用户组”按钮，弹出“用户组属性设置”对话框。按图 8-51 所示进行设置：用户组名称为“操作员组”；用户组描述为“成员仅能进行操作”。单击“确认”按钮，回到“用户管理器”窗口。

3）单击用户列表域，单击“新增用户”按钮，弹出“用户属性设置”对话框。参数设置如图 8-52 所示。用户名称为“张工”；用户描述为“操作员”；用户密码为“123”；确认密码“123”；隶属用户组勾选“操作员组”；单击“确认”按钮，回到“用户管理器”窗口。

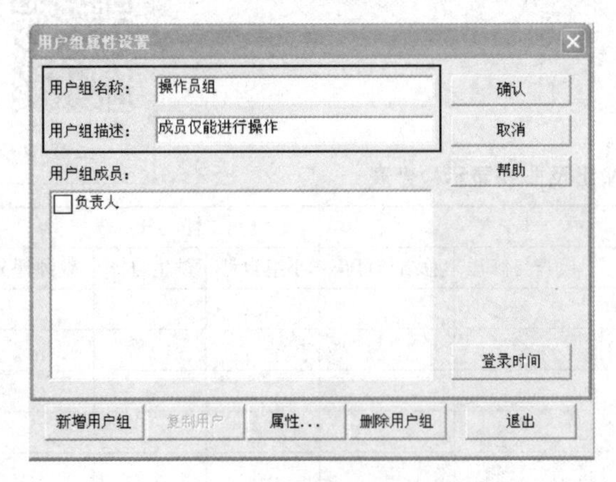

图 8-51　用户组属性设置

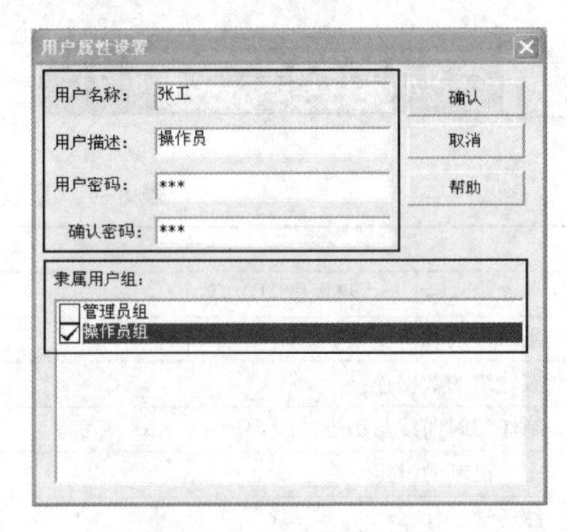

图 8-52　用户属性设置

4）再次进入用户组编辑状态，双击用户组列表中的“操作员组”，在用户组成员中选择“张工”。单击“确认”按钮，再单击“退出”按钮，退出“用户管理器”窗口。

（2）系统权限管理

1）进入主控窗口，选中“主控窗口”图标，单击“系统属性”按钮，进入“主控窗口属性设置”对话框。

2）在“基本属性”选项卡中，单击“权限设置”按钮。在“许可用户组拥有此权限”列表中，勾选“操作员组”，如图 8-53 所示。单击“确认”按钮后返回“主控窗口属性设置”对话框的“基本属性”选项卡。

3）在下方的下拉列表框中选择“进入登录，退出不登录”，如图 8-54 所示。单击“确认”按钮，系统权限设置完毕。

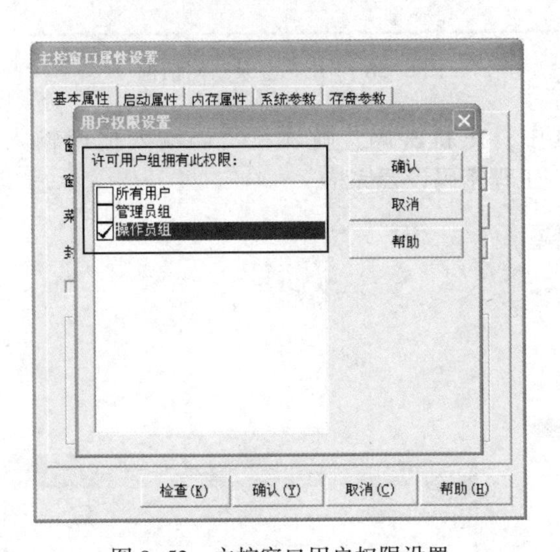

图 8-53　主控窗口用户权限设置

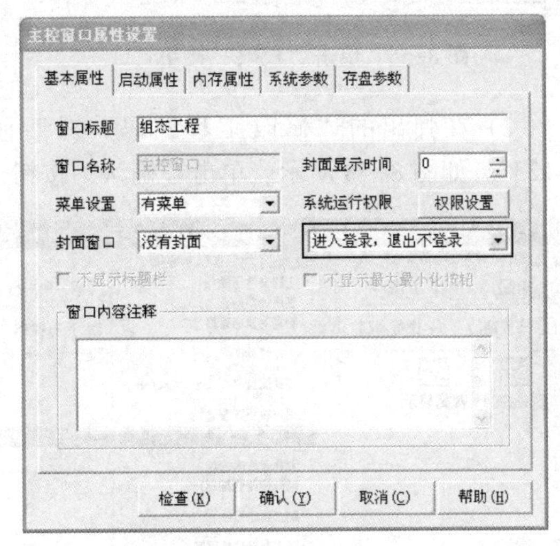

图 8-54　登录设置

（3）操作权限管理

1）进入水位控制窗口，双击水罐 1 对应的滑动输入器，进入“滑动输入器构件属性设置”对话框。

2）单击下方的“权限”按钮，如图 8-55 所示。进入“用户权限设置”对话框。

3）选中“操作员组”，单击“确认”按钮后退出。以后运行时，只有“操作员组”才能手动控制滑动输入器。

水罐 2 对应的滑动输入器设置同上。

4）按〈F5〉键运行工程，弹出“用户登录”对话框，如图 8-56 所示。用户名选择“张工”，密码为“123”，单击“确定”按钮，工程开始运行。

（4）保护工程文件

为了保护工程开发人员的劳动成果和利益，MCGS 嵌入版组态软件提供了工程运行“安全性”保护措施。包括工程密码设置。具体操作步骤如下。

1）回到 MCGSE 工作台，依次选择“工具”菜单下的“工程安全管理”→“工程密码设置”，如图 8-57 所示。

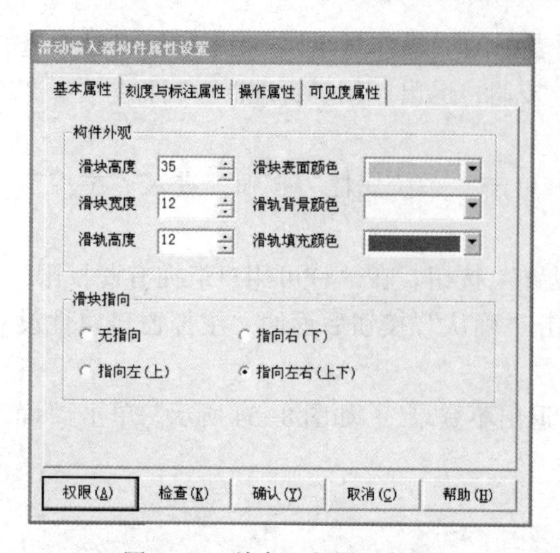

图 8-55　单击“权限”按钮

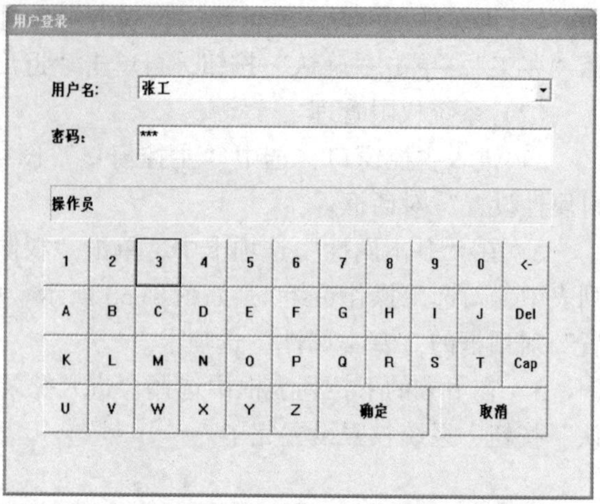

图 8-56　“用户登录”对话框

2）在弹出的“修改工程密码”对话框中，在新密码、确认新密码输入框内输入“123”。如图 8-58 所示。单击“确认”按钮，工程密码设置完毕。

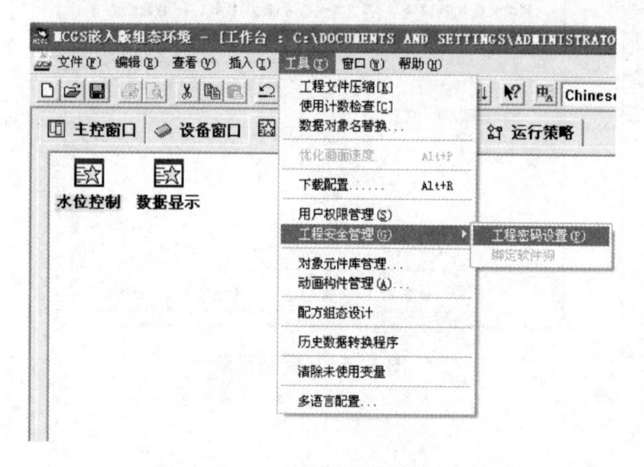

图 8-57　“工程密码设置”选项

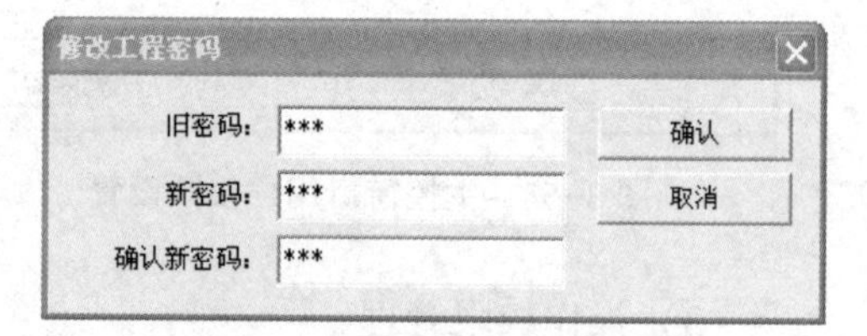

图 8-58　“修改工程密码”对话框

3）完成用户权限和工程密码设置后，我们可以测试一下 MCGS 的安全管理，首先关闭当前工程，重新打开工程“水位控制系统”，此时弹出一个如图 8-59 所示对话框。

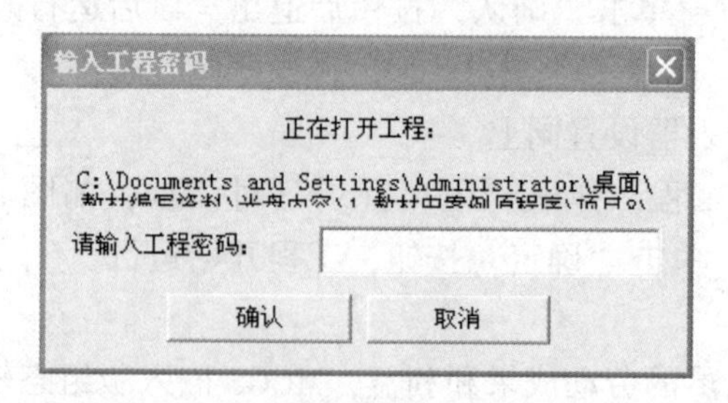

图 8-59　“输入工程密码”对话框

4）在文本框输入工程密码“123”，然后单击“确认”按钮，打开工程。

至此，整个样例工程制作完毕。

任务 8.4 HMI 水位工程调试运行

任务目标

1）掌握触摸屏和 PLC 建立关系的一般过程、步骤和工作内容。

2）掌握 PLC 数据寄存器的使用方法、数据变量的设置方法。

3）了解 PLC 程序控制和脚本程序控制的关系及互相替代的处理方法。

任务计划

将水位工程控制流程改成用 PLC 编程来代替组态脚本程序，同样可以实现水泵、调节阀、出水阀的开起/关闭控制；水位控制要求与前述任务要求相同。将三菱 PLC 作为设备 0，三菱 PLC 输出端 Y1、Y2、Y3 对应水泵、调节阀、出水阀的开关状态。

任务实施

1. 用户窗口组态设计

在任务 8.2 的工程组态窗口中，将旋钮输入器构件、报警显示构件、报警指示灯和液位上下限设置构件删除，添加 4 个标准按钮。在“标准按钮构件属性设置”对话框的“文本”框中分别输入“液位 1 加”“液位 1 减”“液位 2 加”“液位 2 减”，如图 8-60 所示。

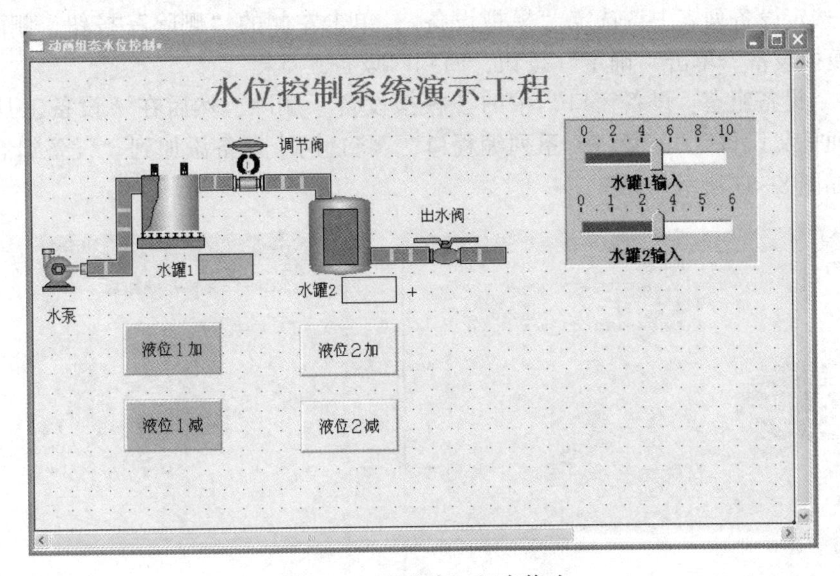

图 8-60 用户窗口组态修改

2. 设备组态

在“三菱_FX 系列编程口通道属性”对话框中增加通道，并将通道与组态软件实时数据库中的变量相连接，实现 PLC 与触摸屏的数据通信。根据本任务要求，完成水泵、调节阀、出水阀分别与 PLC 输出端 Y1、Y2、Y3 的连接。

（1）增加父设备、子设备

1）按〈Ctrl+2〉进入设备窗口，双击“设备窗口”图标，进入“设备组态：设备窗口”，单击“工具箱”图标，打开“ 设备工具箱”，单击“设备管理”按钮，在可选设备列表中依次选择“通用设备”→“通用串口父设备”，双击“通用串口父设备”，将其添加到右面的选定设备列表中。如图 8-61 所示。

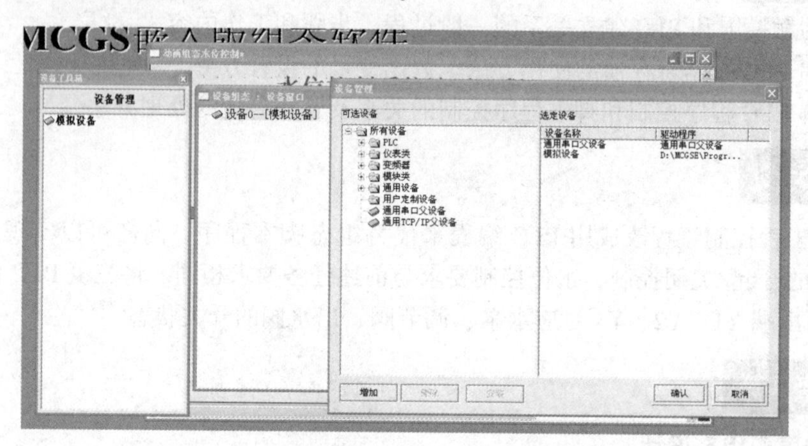

图 8-61　增加“通用串口父设备”

2）在可选设备列表中依次选择“PLC 设备”→“三菱”→“三菱_FX 系列编程口”，双击“三菱_FX 系列编程口”，将其添加到右面的选定设备列表中。如图 8-62 所示。

3）在选定设备列表中，选定“模拟设备”，单击左侧的“删除”按钮，删除任务 8.2 工程中的模拟设备。单击“确定”按钮，回到“设备工具箱”。

4）将“设备组态：设备窗口”中的“模拟设备”删除，然后在“设备工具箱”中双击“串口通信父设备”“三菱_FX 系列编程口”，将这两个设备添加到“设备组态：设备窗口”中。如图 8-63 所示。

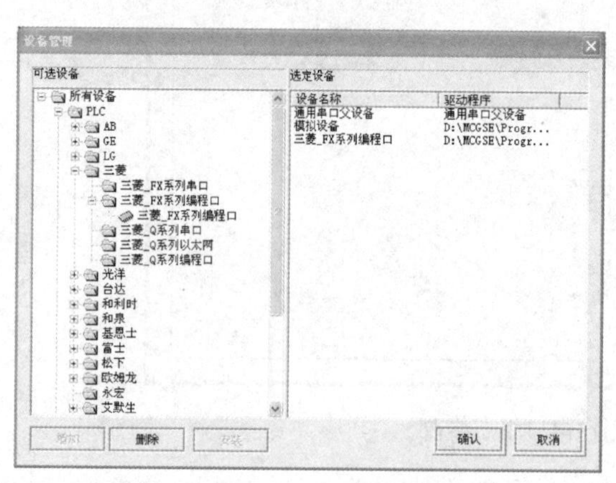

图 8-62　增加“三菱_FX 系列编程口”

图 8-63　设备窗口

（2）设备属性设置

1）双击“通用串口父设备 0-[通用串口父设备]”进入“通用串口设备属性设置”对话框，参考图 8-64 所示完成设置。

2）双击设备“0-[三菱_FX 系列编程口]”，对三菱_FX 系列编程口的属性进行设置。在“设备编辑窗口”中单击“内部属性”，会出现[...]按钮，如图 8-65 所示。

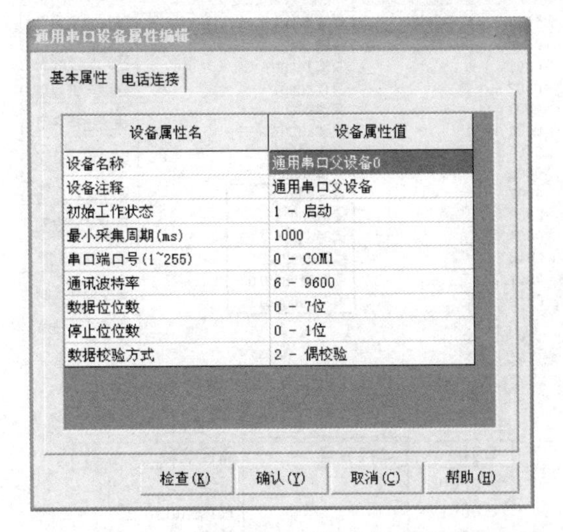

图 8-64　通用串口父设备属性设置

设备属性名	设备属性值
[内部属性]	设置设备内部属性 ...
采集优化	1-优化
设备名称	设备0
设备注释	三菱_FX系列编程口
初始工作状态	1 - 启动
最小采集周期(ms)	100
设备地址	0
通讯等待时间	200
快速采集次数	0
CPU类型	4 - FX3UCPU

图 8-65　在“设备编辑窗口”中单击“内部属性”

3）单击[...]按钮，进入“三菱_FX 系列编程口通道属性设置”对话框。如图 8-66 所示。

4）单击“增加通道”按钮，增加 M10、M11 辅助寄存器 2 个通道，如图 8-67 所示。同理，再增加 M20、M21 辅助寄存器 2 个通道。

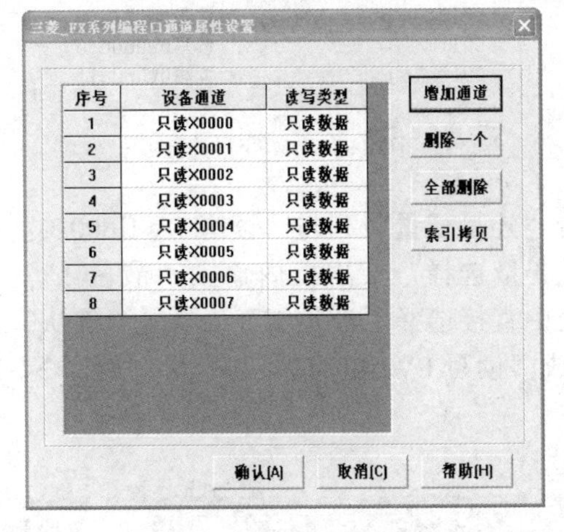

图 8-66　通道属性设置

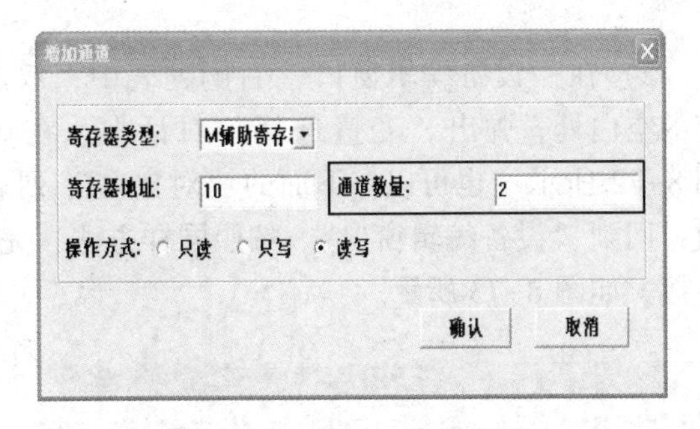

图 8-67　增加 2 个 M 通道

5）单击“增加通道”按钮，增加 D10、D20 数据寄存器 2 个通道。如图 8-68 所示。然后，单击“确认”按钮完成通道的添加。这时“设备编辑窗口”右侧列表的“通道名称”一栏中增加了“读写 M0010”～“读写 DWUB0011”这 6 个通道名称。如图 8-69 所示。

（3）通道连接变量

1）在“设备编辑窗口”右侧列表中，双击“连接变量”列与“读写 M0010”对应的空白处，弹出“变量选择”对话框，在“变量选择”文本框内输入“M10”，如图 8-70 所示。单击“确认”按钮，回到“设备编辑窗口”。按照同样方法，完成变量“M11”“M20”

"M21"的连接，如图 8-71 所示。

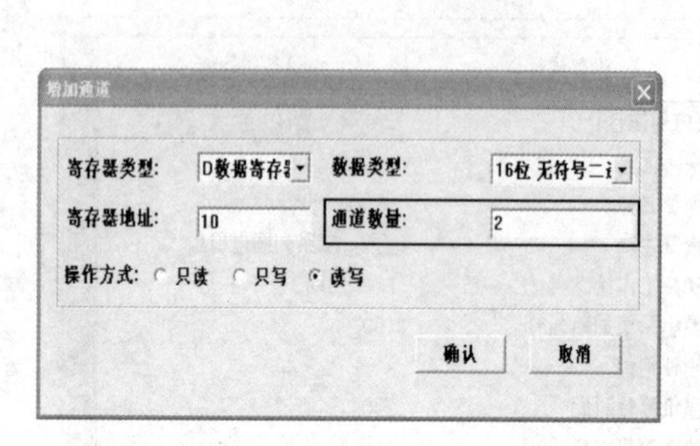

图 8-68　增加 2 个 D 通道

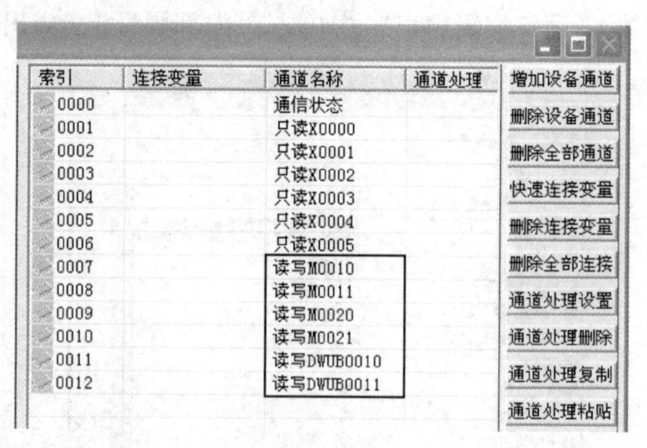

图 8-69　增加 6 个通道名称

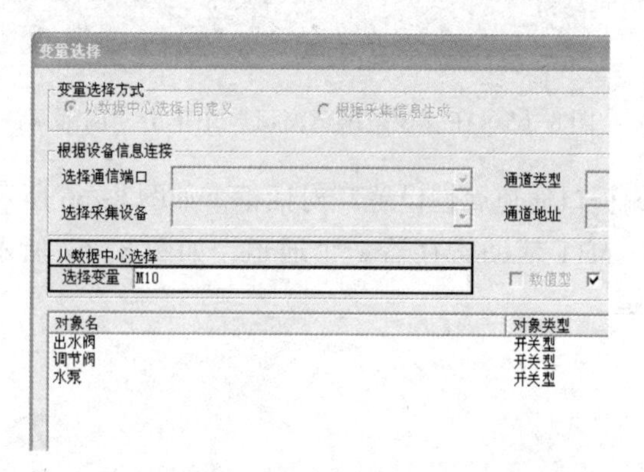

图 8-70　M 变量的"变量选择"对话框

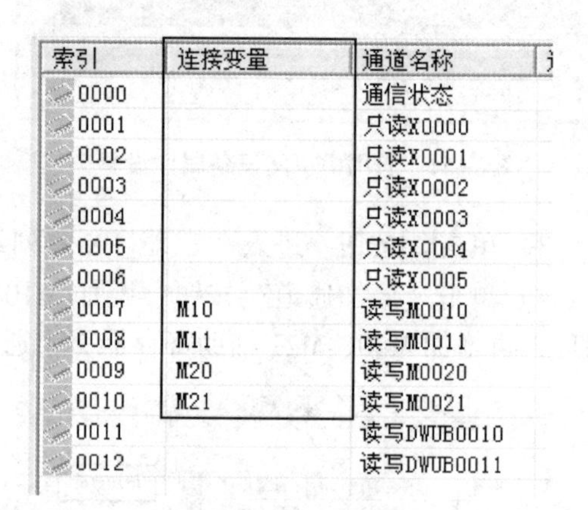

图 8-71　M 变量连接

2）在"设备编辑窗口"右侧列表中，双击"连接变量"列与"读写 DWUB0010"对应的空白处，弹出"变量选择"对话框，在"变量选择"文本框内输入"液位 1"，如图 8-72 所示（也可以在下面的"对象名"列表中直接选择"液位 1"）。单击"确认"按钮，回到"设备编辑窗口"。按照同样方法，完成"读写 DWUB0011"与变量"液位 2"的连接，如图 8-73 所示。

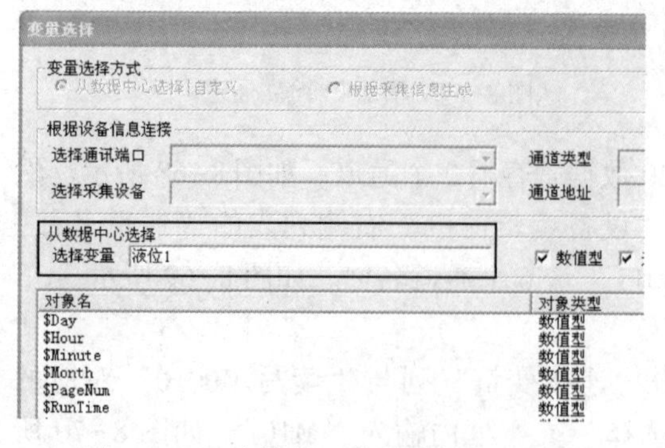

图 8-72　D 变量的"变量选择"对话框

图 8-73　D 变量连接

3）单击“设备编辑窗口”右下角的“确认”按钮，弹出如图 8-74 所示的提示对话框，单击“全部添加”按钮，完成设备窗口设置。

3. 数据连接

（1）在“水位控制”用户窗口中，双击“液位 1 加”按钮，弹出“标准按钮构件属性设置”对话框，在“操作属性”选项卡中，按照图 8-75 所示完成设置（注意：“液位 1”按钮连接“M10”数据量）。

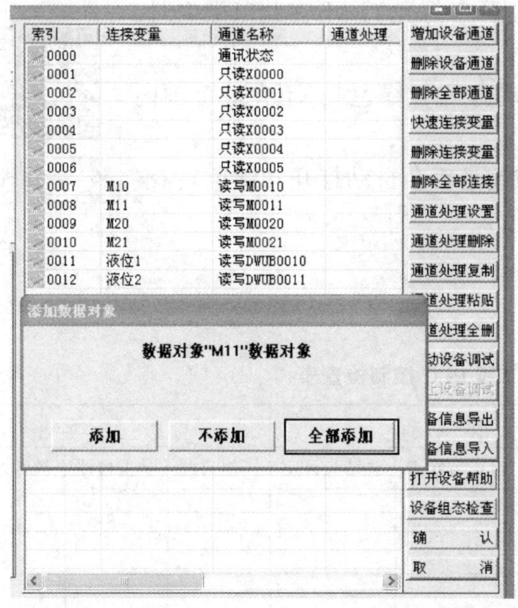

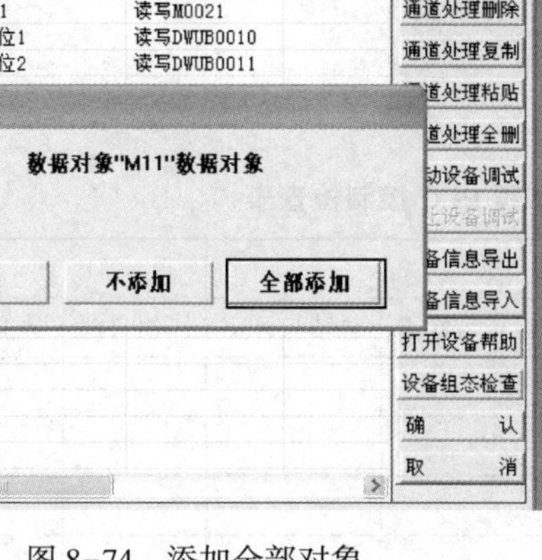

图 8-74　添加全部对象

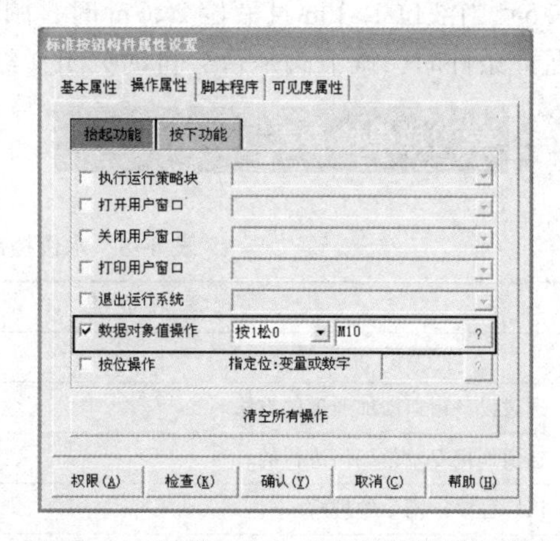

图 8-75　“液位 1 加”按钮的操作属性设置

（2）参考“液位 1 加”按钮的操作属性设置过程，“液位 1 减”按钮连接“M11”数据量；“液位 2 加”按钮连接“M20”数据量；“液位 2 减”按钮连接“M21”数据量。完成数据连接。

4. 编写 PLC 程序

完成本任务的 PLC 参考程序如图 8-76 所示。

```
      M10
 0 ---| |----------------------------------[INCP   D10 ]
      M11
 4 ---| |----------------------------------[DECP   D10 ]
      M20
 8 ---| |----------------------------------[INCP   D11 ]
      M21
12 ---| |----------------------------------[DECP   D11 ]

16 ----------------------------------------[END        ]
```

图 8-76　水位控制工程手动控制 PLC 程序

在 PLC 程序中，D10 和 D20 数据寄存器的数值分别与液位 1 和液位 2 的液位相对应。

5. 下载运行调试

1）将工程下载到触摸屏中，用数据线将 PLC 和触摸屏连接，单击“液位 1 加”按钮和“液位 1 减”按钮，观察水罐 1 中的液位是否会随滑动输入器数值大小变化而变化。

2）单击“液位 2 加”和“液位 2 减”按钮，观察水罐 2 中的液位是否会随滑动输入器数值大小变化而变化。

3）当液位 1<9 m 时，水泵是否会自动打开（绿色）；不在此范围内时，水泵是否会自动关闭（红色）。

30　工程调试

4）当液位 2>1 m 时，出水阀是否会自动打开（绿色）；不在此范围内时，出水阀是否会自动关闭（红色）。

5）当液位 1>1 m 且液位 2<6 m 时，调节阀是否会自动打开（绿色）；不满足此条件时，调节阀是否会自动关闭（红色）。

学习成果检查表（见表 8-8）

表 8-8　水位控制工程 PLC 控制检查表

学习成果			评分表		
巩固学习内容	检查与修正	总结与订正	小组自评	学生自评	教师评分
通过设备窗口添加通道的方法					
通道连接变量是如何进行的					
PLC 程序中指令的理解					
模板的应用					
你还学了什么					
你做错了什么					

拓展与提升

1. 用 PLC 程序代替脚本程序

在上面的手动 PLC 控制水位工程中，PLC 的功能实现了控制水位的增加和减少。其他的控制功能仍然是由脚本程序完成的。下面介绍用 PLC 程序替代脚本程序完成控制的方法。

（1）增加 Y 输出寄存器通道

1）在工作台中打开“设备窗口”。双击“设备 0-[三菱_FX 系列编程口]”，对三菱_FX 系列编程口的属性进行设置。在“设备编辑窗口”中单击“内部属性”，会出现■按钮。

2）单击■按钮，进入“三菱_FX 系列编程口通道属性设置”对话框。

3）单击“增加通道”按钮，增加 Y1、Y2、Y3 输出寄存器 3 个通道，如图 8-77 所示。

（2）通道连接变量

在“设备编辑窗口”右侧列表中，双击“连接变量”列与“读写 Y0001”对应的空白处，弹出“变量选择”对话框，选择“对象名”中的“水泵”。如图 8-78 所示。单击“确认”按钮，回到“设备编辑窗口”。按照同样方法，分别完成“读写 Y0002”与变量“调节阀”以及“读写 Y0003”与变量“出水阀”的连接，如图 8-79 所示。

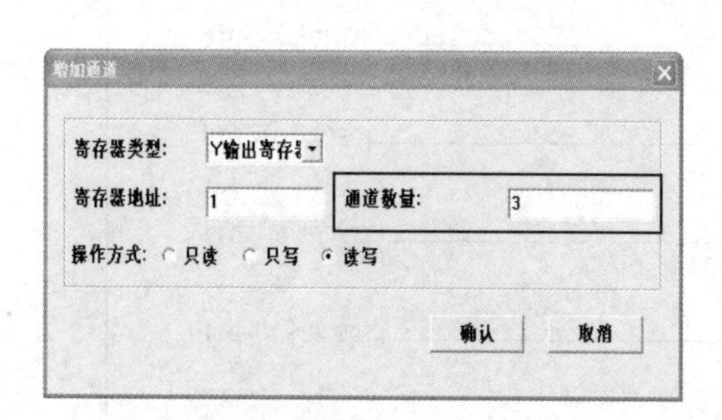

图 8-77　增加 3 个 Y 通道

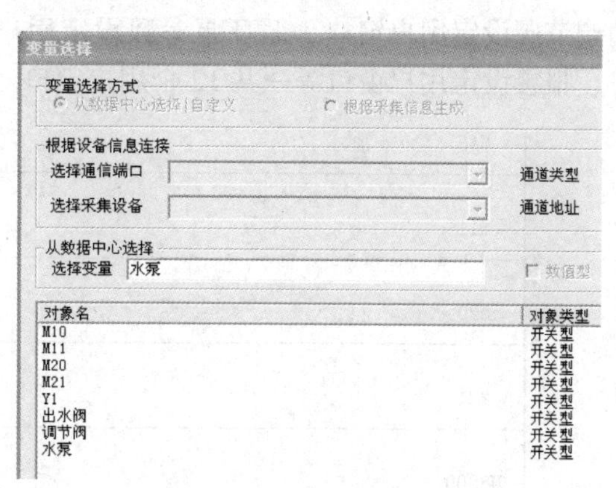

图 8-78　“变量选择”对话框

（3）数据连接

由于“水泵”“调节阀”“出水阀”的数据连接已经在前述任务中完成，因此就无须再连接了。

（4）脚本程序的修改

在工作台中，进入“运行策略”，选择“循环策略”，进入脚本程序编辑环境，全选脚本程序后删除。单击“确认”按钮退出。

（5）编写 PLC 程序

编写“循环策略”中“脚本程序”所完成的控制功能的 PLC 程序，如图 8-80 所示。

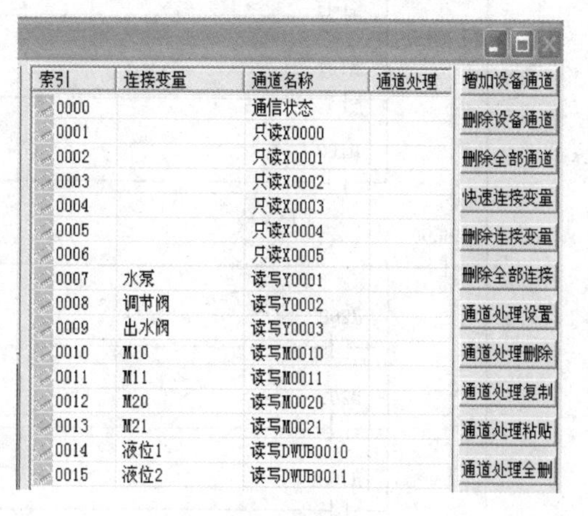

图 8-79　Y 变量连接

（6）下载运行调试

将工程下载到触摸屏中，用数据线将 PLC 和触摸屏连接，参考下列步骤进行调试。

1）单击“液位 1 加”和“液位 1 减”按钮，当液位 1<9 m 时，水泵会自动打开，PLC 的 Y1 输出端指示灯点亮。PLC 的 Y1 输出端指示灯若不亮，检查排除故障。

2）单击“液位 2 加”和“液位 2 减”按钮，当液位 2>1 m 时，出水阀会自动打开，PLC 的 Y3 输出端指示灯点亮。PLC 的 Y3 输出端指示灯若不正确，检查排除故障。

3）当液位 1>1 m 且液位 2<6 m 时，调节阀自动打开，PLC 的 Y2 输出端指示灯点亮。不满足此条件时，调节阀自动关闭，PLC 的 Y2 输出端指示灯熄灭。若现象不正确，检查排除故障。

2. 换热站监控系统

在北方地区，集中供暖是目前广泛采用的一种供暖方式。在热力集团把热电厂高温高压状态的热水送到各居民小区前，必须由各换热站将高温管道（一次网）中的热水与进入居民室内暖气片（二次网）的热水通过换热器交换热量。在这个过程中，供热调试部门需要对换热站中的温度、压力、流量、液位等参数集中实时监视，必要时还要查看历史数据。根据现场监测到的数据进行实时自动调整或者手动调整。换热站监控系统目前普遍采用 HMI

监控系统。本换热站监控系统包括换热站监控系统示意图用户窗口、量程设定用户窗口、电动调节阀设定用户窗口、循环泵参数设定用户窗口、历史曲线用户窗口、实时曲线用户窗口、报警设定用户窗口等一共 12 个用户窗口。

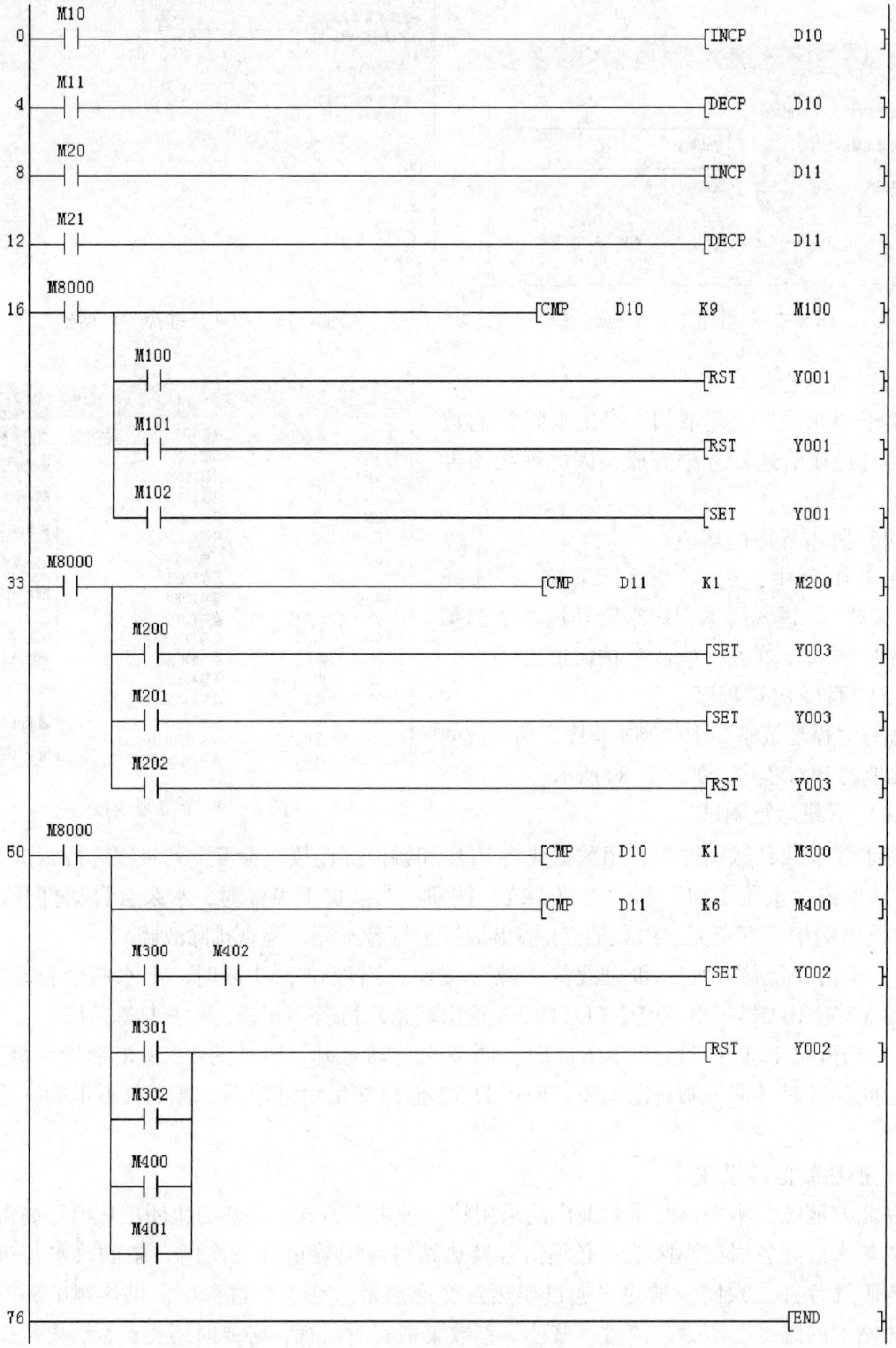

```
0   M10                [INCP  D10           ]
4   M11                [DECP  D10           ]
8   M20                [INCP  D11           ]
12  M21                [DECP  D11           ]
16  M8000              [CMP   D10   K9  M100]
      M100             [RST   Y001          ]
      M101             [RST   Y001          ]
      M102             [SET   Y001          ]
33  M8000              [CMP   D11   K1  M200]
      M200             [SET   Y003          ]
      M201             [SET   Y003          ]
      M202             [RST   Y003          ]
50  M8000              [CMP   D10   K1  M300]
                       [CMP   D11   K6  M400]
      M300  M402       [SET   Y002          ]
      M301             [RST   Y002          ]
      M302
      M400
      M401
76                     [END                 ]
```

图 8-80　水位控制工程 PLC 程序

1）换热站监控系统示意图用户窗口。在如图 8-81 所示监控系统用户窗口，换热器一次网接热电厂的供水和回水，换热器二次网接用户的供水和回水；补水箱为用户进行自动补水。主要观测的参数有一次侧和二次侧的水温和压力大小、室外温度、调节阀开度，补水泵和循环泵的频率等。

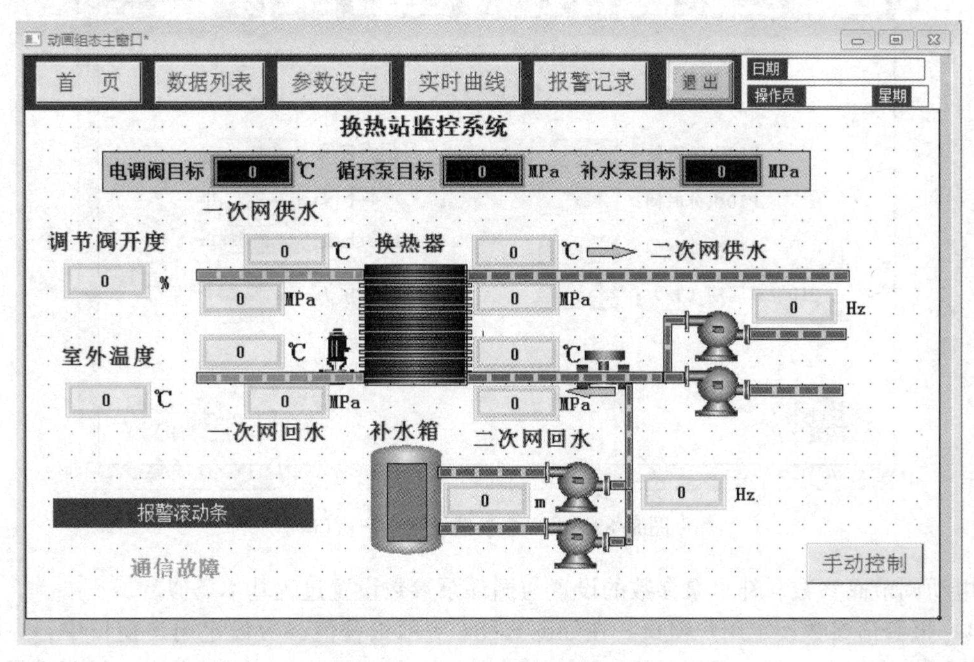

图 8-81　换热站监控系统

2）量程设定用户窗口。在如图 8-82 所示量程设定用户窗口中，设定换热系统一次网和二次网供水压力的上、下限；回水压力的上、下限；水箱液位的上、下限。设定方法与 HMI 水位控制工程中液位 1 和液位 2 的上、下限设定方法相似。

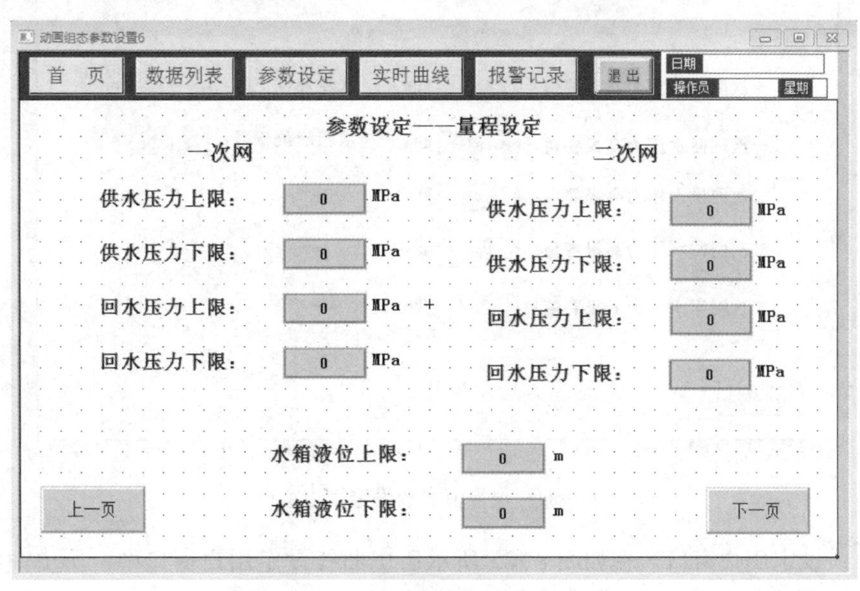

图 8-82　量程设定用户窗口

3）循环泵参数设定用户窗口。在如图 8-83 所示循环泵用户窗口中，可设定循环泵的 PID 参数、压力参数、频率参数。

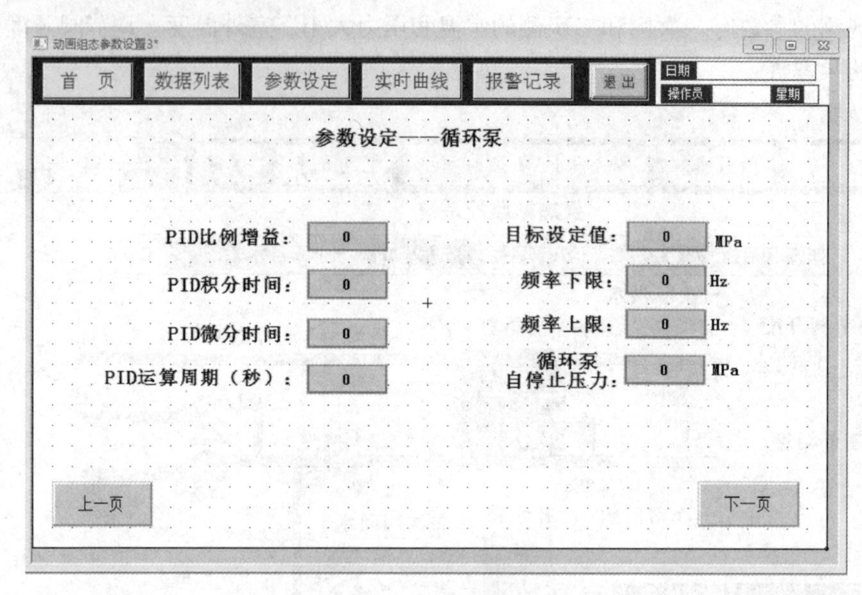

图 8-83　循环泵参数设定用户窗口

电动调节阀参数、补水泵参数的设置与循环泵参数设置过程基本类似。

4）报警值参数设定用户窗口。在如图 8-84 所示报警值参数设定用户窗口中，一次网和二次网供水压力的高、低报警值，回水压力的高、低报警值，水箱液位上、下限报警值的设定与 HMI 水位控制工程中液位报警值的设定方法类似。

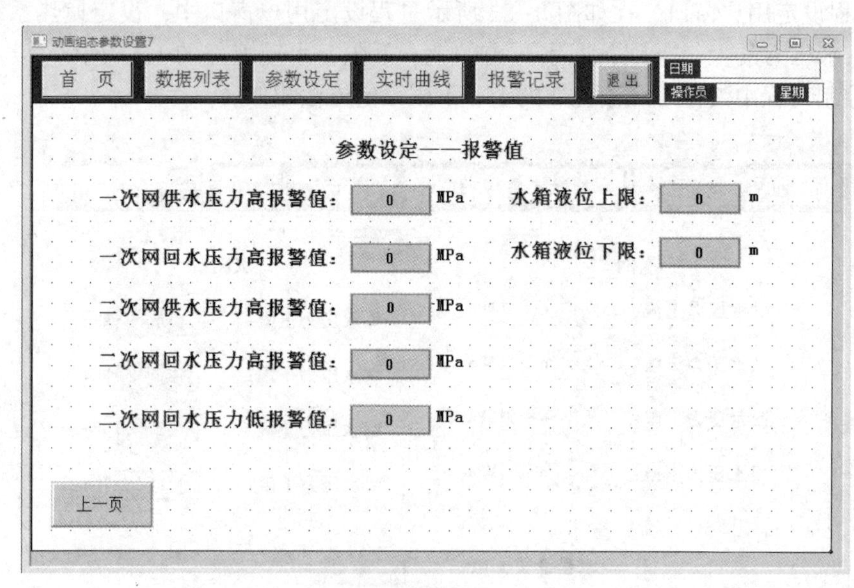

图 8-84　报警值参数设定用户窗口

5）曲线设定用户窗口。在如图 8-85 所示历史曲线设定用户窗口中，历史曲线的设定参考 HMI 水位控制工程中历史曲线的设定方法。

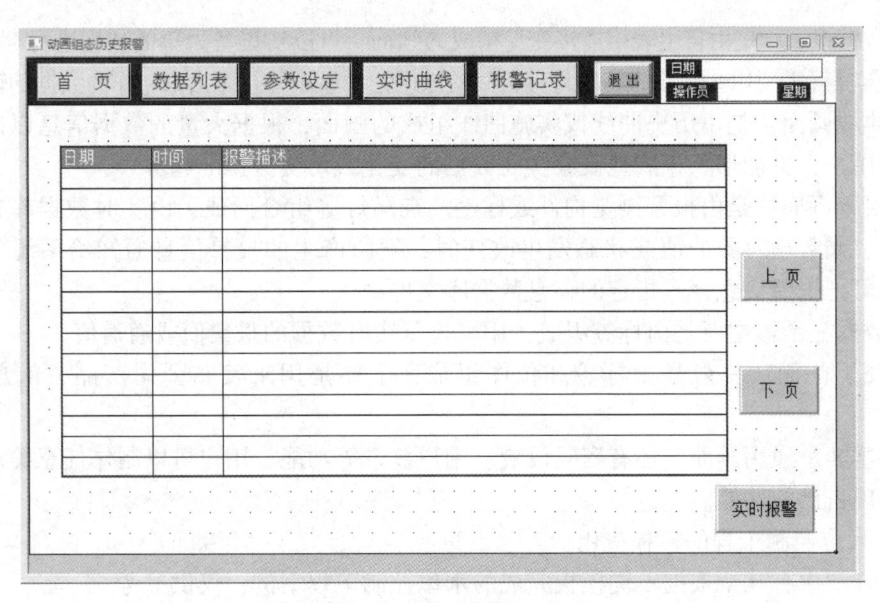

图 8-85　历史曲线设定用户窗口

实时曲线设定窗口参考 HMI 水位控制工程中实时曲线的设定方法。压力曲线、温度曲线的设定方法也可参考实时曲线的设定方法。

换热站监控系统的源文件请参考本书的配套资源。

3. 组态模板

前述任务中已经初步了解和掌握了组态软件和 MCGSTPC，学习了如何创建工程和简单的工程组态等内容，然而实际工程中这些还远远不能满足客户的需求。一个完整的工程组态过程，要求开发者必须熟练应用模板快速组建工程。

（1）通过昆仑通态公司的组态模板进行快速开发工程的步骤

1）选择模板：根据用户的需求选择一个画面和功能最相近的模板。

2）认识模板：了解模板各个界面的功能和外观。

3）修改模板：根据用户的实际需求对界面和驱动等内容稍加修改即可完成组态。

4）模板创新：满足用户的基本需求后，可以尝试对工程进行扩展和创新，例如权限和策略的应用等。

（2）模板中的功能界面

在配套资源中一共有 6 个昆仑公司的组态模板，每个模板中都含有用户常用的功能界面。大致包含 8 个用户最常使用的画面，分别是封面、主菜单、参数设定、数据报表、曲线显示、报警画面、数据显示和关于画面。

1）封面：有时也当作启动画面，主要由公司的标志、产品简介等画面组成，强有力地展示了公司的形象和产品信息，可作为公司推广和宣传的窗口。

2）主菜单：是由一些按钮和图标组成的画面，用户通过单击这些按钮可以快速跳转到想要操作查看的画面，是整个工程操作流程的一个总控画面。

3）参数设定：是由输入框或标签组成，是用户的数据输入画面，例如寄存器或通道的写入操作。

4）数据报表：是由自由表格连接变量构成的画面，可以对设备采集的数据进行存盘、统计分析，根据实际需要以一定格式将统计分析后的数据记录显示并打印出来，作为数据的输出。

5）曲线画面：是由历史曲线或实施曲线组成的画面，根据大量的数据信息以曲线的方式展示给用户，更加形象直观地观察实时数据的变化或历史数据的趋势。

6）报警画面：是由报警浏览构件或标签、走马灯等组合而成，由实时数据库在运行时自动处理。当数据对象的值或状态发生改变时，把所产生的报警信息通知给系统的其他部分，同时可把报警信息存入指定的存盘数据库文件中。

7）数据显示：主要是由标签组成，用来显示实时数据的采集值或通道值。

8）关于画面：一般是由标签和位图组成，主要是用来发布公司产品、信息等相关内容。

除了这 8 个通用画面，还有密码设置、用户登录等功能，用户可以制作任意美观实用的窗体来实现自己的功能。

（3）水位控制工程的模板应用

配套资源中有几个根据不同模板完成的水位控制工程案例，仅供参考。

练习与提高

1）在使用组对象数据对象时有什么注意事项？

2）从信号输入来说，利用滑动输入器和 PLC 控制输入模拟调节液位大小有何不同？实际的液位信号是怎么取得的？

3）三菱_FX 系列编程口设备增加的通道类型有哪些？分别与 PLC 的哪些寄存器对应？

4）三菱_FX 系列编程口属性设置参数有哪些？

5）若用 INCP、DECP 指令来完成 PLC 控制液位大小变化，组态工程应如何修改？

31　练习与提高 6

6）密码设置练习。输入正确密码操作页面如图 8-86 所示，输入错误密码操作页面如图 8-87 所示。说明：正确密码是 1001（有提示）；共有 4 次登录的机会（有倒计时提醒）；4 次密码都错误，就无法登录，只能通过单击“管理员按钮”解锁，全部清除，重新开始。

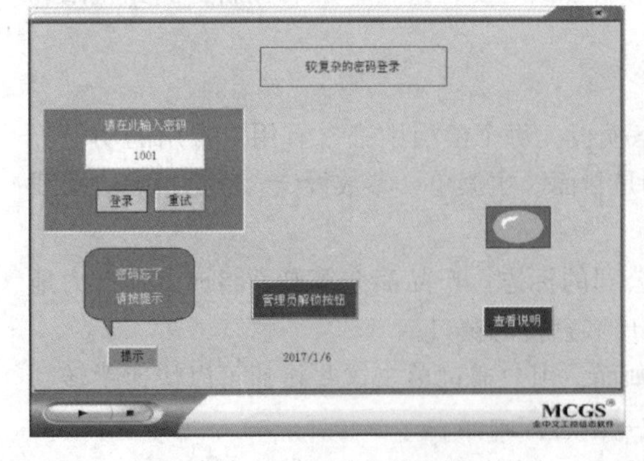

图 8-86　输入正确密码操作页面

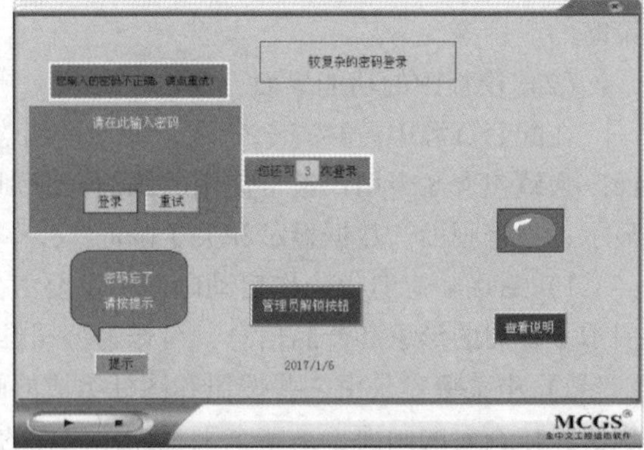

图 8-87　输入错误密码操作页面

7）自由表格的练习。MCGS 仿真三菱 PLC 的指令组态工程如图 8-88 所示。图中“开关量监控”表格为“自由表格”，请参考配套资源及本项目中有关表格的应用练习设置。

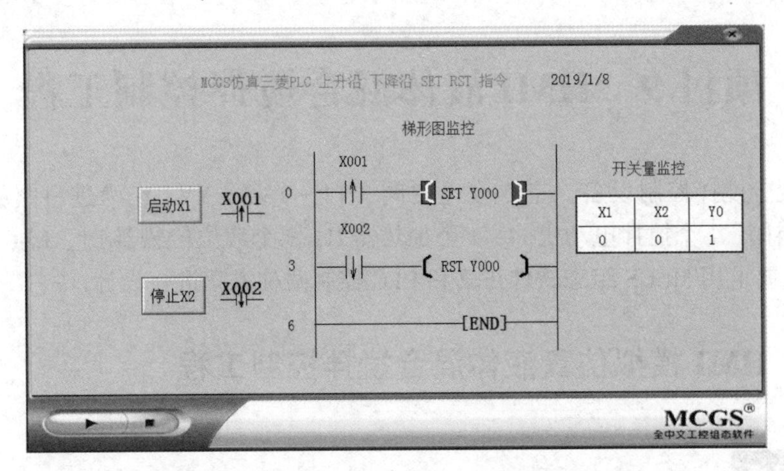

图 8-88　MCGS 仿真三菱 PLC 的指令组态工程

32　练习与提高 7

33　练习与提高 8

8）存盘数据浏览构件的应用。如图 8-89 所示为“开灯/关灯”动作时间数据监控组态工程，请参考配套资源通过存盘数据浏览构件记录“开灯/关灯”的操作时间、开关的动作及灯状态。

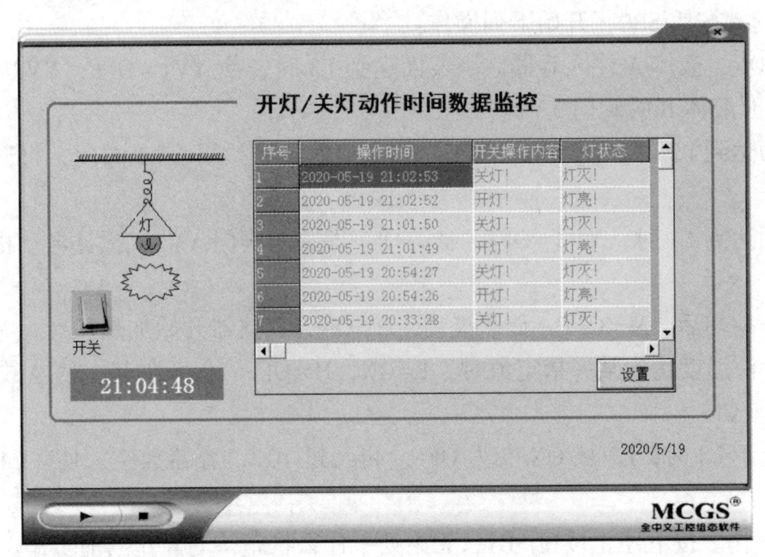

图 8-89　“开灯/关灯”动作时间数据监控

项目 9　HMI 液体混合搅拌控制工程

某液体混合搅拌控制设备，有 3 个电磁阀 YV1、YV2、YV3 作为进料阀；1 个电磁阀 YV4 作为出料阀；1 个搅拌电动机 M；1 个加热器 H；3 个液位传感器 L1、L2、L3 和 1 个温度传感器 T。要求用 MCGS 组态软件仿真和 PLC 控制两种方案进行设计。

任务 9.1　HMI 模拟仿真液体混合搅拌控制工程

任务目标

1）掌握定时器的使用。

2）掌握搅拌器如何实现搅拌功能。

3）了解运行策略如何进行调试。

4）掌握加热器的图元如何实现加热效果。

任务计划

本工程要求实现以下控制要求：

1）初始状态容器是空的，阀门 YVl、YV2、YV3、YV4 均为 OFF，液位传感器 L1、L2、L3 均为 OFF，电动机 M 为 OFF，温度传感器 T 为 OFF，加热器 H 为 OFF。

2）按下起动按钮 SB0，开始下列操作：

① YV1 = ON，液体 A 注入容器。当液面达到 L3 时，使 YV1 = OFF，YV2 = ON，即关闭 YV1 阀门，打开液体 B 的阀门 YV2。

② 当液面达到 L2 时，使 YV2 = OFF，YV3 = ON，即关闭 YV2 阀门，打开液体 C 的阀门 YV3。

③ 当液面达到 L1 时，YV3 = OFF，M = ON，即关闭阀门 YV3，搅拌电动机 M 起动，开始搅拌。

④ 经 10 s 搅匀后，M = OFF，停止搅动，H = ON，加热器开始加热。

⑤ 当混合液温度达到某一指定值时，T = ON，H = OFF，停止加热，使电磁阀 YV4 = ON，开始放出混合液体。

⑥ 液面低于 L3 时，L3 从 ON 变为 OFF。再经过 10 s，容器放空，使 YV4 = OFF，开始下一循环。

3）停止操作。按下停止按钮 SB1，无论处于什么状态，均停止当前工作。

任务实施

1. 创建工程

建立液体搅拌控制工程，并新建用户窗口。

2. 定义数据对象

（1）分配数据对象

分配数据对象（即定义数据对象）前需要对系统进行分析，确定需要的数据对象。本系统有12个开关型和3个数值型数据对象，如表9-1所示。

表9-1　数据对象分配表

对象名称	类　型	注　释
启动	开关型	SB0启动按钮
停止	开关型	SB1启动按钮
液面传感器L1	开关型	液位传感器L1
液面传感器L2	开关型	液位传感器L2
液面传感器L3	开关型	液位传感器L3
温度传感器	开关型	温度传感器T
YV1	开关型	进料阀YV1
YV2	开关型	进料阀YV2
YV3	开关型	进料阀YV3
YV4	开关型	放料阀YV4
搅拌电动机M	开关型	搅拌电动机M
加热器H	开关型	加热器H
物料罐液位	数值型	
旋转可见度	数值型	
计时时间	数值型	

（2）定义数据对象步骤

1）单击工作台中的“实时数据库”窗口，进入实时数据库窗口页，窗口中列出了已有系统内部建立数据对象的名称。单击工作台右侧“新增对象”按钮，在窗口的数据对象列表中，增加新的数据对象。

2）选中对象，单击右侧“对象属性”按钮，或双击选中对象，则弹出“数据对象属性设置”对话框，将对象名称改为“启动”；对象类型选择“开关”；在对象内容注释输入框内输入“启动按钮”，如图9-1所示。单击“确认”按钮。

3）按照上述步骤，根据表9-1，设置其他数据对象。

3. 制作工程画面

1）在“用户窗口”中，选中“液体混合搅拌系统”图标，单击右侧“动画组态”按钮，进入动画组态窗口。单击工具条中的“工具箱”按钮，打开绘图工具箱。

2）制作文字框。单击“工具箱”内的“标签”图标[A]，鼠标的光标呈“十字”形，在窗口顶端中心位置拖拽鼠标，根据需要拉出一个一定大小的矩形。在光标闪烁位置输入文字“液体混合搅拌系统”，按回车键或在窗口任意位置用鼠标单击一下，文字输入完毕，如

图 9-2 所示。可以根据自己的喜好修改字体、字形、大小、颜色、位置等。

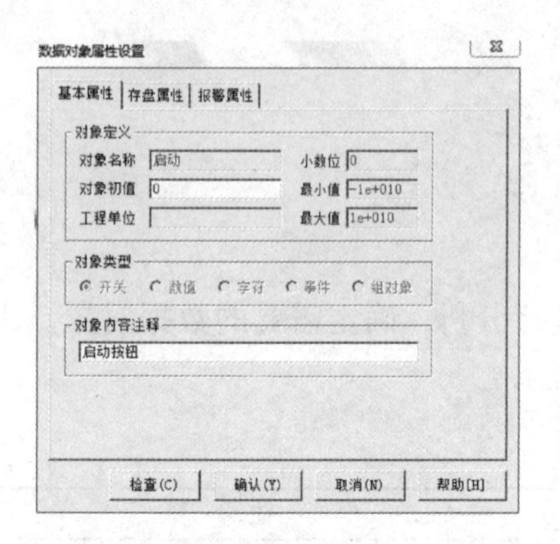

图 9-1 “数据对象属性设置”对话框

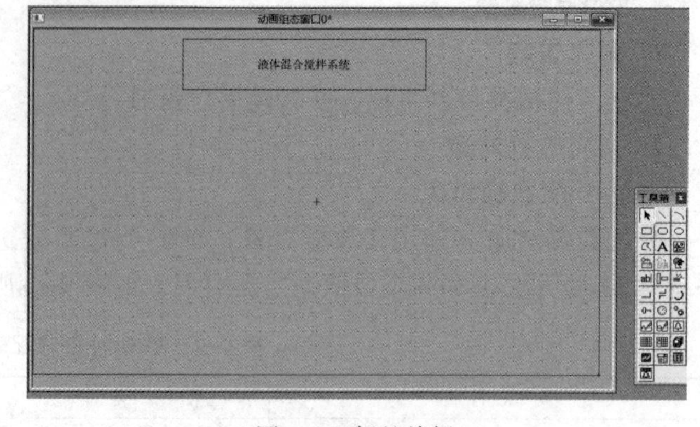

图 9-2　标签编辑

3）添加物料罐。单击绘图工具箱中的“插入元件”图标，弹出“对象元件库管理”对话框。单击左侧“对象元件列表”中的“储藏罐”，右侧出现多种储藏罐图形。单击右侧窗口内的“罐 17”，图像外围出现矩形，表明该图形被选中。单击“确定”按钮后，适当调整储藏罐大小，放到合适的位置。在储藏罐上面输入文字标签“物料罐”，单击工具栏“存盘”按钮。

4）添加电磁阀。单击“插入元件”图标，选择“阀”元件库中的“阀 52”和“阀 53”，放置到组态页面，并将大小和位置调整好。

5）添加流动块。在绘图工具箱中单击“流动块”动画构件图标，鼠标的光标呈“十”字形，移动鼠标至窗口的预定位置，单击一下鼠标左键，移动鼠标，在鼠标光标后形成一道虚线，拖动一定距离后，单击鼠标左键，便生成一段流动块。再拖动鼠标（可沿原来方向，也可垂直于原来方向），生成下一段流动块。双击鼠标左键或按〈Esc〉键，结束流动块绘制。需要修改流动块时，选中流动块（流动块周围会出现选中标志：白色小方块），鼠标指针指向小方块，按住鼠标左键不放，拖动鼠标，即可调整流动块的形状。双击流动块，弹出“流动块构件属性设置”对话框，在“基本属性”选项卡中可以更改流动外观和流动方向。

6）添加标签。单击绘图工具箱内的“标签”图标，分别对阀、罐和液体进行文字注释。依次为物料罐、YV1、YV2、YV3、YV4、液体 A、液体 B 和液体 C，如图 9-3 所示。

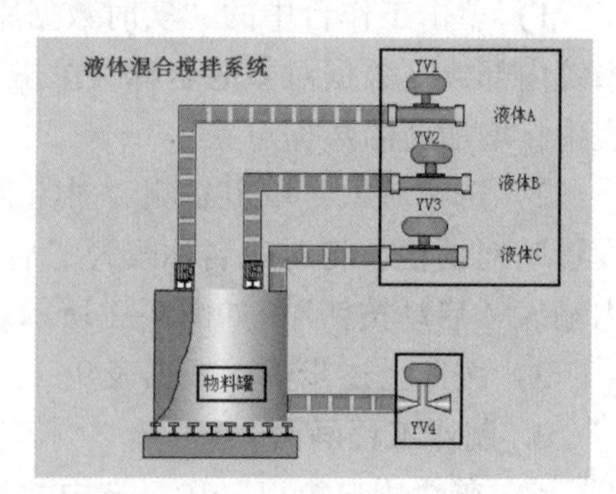

图 9-3　标注后效果图

7）添加搅拌器。单击绘图工具箱中的“插入元件”图标，弹出“对象元件库管理”对话框。单击左侧“对象元件列表”中的“搅拌器”，右侧出现多种搅拌器图形。单击右侧窗口内的“搅拌器 2”，图像外围出现矩形，表明该图形被选中，如图 9-4 所示。单击“确定”按钮。在组态页面中，调整搅拌器 2 适当大小，放到合适的位置。

8）添加“马达”（电动机）。单击绘图工具箱中的“插入元件”图标，弹出“对象元件库管理”对话框。单击左侧“对象元件列表”中的“马达”，选择任意一种放置到组态页面。将“马达”图形移动到搅拌器上方，组成搅拌电动机，并在其上方输入文字标签“搅拌电动机”，如图 9–5 所示。单击工具栏“存盘”按钮。

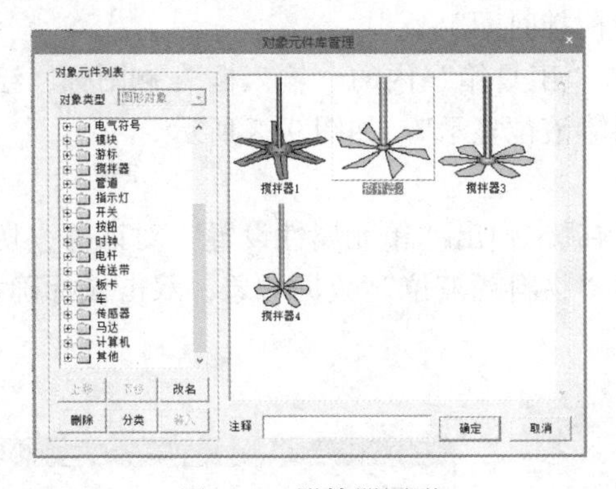

图 9–4 搅拌器图形

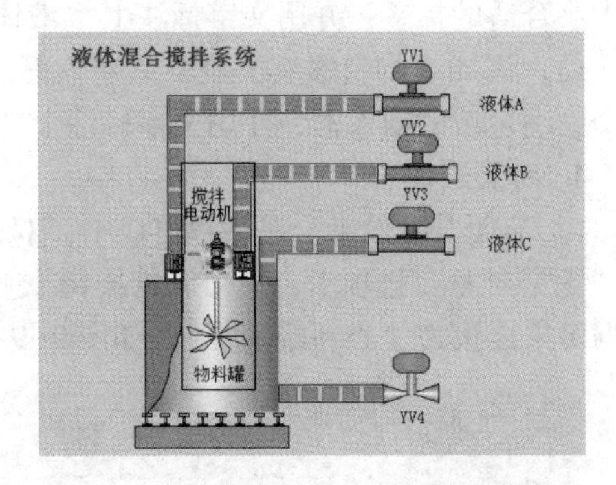

图 9–5 搅拌电动机 M 及搅拌器添加

9）添加传感器。单击绘图工具箱中的“插入元件”图标，弹出“对象元件库管理”对话框。单击左侧“对象元件列表”中的“传感器”，选择右侧窗口出现的“传感器 4”作为液面传感器，将大小和位置调整好，依次选择“排列”菜单→“旋转”→“右旋 90 度”。同理，选择“传感器 22”作为温度传感器，调整大小后，依次选择“排列”菜单→“旋转”→“左转 90°”。单击“工具箱”内的“标签”图标，分别对液面传感器和温度传感器进行文字注释。依次为液面传感器 L1、液面传感器 L2、液面传感器 L2 和温度传感器 T，如图 9–6 所示。

10）添加加热器。单击绘图工具箱中的“插入元件”图标，弹出“对象元件库管理”对话框。单击左侧“对象元件列表”中的“标志”，选择“标志 3”元件，单击“确定”按钮。将其放置到组态页面中作为加热器。调节加热器图形的大小和位置，在加热器下方输入文字标签“加热器”，如图 9–7 所示。

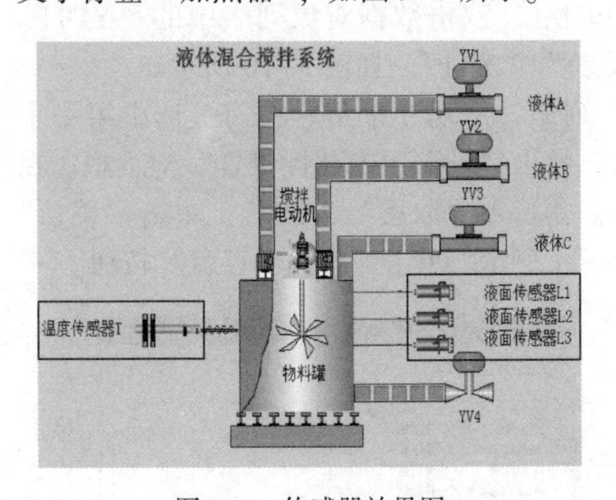

图 9–6 传感器效果图

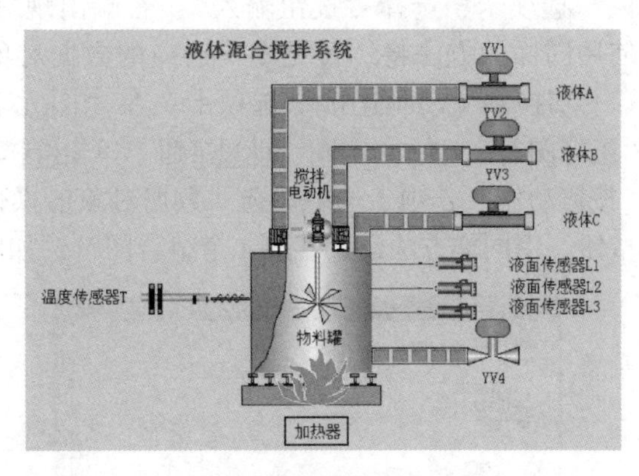

图 9–7 添加加热器

11）添加按钮。单击画图工具箱的“标准按钮”，在画面中画出一定大小的按钮，调整其大小和位置。双击该按钮，弹出“标准按钮构件属性设置”对话框。在“基本属性”选项卡中进行设置。文本为“启动”；文本颜色为“黑色”；字体为“宋体”，字形为“粗体”，字号为“小四”；水平对齐为“中对齐”；垂直对齐为“中对齐”；按钮类型为“3D 按钮”。

对画好的按钮进行复制、粘贴，调整新按钮的位置。双击新按钮，在“基本属性”对选项卡中将“文本”的内容改为“停止”。调整位置和大小。单击工具栏“存盘”按钮。

12）添加“液体混合搅拌时间”标签。单击“工具箱”内的“标签”A图标，绘制一个大小合适的标签，并用文字标注上“液体混合搅拌时间”。

13）添加“物料罐液位显示”输入框。单击“工具箱”内的“输入框”ab图标，绘制一个大小合适的输入框，并用文字标注上“物料罐液位显示”。如图 9-8 所示。

4. 动画连接

1）液面升降效果。在用户窗口中，双击物料罐，弹出“单元属性设置”对话框，切换到“数据对象”选项卡。单击浏览按钮?，选中“物料罐液位”数据对象，双击鼠标确认，数据对象连接为“物料罐液位”，如图 9-9 所示。

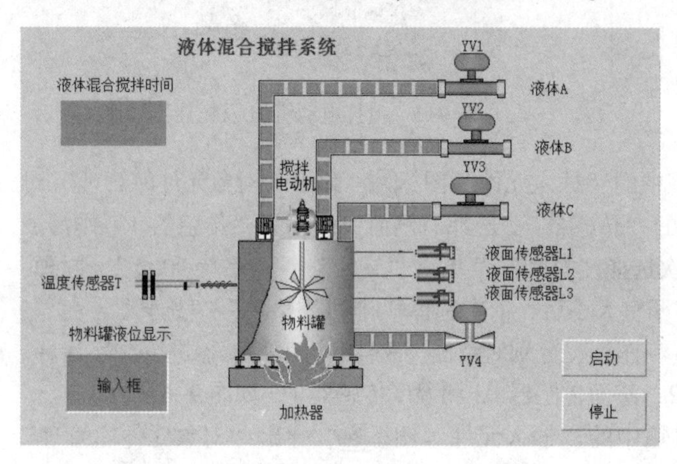

图 9-8　液体混合搅拌系统整体画面

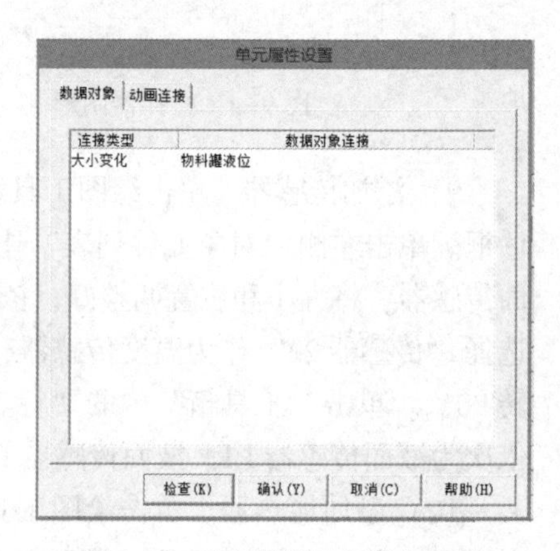

图 9-9　对物料罐进行数据连接

2）阀的启停。双击电磁阀 YV1，弹出“单元属性设置”对话框。切换到“数据对象”选项卡，选择“按钮输入”，右端出现?，单击?，双击数据对象列表中的“YV1”。使用同样的方法将“可见度”对应的数据对象设置为“YV1”。如图 9-10 所示。

切换到“动画连接”选项卡，在“图元名”列中，出现 5 个组合图符。选中第一个“组合图符”，右端出现?和>按钮。单击>按钮，弹出“动画组态属性设置”对话框。在“按钮动作”选项卡选中勾选“数据对象值操作”，并填入“取反”“YV1”。单击“确认”按钮。用同样方法设置其他 4 个组合图符，如图 9-11 所示。单击工具栏“存盘”按钮。

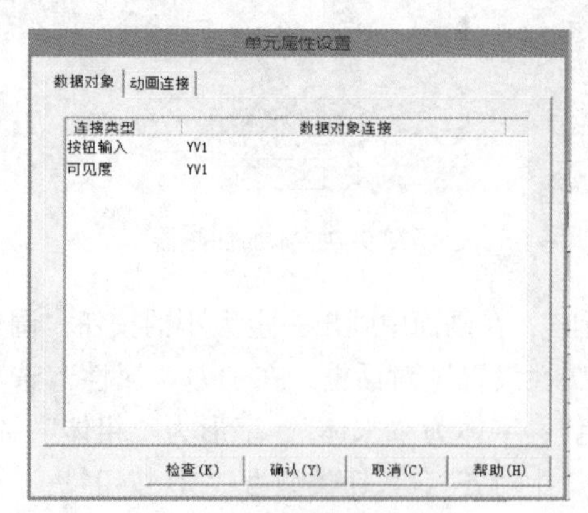

图 9-10　阀数据对象连接

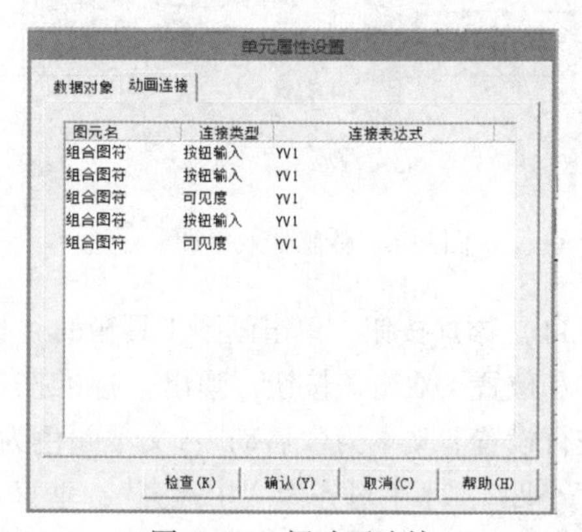

图 9-11　阀动画连接

其他阀 YV2、YV3 和 YV4 启停效果的设置类似。

3）水流效果。双击 YV1 旁边的流动块，弹出“流动块构件属性设置”对话框。在“基本属性”选项卡中，按照图 9-12 所示进行设置。在“流动属性”选项卡中，按照图 9-13 所示进行设置。注意不要做可见度属性设置。

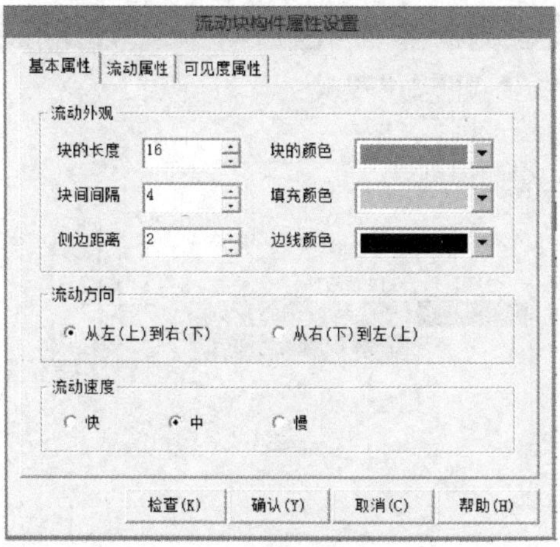

图 9-12　水流基本属性设置

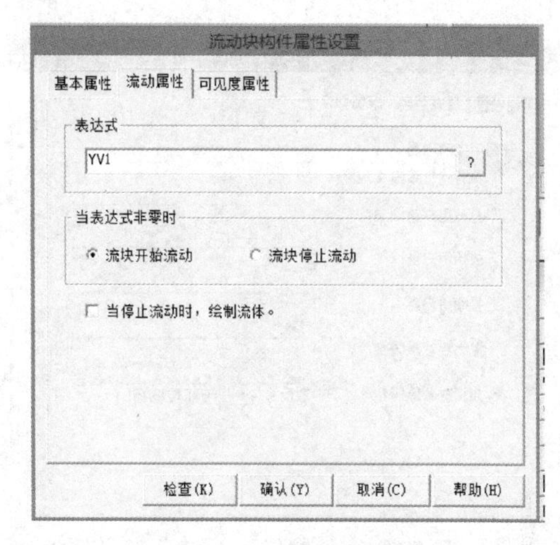

图 9-13　水流流动属性设置

阀 YV2、YV3 和 YV4 旁边的流动块的制作方法与此相同，只需要将表达式相应改为“YV2”“YV3”“YV4”即可。

单击工具栏“存盘”按钮，按〈F5〉键或单击工具条下载图标，进入运行环境，操作阀 YV1、YV2、YV3 和 YV4，观察流动块的流动效果。如果流动方向有问题，可以返回组态环境，在“基本属性”选项卡中修改流动方向设置。

4）按钮效果。双击“启动”按钮，弹出“标准按钮构件属性设置”对话框，切换到“操作属性”选项卡，如图 9-14 所示。勾选“数据对象值操作”，单击第一个下拉列表框的“▼”，在弹出的下拉列表框中选择“取反”。“取反”的意思是：如果数据对象“启动”的初始值为 0，则在画面上单击按钮，数据对象变为 1；再单击，值变为 0，用来模拟带自锁的按钮。单击第二个下拉列表框的按钮，弹出当前用户定义的所有数据对象列表，选择“启动”数据后，单击“确认”按钮。参考“启动”按钮的设置方法，完成“停止”按钮的相应设置。

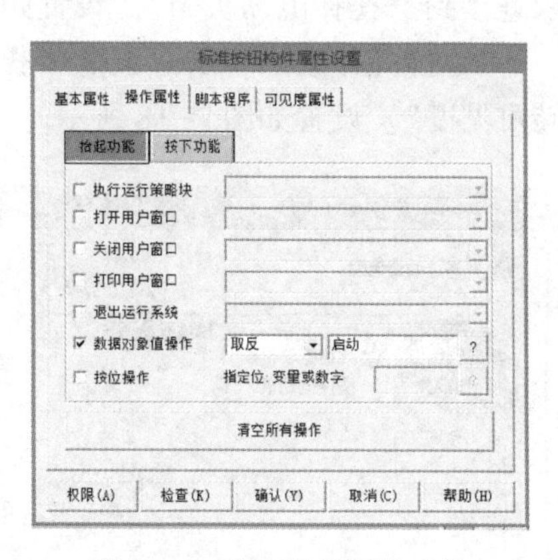

图 9-14　按钮操作属性连接

5）传感器效果。双击“液面传感器 L1”，弹出“动画组态属性设置”对话框，在“属性设置”选项卡中勾选“按钮动作”。再切换到“按钮动作”选项卡，勾选“数据对象值操作”，单击第一个下拉列表框的“▼”，在弹出的下拉列表框中选择“取反”。单击第二个下拉列表框的按钮，弹出当前用户定义的所有数据对象列表，双击“液面传感器 L1”，如图 9-15 所示。

在“属性设置”选项卡中勾选“填充颜色”，再切换到“填充颜色”选项卡，单击“表达式”输入框旁 ? 按钮，在弹出的对话框中选择“液面传感器 L1”。单击“增加”按钮，将“填充颜色连接”项中“0”的对应颜色设为“黑色”；“1”的对应颜色设为“红色”，如图 9-16 所示。

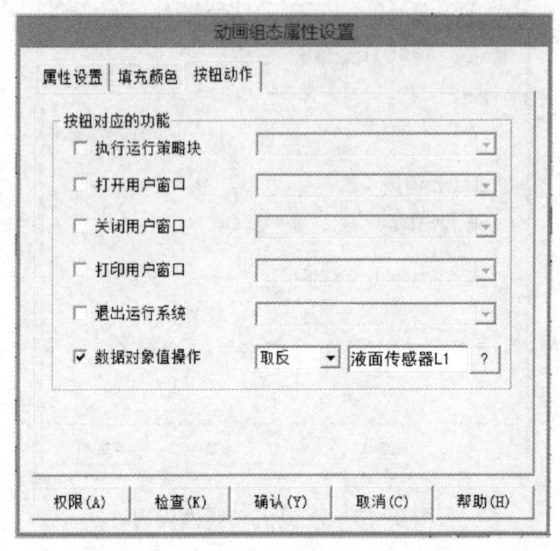

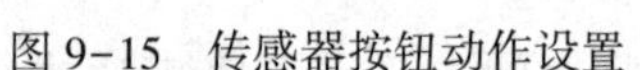
图 9-15　传感器按钮动作设置

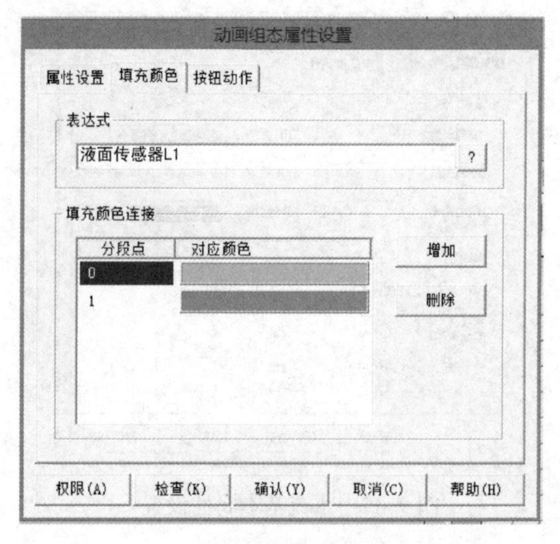

图 9-16　传感器填充颜色设置

用同样的方法建立“液面传感器 L2”“液面传感器 L3”“温度传感器 T”与对应数据对象之间的动画连接。

6）搅拌电动机效果。双击“搅拌电动机 M”，弹出“单元属性设置”对话框，数据对象连接到“搅拌电动机 M”。设置如图 9-17 所示。

7）搅拌器效果。双击“搅拌器”，弹出“单元属性设置”窗口，数据对象连接到“旋转可见度”。设置如图 9-18 所示。

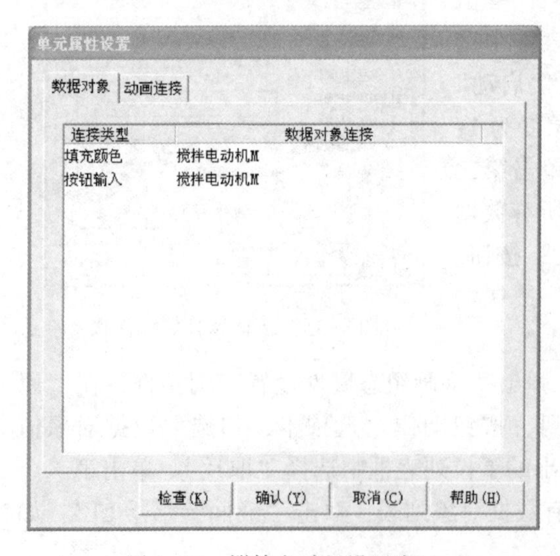

图 9-17　搅拌电动机设置窗口

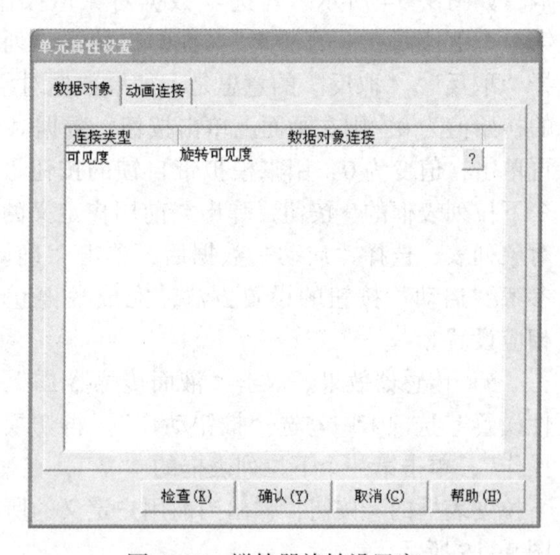

图 9-18　搅拌器旋转设置窗口

8）加热器效果。双击“加热器”，弹出“动画组态属性设置”对话框，勾选“闪烁效果”，切换到“闪烁效果”选项卡，将表达式改为“加热器 H = 1”，如图 9-19 所示。

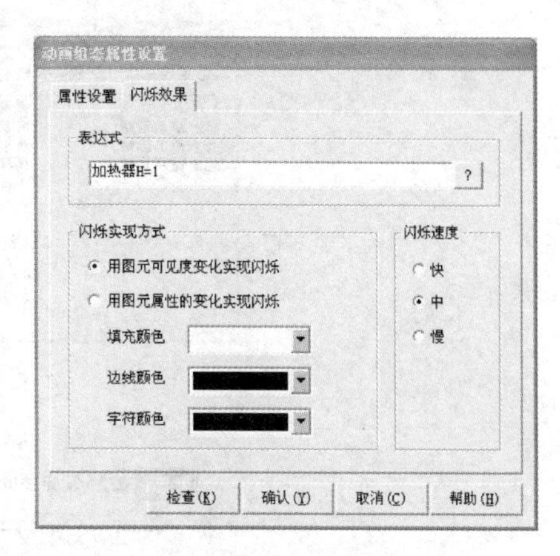

图 9-19　加热器闪烁效果设置

9）“液体混合搅拌时间”标签数据连接。双击“液体混合搅拌时间”标签，弹出“标签动画组态属性设置”对话框，在“属性设置”选项卡中勾选“显示输出”，切换到“显示输出”选项卡，将表达式改为“计时时间”，如图 9-20 所示。

10）添加“物料罐液位显示”输入框数据连接。双击“物料罐液位显示”输入框，弹出“输入框构件属性设置”对话框，在“操作属性”选项卡中，“对应数据对象名称”中连接“物料罐液位”，如图 9-21 所示。

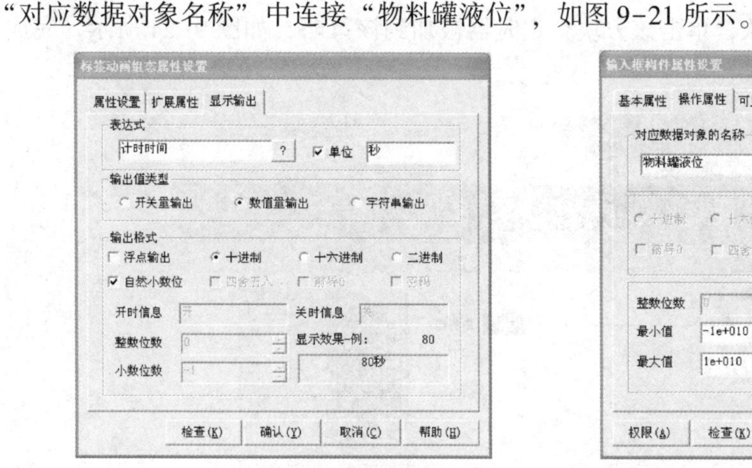

图 9-20　计时时间数据连接

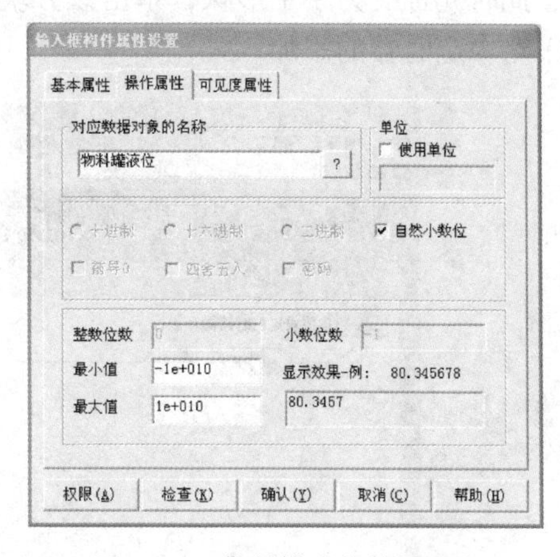

图 9-21　物料罐液位数据连接

5. 运行策略中定时器的设置

MCGS 系统中的运行策略包括启动策略、退出策略和循环策略。启动策略为系统固有策略，在 MCGS 系统开始运行时自动被调用一次，一般在该策略中完成系统初始化功能。退出策略为系统固有策略，在退出 MCGS 系统时自动被调用一次，一般在该策略中完成系统善后处理功能。循环策略为系统固有策略，也可以由用户在组态时创建，在 MCGS 系统运行时按照设定的时间循环运行。由于该策略块是由系统循环扫描执行，故可以把关于流程控制的任务放在此策略块里处理。

（1）添加定时器

1）单击工具栏的“工作台”图标，弹出“工作台”窗口。单击“运行策略”，进入“运行策略”窗口，如图 9-22 所示。双击“循环策略”进入策略组态窗口。双击图标，弹出“策略属性设置”对话框，将循环时间设为 200 ms，单击“确认”按钮。

2）在策略组态窗口中，单击工具条中的“新增策略行”图标，增加一策略行，如图 9-23 所示。

3）在“策略工具箱”中选中“定时器”，通过鼠标指针将其移动到新增策略行末端的

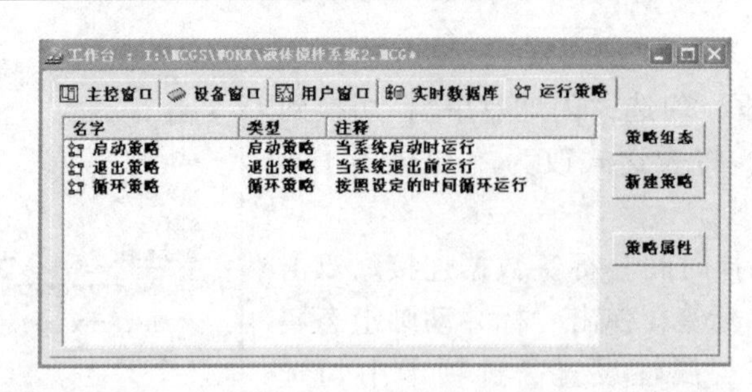

图 9-22　“运行策略”窗口

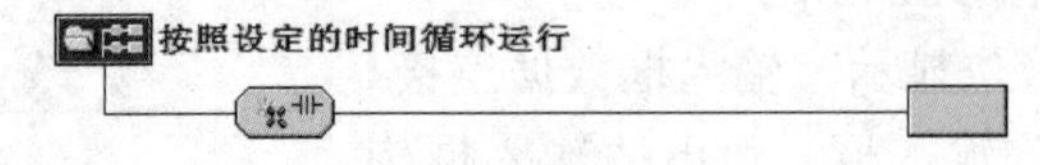

图 9-23　新增策略行

方块，此时光标变为小手形状，单击该方块，定时器被加到该策略，如图 9-24 所示。完成运行策略中定时器的添加。

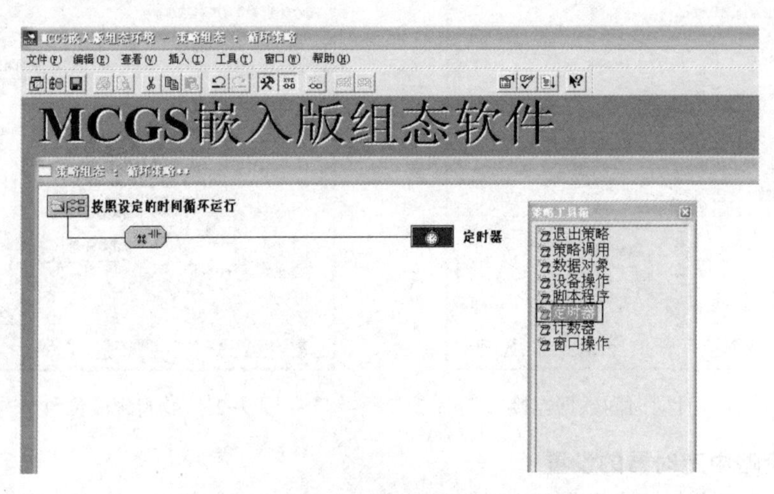

图 9-24　运行策略中添加定时器

（2）新增定时器数据对象

定时器以时间作为条件，当到达设定的时间时，条件成立一次，否则不成立。定时器功能构件通常用于循环策略块的策略行中，作为循环执行功能构件的定时启动条件。为了更好地控制定时器的运行，新增 4 个数据对象，如表 9-2 所示。

表 9-2　新增定时器数据对象表

对象名称	类　型	初　值	注　释
定时器启动	开关型	0	控制定时器的启停，1 启动，0 停止
计时时间	数值型	0	定时器计时时间
时间到	开关型	0	定时器定时时间到为 1，否则为 0
定时器复位	开关型	0	为 1 时定时器复位，重新计时

（3）定时器属性设置

双击新增策略行末端的定时器方块，弹出“定时器”对话框，按照如图9-25所示设置定时器参数。设定值为“50”，表示定时器设定时间为50 s。“当前值”一栏中，单击对应?按钮，在弹出的数据对象列表中双击“计时时间”，此时“当前值”表示定时器计时时间的当前值。“计时条件”一栏中，单击对应?按钮，双击“定时器启动”，表示该对象为1时，定时器开始计时；该对象为0时，停止计时。“复位条件”一栏中，单击对应?按钮，双击“定时器复位”，表示该对象为1时，定时器复位。“计时状态”一栏中，单击对应?按钮，双击“时间到”，当计时时间超过设定时间时，“时间到”对象将为1，否则为0。内容注释为“定时器”。单击“确认”按钮。

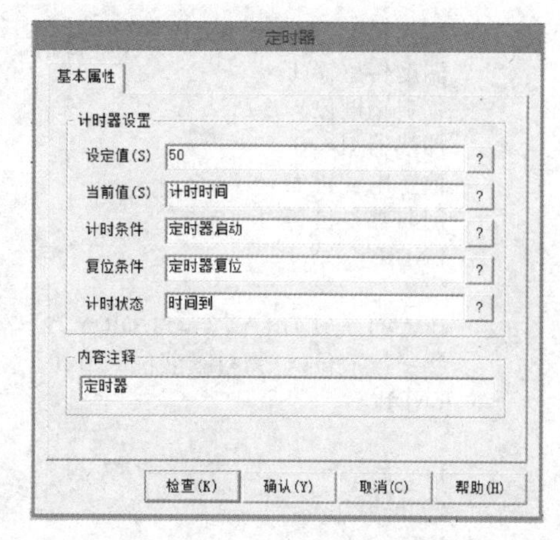

图9-25　定时器属性设置

（4）定时器特性观察

为了更方便地观察定时器的时间，通过组态画面上“液体混合搅拌时间”所对应的标签就可以方便地显示出定时器的定时过程。

6. 编写脚本程序

1）根据液体混合搅拌系统要求，完成一个循环需50s，首先将定时器定时时间修改为50。

2）将脚本程序添加到策略行。进入循环策略组态窗口，单击工具条中的“新增策略行”按钮，增加一新策略行。在“策略工具箱”中选中“脚本程序”，通过鼠标指针将其移动到新增策略行末端的方块，此时光标变为小手形状，单击该方块，脚本程序被加到该策略。选中该策略行，单击工具栏上的“向上移动”按钮，将脚本程序上移到定时器行上，如图9-26所示。

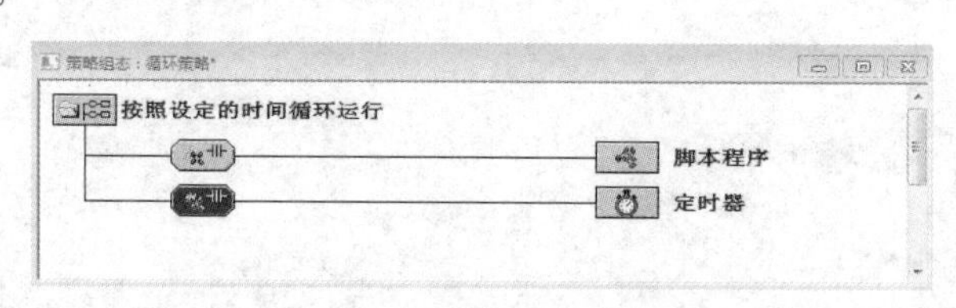

图9-26　新增脚本程序策略行

3）双击“脚本程序”策略行末端的方块，出现脚本程序编辑窗口，在窗口中输入脚本程序。参考脚本程序清单：

```
IF　停止 = 1 THEN
启动 = 0
YV1 = 0
YV2 = 0
YV3 = 0
YV4 = 0
液面传感器 L3 = 0
液面传感器 L2 = 0
```

```
液面传感器 L1 = 0
温度传感器 T = 0
物料罐液位= 0
加热器 H= 0
搅拌电动机 M = 0
定时器复位 = 1
ENDIF

IF YV1 = 1 OR YV3 = 1 OR YV2 = 1 THEN
物料罐液位 = 物料罐液位 + 0.1
ENDIF

IF  启动= 1  THEN
停止 = 0
YV1 = 1
搅拌电动机 M = 0
ENDIF

IF 液面传感器 L3 = 1 THEN
YV2 = 1
YV1 = 0
搅拌电动机 M = 0
ENDIF

IF 液面传感器 L2 = 1 THEN
YV2 = 0
YV1 = 0
YV3 = 1
搅拌电动机 M = 0
ENDIF

IF 液面传感器 L1 = 1  THEN
YV2 = 0
YV1 = 0
YV3 = 0
搅拌电动机 M = 1
ENDIF

IF 搅拌电动机 M= 1 THEN
旋转可见度 = 1 - 旋转可见度
定时器启动 = 1
定时器复位 = 0
ELSE
旋转可见度 = 0
ENDIF

IF 计时时间 >= 10 THEN
加热器 H = 1
ENDIF

IF 加热器 H = 1 THEN
```

```
搅拌电动机 M= 0
旋转可见度 = 0
定时器复位 = 1
定时器启动= 0
ENDIF

IF 温度传感器 T = 1 THEN
YV4 = 1
YV2 = 0
YV1 = 0
YV3 = 0
加热器 H= 0
旋转可见度 = 0
定时器复位 = 1
ENDIF

IF YV4 = 1 THEN
液面传感器 L1 =0
物料罐液位 = 物料罐液位 - 0.1
旋转可见度 = 0
定时器复位= 1
ENDIF


IF 物料罐液位 <=0 THEN
YV4 = 0
液面传感器 L3= 0
液面传感器 L2 = 0
液面传感器 L1 = 0
加热器 H= 0
温度传感器 T = 0
物料罐液位=0
ENDIF
```

7. 模拟仿真运行与调试

1）以 IF…ENDIF 为一段，分段输入并调试程序。

2）单击“检查”按钮，进行语法检查。如果报错，修改到无语法错误。

3）单击“存盘”按钮，进入运行环境，观察动作效果是否正确，如果有误，重新进行调整。修改直至动作效果正确。

4）再输入其他段程序，并调试。

5）全部程序分段调试结束后，再进行整体调试。

34　数据连接

35　控制工程

学习成果检查表（见表 9-3）

表 9-3　液体混合搅拌控制成果检查表

学习成果			评分表		
巩固学习内容	检查与修正	总结与订正	小组自评	学生自评	教师评分
定时器的使用					
搅拌器如何实现搅拌功能					
加热器的图元如何实现加热效果					
运行策略如何进行调试					
你还学了什么					
你做错了什么					

练习与提高

1）若将搅拌器换成其他图元，是否还能实现旋转功能？

2）想一想如果本例中的传感器用实际的传感器代替，应该如何操作？

任务 9.2　HMI+PLC 液体混合搅拌控制工程

基于 MCGS 的 PLC 控制系统能充分利用计算机软件功能，庞大的标准图形库，完备的绘图工具集以及丰富的多媒体支持，“调用”或“制造”出各种现场设备和仪表，快速开发出真实、生动的工程画面。与 PLC 相配合，真实地再现了现场运行过程，有很好的可视性，确保了液体混合搅拌系统能够安全、可靠、稳定地运行。本任务选用三菱系列 PLC 作为下位机，实现对亚龙 YL-360B 型系列可编程控制器综合实训装置提供的 YL-PC 多种液体自动混合模块的控制，如图 9-27 所示。上位机中通过 MCGS 的编程，实现了现场工作状态的显示，现场数据的显示、记录和存档以及监控功能。

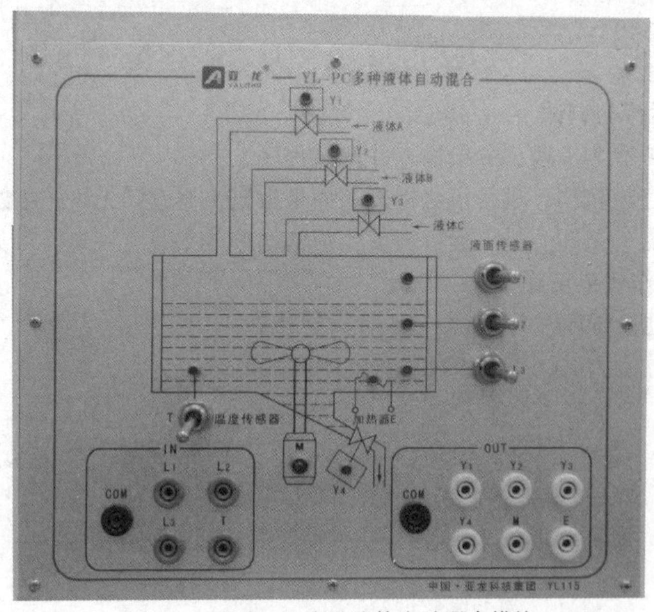

图 9-27　YL-PC 多种液体自动混合模块

任务目标

1）掌握 MCGS 组态软件和三菱 FX_{3U} PLC 的通信调试。

2）掌握实时数据库中的数据与 PLC 参量的统一设置。

3）掌握由模拟仿真转换为 PLC 控制时的工程修改方法。

任务计划

通过嵌入式组态 TPC 控制 PLC，再通过 PLC 输出控制 YL-PC 多种液体自动混合模块，实现以下控制要求。

1）按下启动按钮 SB0 后，打开 YV1，注入液体 A，当液面传感器 L3 有输出时，关闭 YV1。

2）打开 YV2，当液面传感器 L2 有输出时，关闭 YV2。

3）打开 YV3，当液面传感器 L1 有输出时，关闭 YV3。

4）搅拌电动机搅拌，延时 10 s。

5）搅拌电动机停止工作，同时使加热器 H 工作，开始加热。

6）当温度传感器 T 动作，停止加热，打开出料阀 YV4。

7）打开出料阀 YV4，延时 30 s，关闭 YV4，重新开始下一循环。

8）按下停止按钮 SB1 时，立即停止当前的工作。

任务实施

1. PLC 的选择

在本控制系统中，所需的开关量输出为 6 点（输入不考虑），考虑到系统的可扩展性和维修的方便性，选择模块式 PLC。由于本系统的控制是顺序控制，选用三菱公司生产的 FX_{3U} 系列 PLC 模块作为控制单元来控制整个系统，如图 9-28 所示。之所以选择这种 PLC，主要考虑 FX_{3U} 系列 PLC 是三菱公司生产的小型整体式可编程控制器。其结构紧凑、功能强，具有很高的性能价格比，在小规模控制中已获广泛应用。

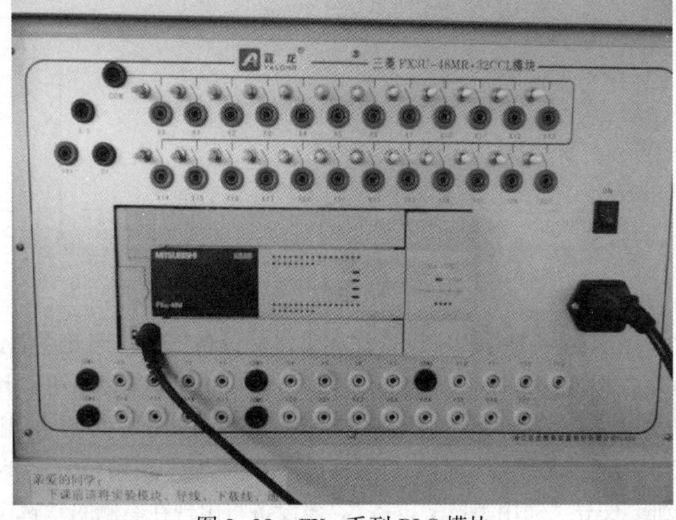

图 9-28　FX_{3U} 系列 PLC 模块

2. 实时数据库中数据与 PLC 参量的对照表

根据组态控制和 PLC 编程要求，先统计出如表 9-4 所示的液体混合装置实时数据库中数据与 PLC 参量的对照表。

表 9-4　液体混合装置实时数据库中数据与 PLC 参量的对照表

输入点地址	功　能	输出点地址	功　能
M0	SB0 启动按钮	Y1	电磁阀 YV1
M4	L1 液位传感器	Y2	电磁阀 YV2
M3	L2 液位传感器	Y3	电磁阀 YV3
M2	L3 液位传感器	Y4	电磁阀 YV4
M5	T 温度传感器	Y5	搅拌电动机 M
M1	SB1 停止按钮	Y6	加热器 H

3. 添加 PLC 设备

设备窗口是 MCGS 系统与作为测控对象的外部设备建立联系的后台作业环境，负责驱动外部设备，控制外部设备的工作状态。系统通过设备与数据之间的通道，把外部设备的运行数据采集进来，送入实时数据库，供系统其他部分调用，并且把实时数据库中的数据输出到外部设备，实现对外部设备的操作与控制。

1）单击工作台中的“设备窗口”，进入“设备窗口”。

2）单击“设备组态”按钮，进入设备组态窗口，窗口内为空白，没有任何设备。

3）单击工具条上的“工具箱”图标，弹出“设备工具箱”对话框，单击“设备管理”按钮，弹出“设备管理”对话框，如图 9-29 所示。

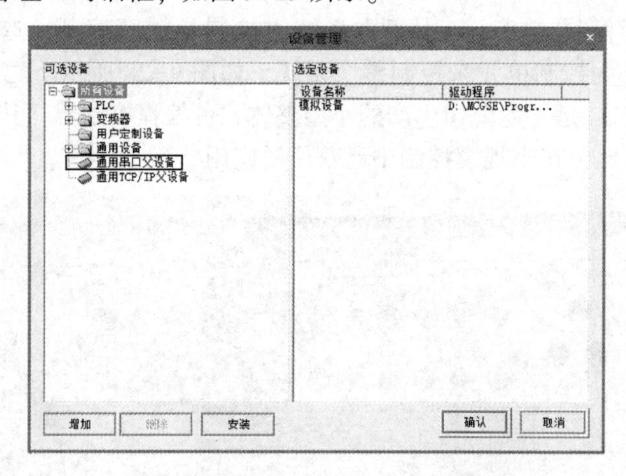

图 9-29　添加“通用串口父设备”

4）在 MCGS 中，PLC 设备是作为子设备挂在串口父设备下的，因此在向设备组态窗口中添加 PLC 设备前，必须先添加一个串口父设备。三菱 PLC 的串口父设备可以用“串口通信父设备”，也可以用“通用串口父设备”。“通用串口父设备”可以在图 9-29 左侧所示“可选设备”列表中直接看到。“串口通信父设备”则在“可选设备”列表的“通用设备”中，需要打开“通用设备”项才能看到。双击“通用串口父设备”，该设备将出现在右侧的“选定设备”栏。

5）双击“可选设备”列表中的“PLC”，弹出能够与 MCGS 通信的 PLC 列表。选择“三菱”→“三菱_FX 系列编程口”，双击“三菱_FX 系列编程口”图标，该设备也被添加到“选定设备”栏。

6）单击“确认”按钮，“设备工具箱”列表中出现以上两个设备。

7）双击“通用串口父设备”图标，再双击“三菱_FX 系列编程口”图标，它们被添加到左侧设备组态窗口中，如图 9-30 所示。至此完成设备的添加。单击工具条上的“存盘”按钮。

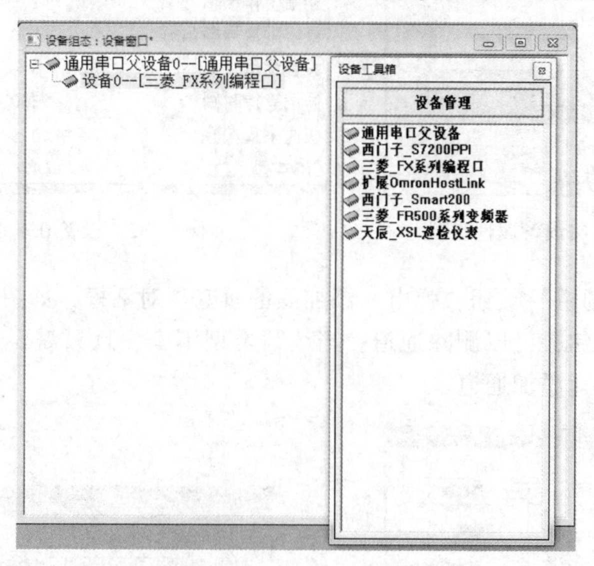

图 9-30　添加“三菱_FX 系列编程口”

4. 设置 PLC 设备属性

1）双击左侧“设备窗口”的“通用串口父设备 0-[通用串口父设备]”，进入“通用串口设备属性编辑”对话框。在“基本属性”选项卡中进行如图 9-31 所示的设置。

2）串口父设备用来设置通信参数和通信端口。通信参数的设置必须与 PLC 一样，否则就无法通信。三菱 PLC 常用的通信参数：通信波特率为“6-9600”，停止位位数为“0-1 位”，数据校验方式为“2-偶校验”，数据位位数为“0-7 位”。单击“确认”按钮，返回设备组态窗口。

3）双击“设备 0-[三菱_FX 系列编程口]”，在“基本属性”选项卡中进行如图 9-32 所示的设置。采集周期为运行时 MCGS 对设备进行操作的时间周期，单位为 ms，一般在静态测量时设为 1000 ms，在快速测量时设为 200 ms。初始工作状态用于设置设备的起始工作状态，设置为启动时，在进入 MCGS 运行环境时，MCGS 即自动开始对设备进行操作；设置为停止时，MCGS 不对设备进行操作，但可以用 MCGS 的设备操作函数和策略在 MCGS 运行环境中启动或停止设备。如为直接 RS232 方式时，设备地址设为 0；采用适配器时，设备地址由自己设置，这里设备地址设为 0。

4）单击“[内部属性]”之后出现的 ... 按钮，弹出“三菱-FX 系列编程口通道属性设置”对话框，如图 9-33 所示。其中列出了 PLC 的通道及其含义。内部属性用于设置 PLC 的读写通道，以便后面进行设备通道连接，从而把设备中的数据送入实时数据库中的指定数据对象或把数据对象的值送入设备指定的通道输出。

图 9-31　通用串口父设备属性设置

设备属性名	设备属性值
[内部属性]	设置设备内部属性 ...
采集优化	1-优化
设备名称	设备0
设备注释	三菱_FX系列编程口
初始工作状态	1 - 启动
最小采集周期(ms)	100
设备地址	0
通信等待时间	200
快速采集次数	0
CPU类型	4 - FX3UCPU

图 9-32　设备 0 基本属性设置

5）单击“增加通道”按钮，弹出“添加设备通道”对话框，如图 9-34 所示进行设置；单击“删除一个”按钮，可以删除通道；当读写类型不变，且只需要通道地址递增时，可以用“索引拷贝”快速添加通道。

图 9-33　通道属性设置

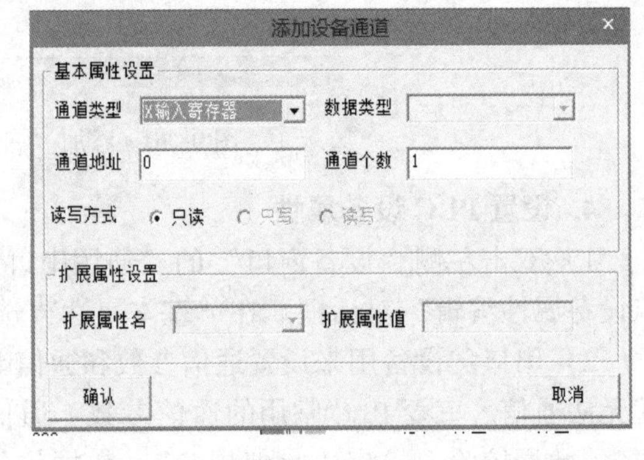

图 9-34　“添加设备通道”对话框

6）参考表 9-4 增加 6 个输出通道、6 个辅助寄存器通道和两个定时器通道。单击“确认”按钮，返回到“基本属性”选项卡。

5. 设备通道连接

本构件对 PLC 设备的调试分为读和写两个部分，如在“通道连接”选项卡中，显示的是读 PLC 通道，则在“设备调试”选项卡中显示的是 PLC 中这些指定单元的数据状态；如在“通道连接”选项卡中显示的是写 PLC 通道，则在“设备调试”选项卡，把对应的数据写入到指定单元 PLC 中。注意：对于读写的 PLC 通道，在设备调试时不能往下写。

1）单击“通道连接”选项卡，进入“通道连接设置”页，按照表 9-4 所示进行设置。

2）选中通道“读写 Y0001”，双击，在弹出的“变量选择”对话框中，选择在实时数据库中建立的与之对应的数据名“设备 0_读写 Y0001”，单击“确认”按钮就完成了 MCGS 中的数据对象与 PLC 内部寄存器间的连接，具体的数据读写将由主控窗口根据具体的操作情况自动完成。

3）其他通道设置类似，如图 9-35 所示。

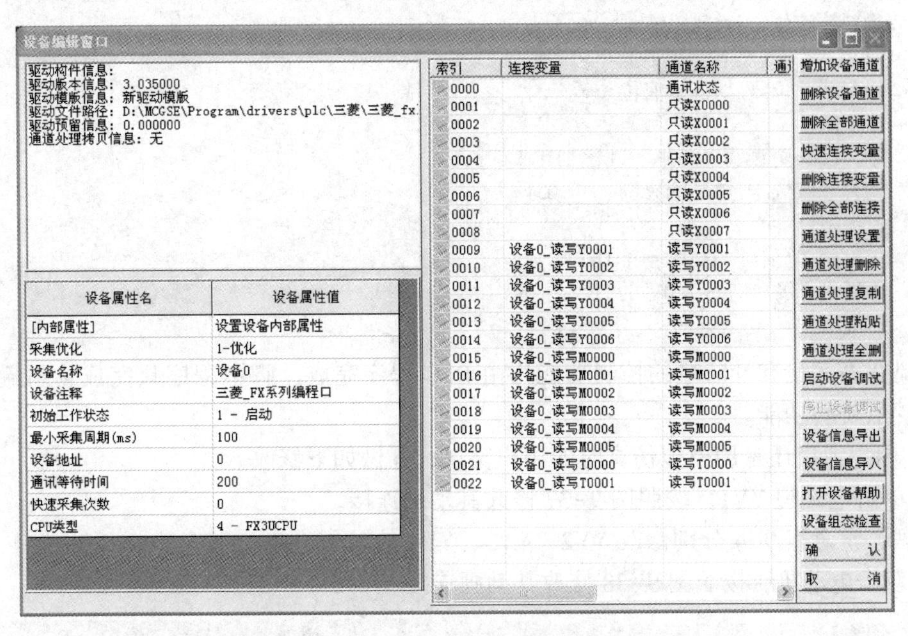

图 9-35　设备通道连接

6. MCGS 组态软件和三菱 FX_{3U} PLC 的通信调试

首先，建立 MCGS 组态软件与三菱 FX_{3U} PLC 之间的通信连接，用三菱编程电缆连接 PLC 与上位 PC。在组态软件的设备窗口中加入通用串口父设备及三菱 PLC，组态完成之后，进入运行环境就能实现对液体混合搅拌系统的上位机监控功能。

7. 组态的修改

1）在工作台中单击“实时数据库”窗口标签，进入实时数据库窗口。删除模拟仿真运行时的所有数据对象。保留 PLC 连机运行的数据，如图 9-36 所示。

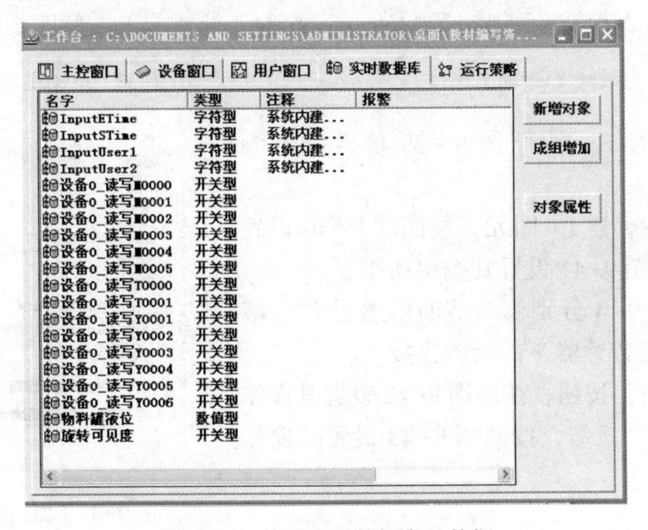

图 9-36　修改实时数据库的数据

2）打开运行策略窗口，删除定时器并重新编写循环策略。参考脚本程序清单：

```
IF  设备0_读写 Y0001 = 1   OR 设备0_读写 Y0002 = 1   OR   设备0_读写 Y0003 = 1   THEN
物料罐液位 = 物料罐液位 + 0.1
ELSE
物料罐液位 = 物料罐液位
ENDIF
IF  设备0_读写 Y0004 = 1   THEN
物料罐液位 = 物料罐液位  -  0.1
ENDIF
IF 设备0_读写 Y0005 = 1 THEN
旋转可见度 = 1 - 旋转可见度
ENDIF
```

可见，开关量和计时量的控制功能均由 PLC 程序完成，脚本程序只完成物料罐液位增减和搅拌器旋转功能。

3）用户窗口还是用模拟仿真时的用户窗口，并做如下修改。

① 单击电磁阀 YV1，按照图 9-37 修改其动画连接。

同理，参考表 9-4 分别修改 YV2、YV3、YV4 的动画连接。

② 双击电动机，按照图 9-38 修改其动画连接。

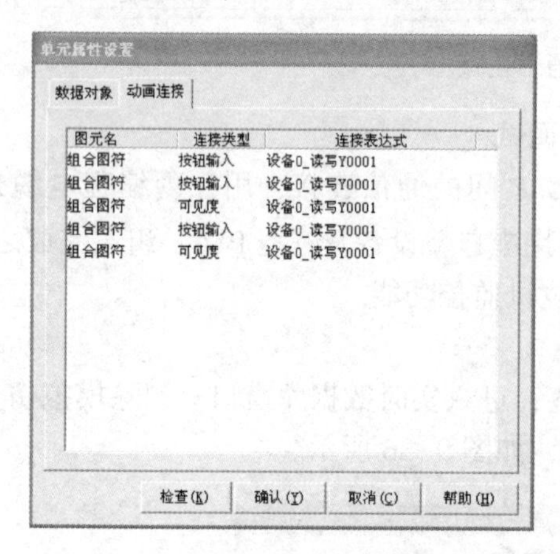

图 9-37　电磁阀 YV1 动画连接

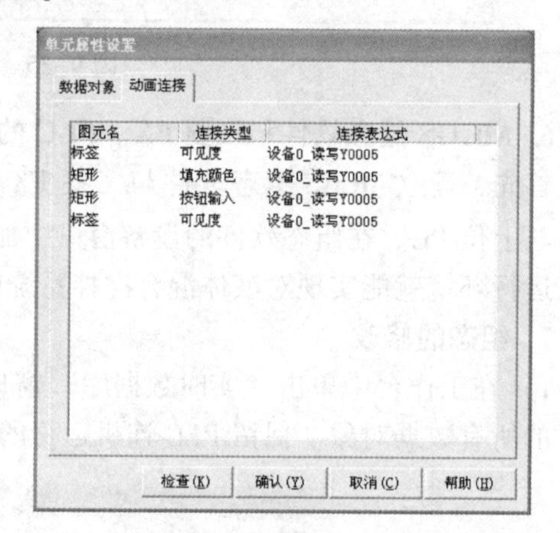

图 9-38　电动机动画连接

③ 双击加热器 H，按照图 9-39 修改其动画连接。

④ 双击液面传感器 L1 图元，按照图 9-40 设置其填充颜色，按照图 9-41 设置其按钮动作。

同理，参考表 9-4 分别修改液面传感器 L2、液面传感器 L3 和温度传感器 T 的动画连接。

⑤ 双击“启动”按钮，按照图 9-42 设置其操作属性。双击“停止”按钮，按照图 9-43 设置其操作属性。

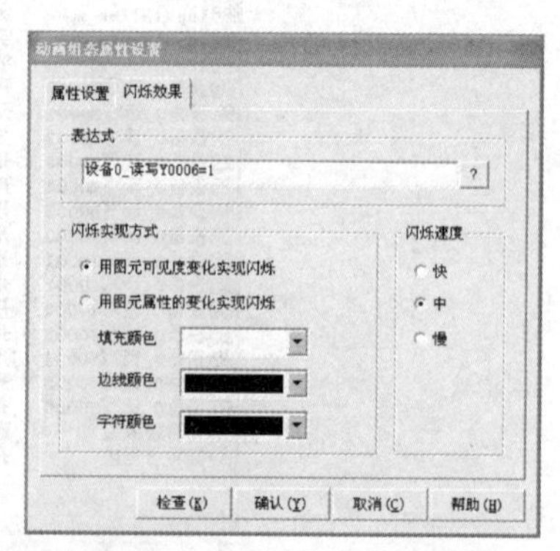

图 9-39　加热器 H 动画连接

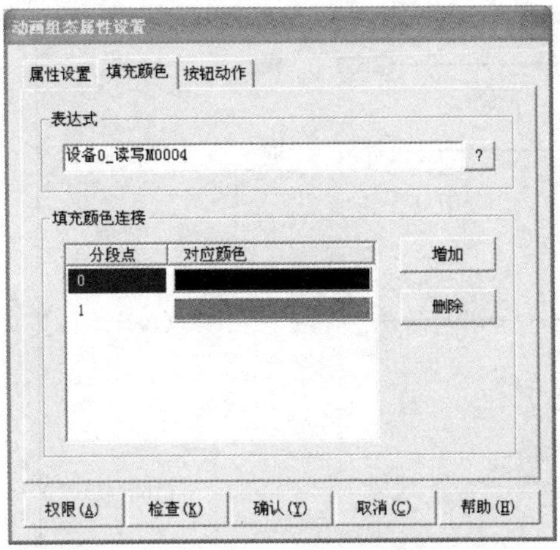

图 9-40　传感器 L1 填充颜色设置

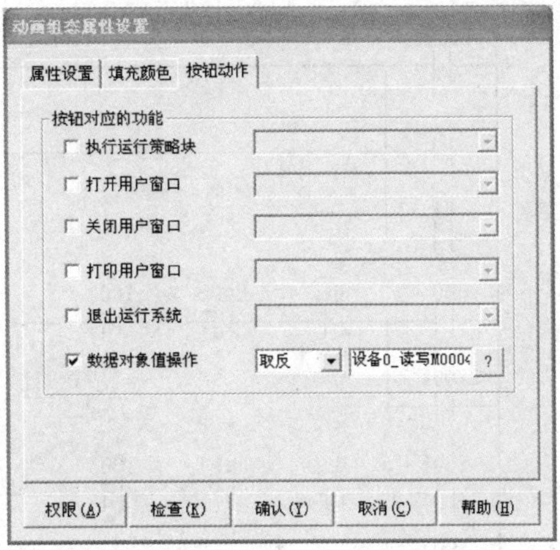

图 9-41　传感器 L1 按钮动作设置

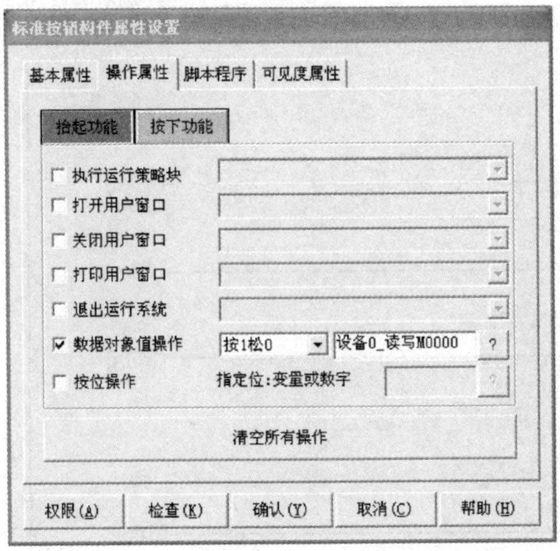

图 9-42　“启动”按钮操作属性设置

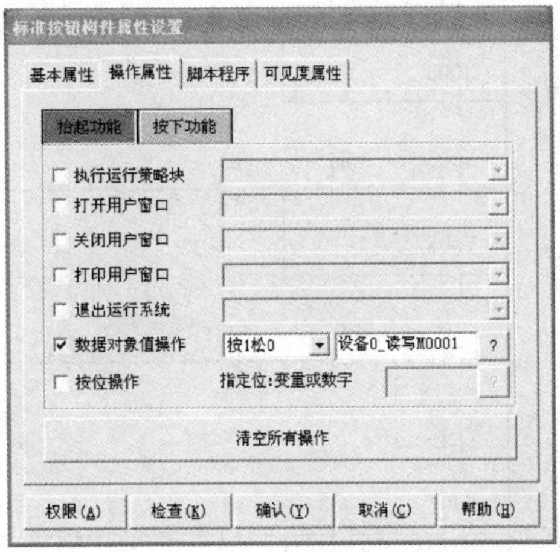

图 9-43　“停止”按钮操作属性设置

⑥ 删除液体混合搅拌时间和物料罐液位显示。

8. 编制并调试 PLC 的控制程序

根据控制要求编辑梯形图程序。参考程序如图 9-44 所示。进行 PLC 程序调试，直至调试结果正确。

9. 设备调试

1）将三菱 PLC 上的开关拨至“RUN”，按下“启动”按钮后，观察 PLC 输出是否正确，如果运行不正确，进行 PLC 调试，直至运行正确，退出该环境。

36　控制工程

2）检查 MCGS 运行策略中的脚本程序是否正确，确定后进入 MCGS 运行环境。

3）观察 MCGS 监控画面中各个电磁阀、搅拌电动机和加热器动作是否正确。如果不正确，查找原因并修正。

4）退出 MCGS 运行环境，完成调试工作。

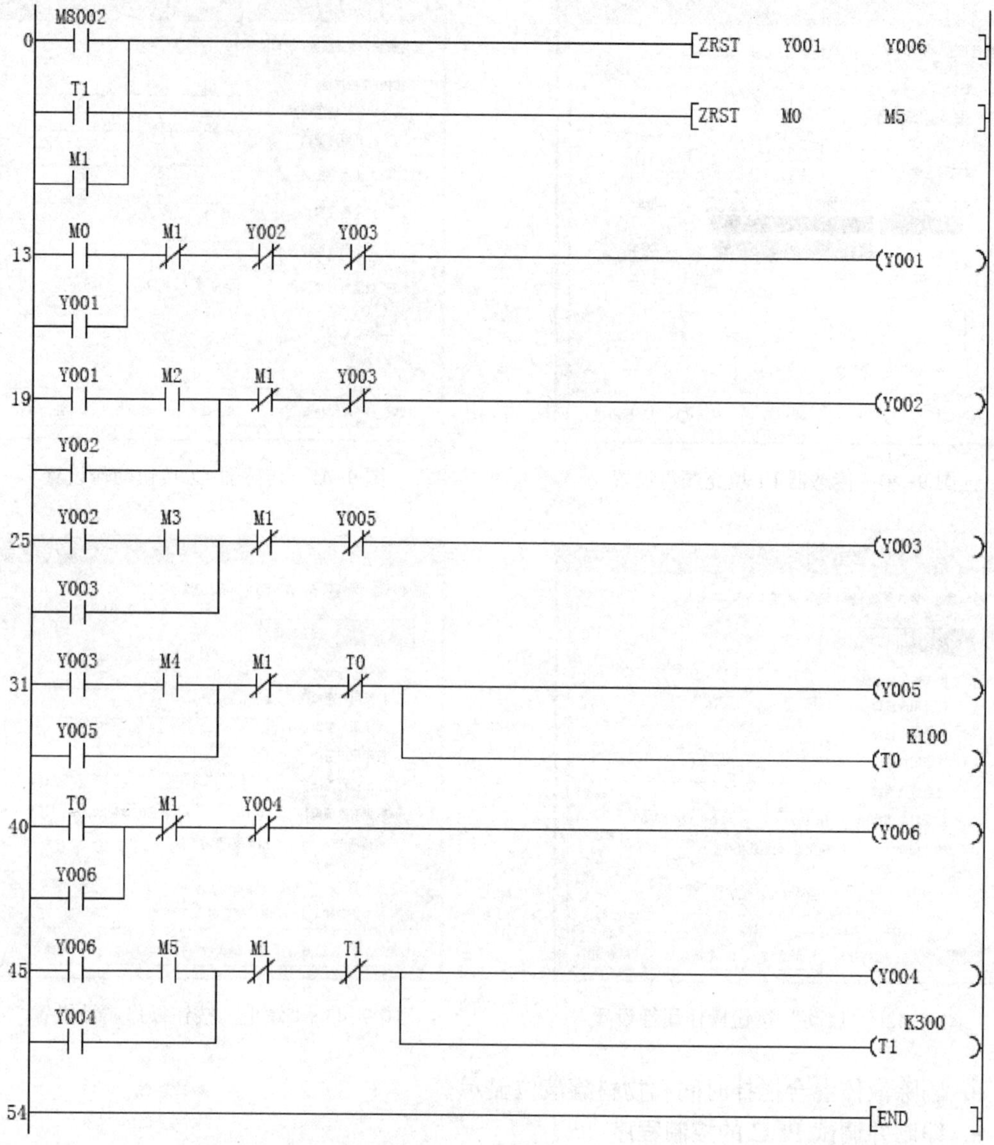

```
0   M8002                                        [ZRST  Y001  Y006]
    T1                                           [ZRST  M0    M5  ]
    M1
13  M0     M1     Y002   Y003                    (Y001)
    Y001
19  Y001   M2     M1     Y003                    (Y002)
    Y002
25  Y002   M3     M1     Y005                    (Y003)
    Y003
31  Y003   M4     M1     T0                      (Y005)
    Y005                                    K100 (T0)
40  T0     M1     Y004                           (Y006)
    Y006
45  Y006   M5     M1     T1                      (Y004)
    Y004                                    K300 (T1)
54                                               [END]
```

图 9-44　液体混合搅拌工程参考程序

学习成果检查表（见表 9-5）

表 9-5　PLC 控制液位搅拌工程检查表

学习成果			评分表		
巩固学习内容	检查与修正	总结与订正	小组自评	学生自评	教师评分
由模拟仿真转换为 PLC 控制时，需要修改哪些内容					
MCGS 组态软件和三菱 FX_{3U} PLC 的通信调试					
定时功能的实现					
你还学了什么					
你做错了什么					

拓展与提升

1. 自动控制液位搅拌案例

如图9-45所示为自动控制液位搅拌案例。案例要求根据设定的液位高度自动动作（不是手动控制）；温度传感器也是根据温度大小自动控制；输出电磁阀关闭后，运料小车开始运动。其他控制要求与本任务相同。应该如何完成（参考配套资源中案例）？

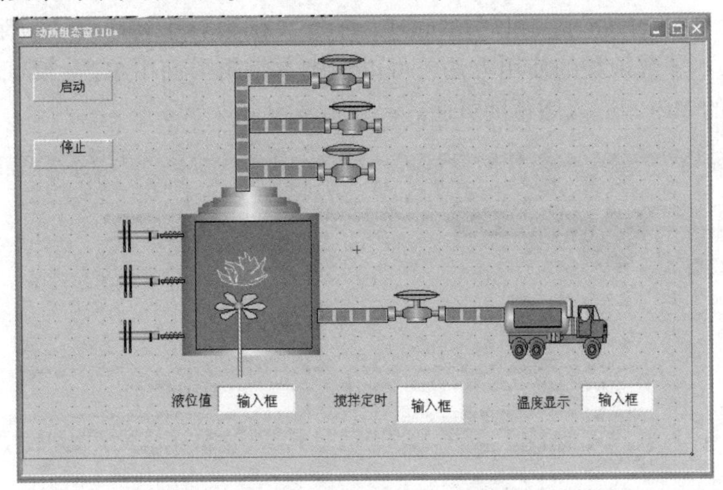

图9-45 自动控制液位搅拌示例

2. 定时功能的实现

任务9.1中的定时功能是通过在策略中添加定时器，并对定时器进行设置来完成定时功能的；任务9.2中的定时功能是通过PLC中的定时器T0和T1来完成定时功能的。定时功能还可通过脚本程序，使用软件中的专用定时器指令来完成。如图9-46所示的案例。

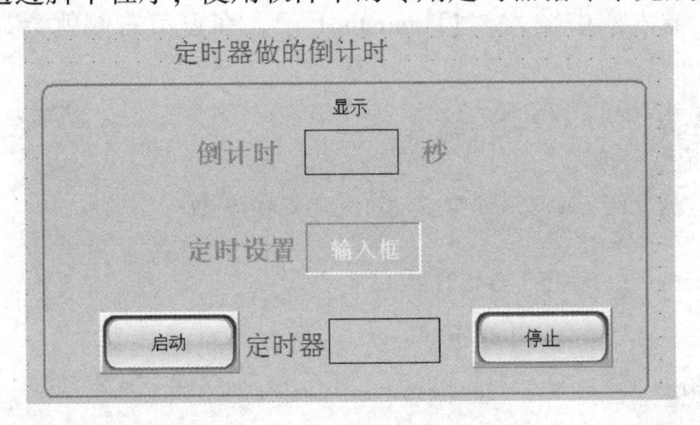

图9-46 定时器做的倒计时案例

本案例脚本程序如下所示：

```
IF 定时数值>定时设置 THEN ! Timerstop(1)
IF 定时数值>定时设置 THEN ! TimerReset(1,0)
显示=定时设置-定时数值
```

脚本程序是组态软件中的一种内置编程语言引擎。当某些控制和计算任务通过常规组态方法难以实现时，通过使用脚本语言，能够增强整个系统的灵活性，解决其常规组态方法难以解决的问题。

MCGS 嵌入版脚本程序为有效编制各种特定的流程控制程序和操作处理程序提供了方便的途径。在 MCGS 嵌入版中，脚本语言是一种语法上类似 Basic 的编程语言。可以应用在运行策略中，把整个脚本程序作为一个策略功能块执行，也可以在动画界面的事件中执行。

本案例中“!Timerstop( )”和“!TimerReset( )”函数对于初学者比较陌生。本软件的函数很多，如果不了解函数的使用方法，可以在脚本编辑界面中单击“帮助”按钮，弹出如图 9-47 所示的 MCGS 嵌入版帮助页面。

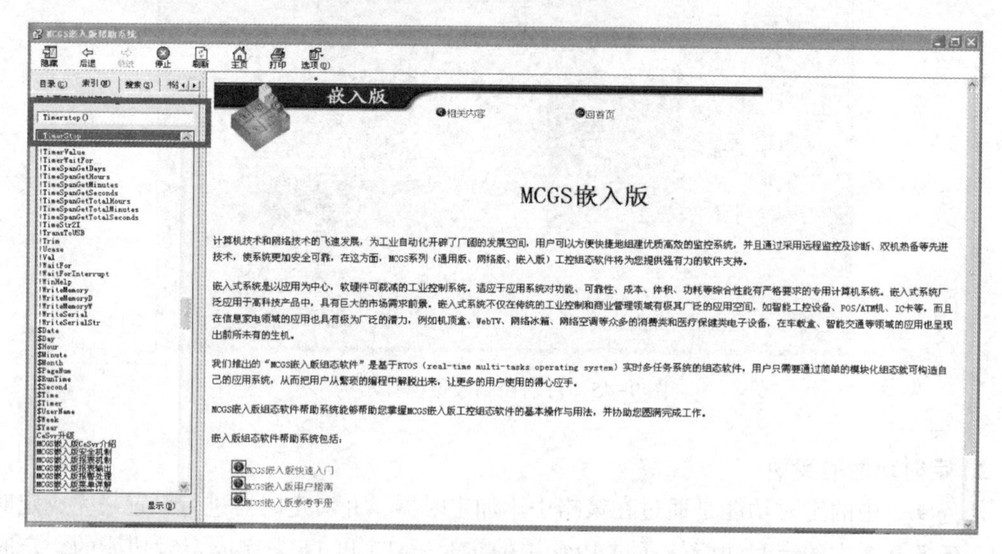

图 9-47　MCGS 嵌入版帮助页面

在“输入要查找的关键字”输入框中输入“!Timerstop( )”，在窗口右侧就会显示这个函数的信息。

! TimerStop(定时器号)

函数意义：停止定时器工作

返 回 值：数值型。返回值=0，调用成功；返回值<>0，调用失败

参　　数：定时器号，开关型

实　　例：! TimerStop(1)，停止 1 号定时器工作

另外一个函数“!TimerReset(　)”的信息如下。

! TimerReset(定时器号，数值)

函数意义：设置定时器的当前值，由第二个参数设定，第二个参数可以是 MCGS 嵌入版变量

返 回 值：数值型。返回值=0，调用成功；返回值<>0，调用失败

参　　数：定时器号，开关型；数值，开关型

实　　例：! TimerReset(1,12)，设置 1 号定时器的值为 12

根据以上的帮助信息，就可以方便地使用本软件提供的函数进行程序编写了。

请参考配套资源中的“定时器应用案例”，掌握定时器函数的使用。

练习与提高

1）图9-48所示为模拟广告牌，只是完成了构件添加，还没有编写脚本程序。请自己编写程序，使广告牌按你的设想完成动画组态功能（参考配套资源中的案例）。

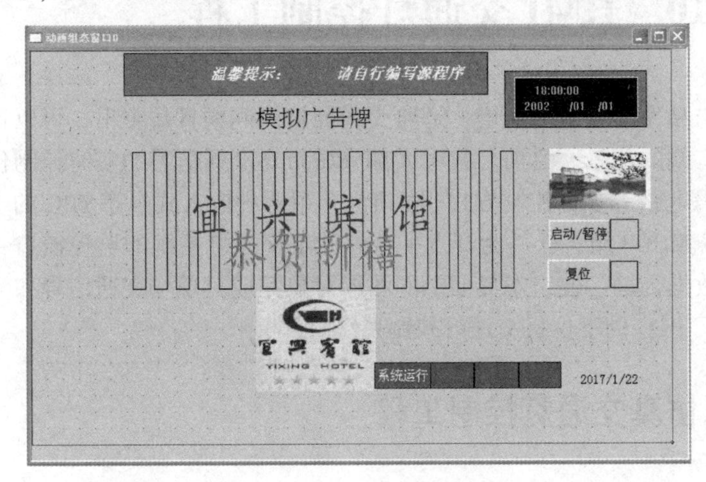

图9-48　模拟广告牌用户窗口

38　练习与提高1

2）用三菱PLC控制电梯的上升和下降组态工程。要求：

①（自动）上电，运检开关SA接通，运检灯常亮，电梯正常运行。若电梯停在一层按二层上升呼叫按钮SB2，电梯从一层运行到二层，同时上升灯以0.5s的间隔闪烁，至二层位置开关SQ2时停止，二层指示灯亮；若电梯停在二层，按一层下降呼叫按钮SB1，电梯从二层运行到一层，同时下降灯以0.5s的间隔闪烁，至一层位置开关SQ1时停止运行，一层指示灯亮。

②（检修）运检开关SA未接通，电梯处于检修状态，运检灯以0.5s的间隔闪烁。按点升按钮SB5，电梯电动机上升输出；按点降按钮SB6，电梯电动机下降输出。

组态窗口如图9-49所示。请按控制要求完成PLC程序的编写（参考程序见配套资源）。

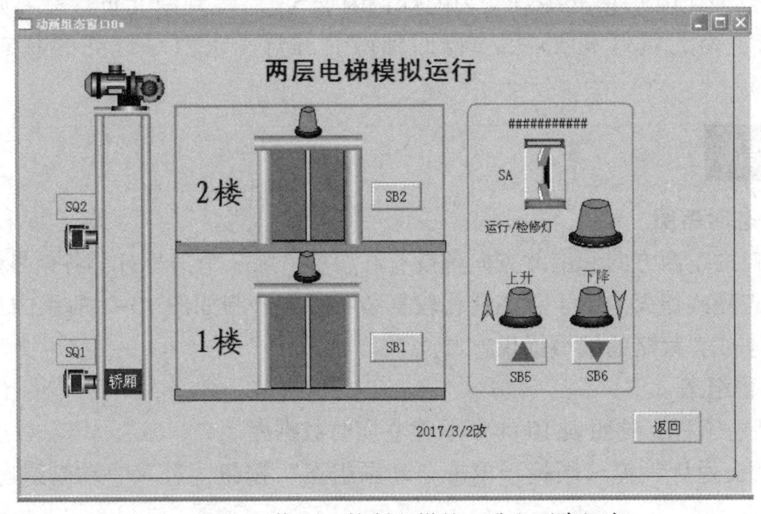

图9-49　三菱PLC控制电梯的上升和下降组态

项目 10　HMI 交通灯控制工程

随着我国城市化的推进与私家车数量的猛增，道路交通拥挤的问题日益突出，可以预见完善交通灯监控系统将具有广阔的前景。目前，我国大部分城市对交通信号的实时控制仍采取单片机控制系统或数字逻辑电路等多种控制方式。本项目介绍两种嵌入式组态 TPC 的十字路口红绿灯控制方案。一是以 MCGS 组态软件为开发平台设计了交通灯系统的监控窗口，并建立下位机和上位机之间的数据传输，使组态界面上的图形对象完成对现场交通信号和实时数据的记录与监控。二是基于 PLC 的下位机交通灯控制系统。

任务 10.1　HMI 模拟仿真交通灯控制工程

任务目标

1）掌握定时器函数的控制方法。

2）掌握图元的分解与合成的方法。

3）掌握用户窗口属性设置的方法。

任务计划

本任务要求实现以下控制要求：当启动按钮按下时，先是南北红灯、东西绿灯亮，此时东西方向的车辆运行，延时 13 s 后东西绿灯变为闪烁状态，闪烁 5 s 后跳到黄灯亮，此时东西方向的车辆停止运行，东西黄灯亮 2 s 后，变为东西红灯、南北绿灯亮，则南北方向车辆运行，延时 13 s 后南北绿灯变为闪烁，闪烁 5 s 后跳到南北黄灯亮，则南北方向的车辆停止运行，南北黄灯亮 2 s 后，再回到南北红灯、东西绿灯亮的状态，如此循环下去。

任务实施

1. 绘制状态时序图

在十字路口的东西方向和南北方向各设有红、黄、绿三个信号灯，各信号灯按照预先设定的时序轮流点亮或熄灭。由于状态变化较复杂，可先绘制如图 10-1 所示的运行状态时序图，为后续脚本或者策略的编写提供方便。

2. 制作工程组态

1）首先新建工程，参照表 10-1 所示建立实时数据库。

2）选中“交通灯”窗口图标，单击“动画组态”按钮，进入“动画组态窗口 0”，开始编辑画面。

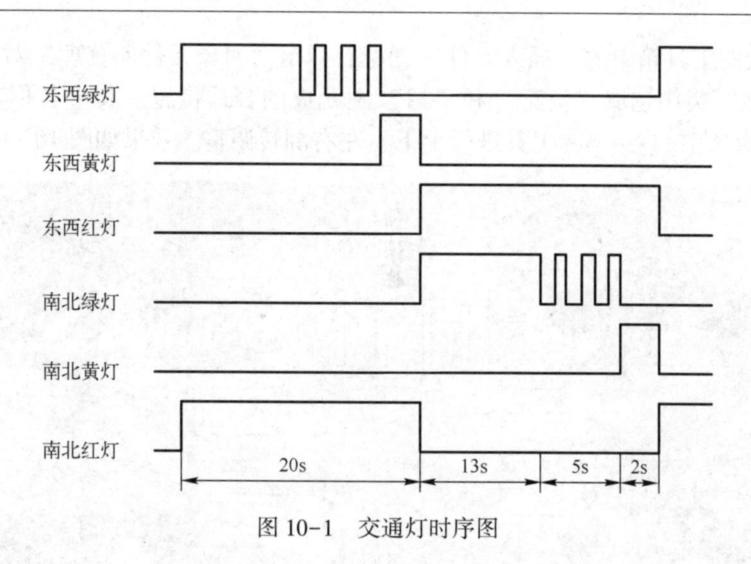

图 10-1　交通灯时序图

表 10-1　交通灯实时数据库数据

名　称	类　型	注　释
启动	开关型	
停止	开关型	
东西货车	数值型	
南北货车	数值型	
a	数值型	时间

3）单击工具条中的“工具箱”按钮，打开绘图工具箱。选择“工具箱”内的矩形“□”，鼠标的光标呈“十字”形，在窗口中绘制四个矩形作为草地区域，并双击矩形框，设置填充颜色为“浅绿色”。接着绘制斑马线若干，最后效果如图 10-2 所示。

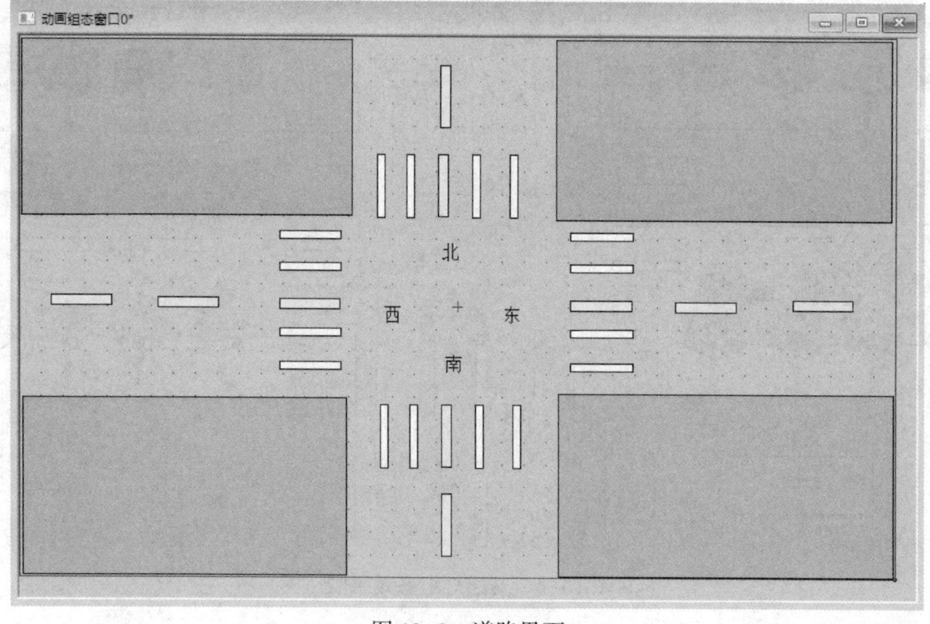

图 10-2　道路界面

4）单击绘图工具箱中的“插入元件”图标，弹出“对象元件库管理”对话框，分别从“车”和“其他”类中选取“货车”和“树”图元放到合适位置。其中名称为“货车”的图元可通过编辑条中的工具进行上下、左右翻转调整。效果如图 10-3 所示。

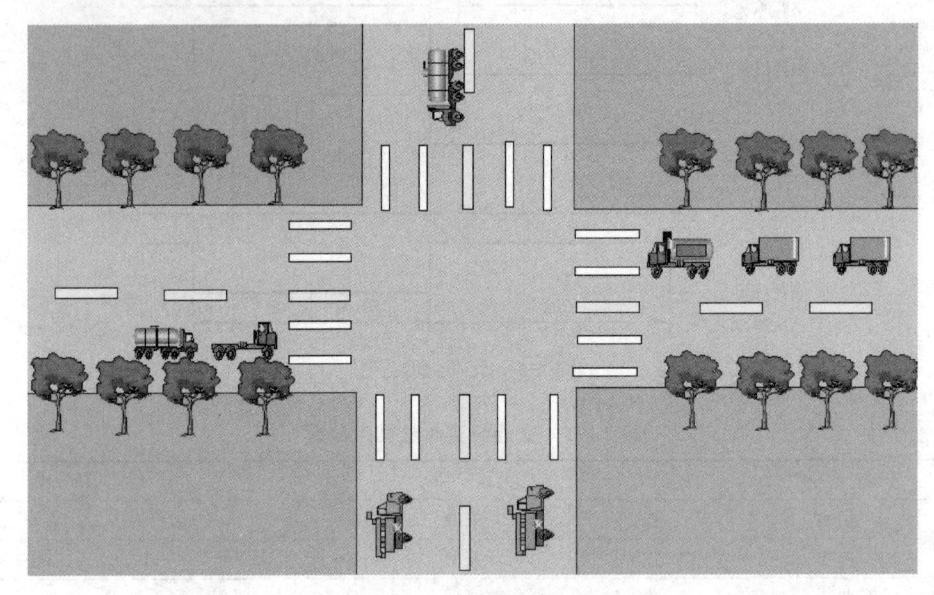

图 10-3　添加货车和树

5）同理，从“指示灯”类中选取“指示灯 7”图元，再从“常用图符”工具箱中选取“管道接头”图元，放到合适位置，最终生成的画面如图 10-4 所示。

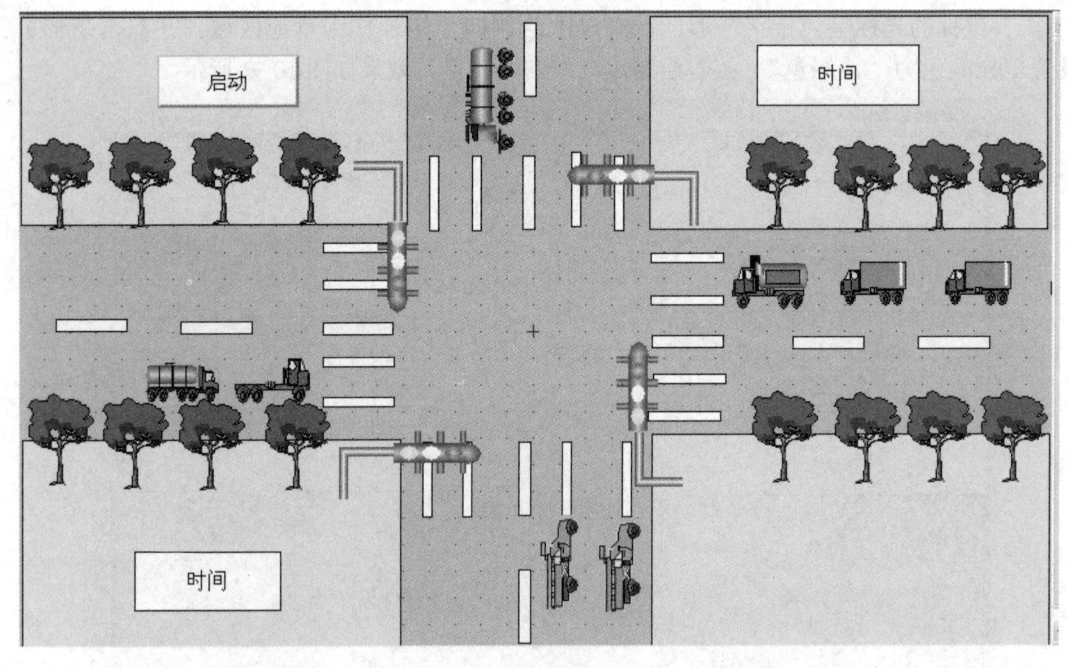

图 10-4　交通灯组态效果图

6）单击“树”图元，再单击编辑条中的“锁定/解锁”图标或者“固化”图标，对应的“树”图元将不能改动，其他元件图元也通过这种方法锁定。

3. 动画连接

（1）交通灯设置

1）东西方向的交通运行情况相同，因此两个东西方向的交通灯动画连接相同。在用户窗口中，右键单击东西方向的交通灯，选择“排列”→“分解单元”，先将东西方向交通灯的红、黄、绿灯变成三个独立的图元。

2）双击绿灯图元，进入“动画组态属性设置”对话框，勾选中“可见度”和“闪烁效果”，如图 10-5 所示。本任务要求 0~18 s 东西绿灯亮，13~18 s 东西绿灯闪烁。参考图 10-6 所示设置东西绿灯可见度，参考图 10-7 所示设置东西绿灯闪烁效果。单击“确认”按钮，完成东西绿灯设置。

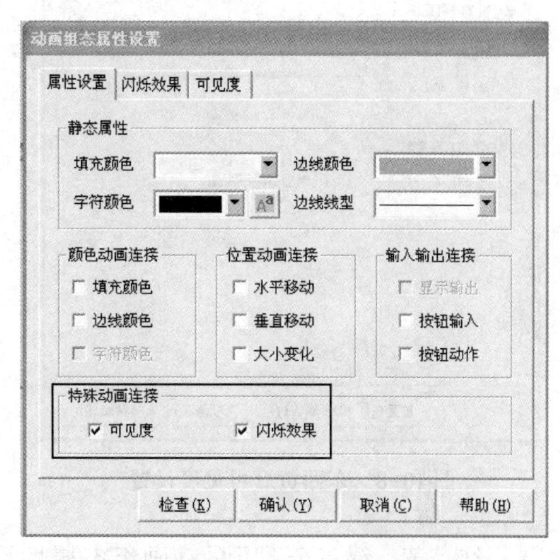

图 10-5　勾选“可见度”和“闪烁效果”

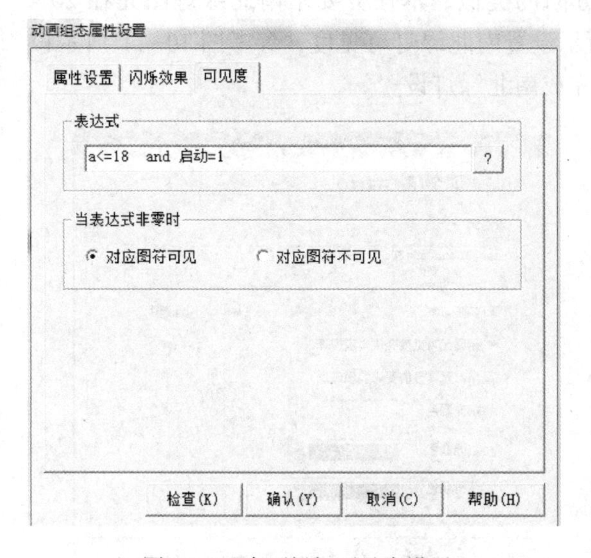

图 10-6　东西绿灯可见度设置

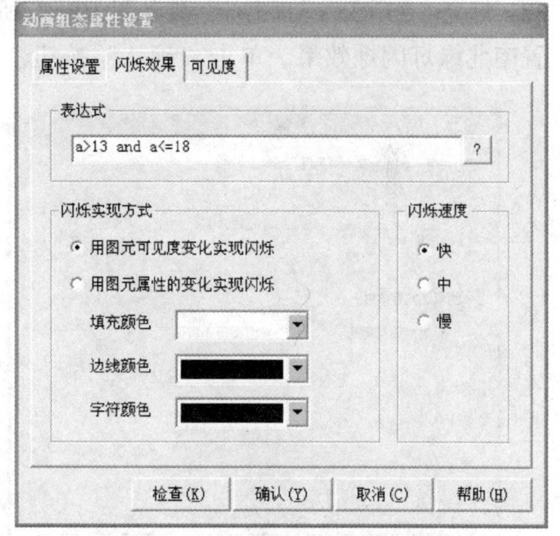

图 10-7　东西绿灯闪烁效果设置

3）东西黄灯是在东西绿灯闪烁结束后开始亮 2 s，即东西黄灯在 18~20 s 的范围内是亮的。参考东西绿灯的设置方法，在“动画组态属性设置”对话框中，只需勾选“可见度”，不用勾选“闪烁效果”。其设置如图 10-8 所示。单击“确认”按钮，完成东西黄灯设置。

4）东西红灯是在东西黄灯熄灭后开始亮的，亮 20 s，即东西红灯在 20 s 以上的范围内是亮的（周期为 40 s）。参考东西黄灯的设置方法，在“动画组态属性设置”对话框中，只需勾选“可见度”，不用勾选“闪烁效果”。其设置如图 10-9 所示。单击“确认”按钮，完成东西红灯设置。

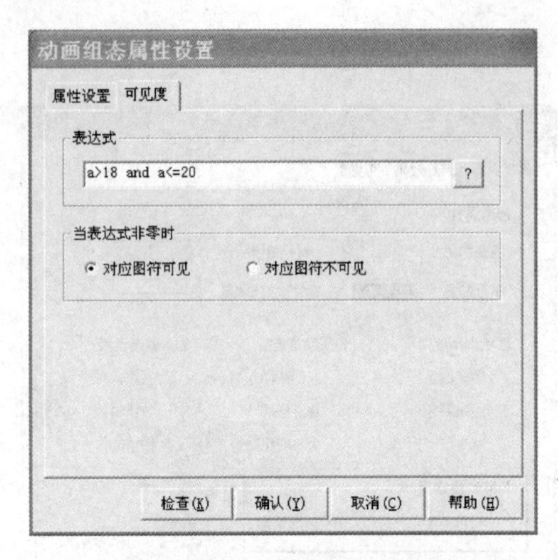

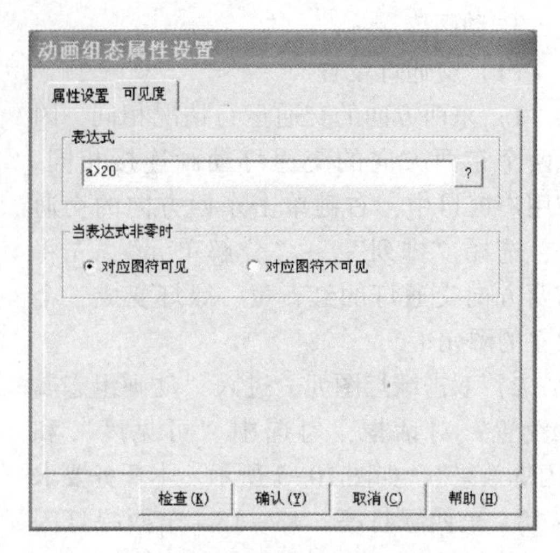

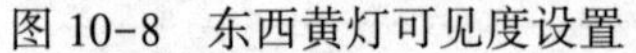

图 10-8　东西黄灯可见度设置

图 10-9　东西红灯可见度设置

5）红、黄、绿三个图元的动画组态属性设置完成后，再将东西交通灯的图元全部选中，单击右键，选择“排列”→“合成单元”。完成东西交通灯的动画设置。

6）南北方向的交通灯动画连接与东西方向的类似。本任务要求南北绿灯图元在 20~38 s 灯亮，33~38 s 灯闪烁。参考图 10-10 所示设置南北绿灯可见度，参考图 10-11 所示设置南北绿灯闪烁效果。单击“确认”按钮，完成南北绿灯设置。

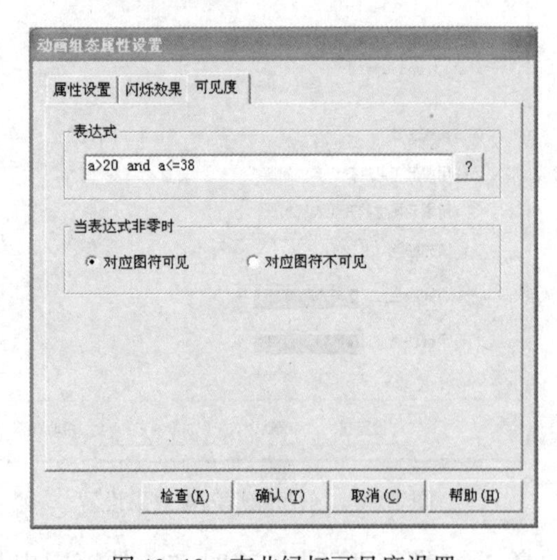

图 10-10　南北绿灯可见度设置

图 10-11　南北绿灯闪烁效果设置

7）南北黄灯是在南北绿灯闪烁结束后开始亮 2 s，即南北黄灯在 38~40 s 的范围内是亮的。其设置如图 10-12 所示。

8）南北红灯是在启动后亮的，亮 20 s，即南北红灯在 0~20 s 的范围内是亮的。其设置如图 10-13 所示。

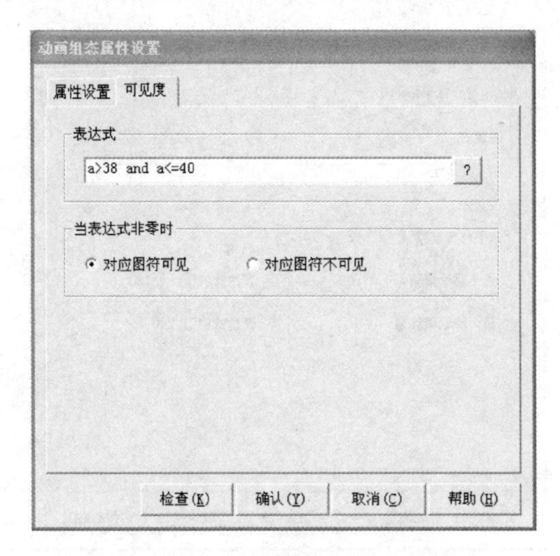

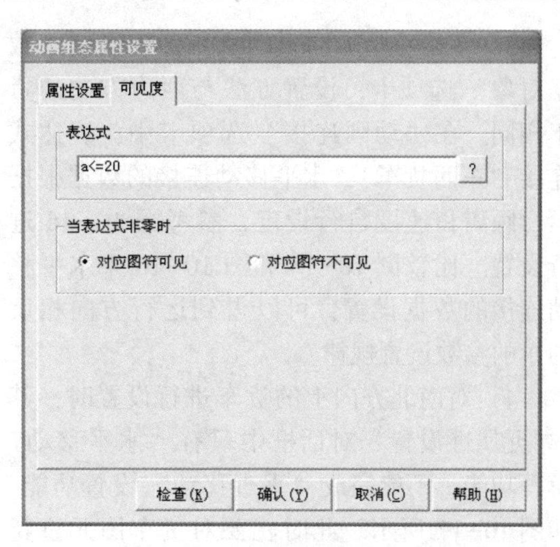

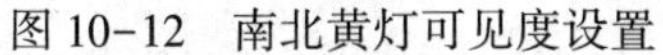

图 10-12　南北黄灯可见度设置　　　　图 10-13　南北红灯可见度设置

（2）车辆的动画设置

本任务中当东西方向绿灯亮时其对应方向的汽车开动，红灯亮时则停止运动；同样南北方向绿灯亮时，对应方向的汽车开动，红灯亮时停止运动。

1）双击西边方向上的货车，弹出“单元属性设置”对话框，切换到“数据对象”选项卡。选中“数据对象”选项卡中的“水平移动”，右端出现浏览按钮，单击浏览按钮，双击数据对象列表中的“东西货车”。单击“确认”按钮，完成数据的连接，如图 10-14 所示。

2）切换到“动画连接”选项卡，在“图元名”列，选中“组合图符”，右端出现和按钮。单击按钮，弹出“动画组态属性设置”对话框。在“属性设置”选项卡的“位置动画连接”区域勾选“水平移动”。在“水平移动”选项卡中，表达式连接“东西货车”，水平移动连接的数据根据运行距离和速度自行设定，参考图 10-15 进行设置。

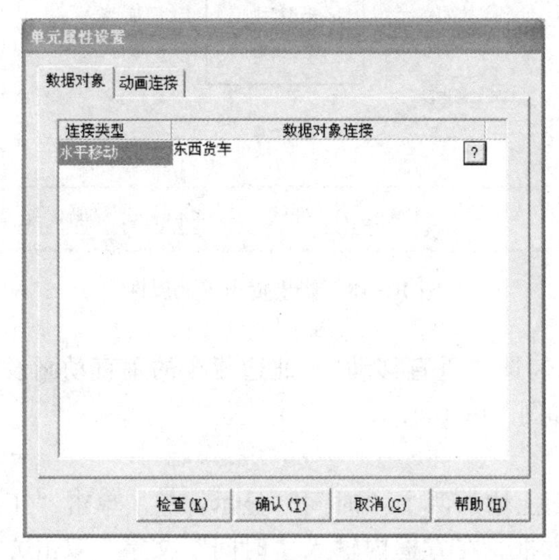

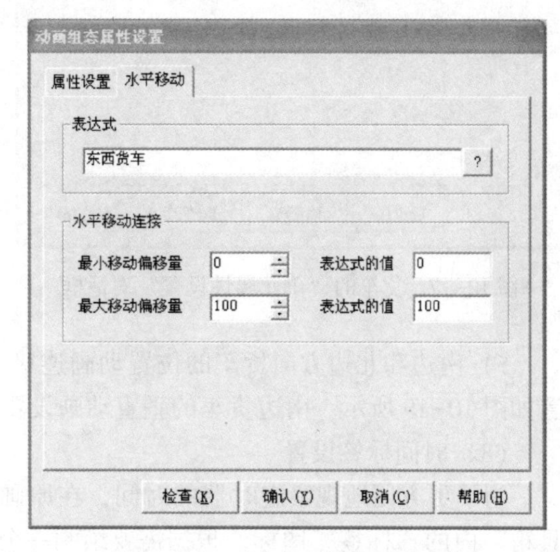

图 10-14　“数据对象”选项卡　　　　图 10-15　西边方向货车动画连接

3）双击东边方向上的货车，切换到“数据对象”选项卡，设置方法与西边方向的货车相同。在“动画连接”选项卡中，表达式连接“东西货车”，水平移动连接的数据根据运行距离和速度自行设定，参考图 10-16 进行设置。比较图 10-15 和图 10-16 中水平移动连接的数据设置，可以得到运行方向相反的车的参数设置规律。

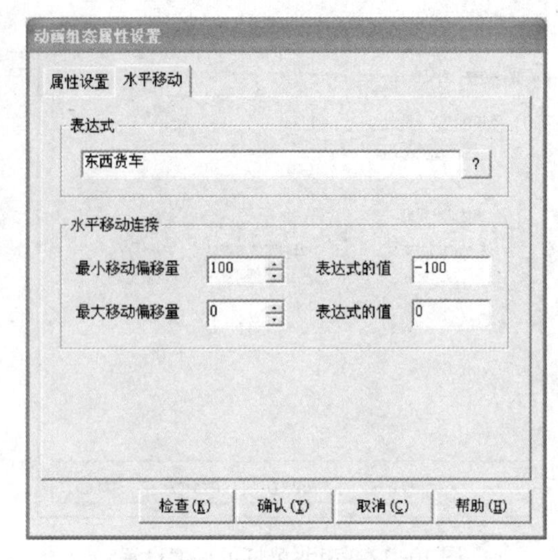

图 10-16　东边方向货车动画连接

4）对南北方向上的货车进行设置时，其“单元属性设置”对话框中只有“水平移动”设置功能，不能完成“垂直移动”设置功能。如图 10-17 所示。此时就要对货车图元重新进行处理。右键单击货车图元，选择“排列”→“分解单元”，然后双击货车图元，在弹出的“动画组态属性设置”对话框中，勾选“垂直移动”，不再勾选“水平移动”，如图 10-18 所示。然后右键单击货车图元，选择“排列”→“合成单元”，就可以对重新合成的货车图元进行垂直移动的动画设置了。

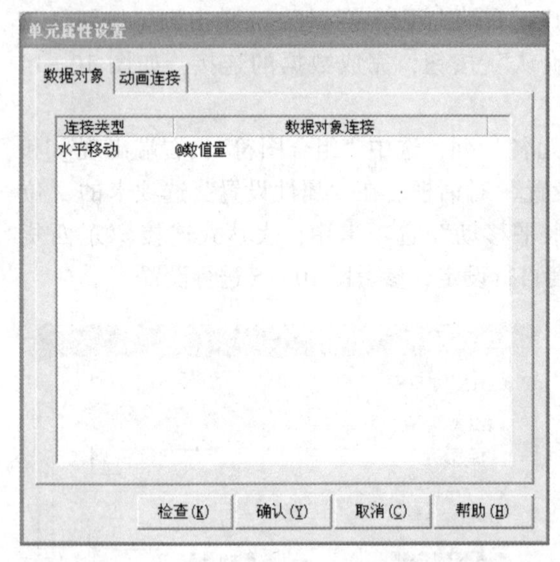

图 10-17　货车的“单元属性设置”对话框

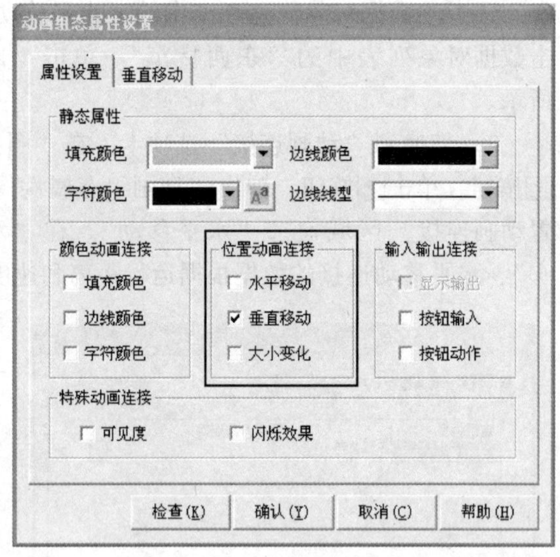

图 10-18　修改货车单元属性

5）南边和北边方向货车的位置动画连接均勾选“垂直移动”。北边货车的垂直动画设置如图 10-19 所示。南边货车的垂直动画设置如图 10-20 所示。

（3）时间标签设置

为了更方便地观察定时器的时间，在原画面上增加两个“时间”显示标签。单击“工具箱”内的“标签”图标，根据需要绘制一个方框。在方框内输入“时间”文字。双击方框，弹出“动画组态属性设置”对话框。在“输入输出连接”一栏中勾选“显示输出”。

切换到“显示输出”选项卡，按照图 10-21 进行显示输出的设置。这样在定时器运行时就可以显示计时时间。

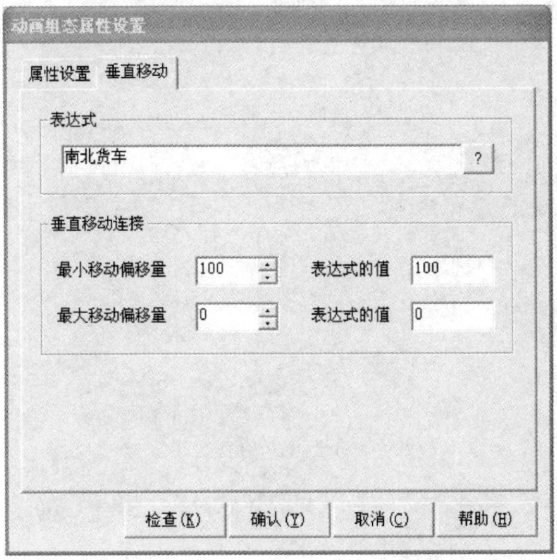

图 10-19　北边货车的垂直动画设置

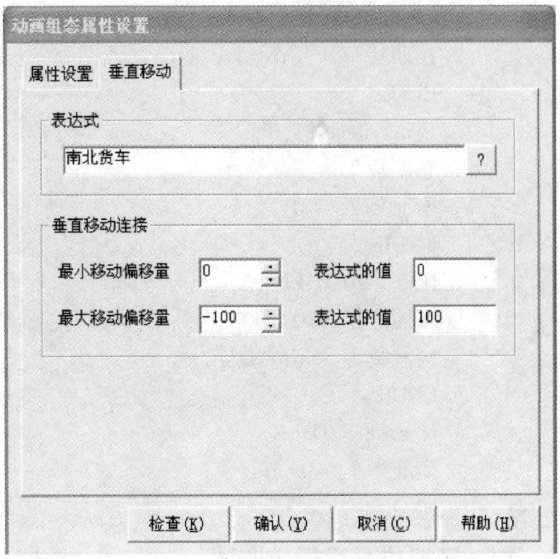

图 10-20　南边货车的垂直动画设置

（4）启动按钮设置

启动按钮设置如图 10-22 所示。

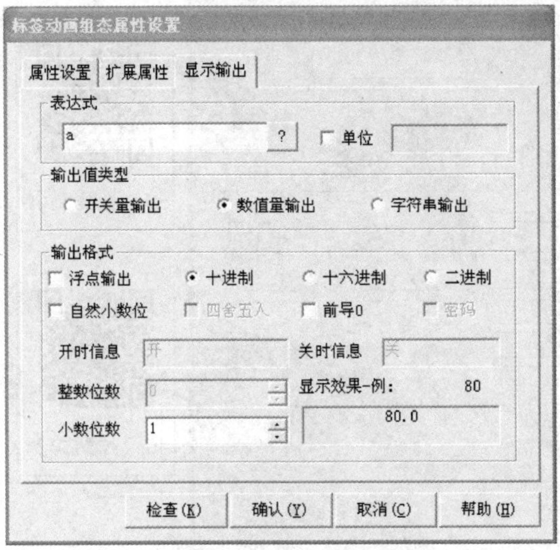

图 10-21　时间标签设置

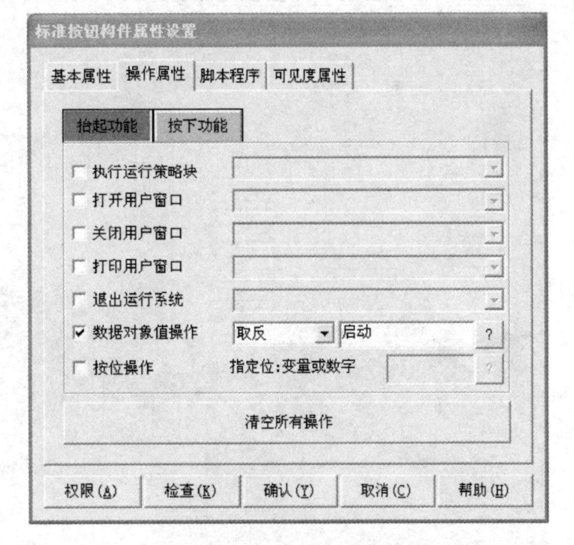

图 10-22　启动按钮设置

4. 循环脚本编写

在用户窗口中，双击空白处，弹出“用户窗口属性设置”对话框，切换到“循环脚本”选项卡，首先将循环时间设定为“200”。单击“打开脚本编辑器”按钮，编写如下的参考脚本程序：

```
!TimerSetLimit(1,40,0)
!TimerSetOutput(1,a)
IF 启动 = 1 THEN
!TimerRun(1)
东西货车 = 东西货车 + 6
ELSE
!TimerReset(1,0)
东西货车 = 0
南北货车 = 0
ENDIF
IF a > 20 THEN
东西货车 = 0
南北货车 = 南北货车 + 5
ENDIF
IF a>=39 THEN
南北货车 =0
ENDIF
```

5. 模拟仿真运行与调试

下载工程并进入运行环境，单击“启动”按钮运行，如图 10-23 所示。观察各个方向的交通灯是否按设计要求工作，观察车辆是否按照设计要求通过。如有异常请进行调试，直到正常工作。运行时由南向北运行的两辆车速度不一样，仔细理解是如何设置的。

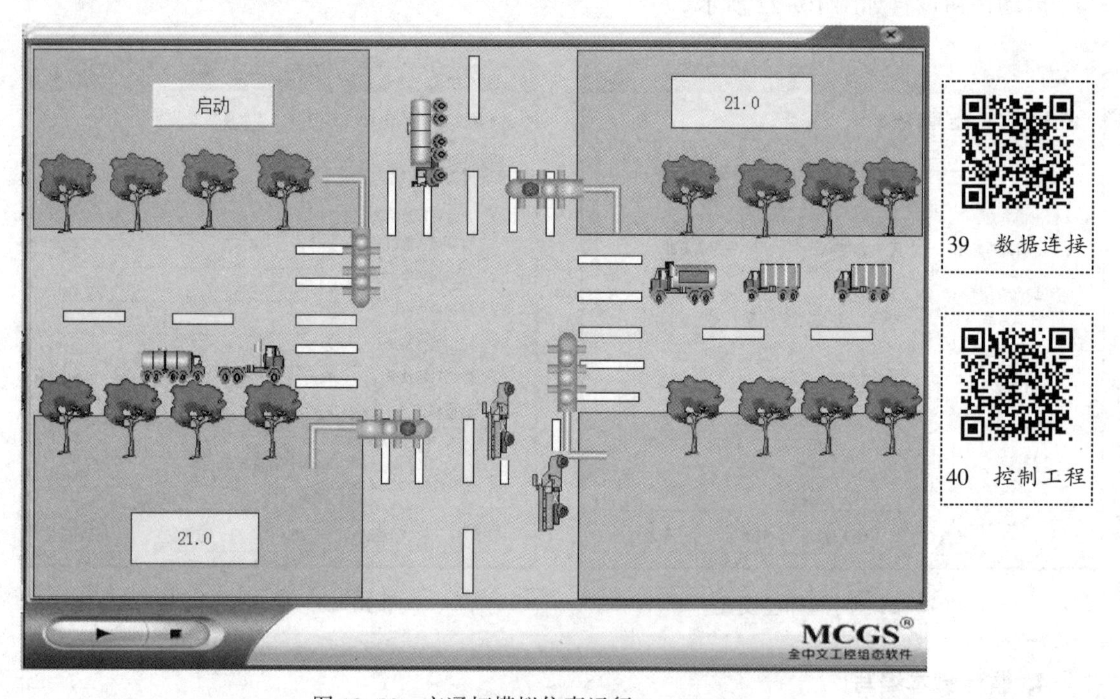

图 10-23 交通灯模拟仿真运行

学习成果检查表（见表 10-2）

表 10-2　交通灯控制工程检查表

学习成果			评分表		
巩固学习内容	检查与修正	总结与订正	小组自评	学生自评	教师评分
定时器函数的控制方法					
结合时序图完成交通灯的动画设置					
交通灯、车图元的分解与合成					
通过“用户窗口属性设置”对话框设置循环脚本					
你还学了什么					
你做错了什么					

练习与提高

1）本任务中对交通灯和车图元都进行了分解与合成操作，二者为什么都要进行这些操作?

2）在“用户窗口属性设置”对话框中设置循环脚本和在运行策略中设置循环脚本有何异同?

任务 10.2　HMI+PLC 交通灯控制工程

本任务选用三菱系列 PLC 作为下位机，实现对亚龙 YL-360B 型系列可编程控制器综合实训装置提供的 YL-PC 交通灯自控与手控模块（见图 10-24）的控制。在上位机中，通过 MCGS 的编程，实现对现场工作状态的显示、交通灯实时监控等功能。

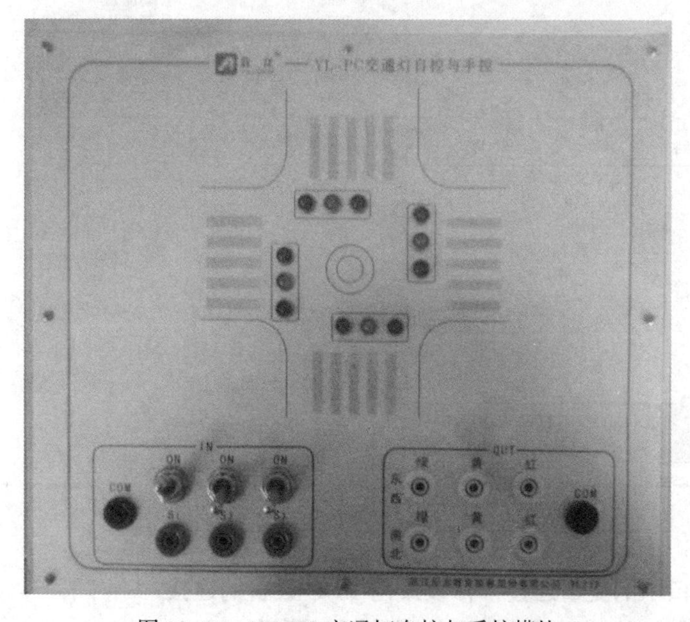

图 10-24　YL-PC 交通灯自控与手控模块

由项目 9 可知，将模拟仿真工程转换成 PLC 控制工程，需要做如下改动：

1）在设备窗口中增加 PLC 设备。

2）将用户窗口中的变量连接都修改成与 PLC 设备的连接。

3）用 PLC 程序完成组态运行策略中部分脚本程序的控制功能。

4）完成 TPC 与 PLC 的硬件连接与通信。

任务目标

1）掌握 YL-PC 交通灯自控与手控模块的自控功能设置。

2）掌握定时器的使用。

任务计划

将交通灯模拟仿真工程转换成 PLC 自动控制工程，交通灯的工作时序图不变。利用 PLC 的输出来控制 YL-PC 交通灯自控与手控模块，从而实现对 YL-PC 交通灯自控与手控模块上的交通灯的自动控制功能。

任务实施

1. 在设备窗口中增加 PLC 设备

增加三菱 FX 系列编程口，并增加设备通道，连接 M10 数据量。作为“启动”按钮的控制参量。如图 10-25 所示。

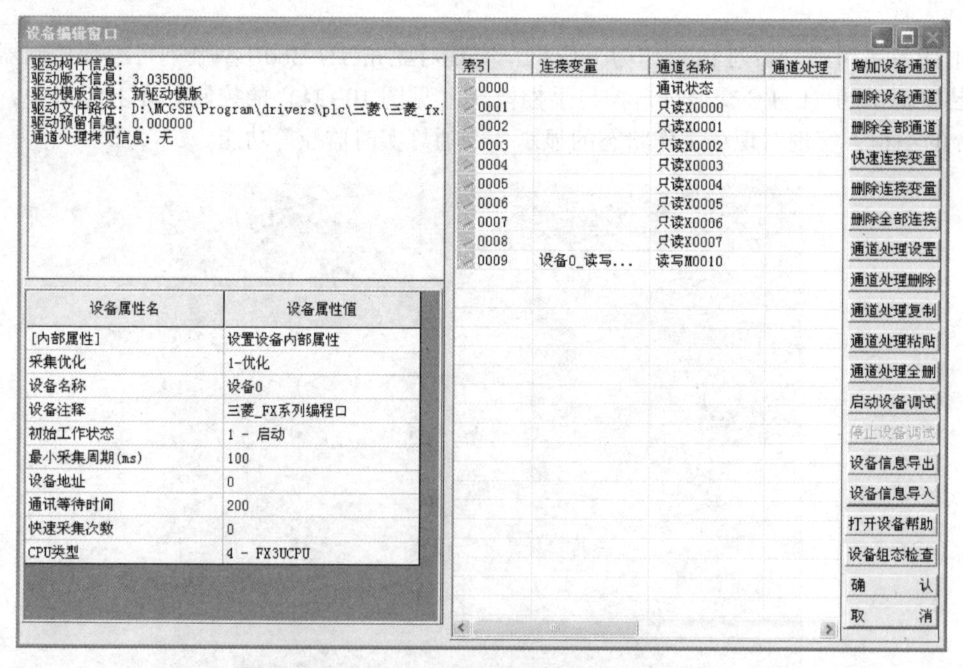

图 10-25　增加三菱 PLC 设备和设备通道

2. 将用户窗口中的变量连接都修改成与 PLC 设备的连接

1）“启动”按钮的动画属性设置如图 10-26 所示。

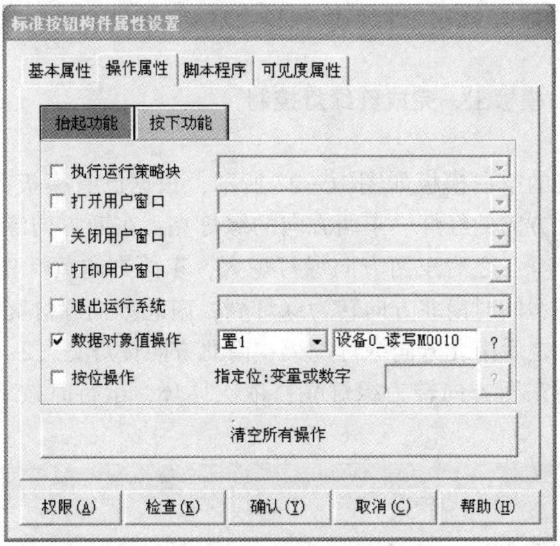

图 10-26　按钮的动画属性设置

2）红、黄、绿灯的数据连接的修改。

方案一：不做任何改动。TPC 模拟仿真部分的功能仍然由脚本程序来完成，YL-PC 交通灯自控与手控模块的控制则由 PLC 程序来完成，二者只要同步工作，就相当于由同一数据来控制一样（配套资源中的案例采用的就是这种方案）。

方案二：新建 Y1～Y6 数据，分别对应东西红、黄、绿灯和南北红、黄、绿灯。这 6 个数据量与 PLC 的输出量 Y1～Y6 分别连接（自行设置）。

3. 用 PLC 程序完成组态运行策略中脚本程序的部分控制功能

本任务的 PLC 参考程序见配套资源。

41　控制工程

4. 下载运行调试

将 PLC 程序下载到 PLC 中；组态工程下载到 TPC 中；TPC 与 PLC 的硬件连接后进行通信调试。直至工作正常。

学习成果检查表（见表 10-3）

表 10-3　交通灯 PLC 控制检查表

学习成果			评分表		
巩固学习内容	检查与修正	总结与订正	小组自评	学生自评	教师评分
PLC 程序完成了哪些功能					
组态保留的脚本程序完成了哪些功能					
你还学了什么					
你做错了什么					

拓展与提升

1. 在红绿灯的空白模板上，完成红绿灯控制

（1）控制要求

配套资源中红绿灯的空白模板如图 10-27 所示，根据已有模板完成交通灯的控制。按下运行启动按钮，南北方向的红灯、东西方向的绿灯亮，东西方向绿灯亮 5 s 后，东西方向绿灯闪烁 3 s（每秒 1 步）；之后东西方向绿灯熄灭，东西方向黄灯亮；2 s 后东西方向黄灯熄灭，东西方向红灯亮，同时南北方向转为绿灯亮；南北方向绿灯亮 5 s 后，南北方向绿灯闪烁 3 s（每秒 1 步）；之后南北方向绿灯熄灭；南北方向黄灯亮；2 s 后南北方向黄灯熄灭，南北方向红灯亮，同时东西方向转为绿灯亮；依次循环，运行时按下停止按钮，所示灯都熄灭。

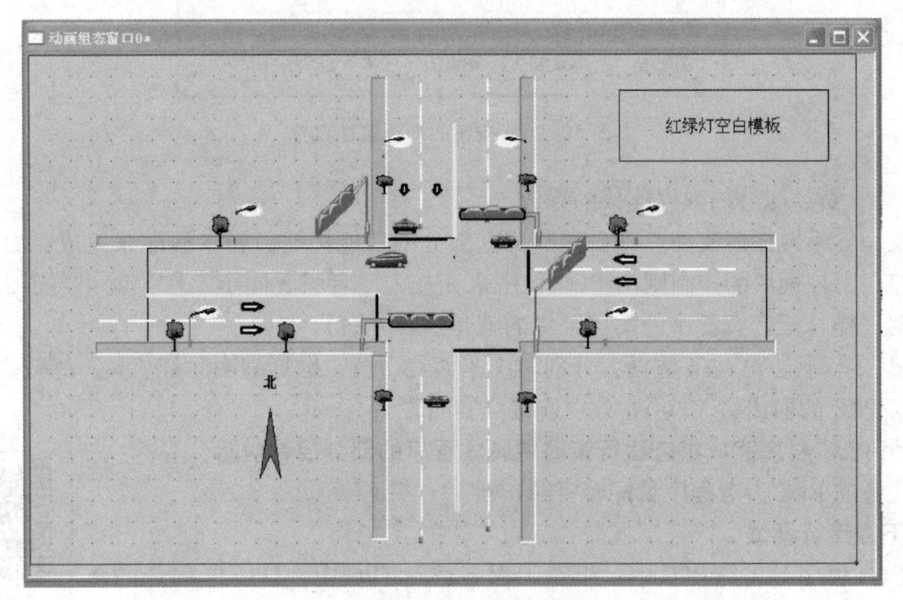

图 10-27　红绿灯的空白模板

（2）数据连接

红、绿、黄灯的数据连接可以不采用任务 10.1 中使用过的设置方法，而是通过简化灯图元的动画组态属性设置，将时间范围设置交由定时器策略去完成。以南北黄灯为例：其动画组态属性设置如图 10-28 所示。其他灯的设置类似。

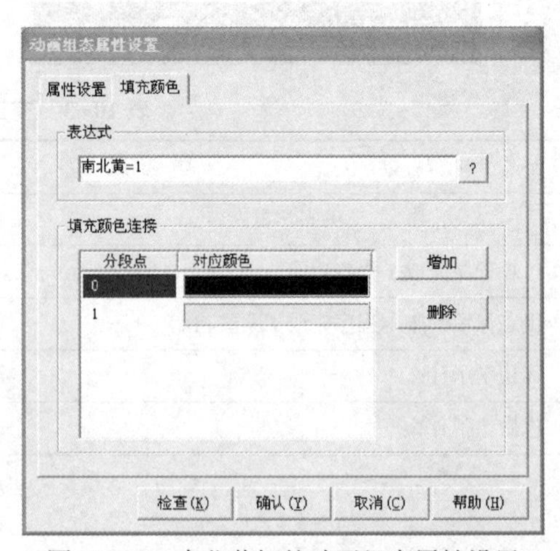

图 10-28　南北黄灯的动画组态属性设置

（3）循环策略的编写

1）在运行策略中选择循环策略，增加两个策略行。其中，上、下两个策略分别用来控制东西方向和南北方向脚本程序。如图 10-29 所示。

2）双击策略行中的图标，分别完成两个策略的条件设置，如图 10-30 和图 10-31 所示。

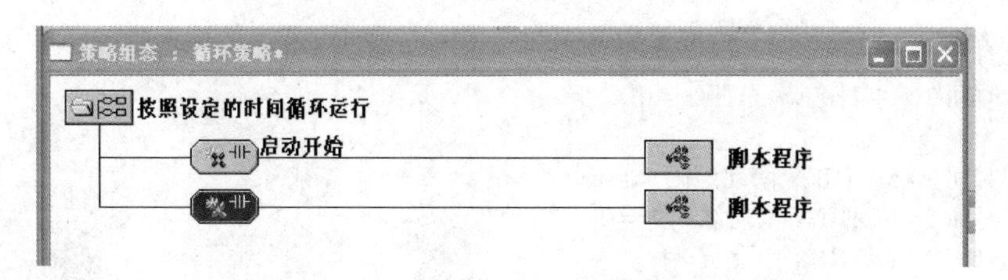

图 10-29　增加两个策略行

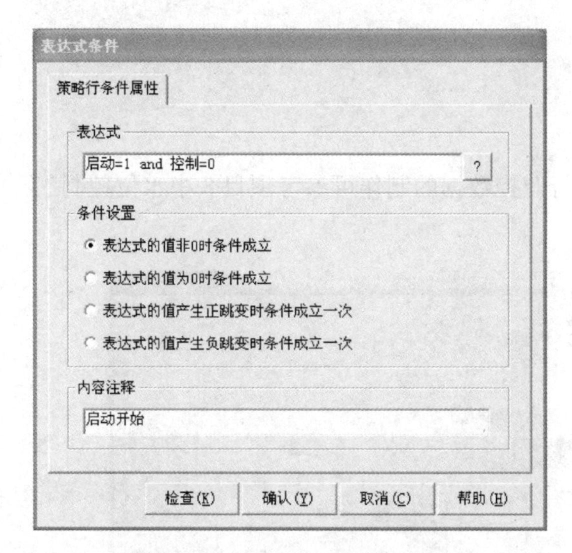

图 10-30　东西运行的条件设置

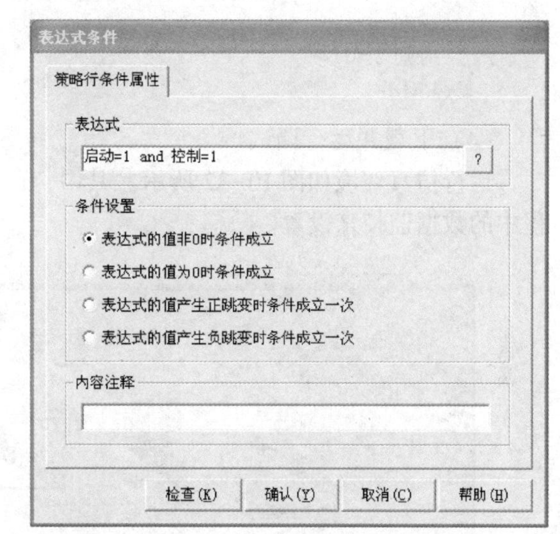

图 10-31　南北运行的条件设置

3）脚本程序编写。东西方向通行时脚本程序如下：

```
时间=时间+1
IF 时间=1 THEN 东西绿=1
IF 时间=5 THEN 东西绿=0
IF 时间=1 THEN 南北红=1
IF 时间=14 THEN  南北红=0

IF 时间=5  THEN 东西绿闪烁=1
IF 时间=12 THEN 东西绿闪烁=0
IF 时间=12 THEN 东西黄=1

IF 时间=14 THEN 东西黄=0
IF 时间=14 THEN
控制=1
时间=0
ENDIF
```

南北方向通行时脚本程序如下：

```
时间 2=时间 2+1
IF 时间 2=1 THEN 南北绿=1
IF 时间 2=5 THEN 南北绿=0
```

```
IF 时间 2=1 THEN   东西红=1
IF 时间 2=14 THEN   东西红=0

IF 时间 2=5   THEN 南北绿闪烁=1
IF 时间 2=12 THEN 南北绿闪烁=0
IF 时间 2=12 THEN 南北黄=1
IF 时间 2=14 THEN 南北黄=0
IF 时间 2=14 THEN
控制=0
时间 2=0
ENDIF
```

（4）下载并运行调试

运行仿真环境如图 10-32 所示。其中，运行监控数据的制作可参考项目 8 中水位控制工程中的数据监控来设置。

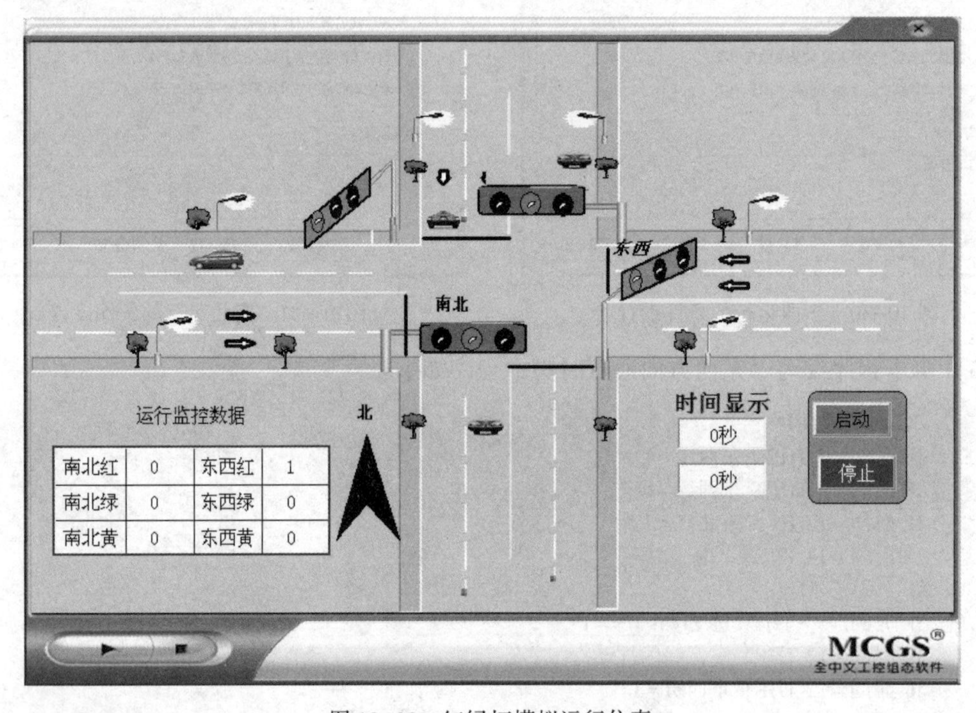

图 10-32　红绿灯模拟运行仿真

2. 铁塔之光控制工程

本任务选用三菱系列 PLC 作为下位机，实现对亚龙 YL-360B 型系列可编程控制器综合实训装置提供的 YL-PC 铁塔之光模块的控制，如图 10-33 所示。模块中 8 位 LED 显示器的设置在后续项目中再介绍，这里只学习 TPC+PLC 控制铁塔上的 9 个小灯的亮灭。

1）控制要求：初始 9 个小灯全灭；启动后第一步 9 个小灯全亮 3 s；第二步左侧的小灯 L1、L3、L5、L7、L9 亮 3 s；第三步右侧的小灯 L2、L4、L6、L8 亮 3 s；第四步红色小灯 L1、L4、L7 亮 3 s；第五步绿色小灯 L2、L5、L8 亮 3 s；第六步黄色小灯 L3、L6、L9 亮 3 s；然后循环往复，直至按下停止按钮，所有小灯全灭。

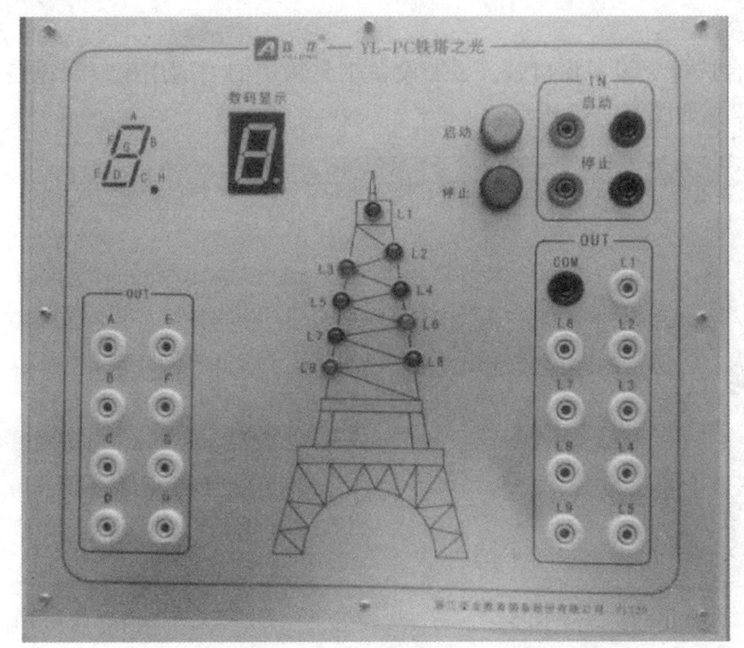

图 10-33　YL-PC 铁塔之光模块

42　铁塔之光模块

2）根据铁塔之光控制工程的要求，为了方便 PLC 编程和对组态过程的理解，先绘制出铁塔之光控制的步进真值表如表 10-4 所示。

表 10-4　铁塔之光控制的步进真值表

步序号	Y1	Y2	Y3	Y4	Y5	Y6	Y7	Y10	Y11
M0	0	0	0	0	0	0	0	0	0
M1	1	1	1	1	1	1	1	1	1
M2	1	0	1	0	1	0	1	0	1
M3	0	1	0	1	0	1	0	1	0
M4	1 闪			1 闪			1 闪		
M5		1 闪			1 闪			1 闪	
M6			1 闪			1 闪			1 闪

表 10-3 中，Y1、Y2、Y3、Y4、Y5、Y6、Y7、Y10、Y11 一共 9 个 PLC 输出端，对应模块中的 9 个指示灯。M0～M6 分别对应初始步和 6 个工作步。

3）用户窗口组态。

① 新建工程及新建用户窗口。

② 打开新建窗口，在工具箱中选取“直线”，画出铁塔图元。

③ 在工具箱中单击“常用符号”按钮，选择“三维圆球”，并添加 9 个三维圆球，调整大小并放置到铁塔上合适的位置，再用标签为每个小球添加标注。

④ 在工具箱中找到标准按钮，并绘制两个大小一样的按钮，两个按钮的文本分别为“启动”和“停止”。如图 10-34 所示。

4）设备组态。

① 在工作台选择“设备窗口”，添加设备工具箱中的“通用串口父设备”与“三菱_FX 系列编程口”，如图 10-35 所示。

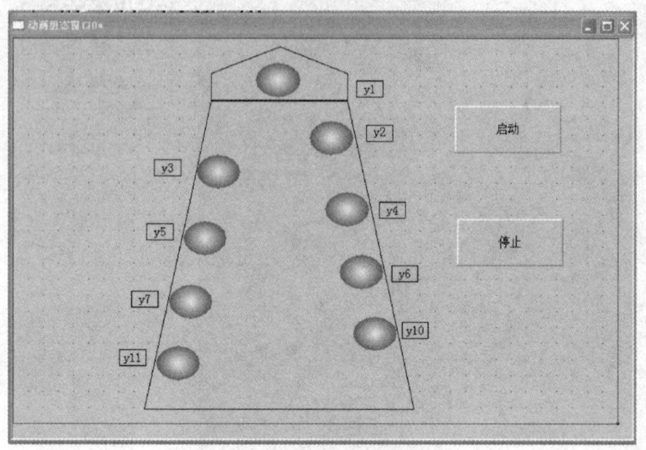

图 10-34　放置图元

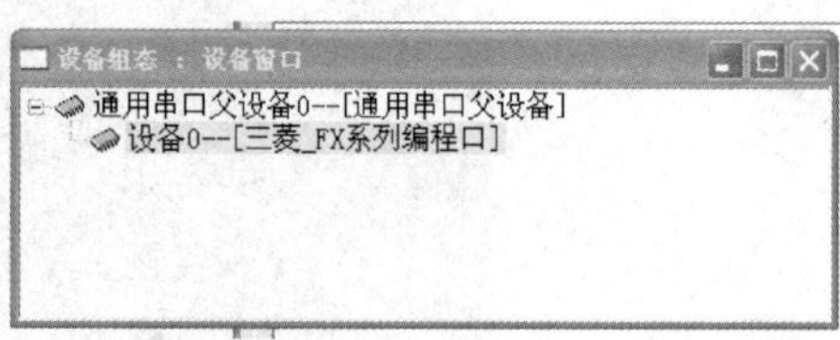

图 10-35　添加设备

② 添加设备通道。双击“设备 0-[FX_系列编程口]”，修改设备属性并添加设备通道，参考表 10-3 连接变量，如图 10-36 所示。

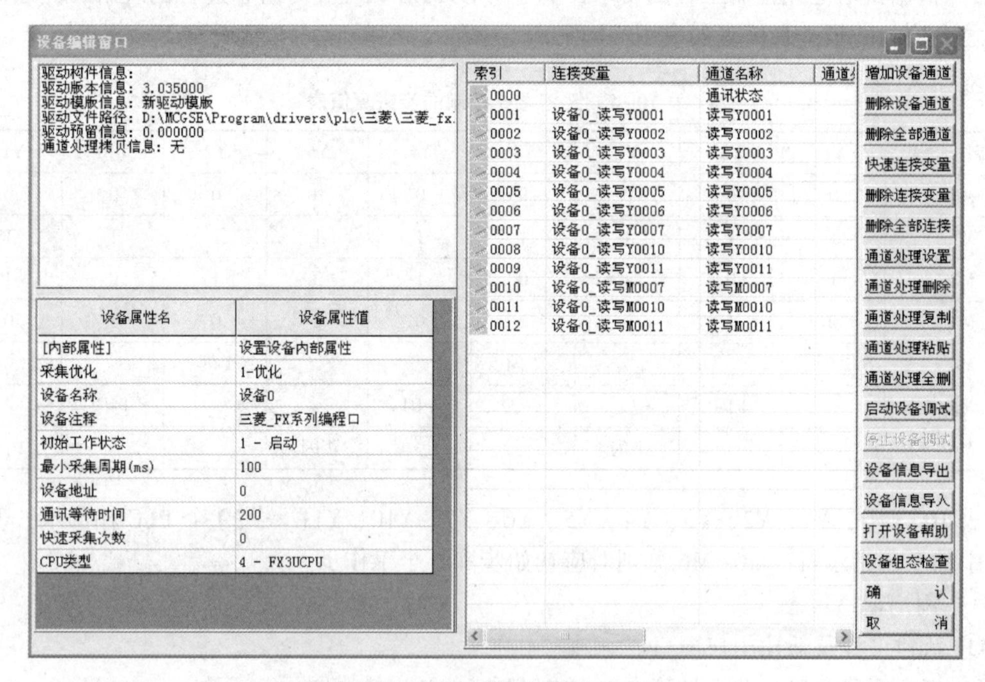

图 10-36　添加设备通道连接变量

5）数据连接。

① 双击“启动”按钮，在“操作属性”选项卡中设置“按下功能”如图 10-37 所示。“停止”按钮的属性设置，如图 10-38 所示。

图 10-37　“启动”按钮设置

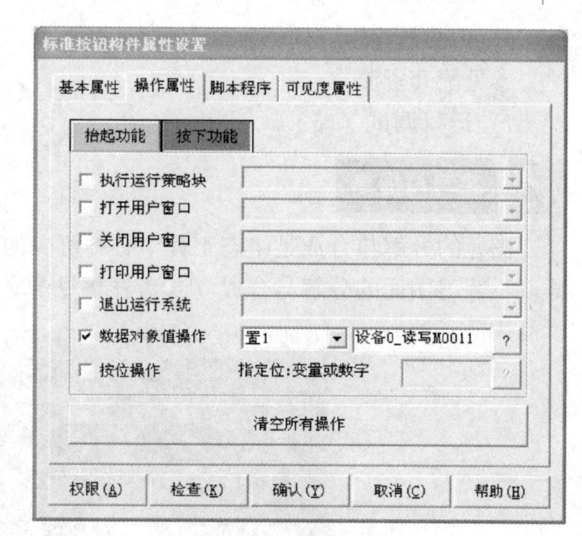

图 10-38　“停止”按钮设置

② 双击三维圆球“L1”（指示灯 1），在弹出的“动画组态属性设置”对话框中，勾选“填充颜色”，然后在“填充颜色”选项卡中将表达式设置为“设备 0_读写 Y0001”，当“填充颜色连接”为“1”时，选择红色，与 YL-PC 铁塔之光模块中 L1 灯的颜色相同。如图 10-39 所示。

图 10-39　三维圆球“L1”动画设置

同理添加其他三维圆球动画属性设置时，表达式中的数据要同表 10-3 铁塔之光控制的步进真值数据一一对应。“填充颜色连接”为“1”时的颜色选取也要与 YL-PC 铁塔之光模块中灯的颜色对应，即灯 L1、L4、L7 为红色；灯 L2、L5、L8 为绿色；灯 L3、L6、L9 为黄色。

6）PLC 程序

参见配套资源。

7）运行调试（略）

练习与提高

图元的分解与合成是组态工程中必不可少的操作，请参考图 10-40 所示的“欢度春节”样例，练习图元的分解与合成（参考样例见配套资源）。

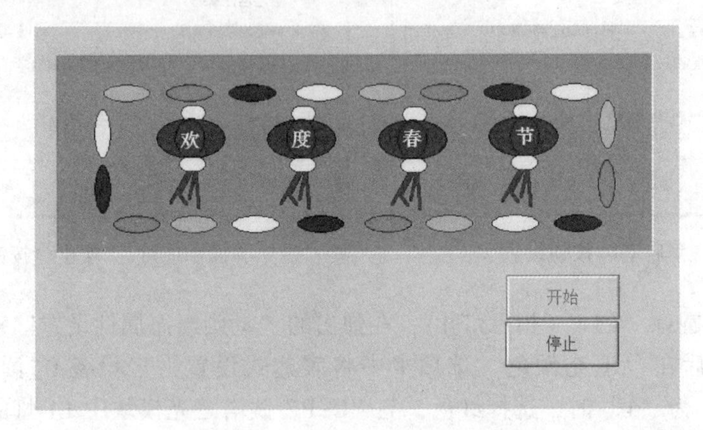

图 10-40　图元的分解与合成样例

43　练习与提高

第四篇　HMI 电工大赛实操题解析

本篇主要介绍全国电工大赛 HMI 实操部分试题的解析。按照《国家职业技能标准》的理论和技能要求，竞赛分理论竞赛和实际操作竞赛两部分。本篇只介绍实操部分试题的解析过程，仅供参考。

项目 11　HMI 抢答器

本任务介绍四路抢答器的组态过程，讲解如何应用 MCGS 组态软件完成一个工程。本例工程中涉及图元添加、图元制作、脚本程序的编写、8 字形 LED 数码管的制作、计数和定时器构件的使用等多项组态操作。结合工程实例，对 MCGS 组态软件的组态过程、操作方法和实现功能等环节进行全面的讲解，使学生对 MCGS 组态软件的内容、工作方法和操作步骤在短时间内有一个总体的认识。

项目目标

1）掌握不同显示灯图元的制作。

2）掌握 8 字形 LED 数码管的制作及动画组态。

3）掌握脚本程序的编写方法及思路。

项目计划

主持人按下出题按钮，出题指示灯亮，4 组选手在 10 s 时间内可以抢答，超过 10 s 无人抢答，此题作废，如果选手在主持人未按下出题按钮前就抢答，算犯规，抢答成功或犯规的选手号码将会显示在数码管上。主持人按下清除按钮，复位清零，再按出题按钮，下一轮抢答开始。

项目实施

1. 新建工程

工程中新建两个窗口，“窗口 0”和“窗口 1”。

2. 添加数据对象

在工作台中单击实时数据库，添加本任务所需的数据对象。单击“新增对象”按钮，添加 24 个数据对象。24 个数据对象如果不能准确确定数据对象类型，可都设置为“数值型”。分别是 a、b、c、d、e、f、fg1、fg2、fg3、fg4、g、L1、L2、L3、L4、t、出题、抢 1、抢 2、抢 3、抢 4、时间、无效、暂停。

3. “窗口 0” 的窗口组态

（1）添加按钮及组态

1）打开“窗口 0”，单击工具箱中的“标准按钮”图标，并绘制一个按钮；双击按钮，进行属性设置，在“基本属性”选项卡的文本中输入“抢答按钮 1”，并确认。

2）添加其他 5 个按钮，分别是出题按钮、清除按钮、抢答按钮 2、抢答按钮 3、抢答按钮 4。调整 6 个按钮位置，效果如图 11-1 所示。

3）双击“出题按钮”，在“基本属性”选项卡里设置文本颜色为“白色”，背景颜色为“绿色”。切换到“操作属性”选项卡，选择“抬起功能”，勾选“数据对象值操作”并填“置 1”，单击浏览按钮，连接数据库中的“出题”，并确认。设置效果如图 11-2 所示。

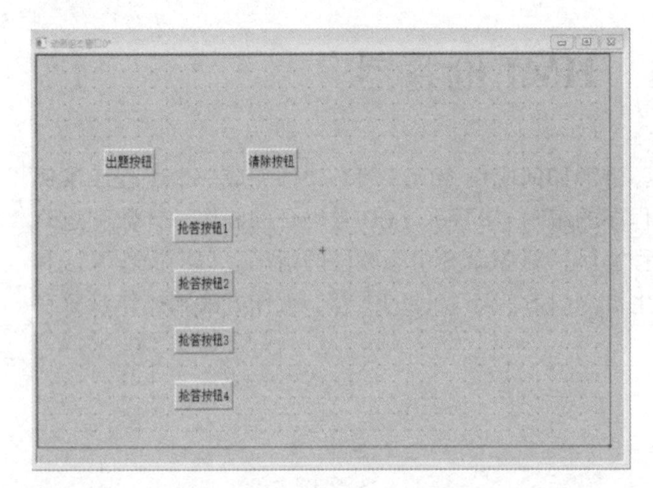

图 11-1　添加按钮组态画面

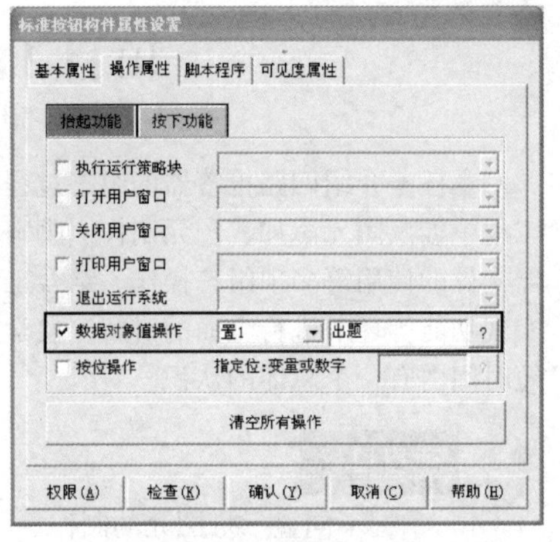

图 11-2　按钮属性设置

4）双击“清除按钮”，在“基本属性”选项卡里设置文本颜色为“白色”，背景颜色为“红色”。切换到“操作属性”选项卡，选择“抬起功能”，勾选“数据对象值操作”并填“清 0”，单击浏览按钮，连接数据库中的“出题”，并确认。

（2）添加“开始”和“等待”指示灯及组态

1）单击工具箱中“椭圆”图标，在窗口里画一个椭圆。双击椭圆，在“属性设置”选项卡里把填充颜色改为“绿色”，如图 11-3 所示。再画一个小椭圆，双击小椭圆，在“属性设置”选项卡里把填充颜色设置为“红色”，在“颜色动画连接”区域里勾选“填充颜色”。如图 11-4 所示。

2）切换到“填充颜色”选项卡，单击表达式选项后的浏览按钮，设置连接数据为“出题”，并确认。如图 11-5 所示。

3）单击“标签”图标，在窗口里添加一个“开始”标签和一个“等待”标签，如图 11-6 所示。双击“开始”标签，在“属性设置”选项卡里把填充颜色改为“红色”，边线颜色改为“没有边线”，字体颜色改为“白色”。如图 11-7 所示。

4）切换到“可见度”选项卡，将表达式的连接数据设置为“出题”，如图 11-8 所示。

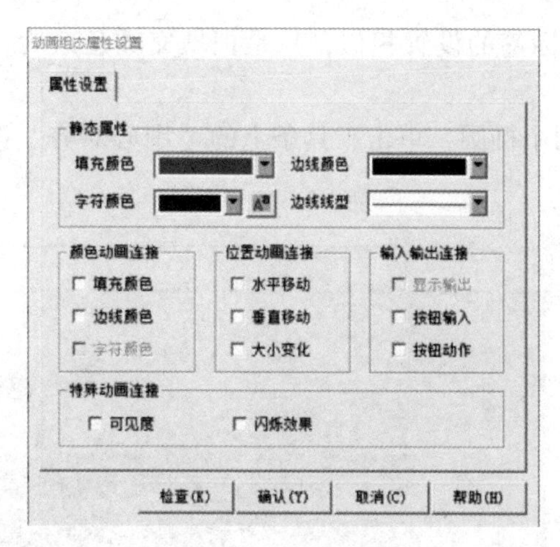

图 11-3　椭圆填充颜色

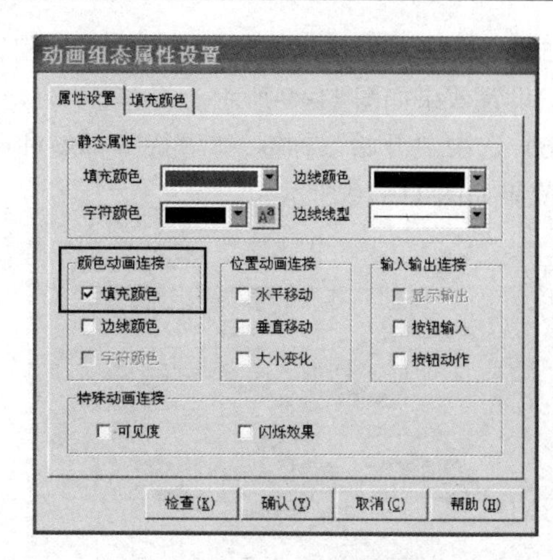

图 11-4　勾选“填充颜色”

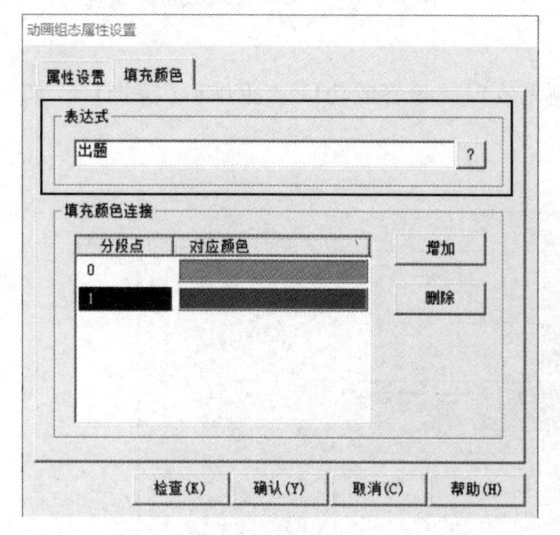

图 11-5　数据连接

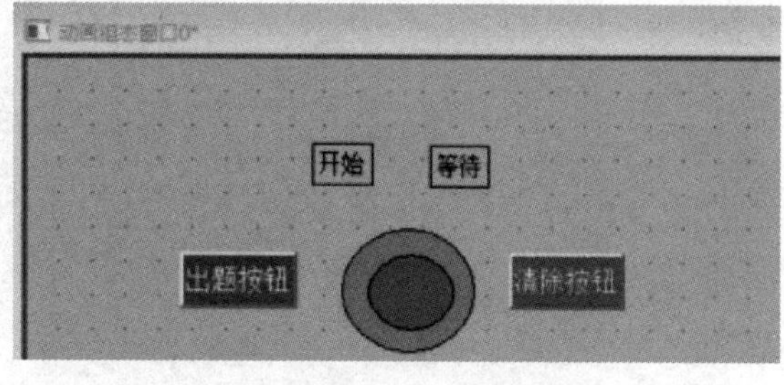

图 11-6　添加标签

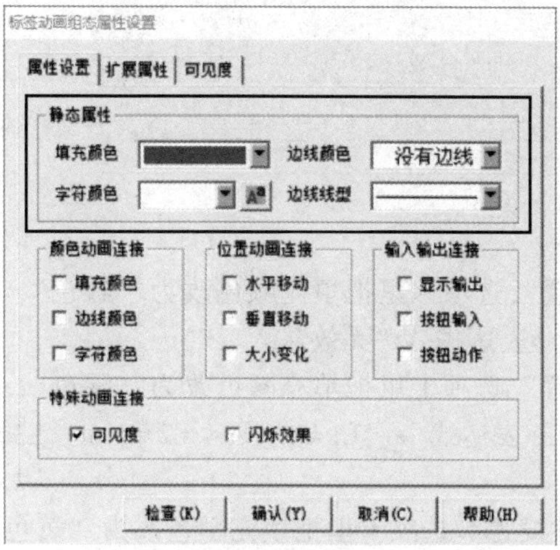

图 11-7　标签属性设置

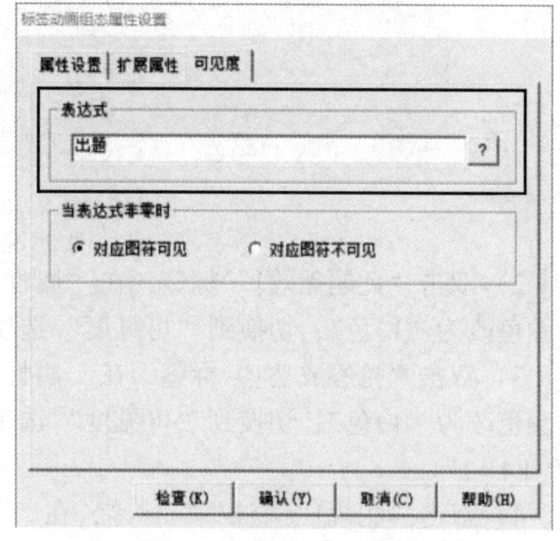

图 11-8　标签可见度设置

5）“等待”标签的属性设置与“开始”标签的设置相似，只是把填充颜色改为“绿色”。设置效果如图 11-9 所示。

6）选中“开始”标签、“等待”标签和两个椭圆，单击工具条上的“中心对齐”图标，效果如图 11-10 所示。

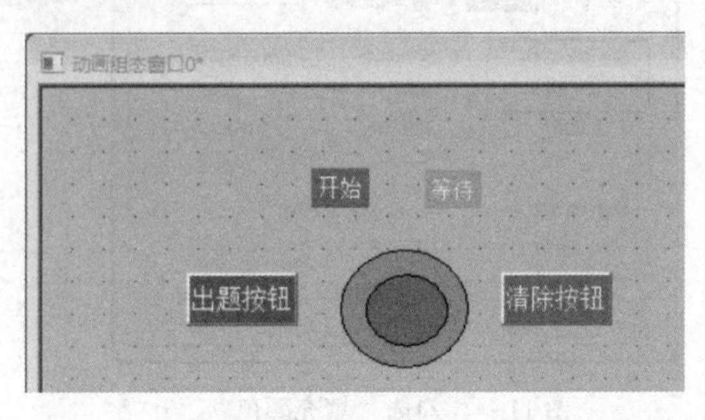

图 11-9　“等待”标签和“开始”标签设置效果

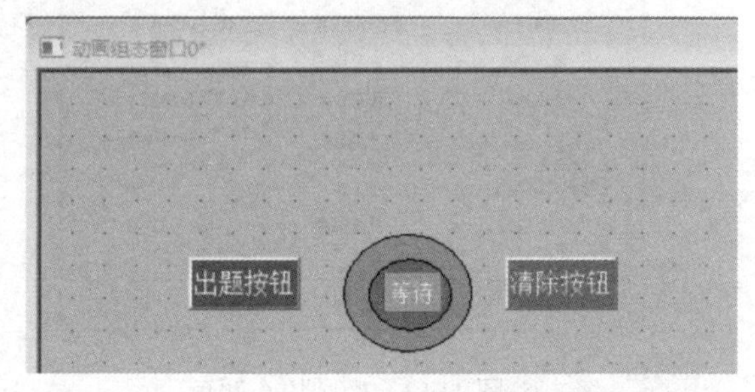

图 11-10　中心对齐处理效果

（3）添加抢答提示标签及组态

1）添加三个抢答提示标签，分别是“此题无效！”“抢答成功！”“犯规！（警告）”，如图 11-11 所示。

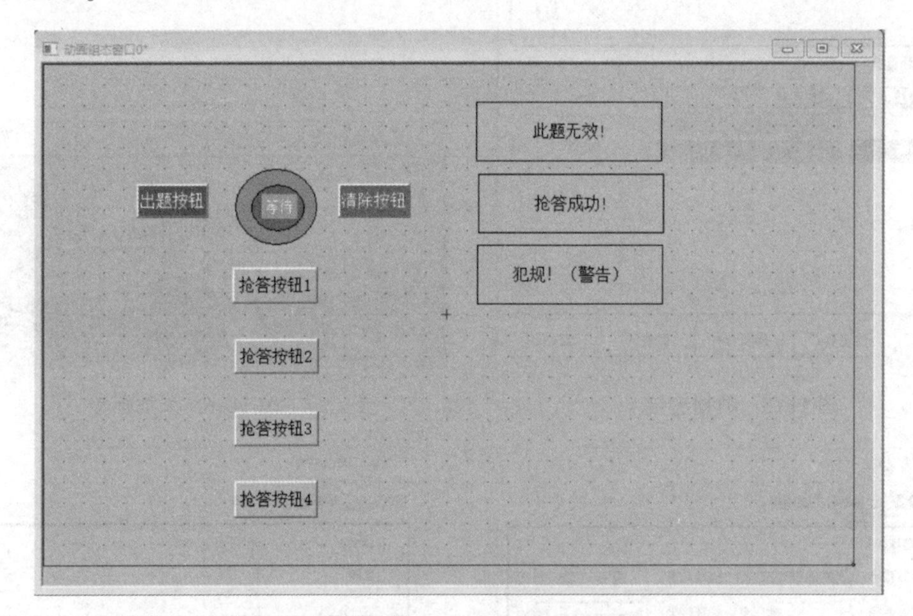

图 11-11　添加三个抢答提示标签

2）双击“此题无效！”标签，在“属性设置”选项卡里把填充颜色改为“红色”，字体颜色改为“白色”；切换到“可见度”选项卡→表达式→“无效”。

3）双击“抢答成功！”标签，在“属性设置”选项卡里把填充颜色改为“绿色”，字体颜色改为“白色”；切换到“可见度”选项卡→表达式→“L1 = 1　or　L2 = 1 or　L3 = 1 or　L4 = 1”。

4）双击“犯规！（警告）”标签，在“属性设置”选项卡里把填充颜色改为“黄色”，字体颜色改为“红色”；切换到“可见度”选项卡→表达式→“fg1 = 1 or fg2 = 1 or fg3 = 1 or fg4＝1”。三个抢答提示标签设置完成，效果如图 11-12 所示。选中这三个标签并中心对齐，效果如图 11-13 所示。

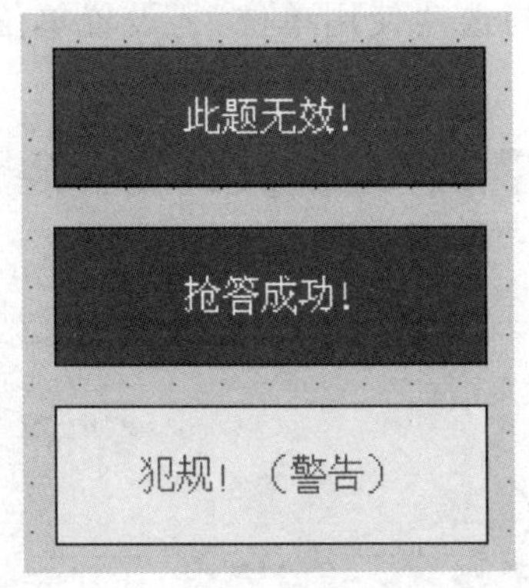

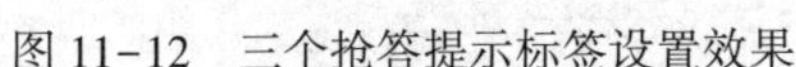

图 11-12　三个抢答提示标签设置效果

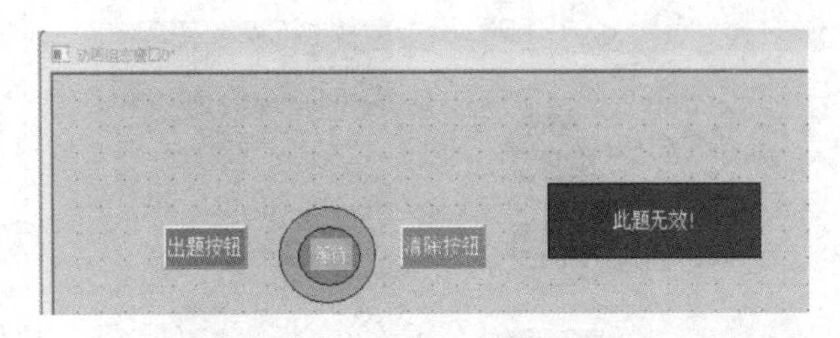

图 11-13　三个标签重叠在一起

（4）选手抢答指示灯图元的制作及组态

1）单击工具箱中的“常用符号”图标，在“常用图符”工具箱里单击“凸平面”按钮，在窗口里画 4 个凸平面。

2）在工具箱里单击“标签”图标，在窗口里画 4 个标签，并把填充颜色改为红色。

3）双击第一个标签，在“属性设置”里勾选“填充颜色”。切换到“填充颜色”选项卡中，将表达式改为“L1”，填充颜色连接中，“0”对应的颜色为灰色，“1”对应的颜色为绿色。如图 11-14 所示。

4）选中第一个凸平面和第一个标签，使它们中心对齐，然后单击鼠标右键，选择“排列”→“合成单元”，将以上图元作为选手抢答号码指示灯。如图 11-15 所示。

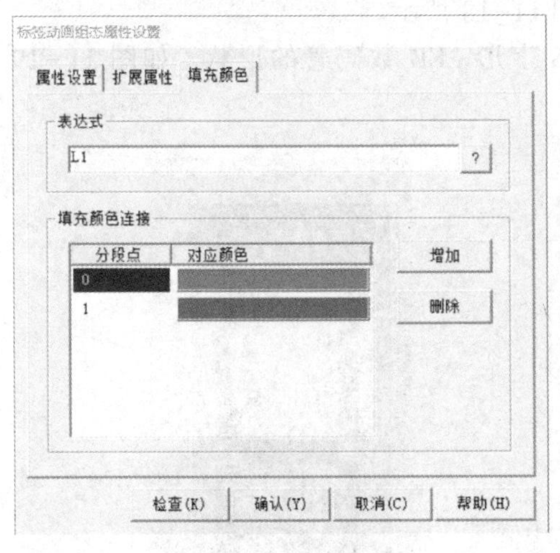

图 11-14　标签设置

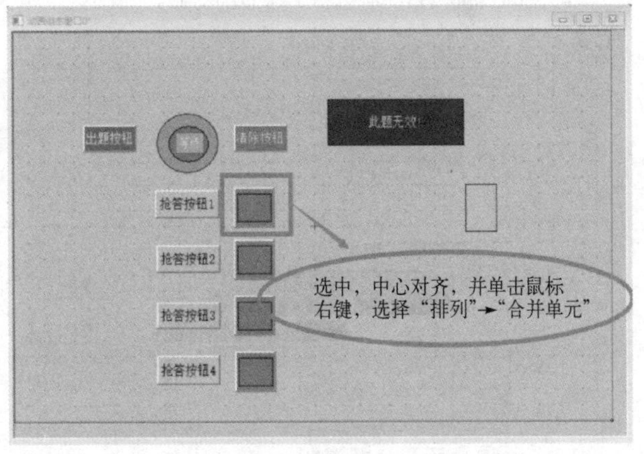

图 11-15　制作指示灯图元

5）同理，另外三个选手的抢答号码指示灯绘制方法类似，只需把填充颜色的表达式分别改为 L2、L3、L4。

（5）定时输入框图组态

1）在“常用图符”工具箱里单击“凹平面”图标，在窗口里放置一个凹平面。再在

工具箱里单击“输入框”图标ab|，将输入框放置在凹平面上。如图 11-16 所示。

2）双击输入框，在“基本属性”选项卡里把背景颜色改为“灰色”。切换到“操作属性”选项卡，将“对应数据对象的名称”设为“时间”，勾选“使用单位”，设置单位为“秒”。如图 11-17 所示。

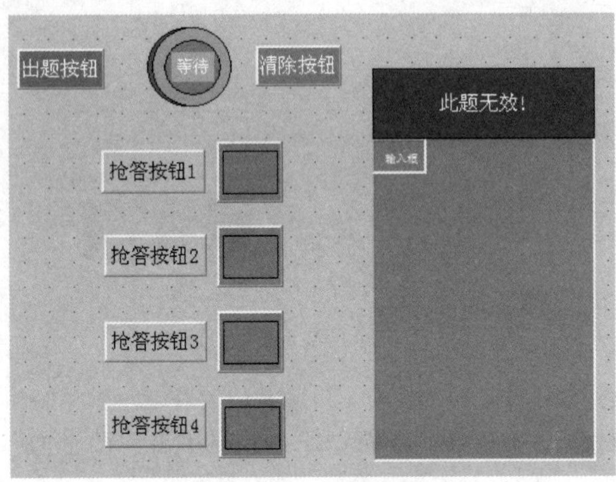

图 11-16　凹平面及输入框

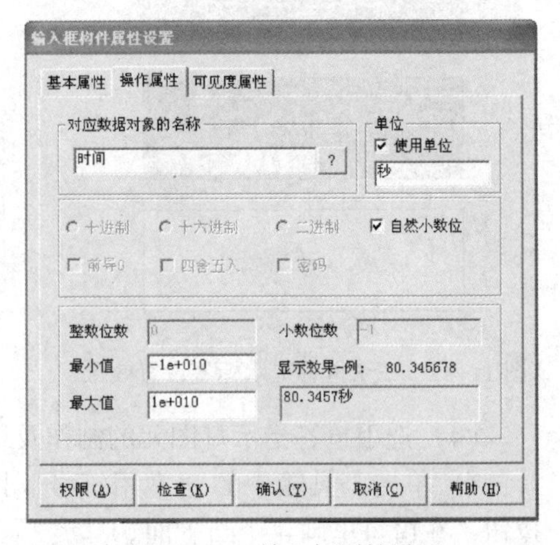

图 11-17　输入框属性设置

（6）8 字形 LED 数码管图元制作及组态

1）单击工具箱中“矩形”图标□，画一个矩形放在凹平面里。双击这个矩形，“属性设置”→“填充颜色”→“黑色”，“边线颜色”→“没有边线”，在“颜色动画连接”区域中勾选“填充颜色”。切换到“填充颜色”选项卡，表达式设为“a”，在“填充颜色连接”区域中单击“增加”按钮，然后双击“0”后面的颜色框，把颜色改为灰色，同理“1”的颜色改为绿色，“2”的颜色改为黄色。如图 11-18 所示。

2）把设置后的矩形再复制 6 个，摆成一个 8 字形 LED 数码管的形状。如图 11-19 所示。

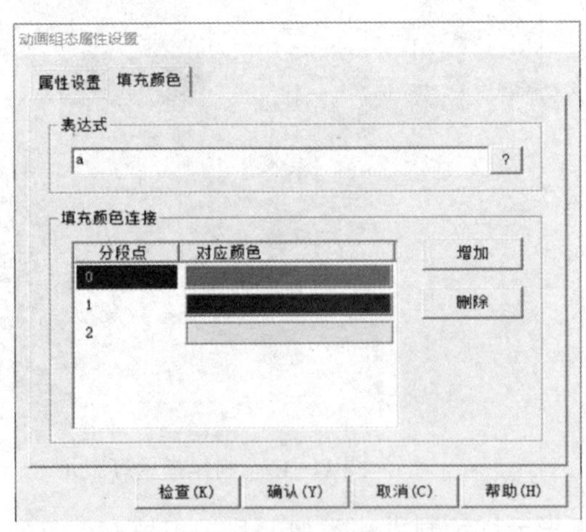

图 11-18　填充颜色选项设置

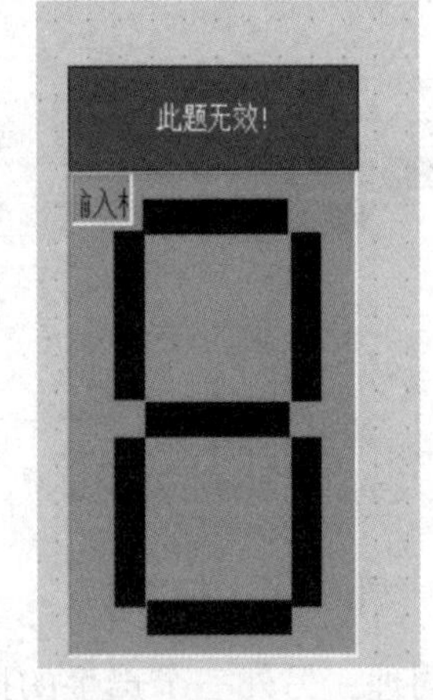

图 11-19　8 字形 LED 数码管

3）将这些矩形的表达式分别连接至数据库中的相应数据量 a、b、c、d、e、f、g，如图 11-20 所示。

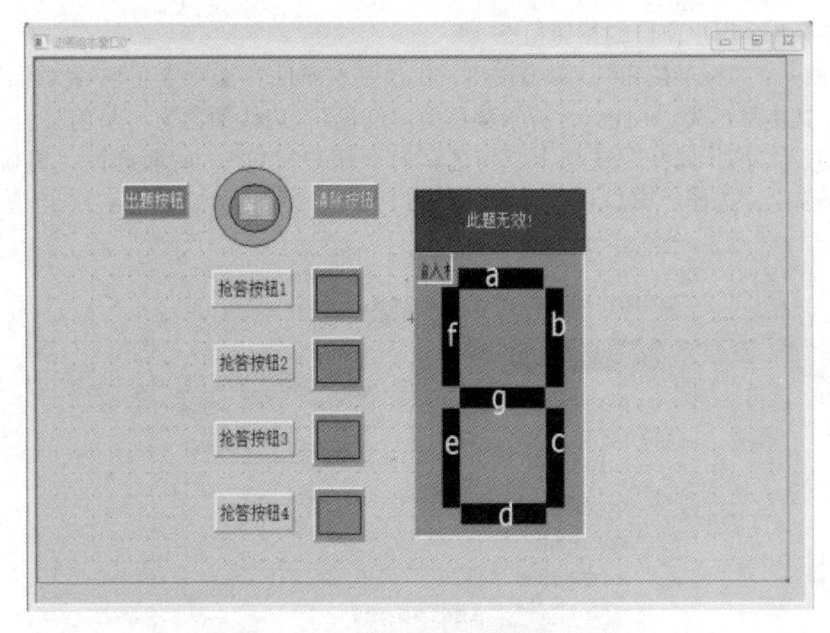

图 11-20　8 段 LED 数码管数据连接

（7）8 字形 LED 数码管右下角的“点”的组态

1）单击工具箱中的“椭圆”图标，画两个一样大小的圆。双击上面的圆进行属性设置，在“属性设置”选项卡里把填充颜色和边线颜色均改为“灰色”（和凹平面的颜色一样），勾选“闪烁效果”。切换到“闪烁效果”选项卡，填写表达式“fg1=1 OR　fg2=1 OR fg3=1 OR fg4=1”，闪烁实现方式选择“用图元属性的变化实现闪烁”，填充颜色选择“黄色”。如图 11-21 所示。下面的圆的设置方法同上面的圆一样，闪烁实现方式选择“用图元属性的变化实现闪烁”，填充颜色选择“绿色”。

2）把这两个圆放在凹平面里。如图 11-22 所示。由于两个圆的静态属性颜色和凹平面的颜色相同，所以静态时看不出两个圆的轮廓。两个圆的动态属性颜色与凹平面颜色不同，所以动态时就会显示出轮廓。

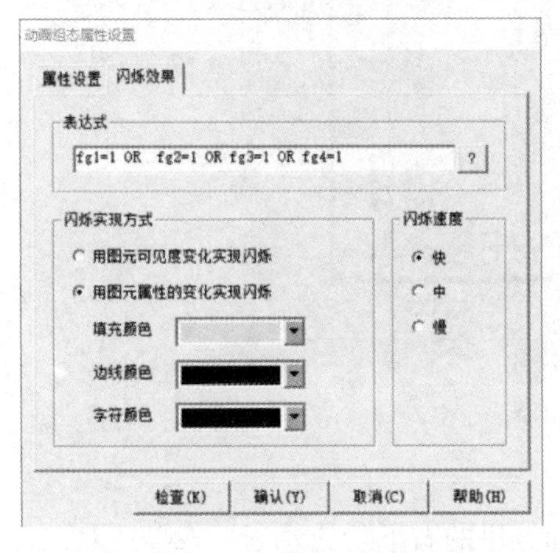

图 11-21　闪烁效果选项设置

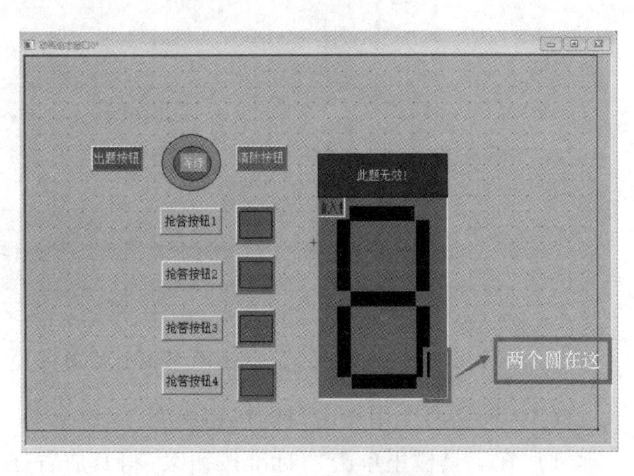

图 11-22　两个圆放置效果

（8）连接两个用户窗口的按钮组态

1）添加一个“标准按钮”。双击按钮，在“基本属性”选项卡里填写文本内容为“返回窗口 1”，文本颜色为“白色”，背景颜色为“红色”，边线颜色为“灰色”。

2）切换到“操作属性”选项卡，勾选“打开用户窗口”，后面选择“窗口 1”；勾选“关闭用户窗口”，选择“窗口 0”。如图 11-23 所示。

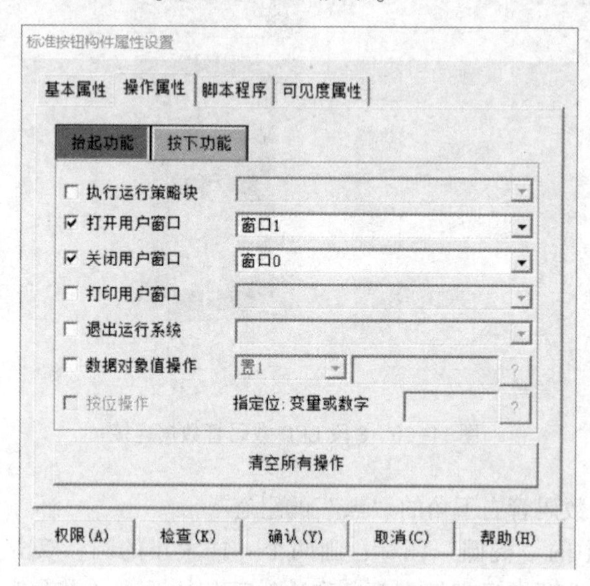

图 11-23　窗口间操作属性设置

4. “窗口 1”的窗口组态

（1）按图 11-24 所示完成“窗口 1”的组态。

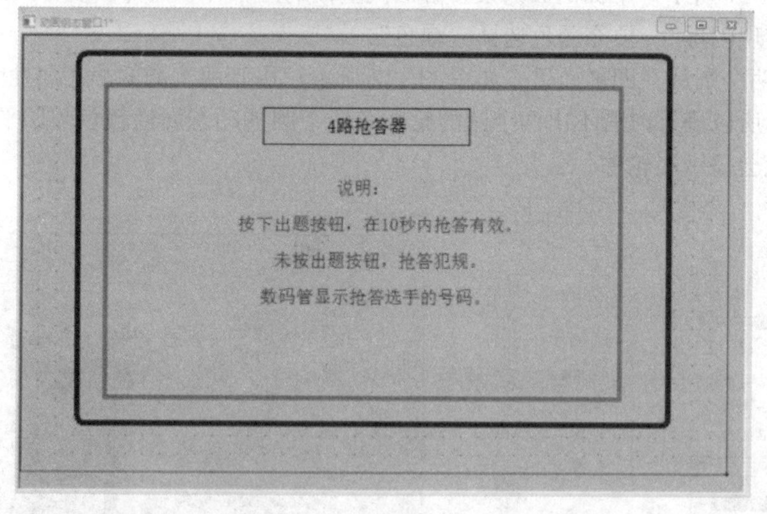

图 11-24　“窗口 1”的组态

（2）连接两个用户窗口的按钮组态

1）在工具栏里单击“标准按钮”，将其放置在大标签里的右下角处。

2）双击该按钮，在“基本属性”选项卡里填写文本“进操作窗口 0”，文本颜色为“白色”，背景颜色为“红色”，边线色为“灰色”。切换到“操作属性”选项卡，勾选“打开用户窗口”，选择“窗口 0”；勾选“关闭用户窗口”，选择“窗口 1”。最终效果如图 11-25 所示。

图 11-25　“窗口 1”的最终组态

3）进入工作台，将“窗口 1”的设置为启动窗口。

5. 脚本程序的编写

（1）“清除按钮”脚本程序

双击“清除按钮”，进行属性设置，切换到“脚本程序”选项卡，在“抬起脚本”里填写脚本程序，参考如下：

```
L1=0
L2=0
L3=0
L4=0
抢 1=0
抢 2=0
抢 3=0
抢 4=0
fg1=0
fg2=0
fg3=0
fg4=0
a=0
b=0
c=0
d=0
e=0
```

```
f=0
g=0
时间=0
暂停=0
无效=0
```

（2）“抢答按钮”脚本程序

1）双击“抢答按钮 1”，进行属性设置，切换到“脚本程序”选项卡，在“抬起脚本”里填写脚本程序，参考如下：

```
IF 出题=1 AND 抢 2=0 AND 抢 3=0 AND 抢 4=0 THEN
L1=1
抢 1=1
ENDIF
IF 出题=0 THEN fg1=1
```

单击“检查”按钮并确认。

2）同理，“抢答按钮 2”“抢答按钮 3”“抢答按钮 4”的脚本程序分别如下。

① 抢答按钮 2：

```
IF 出题=1 AND 抢 1=0 AND 抢 3=0 AND 抢 4=0 THEN
L2=1
抢 2=1
ENDIF
IF 出题=0 THEN fg2=1
```

② 抢答按钮 3：

```
IF 出题=1 AND 抢 2=0 AND 抢 1=0 AND 抢 4=0 THEN
L3=1
抢 3=1
ENDIF
IF 出题=0 THEN fg3=1
```

③ 抢答按钮 4：

```
IF 出题=1 AND 抢 2=0 AND 抢 3=0 AND 抢 1=0 THEN
L4=1
抢 4=1
ENDIF
IF 出题=0 THEN fg4=1
```

（3）用户窗口循环脚本

双击“窗口 0”空白处，进入“用户窗口属性设置”→“循环脚本”→“打开脚本程序编辑器”，编写脚本参考程序如下：

```
IF L2=1 OR L3=1 THEN a=1
IF fg2=1 OR fg3=1 THEN a=2
IF L2=1 OR L3=1 OR  L1=1 OR L4=1  THEN b=1
IF fg2=1 OR fg3=1 OR  fg1=1 OR fg4=1  THEN b=2
IF L1=1 OR L3=1 OR L4=1  THEN c=1
```

```
IF fg1=1 OR fg3=1 OR fg4=1   THEN c=2
IF L3=1 OR L2=1   THEN d=1
IF fg2=1 OR fg3=1   THEN d=2
IF L2=1   THEN e=1
IF fg2=1   THEN e=2
IF L4=1   THEN f=1
IF fg4=1   THEN f=2
IF L2=1 OR L3=1 OR L4=1   THEN g=1
IF fg2=1 OR fg3=1 OR fg4=1   THEN g=2
IF 出题=1   AND 暂停=0 THEN 时间=时间+1
IF 时间=10 THEN
时间=0
出题=0
L1=0
无效=1
L2=0
L3=0
L4=0
ENDIF
IF L2=1 OR L3=1 OR L4=1 OR L1=1 THEN
暂停=1
ENDIF
```

6. 下载运行与调试

运行过程中注意验证每个抢答按钮的正确性、每步提示信息的正确性、错误操作的提示等内容。

44　工程制作

45　工程调试

学习成果检查表（见表 11-1）

表 11-1　抢答器成果检查表

学习成果			评分表		
巩固学习内容	检查与修正	总结与订正	小组自评	学生自评	教师评分
任务中的数码管中的“点”是如何组态的					
操作信息框的组态					
操作按钮的组态					
你还学了什么					
你做错了什么					

拓展与提升

完成如图 11-26 所示抢答器的组态功能：主持人按下“出题按钮”，4 组选手在 10 s 内抢答有效（10 s 内无人抢答，此题作废）。如果选手未等主持人按下“出题按钮”就进行抢答，则按犯规处理（犯规超过 2 次取消继续比赛资格）。数码管显示抢答选手的号码（大屏幕可实时显示抢答场次和选手成绩）。主持人按“清除按钮”，下一轮抢答可以开始。

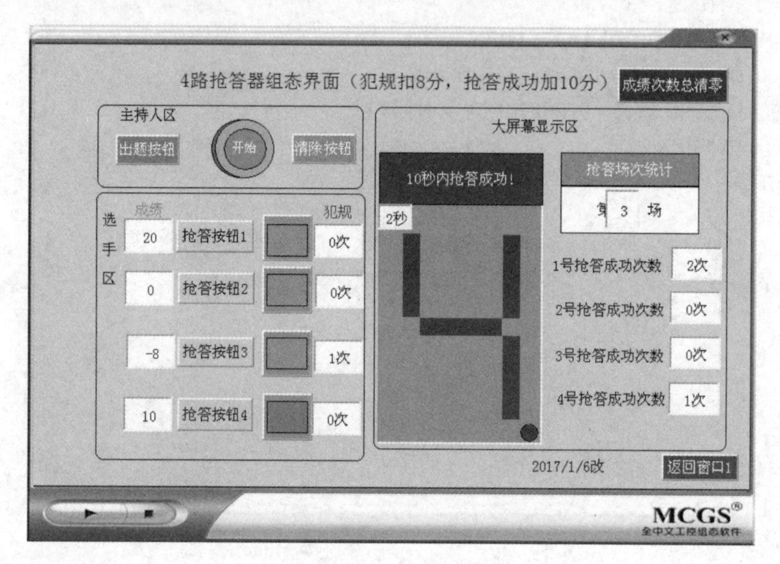

图 11-26　四路抢答器模拟运行环境

46　四路抢答器

练习与提高

1）把 10 s 抢答设置成倒计时，组态过程如何完成？

2）根据本任务完成 8 路抢答器案例的设计，关键要修改哪些参数？试着完成。

3）将本项目的控制通过三菱 PLC 程序控制完成，设定 PLC 的输入/输出分配表如表 11-2 所示，编写 PLC 程序，并下载调试（参考程序见配套资源）。

表 11-2　抢答器的输入/输出分配表

输　入		输　出	
元　件	地　址	元　件	地　址
出题按钮	X0	出题指示灯	Y10
清除按钮	X7	犯规指示灯	Y11
选手 1 抢答按钮	X1	数码管 A 段	Y0
选手 2 抢答按钮	X2	数码管 B 段	Y1
选手 3 抢答按钮	X3	数码管 C 段	Y2
选手 4 抢答按钮	X4	数码管 D 段	Y3
		数码管 E 段	Y5
		数码管 F 段	Y6
		数码管 G 段	Y7

项目 12　HMI 的小车自动往返三次停止

本任务介绍小车自动往返三次停止的组态过程，讲解如何应用 MCGS 组态软件完成一个工程。工程中涉及动画制作、图元制作、脚本程序的编写、变量运行轨迹设计、定时器构件的使用等多项组态操作。为了强化以上内容的练习，在归档及结果应用中，通过机械手控制系统实例，对 MCGS 组态软件的组态过程、操作方法和实现功能等环节进行全面的讲解及巩固，使学生对 MCGS 组态软件的内容、工作方法和操作步骤在短时间内有一个总体的认识及提高。

项目目标

1）掌握行程开关的组态过程。

2）掌握小车自动调头运行的组态过程。

3）了解如何对运行策略进行调试。

4）掌握图元构件动作路线的组态过程。

项目计划

小车自动往返装卸料的最终效果如图 12-1 所示。小车初始位置停在左侧，压着左侧行程开关；左右两个行程开关相距 500 m。按启动按钮后，开始装料，5 s 后左侧行程开关断开，小车右行；当小车到达右侧位置时，右侧行程开关闭合，并开始卸料；10 s 后卸料结

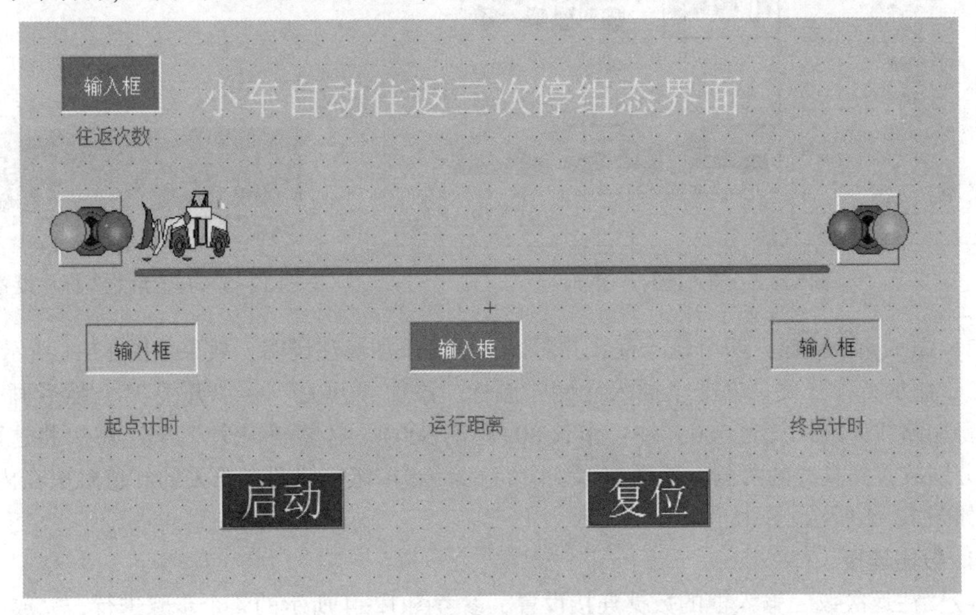

图 12-1　小车自动往返装卸料效果图

束，小车开始左行；回到左侧起始位置时，左侧行程开关闭合，显示器显示循环计数一次。如此循环往复，自动循环三次后结束。再次按下启动按钮，小车又可以自动往返三次停止，任何时候按下复位按钮，小车回原位，所有数据清零。

项目实施

1. 新建工程

建立“小车自动往返控制”工程，新建“用户窗口”，命名为“小车自动往返控制”。

2. 新建实时数据库中数据对象

新建数据对象名称及类型：数据次数（数值型），复位（开关型），距离（数值型），启动（开关型），起点计时（数值型），速度（数值型），终点计时（数值型）。

3. 用户窗口组态

1）添加小车。在用户窗口中，单击“插入元件”图标，添加“小车”，添加一正一反两个小车，如图 12-2 所示的“装载车 1”和“装载车 2”。将两个小车调整一样大小，将车长设为 80，高设 55，长度及高度大小通过右下角的坐标栏设置，如图 12-3 所示。之后将两个小车重叠在一起，放在左侧起始位置。

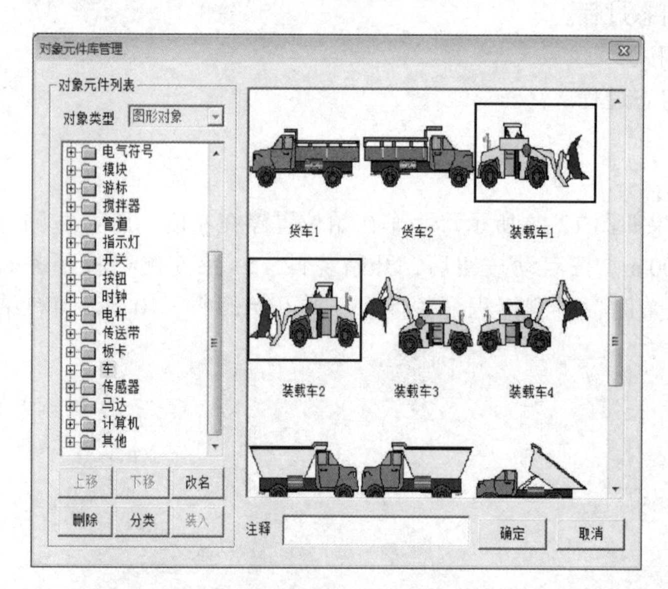

图 12-2 插入元件“小车”

图 12-3 右下角的坐标栏设置

2）添加两个按钮，四个输入框，并对以上图元添加标注说明，效果如图 12-1 所示。

3）添加行程开关。单击“插入元件”图标，添加“开关”→“开关 3”；然后画一条小车行动路线，路线长为 580（注：车长 80+距离 500）。再复制一个“开关 3”，将这两个开关分别放置到直线的两侧，使用编辑条中的按钮，使两个开关的红色触头在内侧，效果如图 12-1 所示。

4. 数据连接

1）“往返次数”输入框的数据连接设置，参考图 12-4 所示的 4 个步骤进行，完成“往返次数”输入框与连接数据对象“次数”的连接过程。

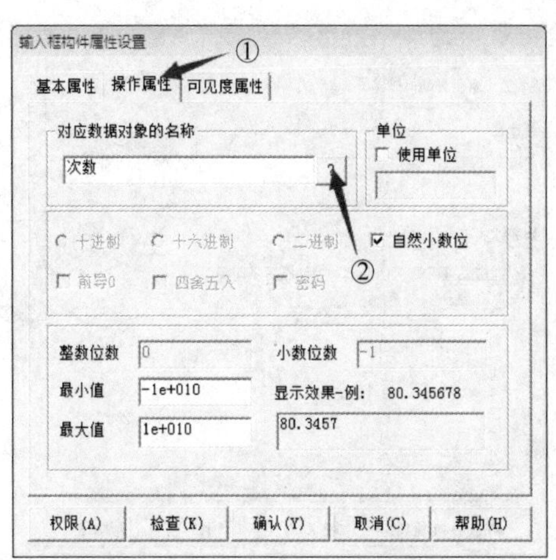

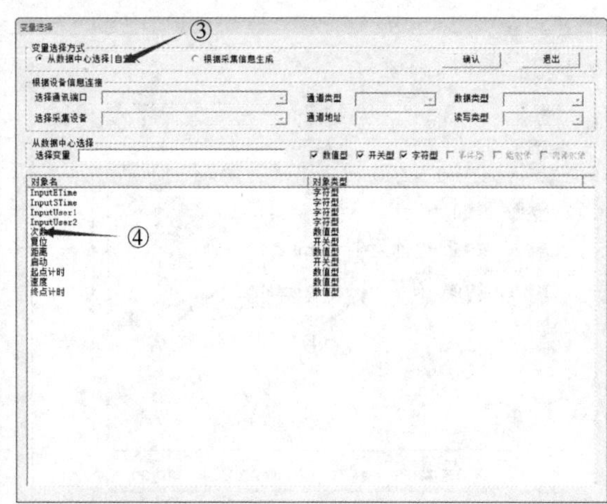

图 12-4　“往返次数”输入框的设置过程

2）同理，“起点计时”“终点计时”和“运行距离”输入框的设置与“往返次数”输入框的设置步骤相同。只需将“起点计时”对应连接数据对象“起点计时”，将“终点计时”输入框对应连接数据对象“终点计时”，将“运行距离”输入框对应连接数据对象“距离”即可。

3）左侧行程开关的数据连接，参考图 12-5 所示的 3 个步骤进行设置，按钮输入连接数据对象中的“距离”，可见度：表达式→“距离=0”。完成左侧行程开关数据连接。

4）右侧行程开关的数据连接，参考图 12-6 所示的 3 个步骤进行设置。按钮输入连接数据对象中的“距离”，可见度：表达式→“距离=500”。

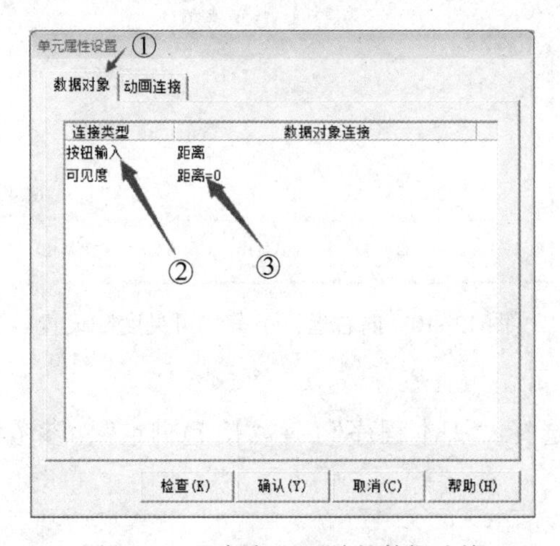

图 12-5　左侧行程开关的数据连接

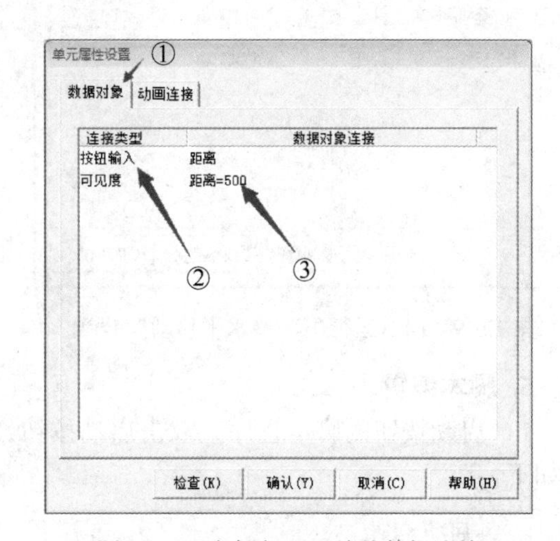

图 12-6　右侧行程开关的数据连接

5）由右向左行驶的小车的数据连接。双击由右向左行驶的小车，参考图 12-7 所示的 6 个步骤，设置“水平移动”选项卡。水平移动→表达式→“距离”；同时，将“水平移动”的最小移动偏移量改为“500”，最大移动偏移量改为“0”。参考图 12-8 所示的 3 步，设置“可见度”选项卡。表达式→“终点计时>=1”，勾选“对应图符可见”。

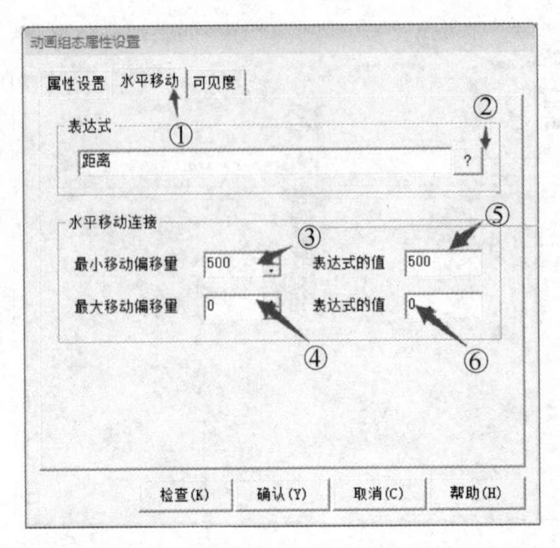

图 12-7　向左运行小车“水平移动”设置

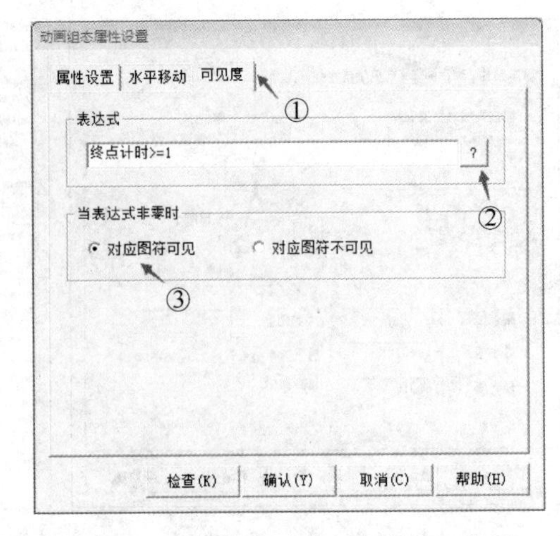

图 12-8　向左运行小车“可见度”设置

6）由左向右行驶的小车的数据连接。参考由右向左行驶的小车的数据连接过程，由左向右行驶的小车的“水平移动”设置如图 12-9 所示；由左向右行驶的小车的“可见度”设置如图 12-10 所示。

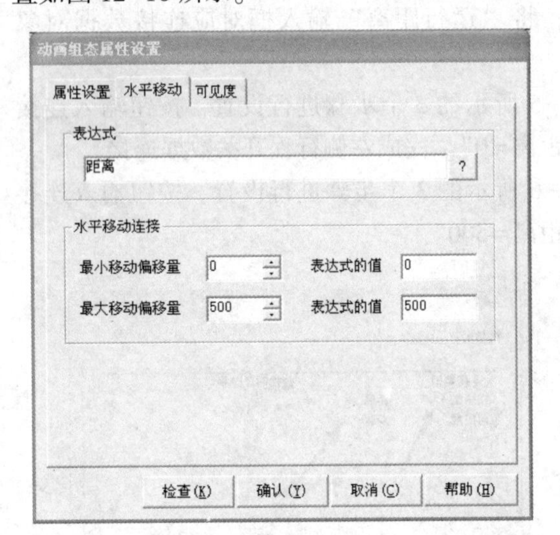

图 12-9　向右运行小车“水平移动”设置

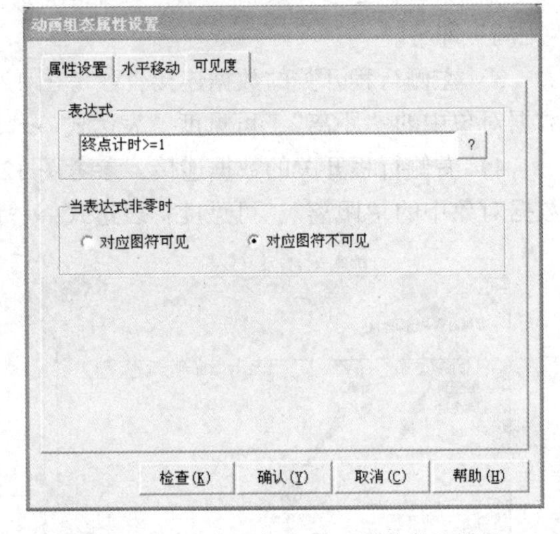

图 12-10　向右运行小车“可见度”设置

5. 脚本编辑

1）启动按钮的脚本程序。双击启动按钮，选择“脚本程序”→“抬起脚本”，参考程序如下：

```
启动=1
IF 次数 = 3  THEN
次数 = 0
终点计时 = 0
ENDIF
```

2）复位按钮的脚本程序。双击复位按钮，选择“脚本程序”→“抬起脚本”，参考程序如下：

```
启动 = 0
次数 = 0
距离 = 0
起点计时 = 0
终点计时 = 0
速度 = 0
```

3）“运行策略”窗口的循环脚本程序。双击“循环策略”，新增 4 个策略行，参考项目要求，把任务分解成装料、右行、卸料、左行这 4 个步骤，如图 12-11 所示。

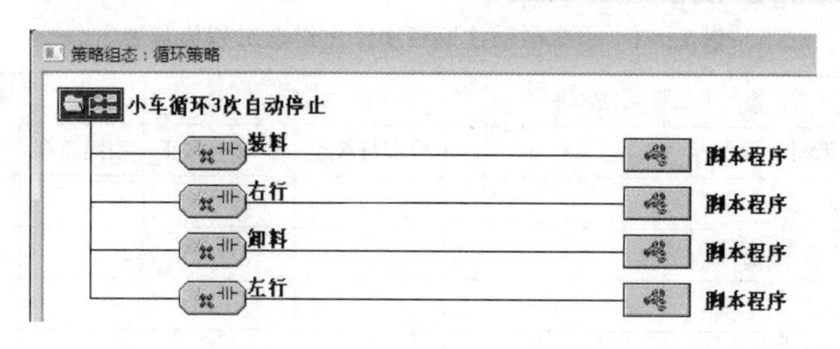

图 12-11　“循环策略”的 4 个步骤

循环时间设置为“500”，策略 1 运行条件表达式（距离=0 AND 启动=1 AND 次数<3）脚本程序如下：

```
起点计时=起点计时+1
IF 起点计时 >=5 THEN 起点计时=5
```

策略 2 运行条件表达式（起点计时=5）脚本程序如下：

```
速度=10
距离=距离+速度
IF　距离=500　THEN
起点计时=0
速度=0
ENDIF
```

策略 3 运行条件表达式（距离=500）脚本程序如下：

```
终点计时=终点计时+1
IF 终点计时=10　THEN 速度=-10
```

策略 4 运行条件表达式（ 终点计时=10）脚本程序如下：

```
距离=距离+速度
IF 距离=0　AND　启动=1 AND 次数<3　THEN
速度=0
终点计时=0
次数=次数+1
ENDIF
```

6. 设备调试与运行

将工程下载，启动运行。观察小车运行次数及行程开关的动作，观察小车图元的自动调头动作。

47　数据连接

48　工程调试

学习成果检查表（见表 12-1）

表 12-1　小车自动往返三次停止组态工程检查表

学习成果			评分表		
巩固学习内容	检查与修正	总结与订正	小组自评	学生自评	教师评分
行程开关的组态过程					
小车自动调头运行的组态过程					
图元动作路线的组态过程					
运行策略如何进行调试					
你还学了什么					
你做错了什么					

拓展与提升

1. HMI 的小车自动往返 N 次停止组态工程

本工程的要求与项目 12 的差别：小车自动往返次数可以通过输入框设置预设次数，然后小车按照预设次数自动往返运行，组态用户窗口如图 12-12 所示，请参考配套资源进行分析。

图 12-12　小车自动往返 N 次停止组态工程

49　组态工程

2. 小车左右限位报警组态工程

小车前进后退（限位报警）组态工程如图 12-13 所示。小车初始位置在原点，报警条显示“小车在原点!”，按住“右行”按钮，小车由左往右运行，当运行至 120 m 时会触碰到右限位行程开关，行程开关动作，小车停止运行，报警条显示“小车到位了!”。按住“左行”按钮，小车由右往左运行，当运行至 120 m 时会触碰到左限位行程开关，行程开关动作，小车停止运行，报警条显示“小车在原点!”。小车运行过程中“滑动输入器”构件和“实时距离”文本框能够实时显示运行距离，行程开关均采用双重保护设置，外侧的两个行程开关可根据需要自行决定是否设置。本工程中不但要自己制作多个“元件”，还要掌握“报警条”和“滑动输入器”构件的应用，启动脚本和循环脚本的编辑等已经学习过的知识点，请参考配套资源自行分析。

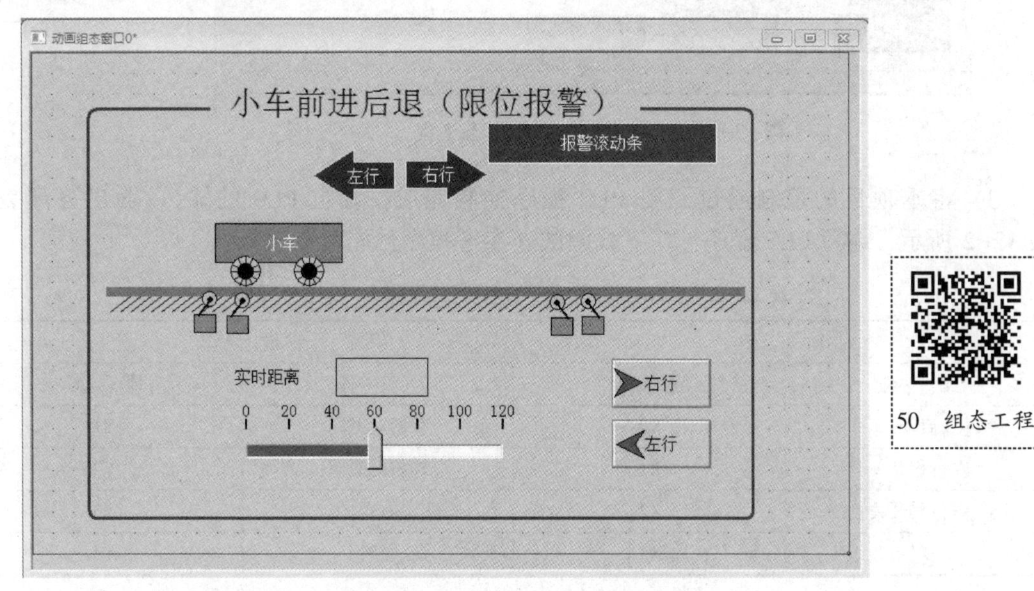

图 12-13　小车前进后退（限位报警）组态工程

50　组态工程

3. 机械手控制系统组态工程

机械手控制系统工程最终效果如图 12-14 所示。按“启动”按钮后，机械手下移 5 s→夹紧2 s→上升 5 s→右移 10 s→下移 5 s→放松 2 s→上移 5 s→左移 10 s，最后回到原始位置，自动循环。松开“启动”按钮，机械手停在当前位置。按下“复位”按钮后，机械手在完成本次操作后，回到原始位置，然后停止。松开“复位”按钮，退出复位状态。通过机械手控制系统组态工程，进一步掌握图元的制作，运动轨迹控制等知识。请参考配套资源进行分析。

练习与提高

1）启动策略、退出策略、循环策略这三个策略，各自如何设置?

2）建立实时数据库的过程也就是定义数据对象的过程。定义数据对象主要包括以下内容：①指定数据变量的名称、类型、初始值和数值范围。②确定与数据变量存盘相关的参数，如存盘的周期、存盘的时间范围和保存期限等。以上说法是否准确?

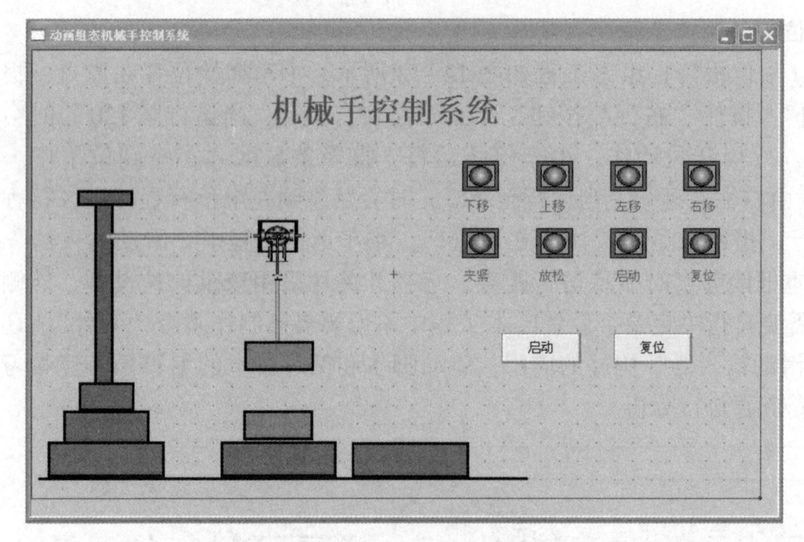

图 12-14　机械手控制系统组态工程

51　组态工程

3）将本项目的控制通过三菱 PLC 程序控制完成，设定 PLC 的输入/输出分配表如表 12-2 所示，编写 PLC 程序，并下载调试（参考程序见配套资源）。

表 12-2　小车自动往返三次停止工程输入/输出分配表

输　入		输　出	
元　件	地　址	元　件	地　址
启动	X0	装料电磁阀	Y1
左行程开关	X1	卸料电磁阀	Y2
右行程开关	X2	右行	Y3
复位	X3	左行	Y4

项目 13　HMI 三相交流电动机星/角转换控制

本项目介绍 HMI 控制三相交流电动机星/角转换系统的组态过程，讲解如何应用 MCGS 组态软件完成一个工程。工程中涉及动画制作、图元制作与修改、脚本程序的编写、不同策略的使用等多项组态操作。结合工程实例，对 MCGS 组态软件的组态过程、操作方法和实现功能等环节进行全面的讲解，使学生对 MCGS 组态软件的内容、工作方法和操作步骤在短时间内有一个总体的认识。

项目目标

1）掌握三相交流异步电动机的风扇构件组态过程。

2）掌握转速标签显示的组态过程。

3）了解并运用不同的策略进行调试。

项目计划

本项目主要实现以下控制要求：按下“起动”按钮，三相异步电动机实现星形减压运行，KM 主和 KM 星指示灯亮，星角指示的电气符号为星形符号，电动机运行速度为 1160 r/min，电动机风扇转动动画较慢且页面有“设备正在运行”文字标签显示；延时 5 s 后（延时时间可设置），电动机绕组由星形联结变成角形联结，KM 主和 KM 角指示灯亮，星角指示的电气符号为角形符号、电动机运行速度为 1460 r/min、电动机风扇转动动画较快。按下“停止”按钮电动机停止，显示和动画都复位且页面有“设备已经停止”文字标签显示。

项目实施

1. 创建新工程及新用户窗口

2. 实时数据库建立数据对象

单击“新增对象”按钮，添加 8 个数据对象：T（数值型）、控制（数值型）、起动（数值型）、手动 T（数值型）、停止（数值型）、五角星（数值型）、旋转（数值型）、转速（数值型）。

3. 用户窗口组态

（1）添加标准按钮

单击“标准按钮”图标，添加两个按钮。将其中一个按钮的文本设置为“起动”，另一个按钮的文本设置为“停止”。

（2）绘制指示灯图元构件

1）单击“矩形”图标，添加一个矩形。设置填充颜色为“浅蓝色”；边线线型选择最粗的那种，如图 13-1 所示。

2）再添加一个小的矩形。设置填充颜色为“蓝色”；边线线型选择最细的那种，如

图13-2所示。勾选“填充颜色”，切换到“填充颜色”选项卡，在表达式里输入“起动=1”。再按图13-3所示，修改“填充颜色连接”区域中分断点所对应的颜色：0→白色、1→艳粉色。

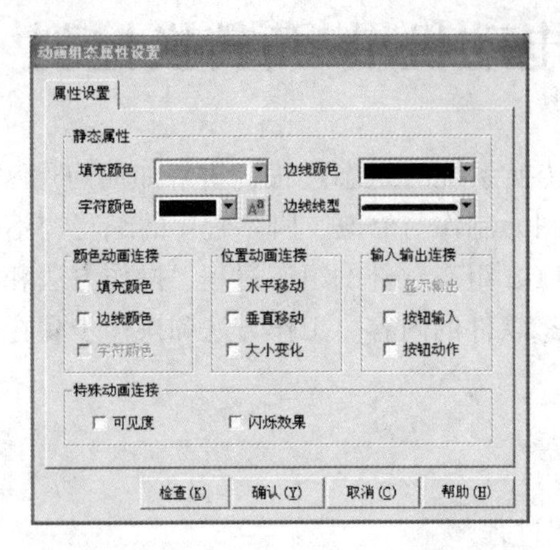

图13-1　矩形的组态属性设置

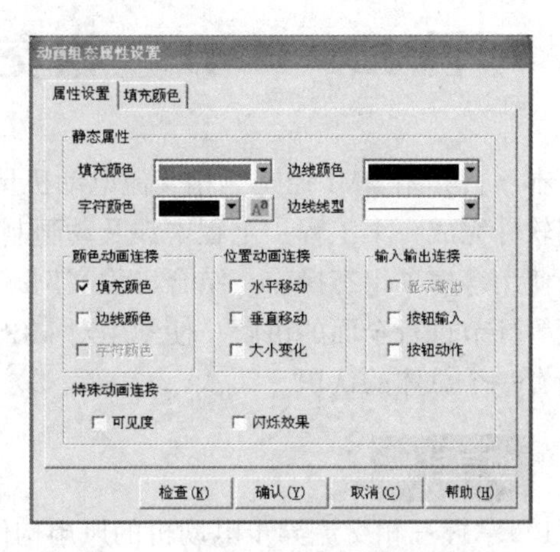

图13-2　小矩形的组态属性设置

3）选择两个矩形，单击工具条上的“中心对齐”图标，将两个矩形叠加在一起，作为一个指示灯图元构件。通过复制的方式添加另外两个指示灯图元构件，并为三个指示灯图元构件，分别添加文字标签：KM主、KM星、KM角，如图13-4所示。其中，KM星指示灯图元中小矩形“填充颜色”选项的表达式为“起动=1 AND T<手动T”；KM角指示灯图元中小矩形“填充颜色”选项的表达式为“T=手动T AND 起动=1”。

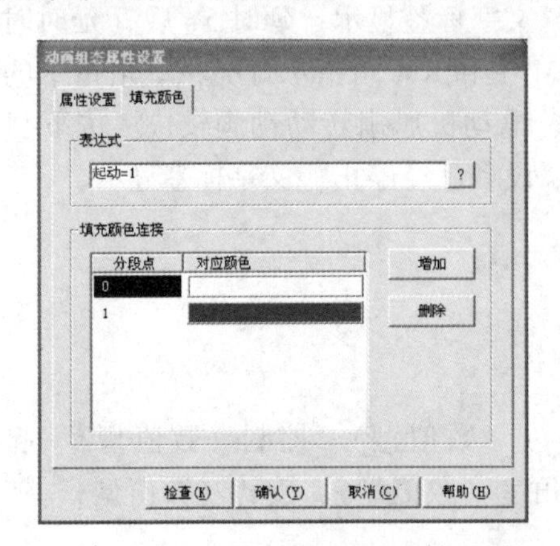

图13-3　填充颜色连接

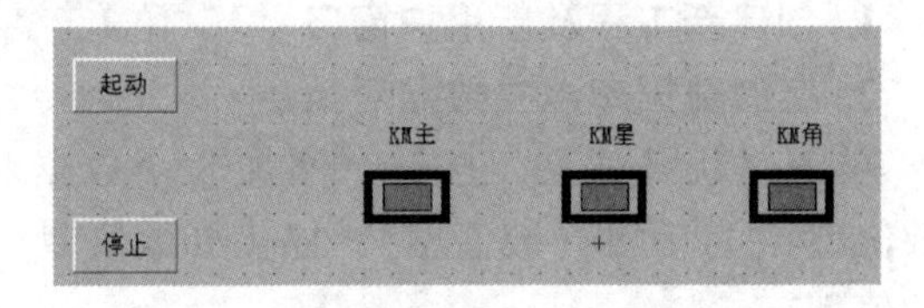

图13-4　三个指示灯图元构件

（3）添加“星角实际时间”指示的标签

双击标签，在“属性设置”选项卡里勾选“显示输出”。切换到“显示输出”选项卡，设置：表达式→“T”、勾选“单位”→秒、输出值类型→数值量输出。如图13-5所示。

（4）添加“星角切换时间”指示的输入框

指示框用于显示手动设定的时间。单击“输入框”图标，添加一个输入框。双击输入框，在“输入框构件属性设置”对话框里→操作属性→勾选“使用单位”→秒；对应数据对象的名称→“手动T”。如图13-6所示。

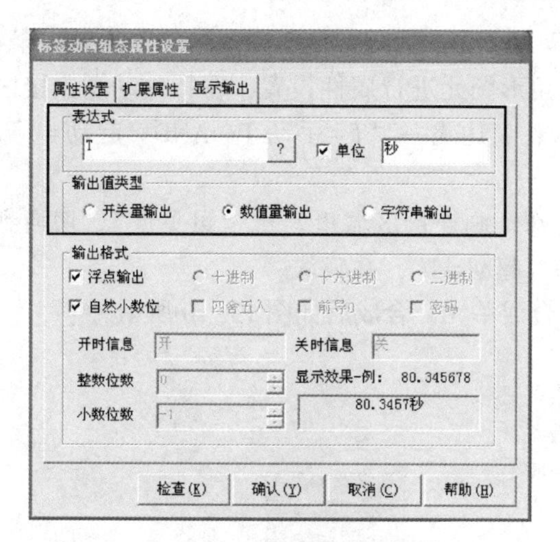

图 13-5　“显示输出”选项卡

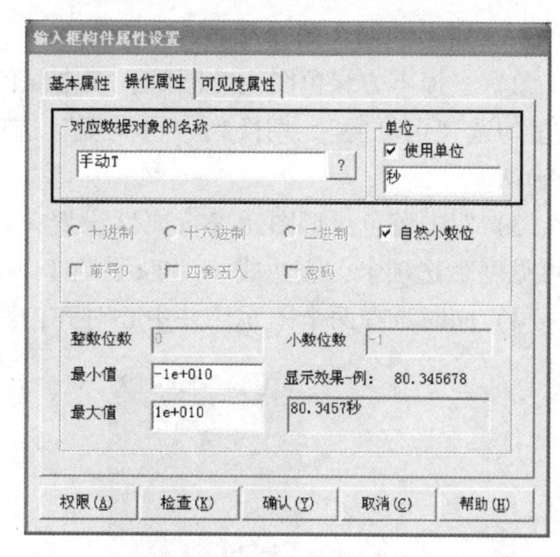

图 13-6　“输入框构件属性设置”对话框

（5）添加转速指示标签

添加一个标签，双击标签，更改填充颜色和边线线型，并勾选“显示输出”。切换到“扩展属性”选项卡，文本内容输入“xxx 转/分”。切换到“显示输出”选项卡，按照图 13-7 所示进行设置：输出值类型→数值量输出，表达式→“转速”。

（6）添加运行状态指示标签

添加一个标签，双击标签，更改填充颜色和边线线型（没有边线），并勾选“可见度”。切换到“扩展属性”选项卡，文本内容输入→“设备已经停止”。切换到“可见度”选项卡，表达式→“停止”。复制刚才做的标签，双击复制的标签，更改填充颜色（与另一个不同）。切换到“扩展属性”选项卡，文本内容输入→“设备正在运行”。切换到“可见度”选项卡，表达式→“起动”。选中两个标签，并中心对齐，放置到页面顶端，如图 13-8 所示。

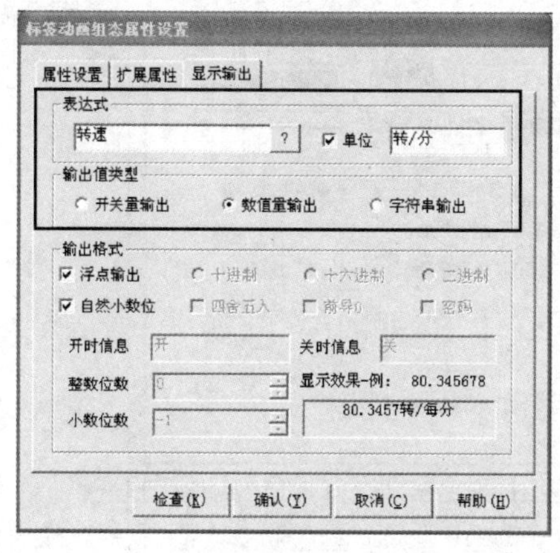

图 13-7　转速指示标签的显示输出设置

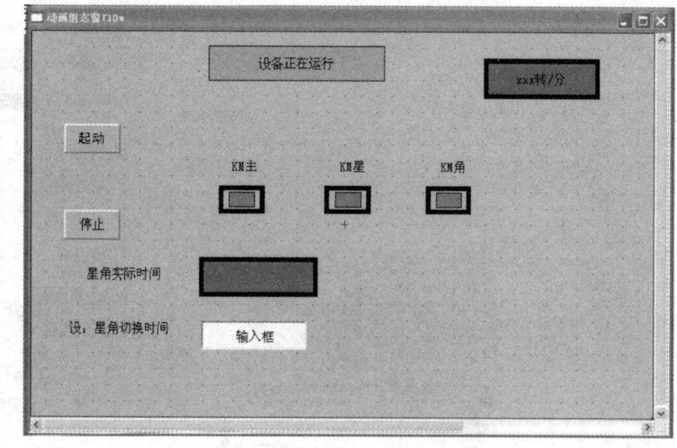

图 13-8　运行状态指示标签

（7）添加星角指示图元

1）单击“插入元件”图标，在“对象元件库管理”对话框的对象元件列表中，单击“电气符号”，选择“电力符号 5”，放置到页面中。将“电力符号 5”分解单元，变成如

图 13-9 所示的两个图元符号。

2）去掉下方绿色图元的圆圈，双击绿色三角形图元进行属性设置，在特殊动画连接区域里勾选“可见度”。切换到“可见度”选项卡，表达式→“T=手动 T　AND　起动=1”，并确认。

3）双击黄色星形图元进行属性设置，在特殊动画连接区域里勾选“可见度”。切换到“可见度”选项卡，表达式→“T<手动 T　AND　起动=1”，并确认。

4）同时选择两个图元，并中心对齐，然后合成单元，合成后如图 13-10 所示。

图 13-9　两个图元符号

图 13-10　合成后的图元符号

（8）添加“马达”（电动机）图元。

1）单击“插入元件”图标，添加“马达 57”。分解“马达 57”单元，去掉代表风扇图元的黑线，如图 13-11 所示。

2）重新绘制具有动画效果的风扇。单击常用符号中的“五角星”图标，添加一个五角星。双击五角星，按照图 13-12 对其进行属性设置，填充颜色为“浅蓝色”，边线颜色为“红色”，在特殊动画连接区域中勾选“可见度”。切换到“可见度”选项卡，表达式→“旋转=1”，勾选“对应图符可见”。

图 13-11　“马达 57”图元修改

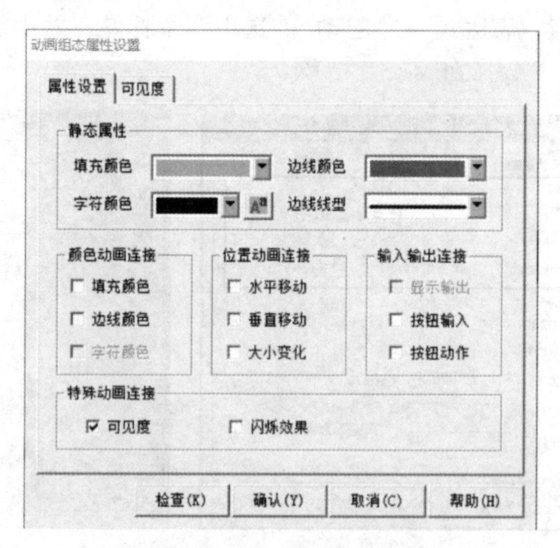

图 13-12　五角星属性设置

3）再复制 3 个五角星。选中第二个五角星，单击工具条上的“右旋 90 度”图标。属性设置→可见度→表达式→“旋转=4”；选中第三个五角星，单击两下“右旋 90 度”图标。属性设置→可见度→表达式→“旋转=3”；选中第四个五角星，单击三下“右旋 90

度”。属性设置→可见度→表达式→“旋转=2”。选中4个五角星和“马达”图元并中心对齐，合成单元，构成新的“马达”图元构件。如图 13-13 所示。

图 13-13　新的“马达”图元构件

4. 脚本程序的编写

1）双击页面中空白处，属性设置→启动脚本→“停止=1”。

2）双击“起动”按钮，属性设置→脚本程序→按下脚本，程序如下：

```
起动 = 1
停止 = 0
```

3）双击“停止”按钮，属性设置→脚本程序→按下脚本，程序如下：

```
停止 = 1
手动 T = 0
转速 = 0
控制 = 0
T = 0
起动 = 0
旋转 = 0
```

检查并确认。

4）在工作台中选择“运行策略”，添加3个循环策略，如图 13-14 所示。

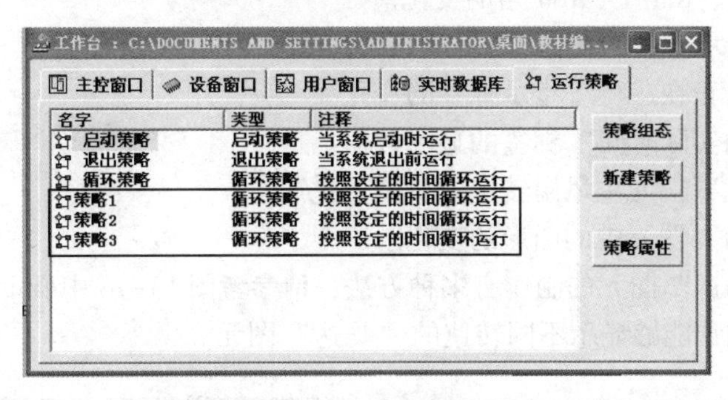

图 13-14　添加 3 个循环策略

1）双击“策略 1”，填写脚本程序：

```
IF 起动 = 1 THEN
旋转 = 旋转 + 1
转速 = 1160
ENDIF
IF 起动 = 1 AND 旋转 = 5 THEN
旋转 = 1
ENDIF
```

检查并确认。

选中“策略 1”，单击鼠标右键，选择“属性”，弹出“策略属性设置”对话框，更改循环时间为 1000，并确认。

2）双击“策略2”，填写脚本程序：

```
IF 起动 = 1 THEN 旋转 = 旋转 + 1
IF 起动 = 1   AND 旋转 = 5   THEN
旋转 = 1
转速 = 1460
ENDIF
```

检查并确认。

选中“策略2”，单击鼠标右键，选择“属性”，弹出“策略属性设置”对话框，更改循环时间为100，并确认。

3）双击“策略3”，填写脚本程序：

```
IF 控制 = 0   THEN   T = T + 1
IF T = 手动T   THEN   控制 = 1
```

检查并确认。

选中“策略3”，单击鼠标右键，选择“属性”，弹出“策略属性设置”对话框，更改循环时间为1000，并确认。

5. 开始下载工程并启动运行调试

进入模拟运行页面后，首先在“星/角切换时间”输入框中设置切换时间。然后按下起动按钮，如图13-15所示。观察星角切换动作前后其他图元的动画。

1）观察KM主、KM星、KM角的变化。

2）观察转速指示标签的变化。

3）观察“设备正在运行”指示标签的变化。

4）观察“星角实际时间”标签的显示数值。

5）观察“马达”图元中风扇转速的快慢变化。

6）观察“星角”图元中的图形的变化。

本项目中，“马达”图元的制作有多种方法，请参考图13-16中所示“马达”图元（见配套资源），自行制作能够显示不同转速的“马达”图元。

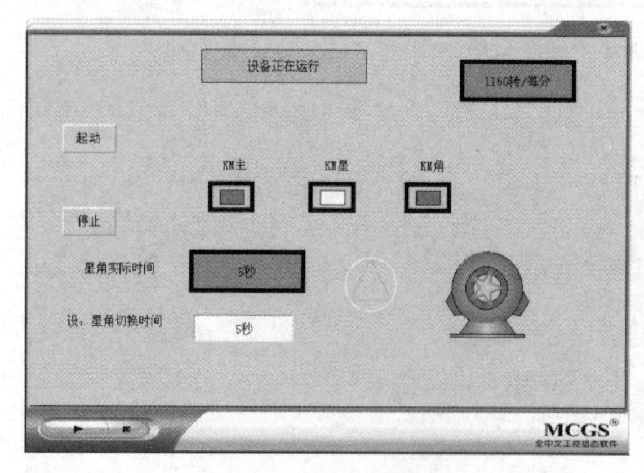

图13-15　星角切换动画

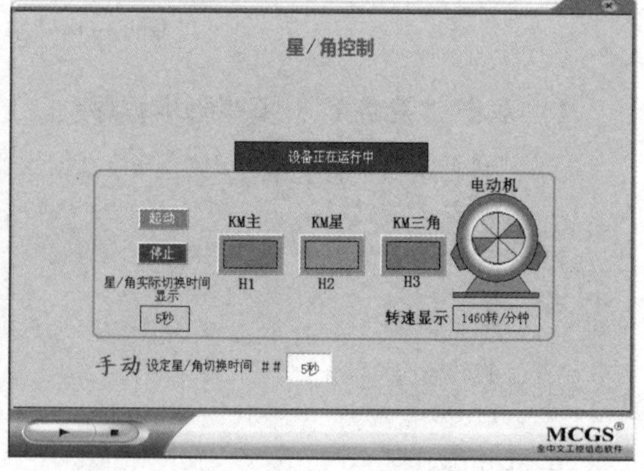

图13-16　不同马达图元

52　制作过程

53　工程调试

54　不同马达图元

学习成果检查表（见表 13-1）

表 13-1　星/角切换控制系统成果检查表

学习成果			评分表		
巩固学习内容	检查与修正	总结与订正	小组自评	学生自评	教师评分
如何添加不同的运行策略，本项目的三个运行策略是如何工作的					
图元的制作与修改					
输入框与标签的异同					
你还学了什么					
你做错了什么					

拓展与提升

模拟自动售货机的 PLC 控制案例很多，这里采用组态工程完成模拟自动售货机控制，如图 13-17 所示。通过完成这个案例的制作，进一步掌握构件组态过程；掌握不同运行策略的编写与调试（源程序参见配套资源）。

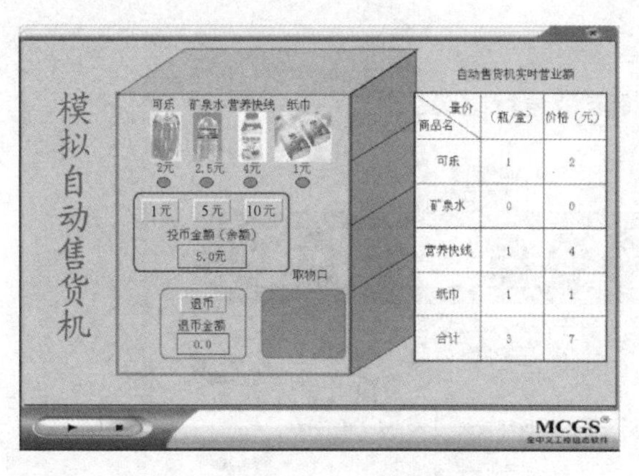

图 13-17　模拟自动售货机控制

55　模拟自动售货机控制

练习与提高

1）将本项目的控制通过三菱 PLC 程序控制完成，设定 PLC 的输入/输出分配表如表 13-2 所示，编写的 PLC 程序如图 13-18 所示。试说明 T0 的常开和常闭触点所构成的互锁功能，与 Y1 和 Y2 常闭触点构成的互锁功能的异同。下载调试（参考程序见配套资源）。

表 13-2　星/角转换控制输入/输出分配表

输　入		输　出	
元　件	地　址	元　件	地　址
起动	X0	KM 主	Y0
停止	X1	KM 星	Y1
		KM 角	Y2

```
0   X000     X001                                   (Y000)
    Y000
                                             K50
                                                    (T0)
             T0       Y002
                                                    (Y001)
             T0       Y001
                                                    (Y002)
15                                                  [END]
```

图 13-18　星/角转换控制 PLC 程序

2）传送带运行组态工程如图 13-19 所示。当按下“正转按钮”时，电动机带动传送带正转，对应的正转指示灯亮；当按下“反转按钮”时，电动机带动传送带反转，对应的反转指示灯亮；按下“停止按钮”时，电动机停止。电动机设置了互锁功能，只能“正→停→反”和“反→停→正”运行。完成这个样例的制作（参考程序见配套资源）。

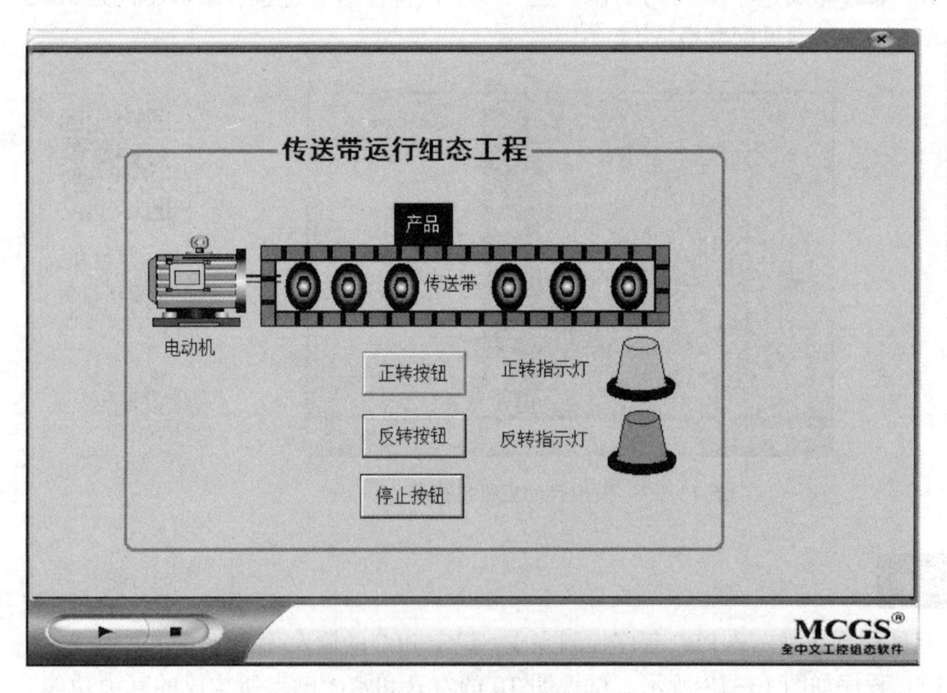

56　练习与提高 2

图 13-19　传送带运行组态工程

项目 14　HMI 风扇顺序启动逆序停止控制

本项目介绍风扇顺序启动逆序停止控制的组态过程，讲解如何应用 MCGS 组态软件完成一个组态控制工程。工程中涉及图元制作、脚本程序的编写、旋转动画组态、8 字形 LED 数码管控制等多项组态操作。结合工程实例，对 MCGS 组态软件的组态过程、操作方法和实现功能等环节进行全面的讲解，强化学生对 MCGS 组态软件的内容、工作方法和操作步骤的认识和了解。

项目目标

1）掌握 8 字形 LED 数码管的组态过程。

2）掌握旋转动画组态。

3）掌握顺序控制的组态实现方法。

项目计划

本工程要求实现以下控制要求：按下启动按钮，风扇 m1 运行，对应的指示灯亮，8 字形 LED 数码管显示“1”，输入框也显示“1”，以后每按一下启动按钮，风扇按 m1～m5 的顺序启动，对应的指示灯、LED 数码管和输入框也都显示 1～5 数字。当风扇 m5 启动后，再按启动按钮将不再变化，显示为“5”保持不变。此时按下停止按钮，风扇按 m5～m1 的顺序停止，对应的指示灯、LED 数码管和输入框也都显示 5～1 数字。当风扇 m1 停止后，再按停止按钮将不再变化，显示为“0”保持不变。无论处于什么状态，按下急停按钮，所有风扇均停止，显示为“0”数字，只有按下复位按钮后，才能重新开始启动。

项目实施

1. 新建工程

新建工程及用户窗口。

2. 新建数据对象

在实时数据库中新增 17 个数据对象，其中，a、b、c、d、e 为开关型数据量，m1、m2、m3、m4、m5 为开关型数据量，启动、停止、控制、控、急停、复位为开关型数据量，次数为数值型数据量。

3. 用户窗口组态

参考图 14-1 所示，完成风扇顺序启动逆序停止控制窗口组态。

1）单击“标准按钮” ，添加三个按钮。

① 启动按钮的设置：双击其中一个按钮，属性设置→基本属性→文本→“启动”。切换到“操作属性”选项卡，勾选“数据对象值操作”→“按 1 松 0”→“启动”。

② 停止按钮的设置：双击另一个按钮，属性设置→基本属性→文本→“停止”。切换到

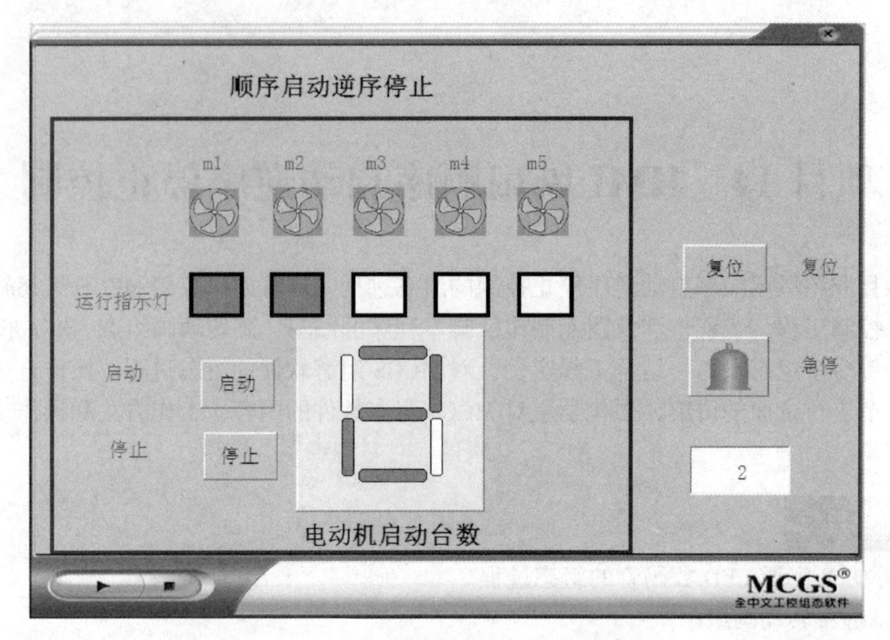

图 14-1 顺序启动逆序停止控制窗口组态

“操作属性”选项卡，勾选“数据对象值操作”→“按 1 松 0”→“停止”。

③ 复位按钮的设置：双击另一个按钮，属性设置→基本属性→文本→“复位”，脚本程序→“急停=0”。

2）添加急停按钮构件。单击工具箱“插入元件”图标，选择“按钮 84”，放置到窗口中，调整到合适大小。双击“按钮 84”，动画连接→连接表达式→“急停”。单击“确认”按钮完成。

3）添加输入框构件。单击工具箱“输入框”图标 ab|，在窗口中绘制一个大小合适的输入框。在其“操作属性”选项卡中，对应数据对象的名称连接“次数”。

4）添加 5 个风扇构件（由于在项目 5 中已经介绍过风扇，所以本项目不再详细介绍，请参考配套资源）。

① 双击第一个风扇，对其属性进行设置，连接数据库中的数据量 a。

② 其他 4 个风扇的设置方法相同，分别连接数据库中数据量 b、c、d、e。

5）添加标签构件。单击工具箱中的“标签”图标A，绘制 5 个相同大小的标签，并将其文本分别设置为 m1、m2、m3、m4、m5。

6）添加指示灯构件。单击工具箱中的“矩形”图标，绘制 5 个相同大小的矩形。在矩形单元的“属性设置”选项卡中，勾选“填充颜色”，在“填充颜色”选项卡中，设置表达式为“m1=1”。同理，设置其他矩形的表达式分别为 m2、m3、m4、m5。在指示灯构件左侧添加“运行指示灯”文字标签。

7）添加 8 字形 LED 数码管构件。

① 绘制一个矩形，设置其静态填充颜色为黄色。

② 单击工具箱中的“圆角矩形”，绘制合适大小的圆角矩形，设置其静态填充颜色为白色。将白色圆角矩形复制 7 个，用文字标签将 7 个圆角矩形分别命名为 a~g，并将 7 个圆角

矩形按照图 14-2 所示摆放。

3）根据 8 字形 LED 数码管显示 0~5 数字的形状，编写 8 字形 LED 数码管工作时的真值表，如表 14-1 所示。根据真值表可知，“a” 段圆角矩形应该在显示数字为 0、2、3、5 时亮，显示其他数字时不亮。同理，各段数码管的亮灭对应的数值均能由表 14-1 读取出来。

表 14-1　8 字形 LED 数码管工作时的真值表

数段	a	b	c	d	e	f	g
0	1	1	1	1	1	1	
1		1	1				
2	1	1		1	1		1
3	1	1	1	1			1
4		1	1			1	1
5	1		1	1		1	1

4）双击 “a” 段圆角矩形。在 “动画组态属性设置” 对话框中，勾选 “颜色动画连接” 区域中的 “填充颜色”。在 “填充颜色” 选项卡中，设置表达式为 “次数=0　or　次数=2　or　次数=3　or　次数=5”。如图 14-3 所示。

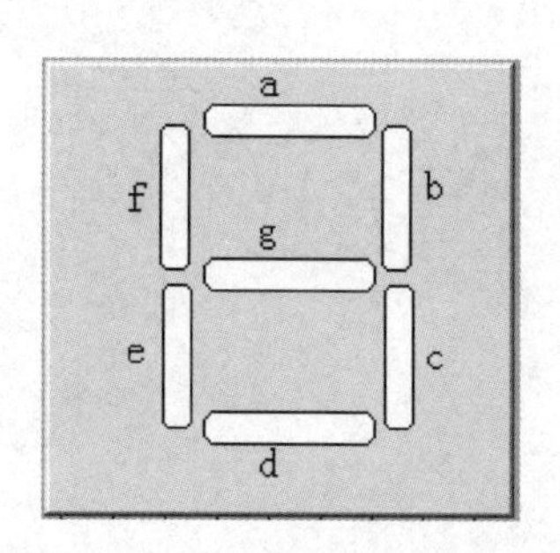

图 14-2　8 字形 LED 数码管外形

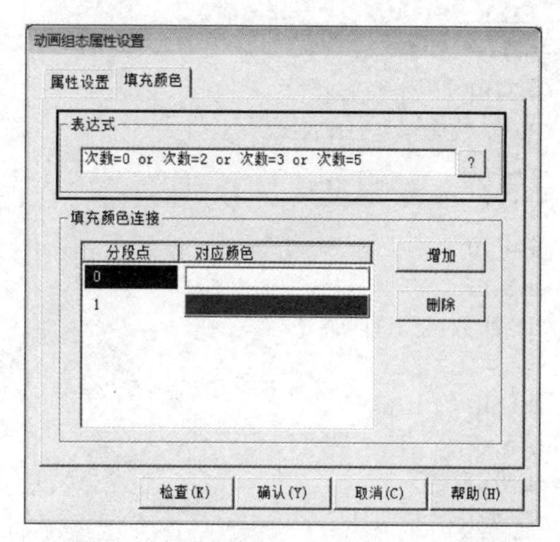

图 14-3　“a” 段圆角矩形表达式的数据连接

“b” ~ “g” 段圆角矩形的设置可参考 “a” 段圆角矩形的设置进行。

4. 脚本程序编写

1）启动按钮的脚本程序。双击启动按钮→脚本程序→抬起脚本。编写如下的脚本程序：

```
IF 次数=5   AND  急停=0   THEN 控制=1
IF 次数<5   AND  急停=0   THEN 控制=0
IF 控制=0   AND  急停=0   THEN 次数 = 次数+1
```

检查并确定。

2）停止按钮的脚本程序。双击停止按钮→脚本程序→抬起脚本。编写如下的脚本程序：

```
IF 次数=0   AND   急停=0   THEN 控=1
IF 次数>0   AND   急停=0   THEN 控=0
IF 控=0   AND   急停=0   THEN   次数=次数-1
```

检查并确定。

3）双击页面空白处，切换到“循环脚本”选项卡，循环时间设为“200”。单击“打开脚本编辑器”按钮，输入如下的脚本程序：

```
IF   次数>=1   THEN
m1=1
ELSE
m1=0
ENDIF
IF 次数>=2   THEN
m2=1
ELSE
m2=0
ENDIF
IF 次数>=3   THEN
m3=1
ELSE
m3=0
ENDIF
IF 次数>=4   THEN
m4=1
ELSE
m4=0
ENDIF
IF 次数=5   THEN
m5=1
ELSE
m5=0
ENDIF
IF 急停=1   THEN
次数=0
m1=0
m2=0
m3=0
m4=0
m5=0
ENDIF
```

检查并确定。

5. 新建策略

1）在工作台中选择“运行策略”，添加 5 个循环策略，即策略 1～策略 5。如图 14-4 所示。

2）双击“策略 1”，进入策略组态窗口，双击图标，更改循环时间为“200”。右键单击图标，在弹出的快捷菜单中选择“新增策略行”，双击策略工具箱中的“脚本程序”，使其进入到策略行右侧空白框，如图 14-5 所示。

名字	类型	注释
启动策略	启动策略	当系统启动时运行
退出策略	退出策略	当系统退出前运行
循环策略	循环策略	按照设定的时间循环运行
策略1	循环策略	按照设定的时间循环运行
策略2	循环策略	按照设定的时间循环运行
策略3	循环策略	按照设定的时间循环运行
策略4	循环策略	按照设定的时间循环运行
策略5	循环策略	按照设定的时间循环运行

图 14-4　新建 5 个循环策略

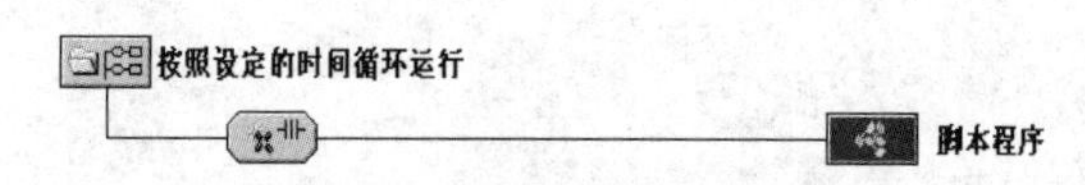

图 14-5　新增策略行及脚本程序

3）双击“脚本程序”图标，编写“策略 1”的脚本程序：a=1-a。单击“确定”按钮。

4）双击“策略 1”的“表达式条件”图标，在弹出的“表达式条件”对话框中，设置表达式为 m1。如图 14-6 所示。

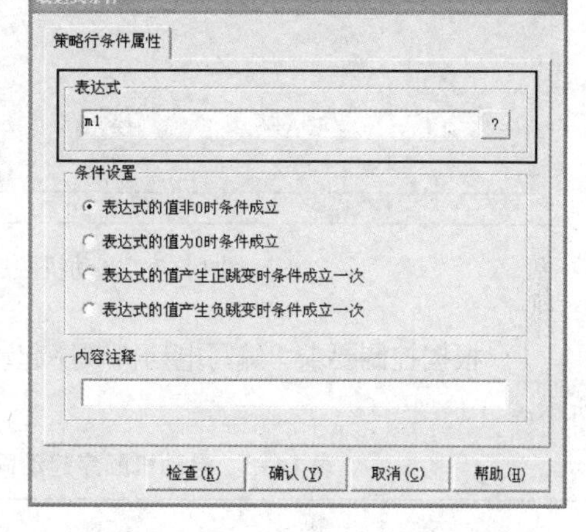

图 14-6　策略 1 的表达式条件设置

5）同理，设置其他策略的脚本。策略 2 的脚本程序：b=1-b；策略 3 的脚本程序：c=1-c；策略 4 的脚本程序：d=1-d；策略 5 的脚本程序：e=1-e。设置其他策略的表达式条件分别为 m2、m3、m4、m5。

57　工程调试

6. 下载程序并运行调试

学习成果检查（见表 14-2）

表 14-2　风扇顺序启动逆序停止成果检查表

学习成果	评分表				
巩固学习内容	检查与修正	总结与订正	小组自评	学生自评	教师评分
定时器的使用					
运行策略如何进行调试					
你还学了什么					
你做错了什么					

拓展与提升

1. HMI 电动机顺序起动同时停止控制

电动机顺序起动同时停止组态窗口如图 14-7 所示。控制要求：按下“起动按钮 SB1”，电动机 1 起动；延时“D0”秒（通过 D0 数据寄存器设置延时时间）后，电动机 2 起动；电动机 2 起动后按下“计数按钮 SB2”“D2”次后，电动机 3 起动；按下“停止按钮 SB3”后，电动机全部停止。

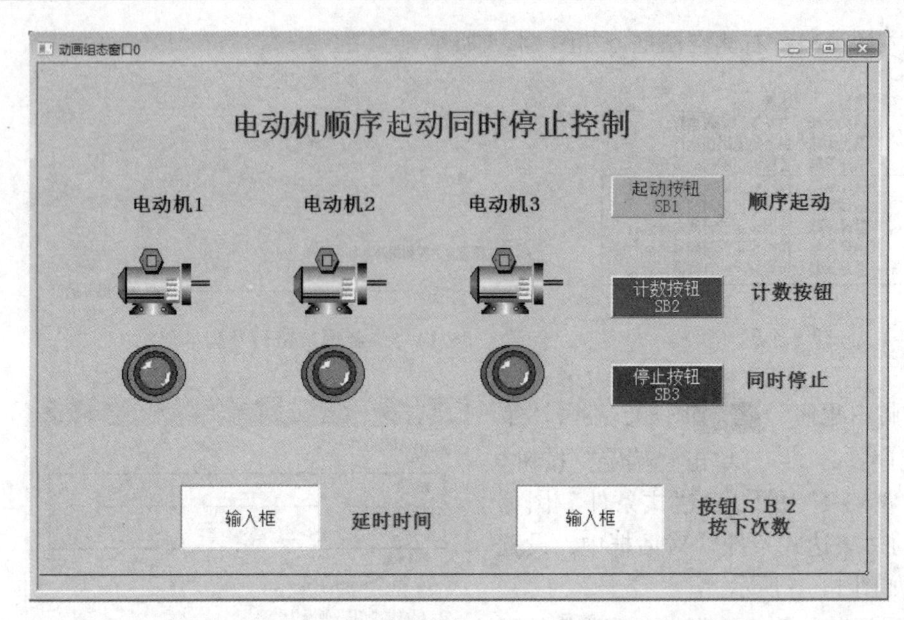

图 14-7 电动机顺序起动同时停止控制组态窗口

1）根据控制要求，编写电动机顺序起动同时停止控制工程的输入/输出分配表，如表 14-3 所示。

表 14-3 电动机顺序起动同时停止控制工程的输入/输出分配表

输 入		输 出	
元 件	地 址	元 件	地 址
起动按钮 SB1	M1	电动机 1	Y0
计数按钮 SB2	M2	电动机 2	Y1
停止按钮 SB3	M3	电动机 3	Y2
		定时器	T0
		计数器	C0

2）根据控制要求及表 14-2 所示的输入/输出分配关系，编写 PLC 程序如图 14-8 所示。

3）组态工程的建立，请参考配套资源中的源文件。

2. HMI 锁相控制

控制要求说明：输出指示灯为 A、B、C、D，要求上电自动起动。输出指示灯按每秒一步的速率得电，顺序为 AB-AC-AD-BC-BD-CD 循环，任何时刻按下急停按钮能暂停运行，且锁相。再按续起按钮，指示灯继续循环。任何时刻按停止按钮，灯全熄灭。

1）新建工程和创建用户窗口。

2）在实时数据库中新建如下数据对象：t（数据型）、急停（开关型）、停止（开关型）。

3）用户窗口组态。

① 添加三个小指示灯构件。从元件库“指示灯”类中选择“指示灯 10”，复制为 4 个。为每个指示灯放置一个标签，分别为 A、B、C、D。如图 14-9 所示。

② 添加标准按钮构件。三个按钮的文本分别设置为“急停/锁相”“停止”“续起”。如

图 14-8　电动机顺序起动同时停止 PLC 参考程序

图 14-10 所示。

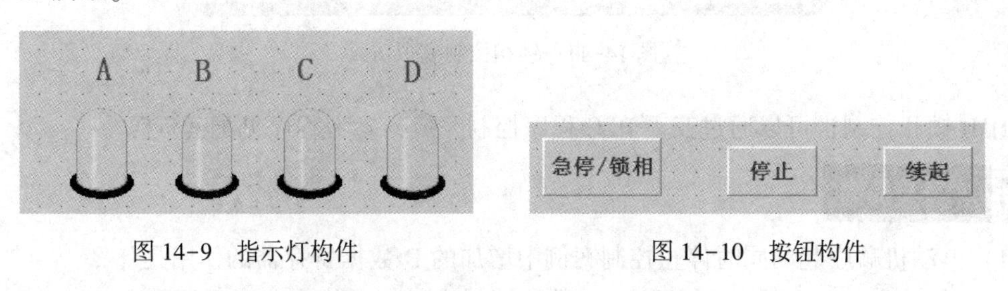

图 14-9　指示灯构件　　　图 14-10　按钮构件

③ 添加输入框构件，并为其添加标签，文字为“时间”。

4）数据连接。

① 小灯数据连接。双击灯 A，单元属性设置→数据对象→“t=1　or　t=2　or t=3”（在 t=1 或 t=2 或 t=3 任意一个时刻灯 A 亮）。同理，设置灯 B 的数据对象为“t=1 or　t=4 or　t=5”（在 t=1 或 t=4 或 t=5 任意一个时刻灯 B 亮）。灯 C 的数据对象为“t=2 or t=4 or t=6”（在 t=2 或 t=4 或 t=6 任意一个时刻灯 C 亮）。灯 D 的数据对象为“t=5　or t=6 or　t=3”（在 t=5 或 t=6 或 t=3 任意一个时刻灯 D 亮）。

② 按钮数据连接。通过按钮脚本程序，完成按钮数据连接。

“急停/锁相”按钮→脚本程序→抬起脚本，参考程序：急停=1。“停止”按钮→脚本程序→抬起脚本，参考程序：停止=1　t=0。“续起”按钮→脚本程序→抬起脚本，参考程序：急停=0。

③ 输入框（时间）数据连接。双击输入框→输入框构件属性设置→操作属性→勾选“使用单位”→s。

5）脚本编写。双击页面中空白处，弹出“用户属性设置”对话框，选择“循环脚本”选项卡，编写如下脚本程序：

```
IF 急停 = 0  AND 停止 = 0  THEN  t = t + 1
IF 急停 = 0  AND 停止 = 0  AND  t = 7  THEN
t = 1
ENDIF
```

6）下载并运行调试。下载后自动运行，如图 14-11 所示。单击“急停/锁相”按钮停止循环；单击“续起”按钮接刚才顺序又开始循环；单击“停止”按钮停止运行。单击“停止”按钮后，再单击“续起”按钮无法开始循环。

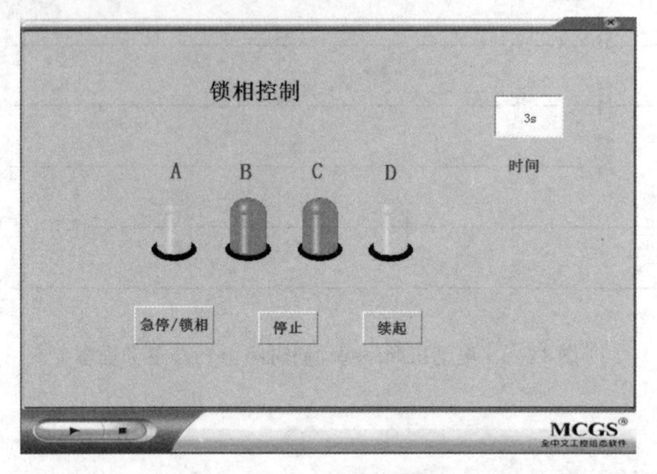

图 14-11　锁相控制模拟仿真

HMI 锁相控制也可以通过三菱 PLC 程序控制完成，参考程序见配套资源。

练习与提高

1）电动机顺序起动同时停止控制案例中增加的 D 数据寄存器的作用是什么？

2）对于表 14-1 所示的 8 字形 LED 数码管工作时的真值表，当显示数字 6~9 时，真值表应该如何编写？

3）将本项目的控制通过三菱 PLC 程序控制完成，设定 PLC 的输入/输出分配表如表 14-4 所示，编写 PLC 程序。下载调试（参考程序见配套资源）。

表 14-4　风扇控制的三菱 PLC 输入/输出分配表

输　入		输　出	
元　件	地　址	元　件	地　址
启动（接常开）	X1	风扇 M1	Y1
停止（接常开）	X2	风扇 M2	Y2
急停（接常闭）	X3	风扇 M3	Y3
		风扇 M4	Y4
		风扇 M5	Y5

4）风扇控制的三菱 PLC 程序如图 14-12 所示。其中，X1 为启动按钮 SB2（接的是常开）；X2 为停止按钮 SB3（接的是常开）；X3 为急停按钮 SB1（接的是常闭）；Y1、Y2、Y3、Y4、Y5 对应风扇 M1～M5。D0 的数据就是正在运行的风扇台数。分析本题的程序设计思路与上一题的异同。

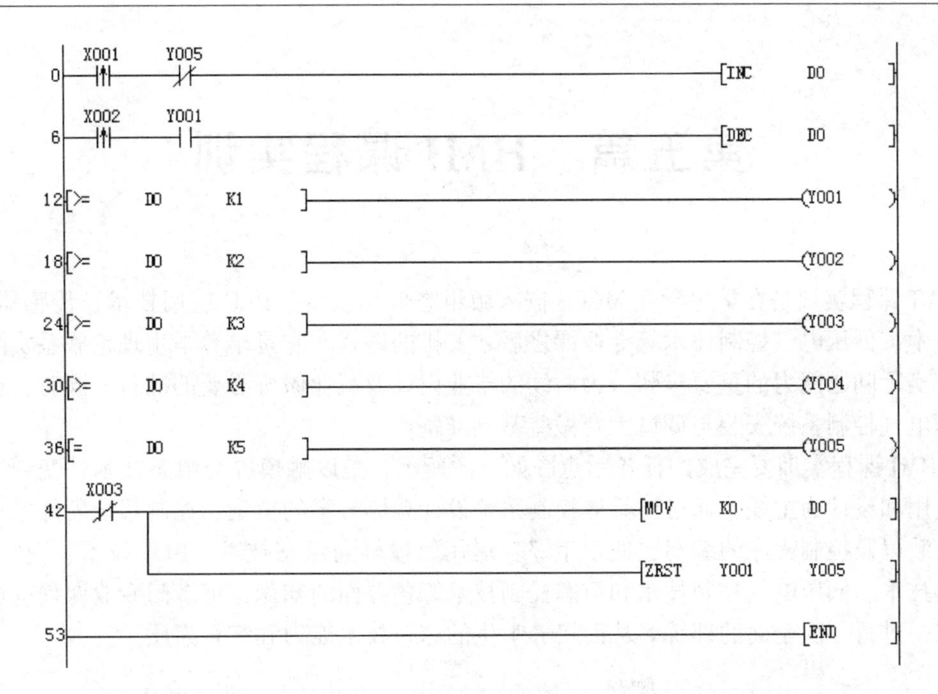

图 14-12　风扇控制的三菱 PLC 程序

5）图 14-13 所示的锁相案例（见配套资源）与图 14-11 所示案例相比，小灯图元构件为自制图元符号，并且增加了运行监控功能，美化了页面。请自行完成这个案例。

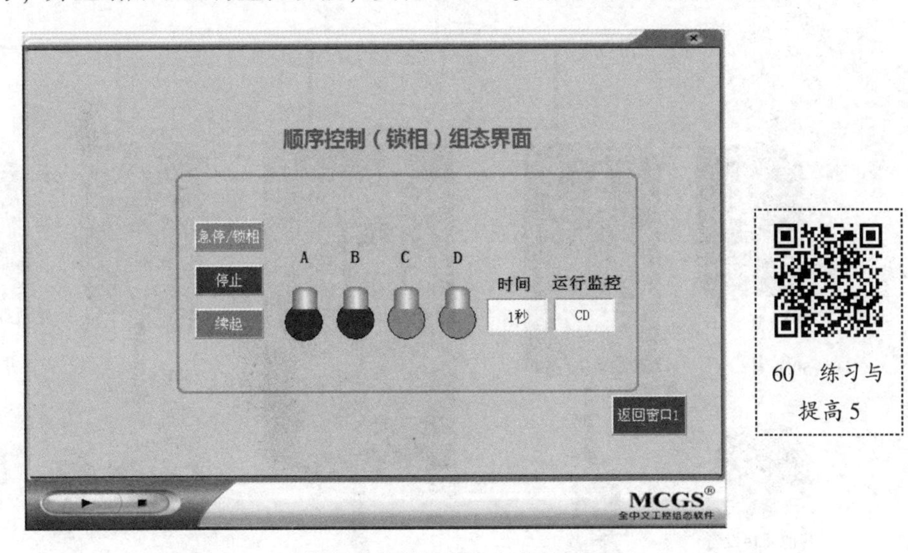

图 14-13　增加功能的锁相组态案例

60　练习与提高 5

第五篇　HMI 课程实训

HMI 课程实训是在学生学完 MCGS 嵌入版组态应用技术、PLC 应用技术、传感器技术、变频技术、低压电气控制技术等专业课之后才安排的课程，它是培养学生理论联系实际、解决生产实际问题能力的重要步骤，为后续的毕业设计及就业做好必要的准备。同时，也为参加全国电气控制系统安装与调试大赛做些基础准备。

MHMI 课程实训要完成的任务示意图如下图所示。是以触摸屏与组态技术、变频器控制系统应用和设计为主线，通过对具体控制系统设计总体方案的拟定，控制系统硬件电路的设计、安装以及控制程序的编写，使学生综合运用触摸屏与组态技术、PLC 技术、变频技术、传感器技术、低压电气控制技术和组态控制技术等各方面的知识，把多门专业课程有机地结合起来，进行一次全面的训练。从而培养学生的综合技术能力和综合素质。

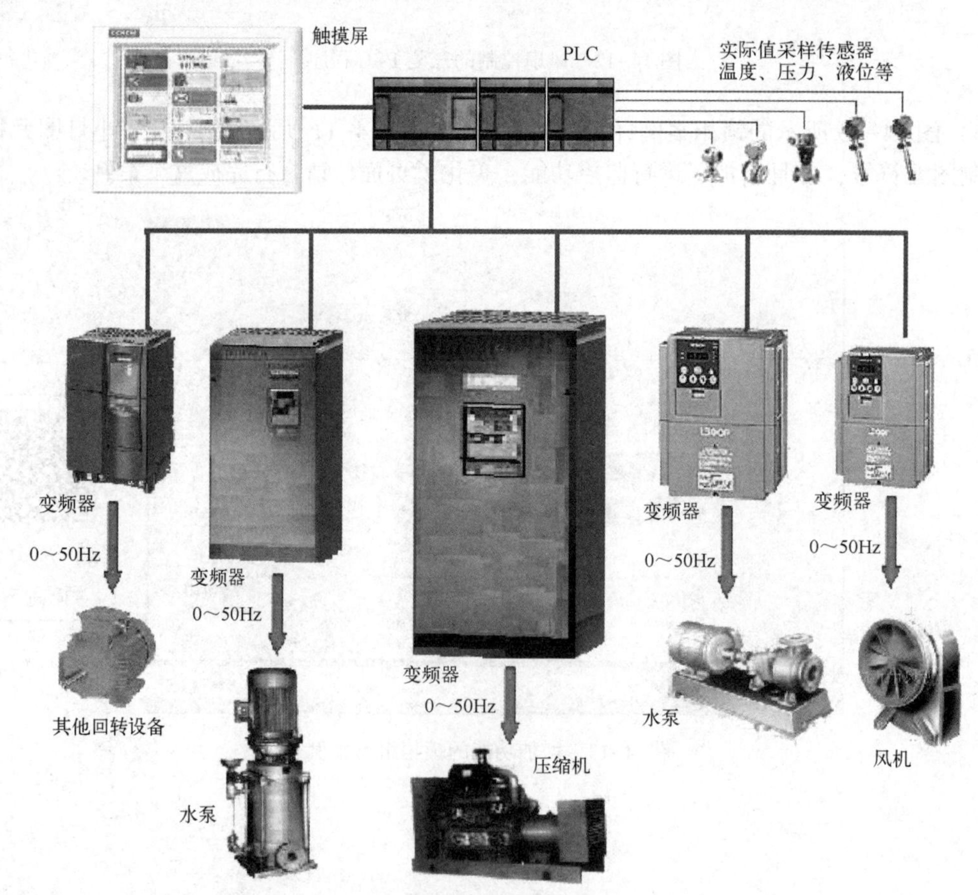

HMI 课程实训任务示意图

项目 15　HMI 正反转工程实训

项目目标

1）进一步巩固、深化和拓展学生的理论知识与专业技能。充分掌握 PLC、触摸屏和变频器的操作和不同工控设备的连接方式，提升学生对工控设备的综合应用能力。

2）在全面了解 PLC、变频器、触摸屏的使用和控制系统设计过程的基础上，完成控制系统的设计（编写 PLC 控制流程及控制程序、设置变频器的控制参数、设计触摸屏的控制组态）、安装与调试（编写调试流程、接线），提高学生的动脑动手的能力。

项目计划

系统由如图 4-1 所示亚龙 YL-360B 型可编程控制器综合实训装置提供，包括的模块有 TPC7062K 模块、FX_{3U}系列 PLC 模块、三菱 E740 变频器模块（FR-E740-0.75K 400 V）和通信线、24 V 直流电源等。电动机控制实验单元如图 4-49 所示。设计一个组态控制页面，编写 PLC 程序，实现 TPC 控制 PLC，PLC 控制变频器调速，以及正反转无级调速。

项目实施

1. 设备连接

在了解工作任务的基础上，首先绘制出 HMI 正反转实训电气接线图，如图 15-1 所示。

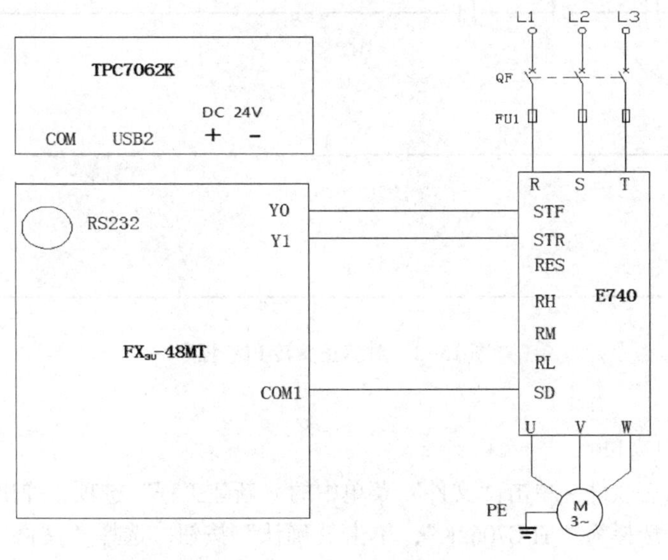

图 15-1　HMI 正反转实训电气接线图

2. 参数设置

设置变频器输出的额定频率、额定电压、额定电流、额定功率、额定转速，使用变频器外部端口控制电动机运行的操作。正反转对应的变频器参数设置如表15-1所示。

表15-1 正反转变频器参数功能表

变频器参数	出厂值	设定值	功能说明
Pr. 1	50	50	上限频率（50 Hz）
Pr. 2	0	0	下限频率（0 Hz）
Pr. 7	5	10	加速时间（10 s）
Pr. 8	5	10	减速时间（10 s）
Pr. 9	0	1.0	电子过电流保护
Pr. 160	9999	0	扩张功能显示选择
Pr. 79	0	3	操作模式选择
Pr. 179	61	61	STR反向启动信号

3. PLC编程

从图15-2所示的PLC程序中可以看出，本程序中的M0、M1、M2均为辅助寄存器，M0、M1、M2既与组态中相应模拟按钮所连接的实时数据库中的数据相对应，又代替了PLC输入端口X0、X1、X2所连接的三个现实输入控制开关，从而达到用组态中的模拟按钮控制现实电动机正反转的目的。

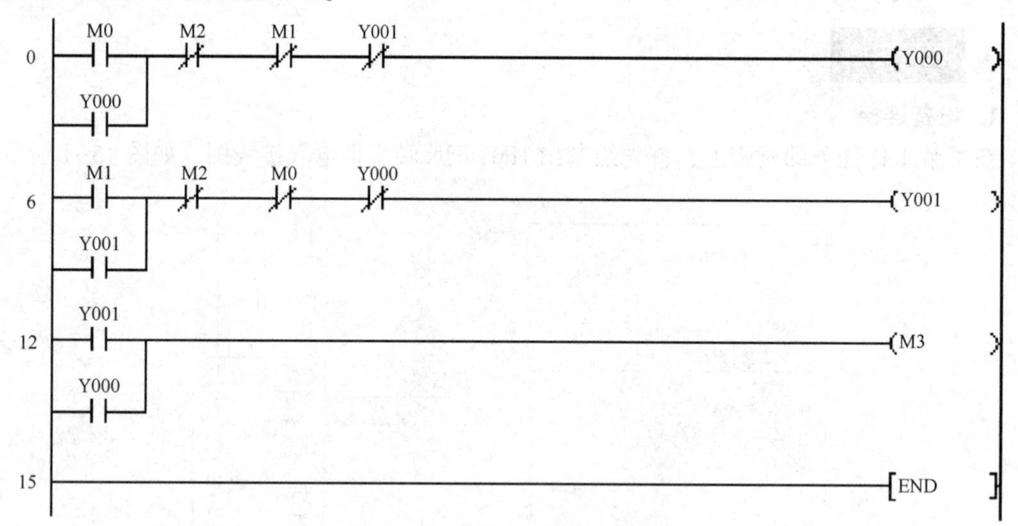

图15-2 对应正反转PLC程序

4. 组态编辑

（1）创建用户窗口

打开嵌入版组态软件，单击“文件”菜单中的“新建工程”选项，弹出“新建工程设置”对话框，TPC类型选择为“TPC7062K”，单击“确认”按钮。选择“文件”菜单中的“工程另存为”菜单项，弹出文件保存窗口。在文件名一栏内输入工程名称“正反转实训”，单击“保存”按钮，工程创建完毕。在工作台中激活用户窗口，鼠标单击“新建窗口”按钮，建立新画面“窗口 0”，接下来单击“窗口属性”按钮，弹出“用户窗口属性设置”对话框，在“基本属性”选项卡中，将“窗口名称”修改为“正反转”，单击“确认”按钮进行保存。如图 15-3 所示。

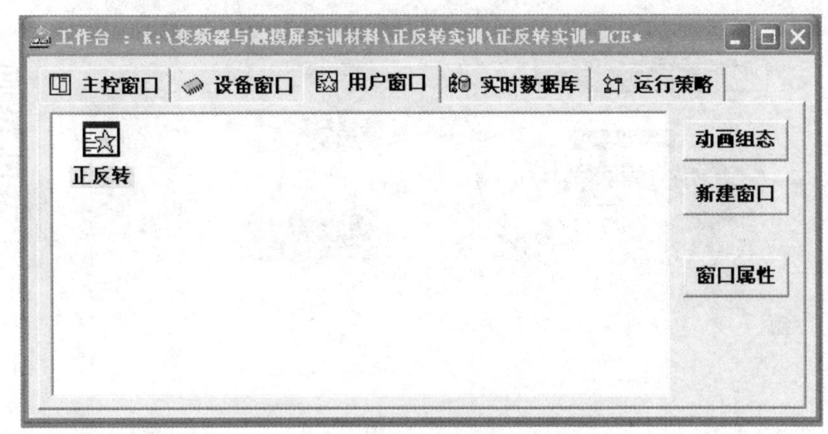

图 15-3　新建窗口

（2）用户窗口中建立基本元件

在用户窗口双击“正反转”图标进入用户窗口编辑页面，单击按钮打开“工具箱”。需要放置三个按钮、一个电动机。

① 按钮：从工具箱中单击“标准按钮”构件，在窗口编辑位置按住鼠标左键，拖放出一定大小后，松开鼠标左键，这样一个按钮构件就绘制在了窗口画面中。接下来双击该按钮打开“标准按钮构件属性设置”对话框，在“基本属性”选项卡中将文本修改为“正转”，单击“确认”按钮保存，按照同样的操作分别绘制另外两个按钮，文本修改为“停止”和“反转”。按住键盘上的〈Ctrl〉键，然后单击鼠标左键，同时选中三个按钮，使用编辑条中的“等高宽”“左（右）边界对齐”“纵向等间距”对三个按钮进行排列对齐。如图 15-4 所示。

② 电动机、输入框、标签：从工具箱中单击“插入元件”图标，在“对象元件库管理”对话框的对象元件列表中选择“马达”，选中“马达 2”，如图 15-5 所示。单击“确定”按钮，将“马达 2”放到用户窗口编辑页面中。从工具箱中单击“输入框”构件，向页面中放置两个输入框、两个标签，效果如图 15-6 所示。

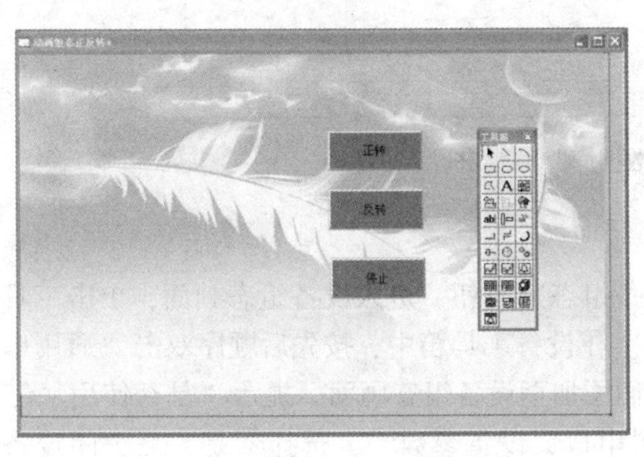

图 15-4　绘制三个按钮

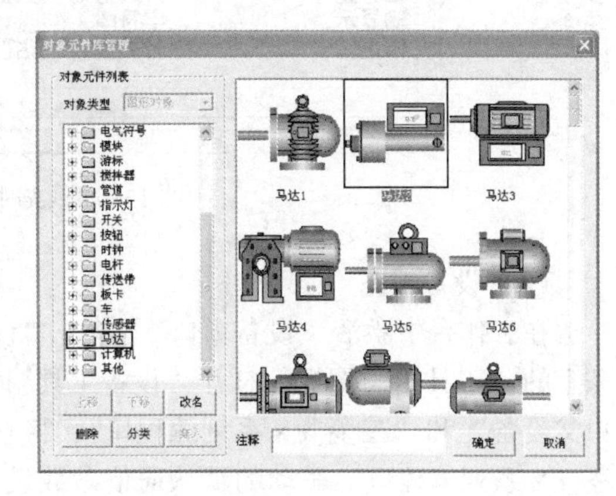

图 15-5　插入“马达 2”的示意图

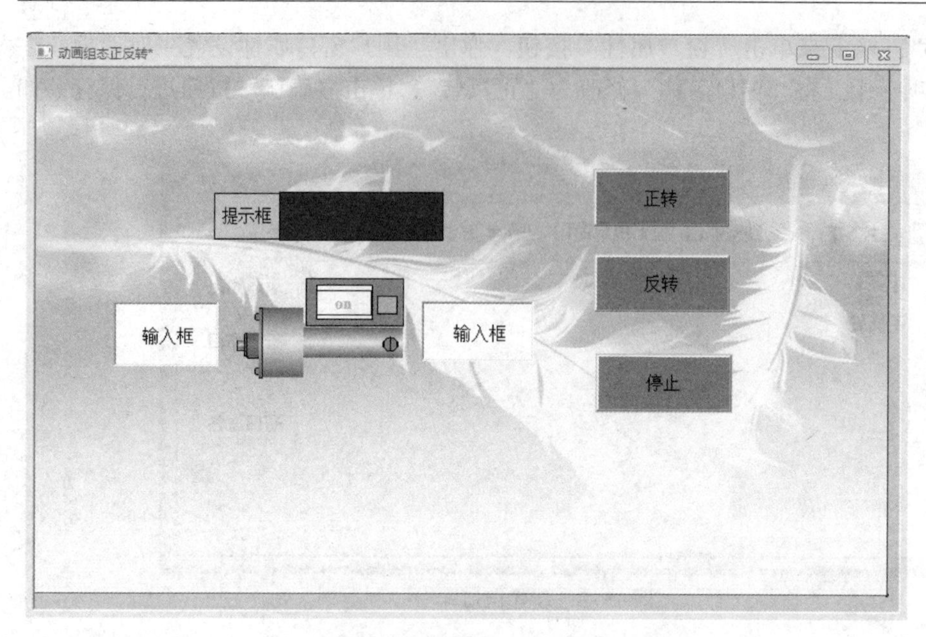

图 15-6　构件放置示意图

61　制作过程

（3）建立实时数据库

在工作台中激活“实时数据库”窗口，进入“实时数据库”编辑页面。单击“新增对象”按钮，增加“电动机”“正转”“反转”“停止”“电动机正转”、“电动机反转”6个开关型对象，以及一个字符型对象“显示”，具体设置如图 15-7 所示。

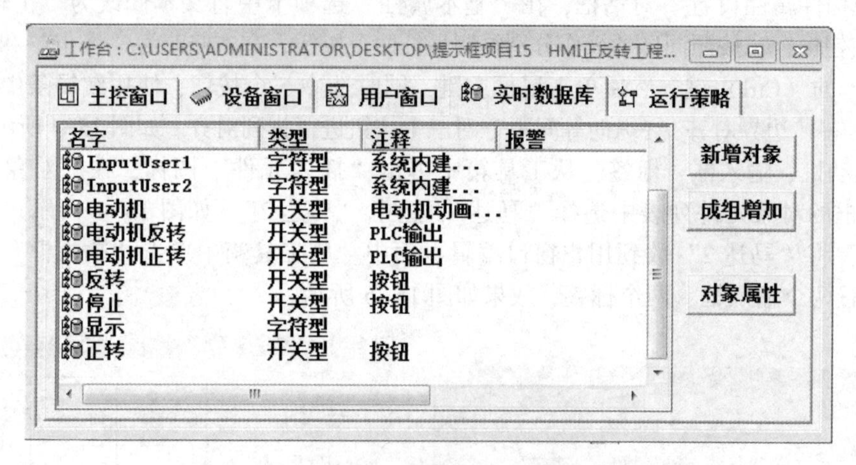

图 15-7　“实时数据库”编辑窗口

（4）设备组态

在工作台中激活“设备窗口”，单击“设备组态”按钮，进入设备组态画面，单击工具条上的“工具箱”图标，打开“设备工具箱”。在设备工具箱中，按先后顺序双击“通用串口父设备”和“三菱_FX 系列编程口”，将它们添加至设备组态画面。提示“是否使用‘三菱_FX 系列编程口’驱动的默认通信参数设置串口父设备参数?”，选择“是”后关闭设备窗口。编辑后的设备窗口如图 15-8 所示。

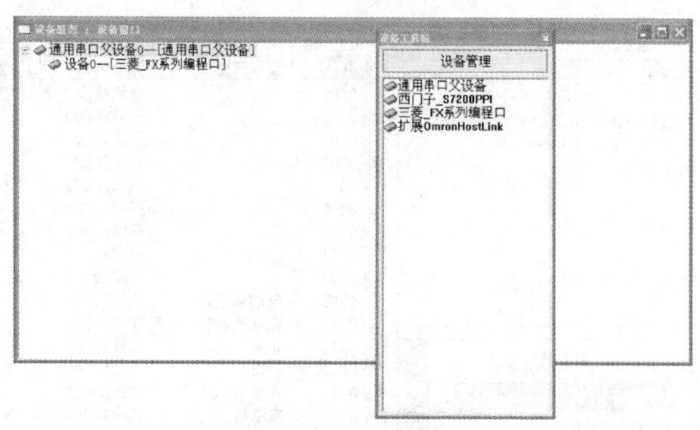

图 15-8　设备窗口

（5）添加设备通道

双击 设备0--[三菱_FX系列编程口]，进入“设备编辑窗口”。单击“设置设备内部属性”，再单击“设置设备内部属性”右侧 ... 按钮。弹出“三菱_FX 系列编程口通道属性设置”对话框，如图 15-9 所示。单击“增加通道”按钮，增加 4 个读写“M 辅助寄存器”通道，如图 15-10 所示。同理，增加 2 个读写“Y 输出寄存器”通道。

序号	设备通道	读写类型
1	只读X0000	只读数据
2	只读X0001	只读数据
3	只读X0002	只读数据
4	只读X0003	只读数据
5	只读X0004	只读数据
6	只读X0005	只读数据
7	只读X0006	只读数据
8	只读X0007	只读数据
9	读写M0000	读写数据
10	读写M0001	读写数据
11	读写M0002	读写数据
12	读写M0003	读写数据

图 15-9　“三菱 FX_系列编程口通道属性设置”对话框

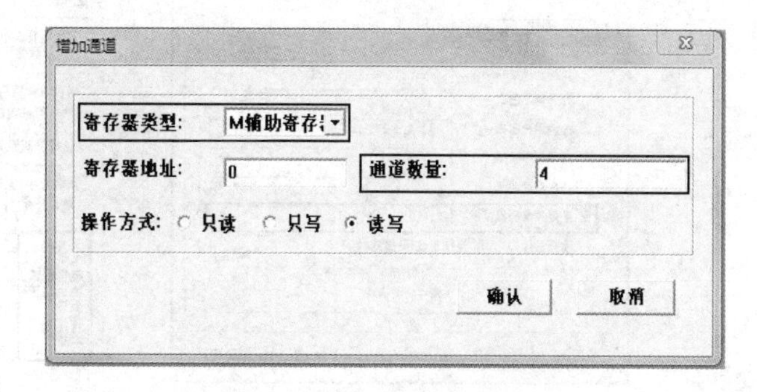

图 15-10　“增加通道”对话框

在设备编辑窗口中，单击“连接变量”与对应的通道名称进行连接。结果如图 15-11 所示。

（6）数据连接

1）将三个按钮对齐排列，双击“正转”按钮，切换到“操作属性”选项卡，勾选“数据对象值操作”为“按 1 松 0”，如图 15-12 所示。单击浏览按钮 ? 进行变量选择，选择“从数据中心选择 | 自定义”，再选择“正转”变量，然后单击“确认”按钮，如图 15-13所示。同理，“停止”按钮设置中，变量选择为“停止”；“反转”按钮设置中，变量选择为“反转”。

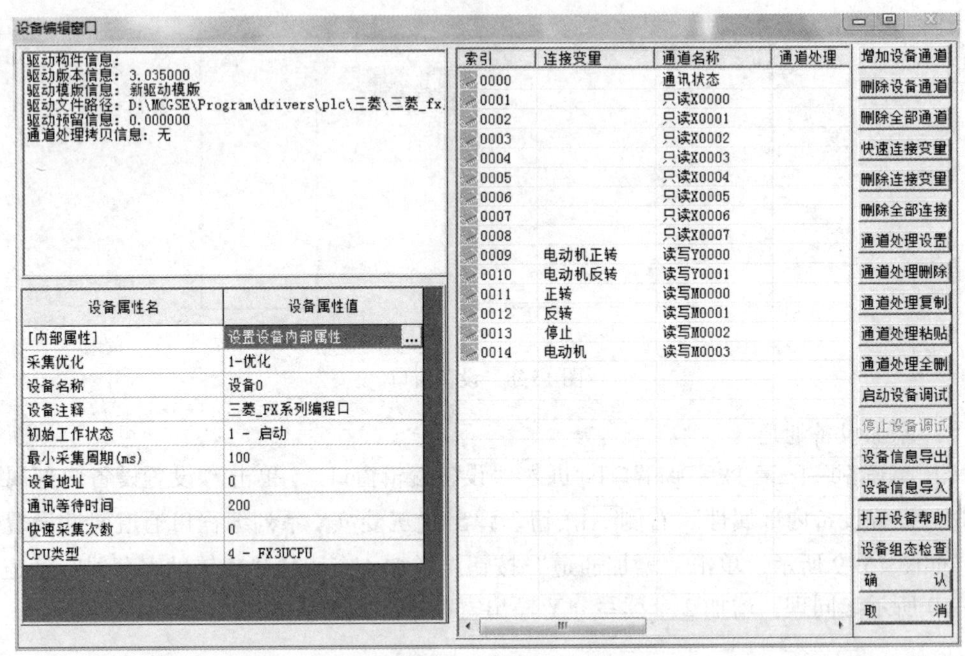

图 15-11　“连接变量”设置

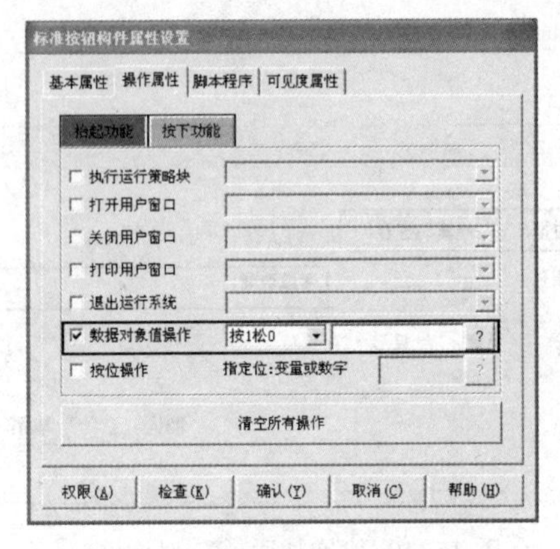

图 15-12　标准按钮构件属性设置

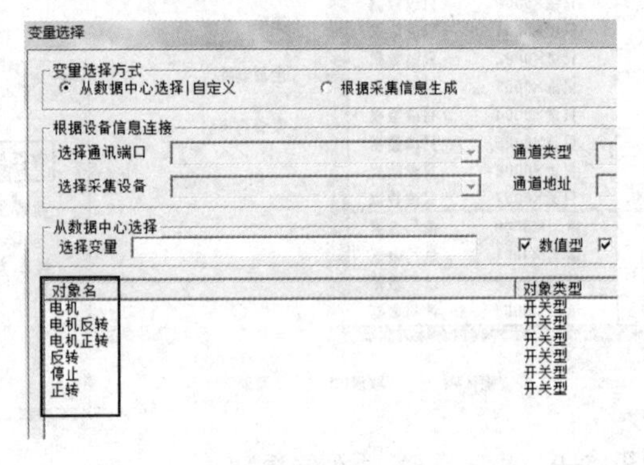

图 15-13　变量选择

2）双击电动机构件，切换到“动画连接”选项卡，如图 15-14 所示，对最上边一行中的标签进行设置。单击“可见度”对应的“@开关量”。单击[>]按钮进入“标签动画组态属性设置”对话框，如图 15-15 所示。

切换到“可见度”选项卡，出现如图 15-16 所示设置框，勾选“对应图符不可见”。单击浏览按钮[?]，选择“从数据中心选择|自定义”，再选择“电动机”变量，然后单击“确认”按钮。图 15-14 中最下行的“标签”设置参考最上行的“标签”设置，区别是“可见度”选项卡中设置为“对应图符可见”。

对图 15-14 中的矩形进行设置时，填充颜色按图 15-17 所示设置。按钮动作参考图 15-18 所示设置。另一个矩形的设置与前一个矩形的相同。

3）对电动机右边的输入框进行设置时，在“操作属性”选项卡中连接“电动机正转”变量，“可见度属性”选项卡中表达式设为“电动机正转=1”勾选“输入框构件可见”。对电动机左边的输入框进行设置时，在“操作属性”选项卡中连接“电动机反转”变量，“可见度属性”选项卡中表达式设为“电动机反转=1”，勾选“输入框构件可见”，如图 15-19 所示。

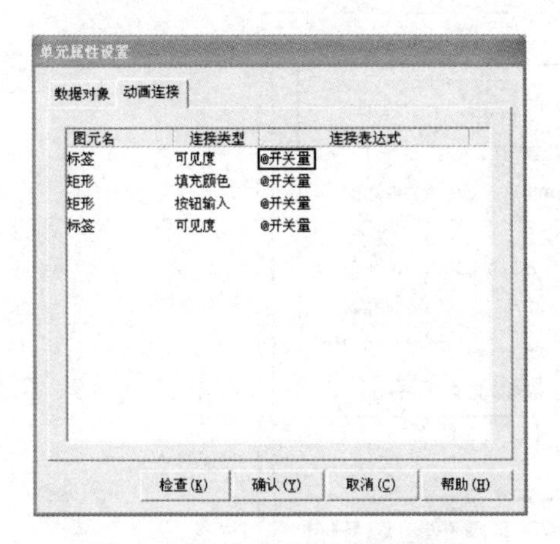

图 15-14　电动机“动画连接”

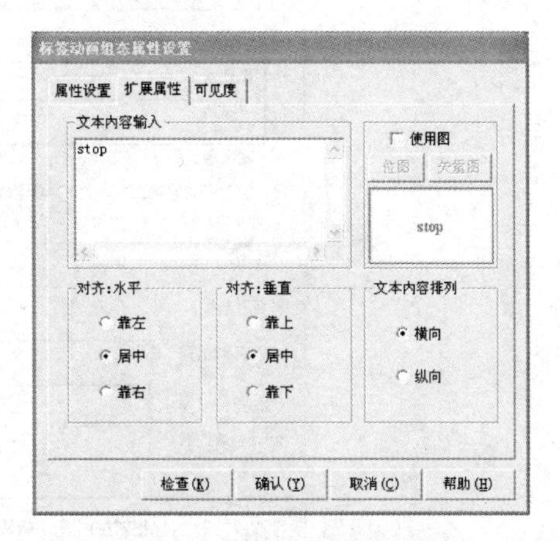

图 15-15　“标签动画组态属性设置”对话框

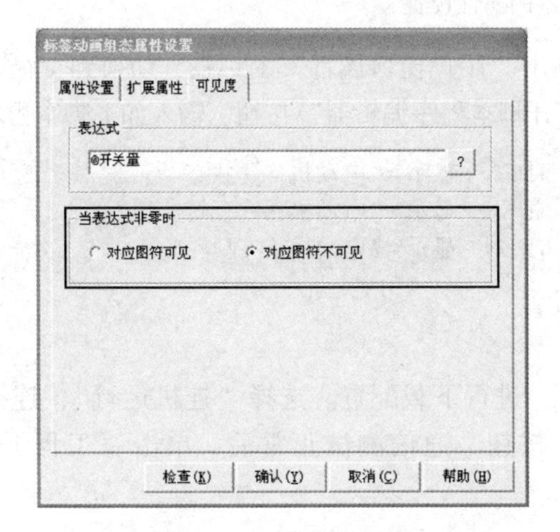

图 15-16　可见度设置

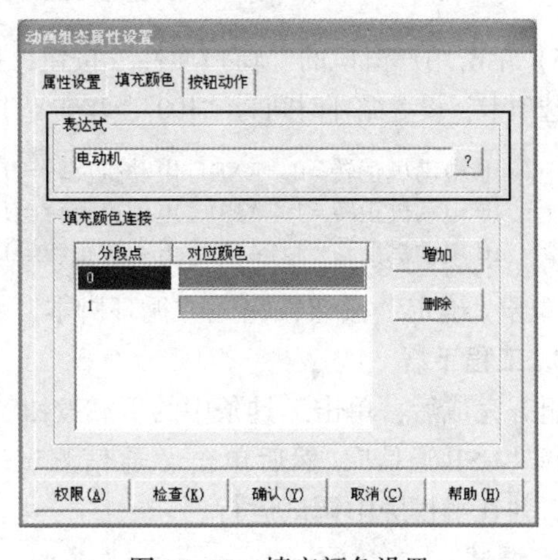

图 15-17　填充颜色设置

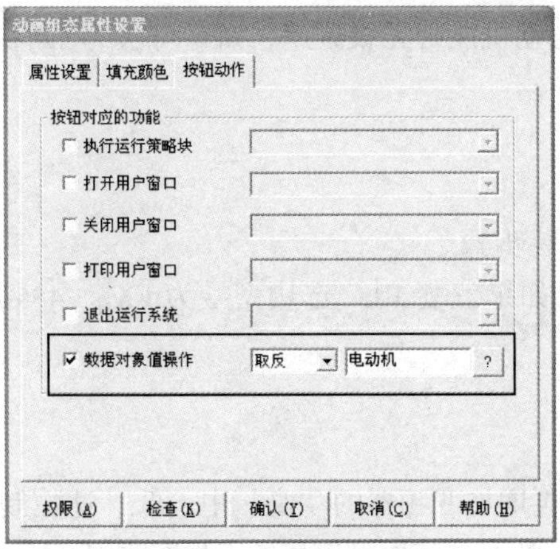

图 15-18　按钮动作设置

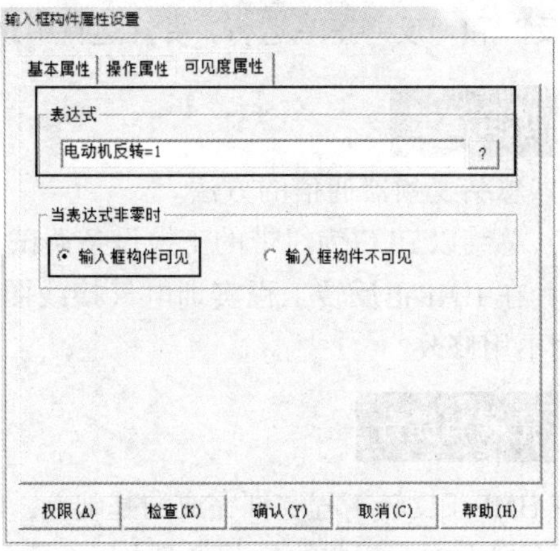

图 15-19　输入框设置

4）用于显示的标签动画组态属性设置如图15-20所示，在“显示输出”选项卡中，表达式连接“显示”字符变量。

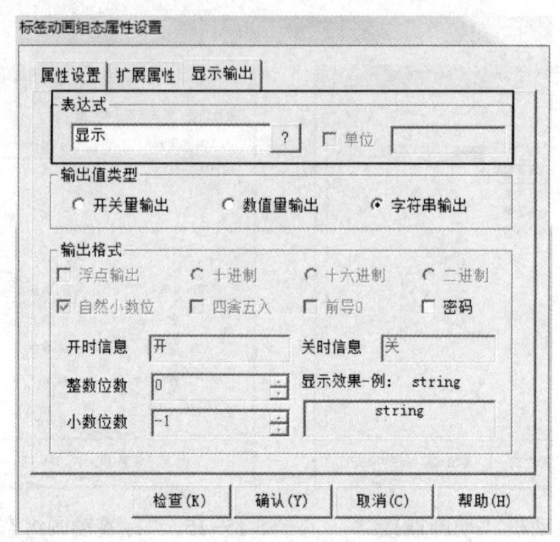

图15-20　标签的属性设置

5）单击用户窗口的“窗口属性”按钮，弹出“用户窗口属性”对话框，切换到“循环脚本”选项卡，设置循环时间为“100”，单击“打开脚本程序编辑器”按钮，输入如下脚本程序：

```
IF 电动机正转=0  AND  电动机反转=0  THEN  显示="电动机停止状态"
IF 电动机正转=1  AND  电动机反转=0  THEN  显示="电动机正在正转"
IF 电动机反转=1  AND  电动机正转=0  THEN  显示="电动机正在反转"
```

单击“确定”按钮，完成“循环脚本”设置。

5. 工程下载

组态完成后，单击工具条中的下载按钮，进行下载配置。选择“连机运行”，连接方式选择“USB通信”，然后单击“通信测试”按钮，通信测试正常后，单击“工程下载”按钮，并在触摸屏中调试运行。

6. 调试

按接线图连接好各设备后，用TPC控制电动机“正→停→反”和“反→停→正”运行；“正→反”和“反→正”运行，并在运行中观察电动机能否无级调速。如有问题及时解决。

项目总结

1）总结变频器通信的方法。

2）总结以PLC为纽带的工控设备调试、安装步骤。

3）在HMI正反转工程实训电气接线图中，如果三菱PLC选用型号为FX_{3U}-48MR，接线图用不用修改？

拓展与提升

在HMI正反转工程实训完成的基础上，能否再增加变频器的“高、中、低”速控制环节？本书配套资源中有相关的参考实训方案，请参考、学习并应用到以后的工程实践中。

项目 16　HMI 十五段速工程实训

项目目标

1）进一步巩固、深化和拓展学生的理论知识与专业技能。充分掌握 PLC、触摸屏和变频器的操作以及不同工控设备的连接方式，提升学生对工控设备的综合应用能力。

2）在全面了解 PLC、变频器、触摸屏的使用和控制系统设计过程的基础上，完成控制系统的设计（编写 PLC 控制流程及控制程序、设置变频器的控制参数、设计触摸屏的控制组态）、安装与调试（编写调试流程、接线），提高学生的动脑动手能力。

项目计划

系统由如图 4-1 所示亚龙 YL-360B 型可编程控制器综合实训装置提供，包括的模块有 TPC7062KS 模块、FX_{3U}系列 PLC 模块、三菱 E740 变频器模块（FR-E740-0.75K 400 V）和通信线、24 V 直流电源等。电动机控制实验单元如图 4-49 所示。设计一个组态控制页面，编写 PLC 程序，实现 TPC 控制 PLC，PLC 控制变频器调速，实现控制电动机正反转基础上的十五段速控制。

项目实施

1. 设备连接

HMI 十五段速电气接线如图 16-1 所示。

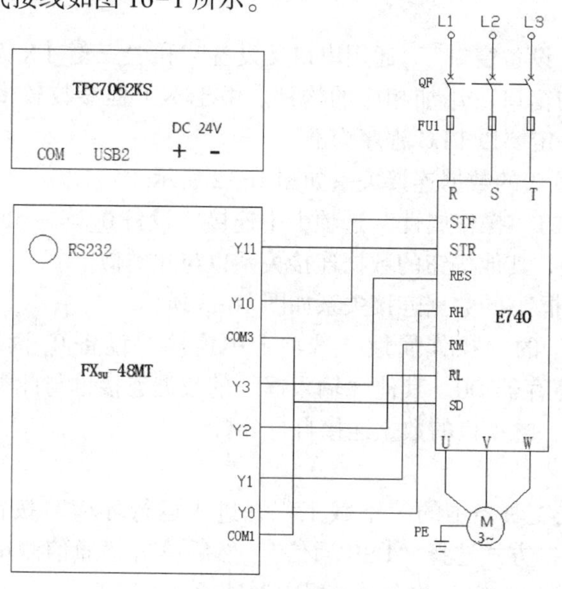

图 16-1　HMI 十五段速电气接线图

设置变频器输出的额定频率、额定电压、额定电流、额定功率、额定转速，使用变频器外部端口控制电动机运行的操作。十五段速对应的变频器参数设置如表 16-1 所示。

表 16-1　十五段速变频器参数功能表

参　数　号	设置值	参数号	设置值	参数号	设置值
上限频率 Pr. 1	50 Hz	Pr. 5	12 Hz	Pr. 234	40 Hz
下限频率 Pr. 2	5 Hz	Pr. 6	16 Hz	Pr. 235	42 Hz
基波频率 Pr. 3	50 Hz	Pr. 24	20 Hz	Pr. 236	44 Hz
加速时间 Pr. 7	4 s	Pr. 25	24 Hz	Pr. 237	46 Hz
减速时间 Pr. 8	3 s	Pr. 26	28 Hz	Pr. 238	48 Hz
运行模式选择 Pr. 79	3	Pr. 27	32 Hz	Pr. 239	50 Hz
RES 端功能选择 Pr. 184	8	Pr. 232	36 Hz		
Pr. 4	8 Hz	Pr. 233	38 Hz		

2. 编制 PLC 程序

根据控制要求，首先编写十五段速控制工程输入/输出分配表，如表 16-2 所示。

表 16-2　十五段速输入/输出分配表

输　入		输　出	
参　数	功　能	参　数	功　能
M0	正转起动	Y10	正转控制端
M2	正转自锁辅助	Y11	反转控制端
M1	停止	Y14	电动机连接数据量
M10	反转起动		
M12	反转自锁辅助		

十五段速控制的 PLC 参考程序见配套资源。

3. 组态编辑

新建工程后，对“设备窗口”“通用串口父设备”和“三菱_FX 系列编程口”的属性进行相应设置，在“用户窗口”添加相应的构件。由于本工程参数较多，用户窗口的相关构件在进行变量连接时一定要以 PLC 程序为准。

1）“正转起动”按钮的数据连接关系如图 16-2 所示。

“正转起动”按钮的“操作属性”选项卡中连接“设备 0_读写 M0000”，对应 PLC 程序中的 M 辅助寄存器 M0。其他按钮的数据连接关系也与此类似。

2）一段速“输入框”的数据连接关系如图 16-3 所示。

一段速“输入框”的“操作属性”选项卡中连接“设备 0_读写 DWUB0000”，对应 PLC 程序中的 D 数据寄存器 D0。其他“输入框”的数据连接也与此类似。

3）指示灯、标签、电动机的数据连接自行分析。

4. 工程下载

组态完成后，单击工具条中的“下载工程并进入运行环境”按钮，进行下载配置。选择“连机运行”，连接方式选择“USB 通信”，然后单击“通信测试”按钮，通信测试正常后，单击“工程下载”按钮。并在触摸屏中调试运行。

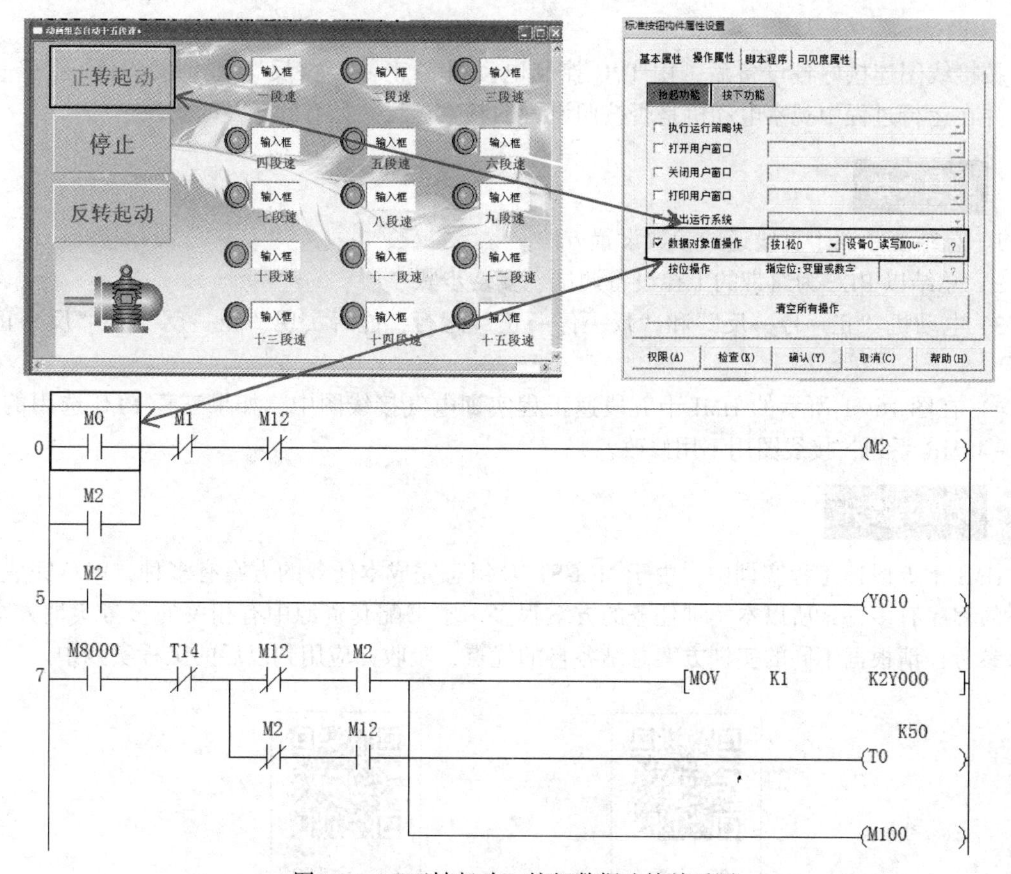

图 16-2 “正转起动”按钮数据连接关系图

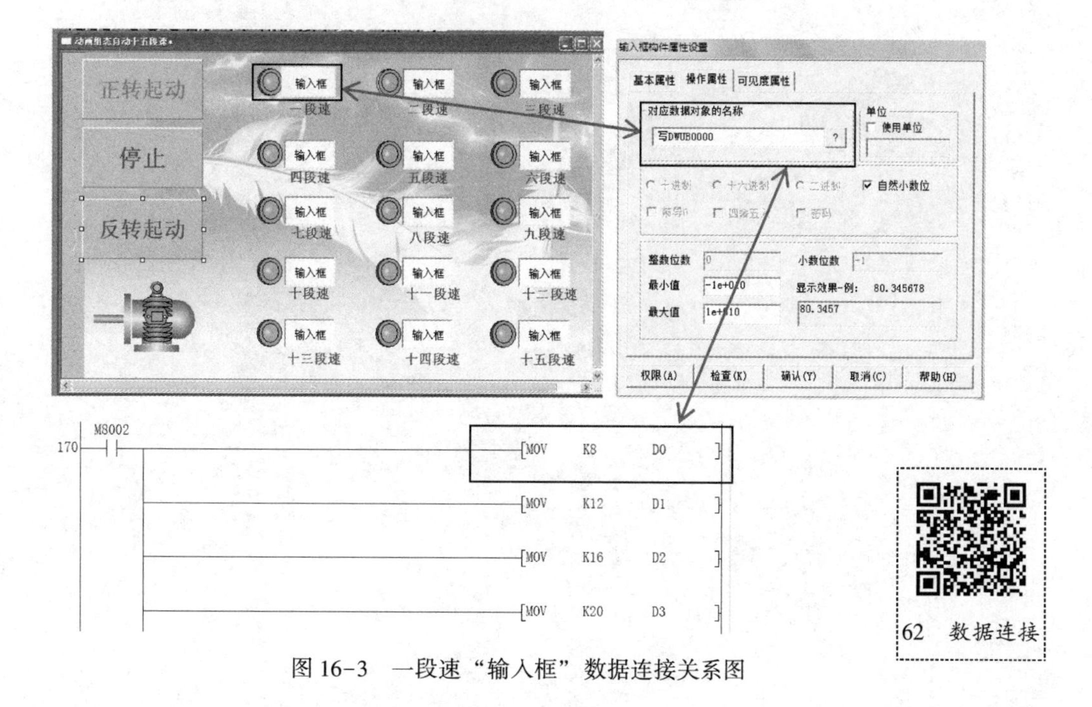

图 16-3 一段速“输入框”数据连接关系图

62 数据连接

5. 调试

按接线图连接好各设备后，用TPC控制电动机“正→停→反”和“反→停→正”运行，并在运行过程中观察电动机是否按照设置的频率运行。如有问题及时解决。

项目总结

1）总结变频器十五段速的参数设置方法。

2）总结以PLC为纽带的工控设备调试、安装步骤。

3）电动机“正→停→反”和“反→停→正”运行，能否实现“正→反”和“反→正”运行？

4）在图16-1所示的HMI十五段速工程实训电气接线图中，如果三菱PLC选用的是FX_{3U}-48MR系列，接线图用不用修改？

拓展与提升

HMI十五段速工程实训中，由于MCGSTPC组态完成本任务的方案有多种，PLC完成本任务的程序有多种，所以本实训任务的方案很多。本书配套资源中有相关的参考实训方案，可供参考，请根据不同的实训方案总结各自的优点，吸收并应用到以后的工程实践中。

63　方案1

64　方案2

项目 17　HMI 工/变频控制实训

一台电动机变频运行，当频率上升到 50Hz（工频）并保持长时间运行时，应将电动机切换到工频电网供电，让变频器休息或另作他用；另一种情况是当变频器发生故障时，则需将其自动切换到工频运行，同时进行相应的动作。因此工/变频控制应用广泛。

项目目标

1）进一步巩固、深化和拓展学生的理论知识与专业技能。充分掌握 PLC、触摸屏和变频器的操作以及不同工控设备的连接方式，提升学生对工控设备的综合应用能力。

2）在全面了解 PLC、变频器、触摸屏的使用和控制系统设计过程的基础上，完成控制系统的设计（编写 PLC 控制流程及控制程序、设置变频器的控制参数、设计触摸屏的控制组态）、安装与调试（编写调试流程、接线），提高学生的动脑动手能力。

项目计划

1）用户根据工作需要选择工频运行或变频运行。

2）在变频运行时，对变频器进行设置，并通过 HMI 控制变频器。

项目实施

1. HMI 工/变频组态控制系统硬件设备连接

HMI 工/变频实训，当 PLC 选用晶体管输出类型（以 FX_{3U}-48MT 为例）时，系统硬件连接如图 17-1 所示。触摸屏（TPC）的 COM 口通过 PC/PPI 通信电缆线接 PLC 的 RS232 接口。PLC 的输出端 Y3 和 Y4 控制直流继电器 KA1 和 KA1 的线圈，直流继电器 KA1 和 KA1 的动合触点控制交流电气控制线路的辅助电路，实现工频和变频控制电路的变换；PLC 的输出端 Y0、Y1、Y2 分别控制变频器的 RH、RM、RL 端，实现自动七段速控制；PLC 的输出端 Y10、Y11、Y12 同样分别控制变频器的 RH、RM、RL 端，实现手动七段速控制。COM1 和 COM3 接变频器的 SD 端，COM2 公共端接直流电源 0 V。变频器主回路端（R、S、T）接三相电源输入端，（L1、L2、L3）接三相异步电动机。元器件的摆放要整齐、合理，同时还要考虑其散热、电磁兼容性。导线布线时要注意 PLC 与变频器的控制线互不干扰。

2. 变频器参数设置

变频器参数可根据电动机的铭牌规定设定。按照控制要求输入保护参数，上、下限频率等。使用变频器外部端口控制电动机运行的操作。高、中、低速对应的变频器频率设置如表 17-1 所示。

表 17-1　变频器参数设置表

参数号	设置值
上限频率 Pr. 1	50 Hz
下限频率 Pr. 2	5 Hz
基波频率 Pr. 3	50 Hz
加速时间 Pr. 7	4 s
减速时间 Pr. 8	3 s
操作模式 Pr. 79	3
3 速设定（高速）Pr. 4	10 Hz
3 速设定（中速）Pr. 5	30 Hz
3 速设定（低速）Pr. 6	50 Hz

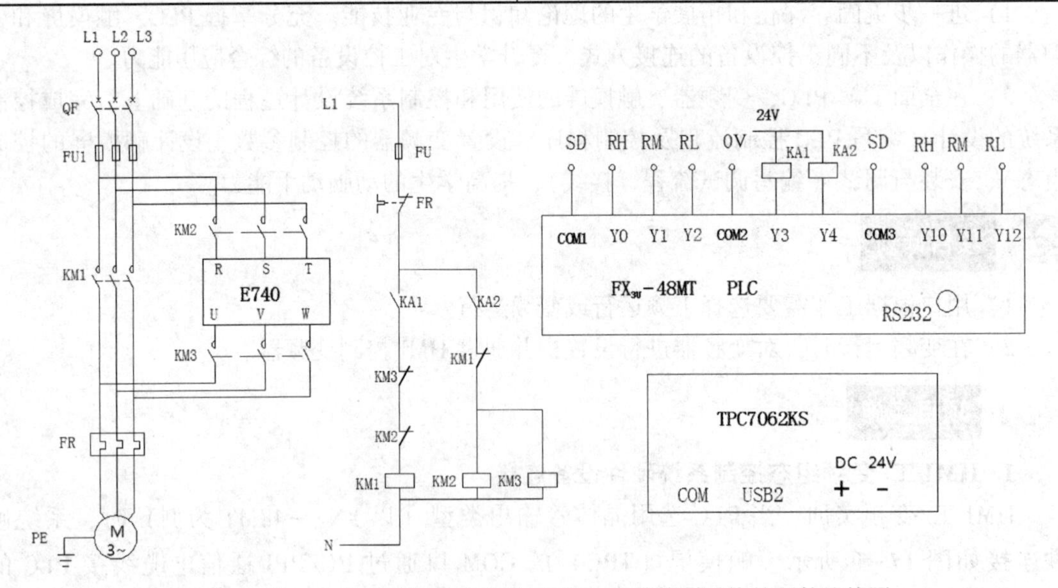

图 17-1　当 PLC 选用晶体管输出类型时工/变频控制系统的硬件连接图

3. PLC 梯形图的设计

（1）I/O 分配表（见表 17-2）。

表 17-2　I/O 分配表

输入			
参数	功能	参数	功能
M40	工频起动	M42	变频起动
M41	工变频停止	M60	手变一段速
M61	手变二段速	M62	手变三段速
M63	手变四段速	M64	手变五段速
M65	手变六段速	M66	手变七段速
M77	手变指示灯	M67	手变停止
M1	自动灯一段速	M2	自动灯二段速

（续）

输　入			
参　数	功　能	参　数	功　能
M3	自动灯三段速	M4	自动灯四段速
M5	自动灯五段速	M6	自动灯六段速
M7	自动灯七段速	M30	自动电动机
M20	自动起动	M21	自动停止
M50	正转起动	M51	正转停止
M52	反转起动	M55	反转停止
M56	正反转电动机		
输　出			
Y0	自动变频 RH	Y2	自动变频 RL
Y1	自动变频 RM	Y4	变频控制端
Y3	工频控制端	Y10	手动变频 RH
Y11	手动变频 RM	Y12	手动变频 RL

（2）PLC 控制工/变频切换控制程序

参考程序在配套资源中。其中 0~5 步程序为工/变频切换程序，M40 工频起动，M42 变频起动；10~126 步程序为自动七段速变频程序，Y0、Y1、Y2 三个输出端的 8 种二进制组合状态中 001~111 七种状态，对应自动七段速度控制；131~262 步程序为手动七段速变频程序，Y10~Y12 三个输出端的 8 种二进制组合状态中 001~111 七种状态，对应手动七段速度控制。

3. 组态工程

（1）窗口组态

参考项目 16 和项目 17 的组态过程。新建工程，新建四个用户窗口，并按图 17-2 所示修改窗口名称。

图 17-2　四个用户窗口

四个窗口的组态分别如图 17-3~图 17-6 所示。

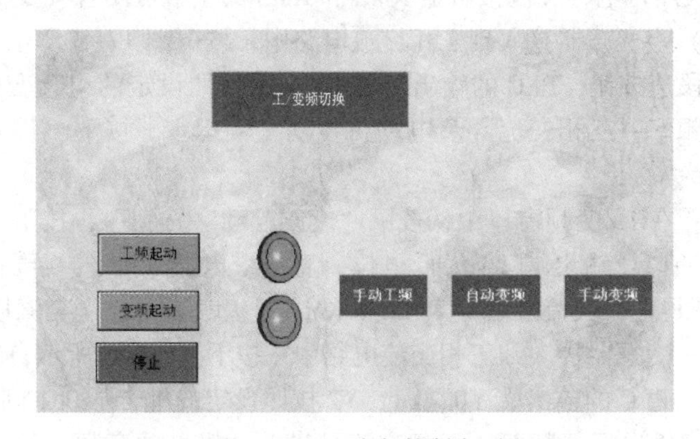

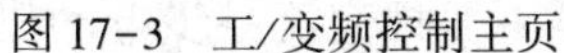
图 17-3　工/变频控制主页

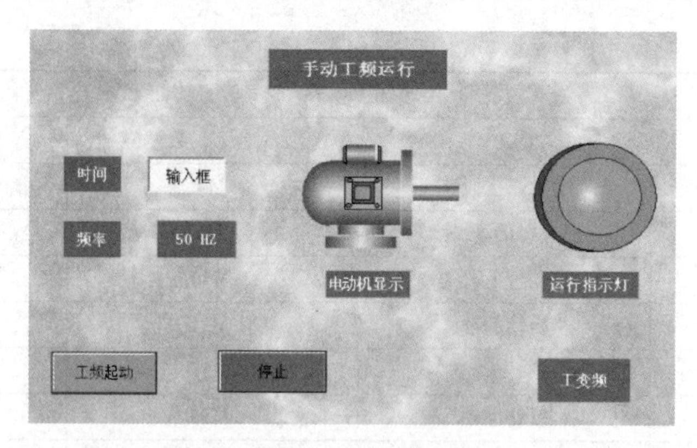

图 17-4　手动工频页面

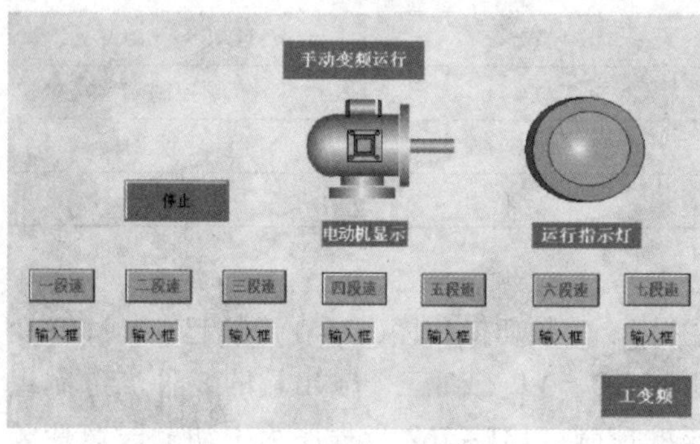

图 17-5　手动变频页面

图 17-6　自动变频页面

1）工频运行：在工/变频窗口中，按下“工频起动”按钮，再按下“手动工频”按钮，进入手动工频页面，PLC 输出端 Y3 为低电位→直流继电器 KA1 的线圈得电→交流接触器 KM1 的线圈得电→交流接触器 KM1 的主触点闭合（交流接触器 KM2 和 KM3 的线圈失电，实现互锁）→交流异步电动机得电起动（工频运行）。按下“停止”按钮，电动机停止运行。

2）手动变频运行：在工/变频窗口中，按下“变频起动”按钮，再按下“手动变频”按钮进入手动变频页面，PLC 输出端 Y4 为低电位→直流继电器 KA2 的线圈得电→交流接触器 KM2 和 KM3 的线圈得电→交流接触器 KM2 和 KM3 的主触点闭合（交流接触器 KM1 的线圈失电，实现互锁）→变频器接入到三相交流电路中。按下图 17-5 所示手动七段速控制组态中的任意一个多段速按钮，PLC 的输出端 Y10 ~ Y12 按照设定的组合变化，变频器按照设定的频率输出运行频率→三相交流异步电动机手动变频运行。按下“停止”按钮，电动机停止运行。

自动变频运行：在工/变频窗口中，按下“变频起动”按钮→再按下“自动变频”按钮进入自动变频页面→PLC 输出端 Y4 为低电位→直流继电器 KA2 的线圈得电→交流接触器 KM2 和 KM3 的线圈得电→交流接触器 KM2 和 KM3 的主触点闭合（交流接触器 KM1 的线圈失电，实现互锁）→变频器接入到三相交流电路中→按下图 17-6 所示自动七段速控制组态中的“起动”按钮→PLC 的输出端 Y0、Y1、Y2 按照设定的组合从 001 到 111 变化→变频器按照设定的对应频率输出运行频率→三相交流异步电动机自动变频运行。按下“停止”按钮，电动机停止运行。

(2) 设备组态

在工作台中激活“设备窗口”，进入设备组态画面，打开“设备工具箱”。在设备工具箱中，按先后顺序双击“通用串口父设备”和“三菱_FX 系列编程口”，将它们添加至组态画面。提示“是否使用‘三菱_FX 系列编程口’驱动的默认通信参数设置串口父设备参数?”，选择“是”后关闭设备窗口。

(3) 建立实时数据库

根据 PLC 程序中使用的参量，建立组态的实时数据库（详见配套资源中组态工程案例）。

(4) 数据连接

由于本工程所使用的数据过多，不详细介绍。只需参照表 17-2 所示的 I/O 分配，在组态页面中将对应的参量连接即可。

比如：在图 17-3 所示工/变频控制主页的组态中，“工频起动”按钮应该与表 17-2 中的参数 M40 相对应。所以双击“工频起动”按钮，切换到“操作属性”选项卡，勾选“数据对象值操作”并选择“按 1 松 0”。单击浏览按钮 ? 进行变量选择，选择“从数据中心选择自定义”，再选择“M40”变量，然后单击“确认”按钮。

在图 17-6 所示自动变频页面中，“起动”按钮应该与表 17-2 中的参数 M20 相对应。所以双击“起动”按钮，切换到“操作属性”选项卡，勾选“数据对象值操作”为“按 1 松 0”。单击浏览按钮 ? 进行变量选择，选择“从数据中心选择自定义”，再选择“M20”变量，然后单击“确认”按钮。

以此类推，完成数据连接。

4. 下载调试

1）组态工程和 PLC 程序分别下载后，连接 TPC 和 PLC（先不要连接电气控制线路和负载）。

2）根据任务要求操作，观测 PLC 的输出端是否按照任务要求工作。如有差错，及时在组态或者 PLC 程序中修改，直到没有错误为止。

3）连接直流继电器和电动机控制线路的辅助控制电路部分。根据任务要求操作，观测电动机辅助控制电路部分的交流接触器线圈是否按照任务要求工作。如有差错，及时在电动机辅助控制电路中修改，直到没有错误为止。

4）连接电动机主电路部分和变频器，根据任务要求操作，观测变频器是否按照任务要求工作。如有差错，及时修改电动机主电路或者变频器的参数设置，直到没有错误为止。

5）带负载运行，观测有无过载现象及工作不正常现象。

项目总结

1）检测一下通过本次实训，是否已经掌握以下技能：

① 会进行系统总体工作方案的合理制订、元件的正确选择、施工图纸的规范绘制。

② 会按工艺进行硬件电路的制作及测试。

③ 按要求进行软件编制及变频器参数设定。

④ 掌握工频与变频切换控制系统的运行、调试。

⑤ 文明施工、纪律安全、团队合作、设备工具管理等。

⑥ 成果展示。学生分组展示并汇报自己的设计作品。

2）思考如下内容：

① 工频变频的切换如何实现？需要设置什么参数？

② 若本例中使用的PLC输出类型为继电器型，图17-1中PLC与变频器的硬件接线应该如何改进？

③ 本案例仅仅完成了工频与变频切换的初步功能，请查阅相关资料，比较工程实例，应如何修改完善本案例的功能及应用。

④ 参考配套资源中的参考实训案例，总结不同实训方案的优点，吸收并应用到以后的工程实践中。

拓展与提升

HMI工/变频控制，当三菱PLC选用继电器输出型（以FX_{3U}-48MR为例）时，系统硬件连接如图17-7所示。PLC输出控制变频器控制端时，无论手动还是自动均采用直流电源，而控制交流接触器线圈时用的是交流220V电源，所以一定要将PLC的输出分组控制。本例控制变频器控制端使用的是PLC的公共端COM1和COM3所对应的输出端Y0、Y1、Y2、Y10、Y11、Y12端，因此公共端COM1和COM3均接变频器的SD端（0V）；控制交流接触器使用的是公共端COM2所对应的输出端Y4、Y5端，公共端COM2接交流零线N（交流和直流不能采用同一个公共端）。PLC程序和组态编程根据图17-7所示的PLC端接线进行修改。变频器参数不用变动。

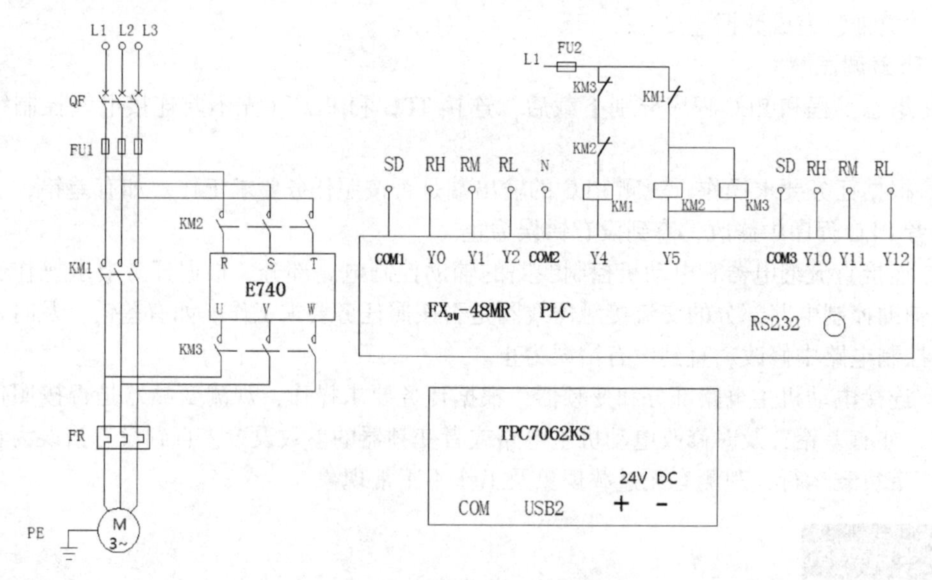

图17-7 PLC为继电器输出类型时工/变频控制系统硬件连接图

项目 18　HMI 控制两台不同类型变频器实训

项目 17 中的实训案例只有一台电动机，当一台电动机无论工频还是变频均不能满足工作要求时，可再增加一台变频器和电动机。以此类推，就是工作中经常用到的多台变频器的控制线路。本节实训就是根据这类案例开发出来的。

项目目标

1）进一步巩固、深化和拓展学生的理论知识与专业技能。充分掌握 PLC、触摸屏和变频器的操作以及不同工控设备的连接方式，提升学生工控设备的综合应用能力。

2）在全面了解 PLC、变频器、触摸屏的使用和控制系统设计过程的基础上，完成控制系统的设计（编写 PLC 控制流程及控制程序、设置变频器的控制参数、设计触摸屏的控制组态）、安装与调试（编写调试流程、接线），提高学生的动脑动手能力。

项目计划

1）设计一个组态工程，其中 1#电动机实现工/变频控制功能，变频器调速时三菱变频器能够实现手动七段速控制；2#电动机只能实现 PU 面板控制变频功能，是通过西门子变频器实现正反转无级调速控制。编写 PLC 程序，实现 TPC 控制 PLC，PLC 控制工/变频转换控制功能。

2）在变频运行时，两台变频器型号分别为三菱 E740、西门子 M440。

项目实施

1. 系统硬件设备连接

HMI 控制两台不同类型的变频器，一台 E740 三菱变频器，一台 M440 西门子变频器，控制接线如图 18-1 所示。三菱 PLC 为晶体管输出型，以 FX_{3U}-48MT 为例。TPC 的 COM 口通过 PC/PPI 通信电缆线接 PLC 的 RS232 接口。PLC 的输出端 Y0 和 Y1 控制直流继电器 KA1 和 KA1 的线圈，直流继电器 KA1 和 KA2 的动合触点控制交流电气控制线路的辅助电路；PLC 的输出端 Y2、Y3、Y4 控制三菱变频器的高、中、低端，Y5 控制三菱变频器的启动（正转或者反转）端，实现七段速控制；PLC 的输出端 Y6、Y7 控制西门子变频器的正转和反转端，实现正反转控制。PLC 的输出公共端 COM1 和 COM2 接 0V 直流。变频器主回路端（L1、L2、L3）接三相电源输入端，（U、V、W）接三相异步电动机。

2. 变频器参数设置

变频器参数可根据电动机的铭牌规定设定。按照控制要求输入保护参数，上、下限频率等。三菱变频器参数设置如表 18-1 所示。西门子变频器参数设置如表 18-2 所示。注意：参数设置过程中，需要 P3 和 P4 为不同的组合，才能对其他参数进行设置。

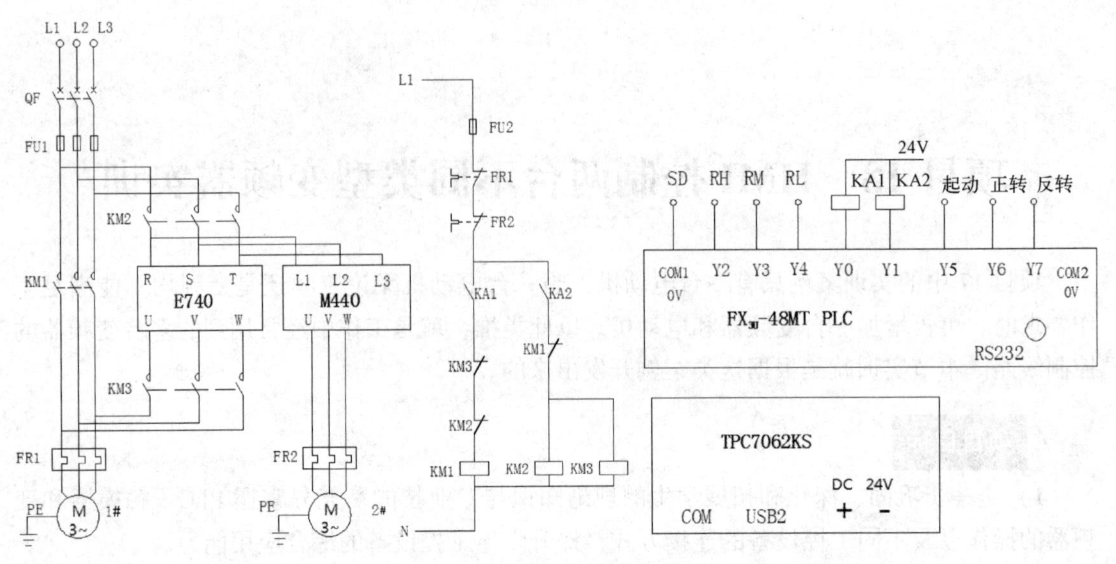

图 18-1　三菱 PLC 为晶体管时的输出型系统硬件连接图

表 18-1　三菱变频器参数设置表

参　　数	设 置 值	参　　数	设 置 值
上限频率 Pr. 1	50 Hz	Pr. 184	8
下限频率 Pr. 2	5 Hz	Pr. 232	29
操作模式 Pr. 79	3	Pr. 233	32
Pr. 4	8	Pr. 234	35
Pr. 5	11	Pr. 235	38
Pr. 6	14	Pr. 236	41
Pr. 24	17	Pr. 237	44
Pr. 25	20	Pr. 238	47
Pr. 26	23	Pr. 239	50
Pr. 27	26		

表 18-2　西门子变频器参数设置表

参 数 号	设 置 值	参 数 号	设 置 值
P0003	1	P0003	1
P0004	7	P0004	10
P0700	2	P1000	1
P0003	2	P1080	0
P0004	7	P1082	50
P0701	1	P1120	5
P0702	2	P1040	20
P0703	10		

3. PLC 梯形图的设计

（1）I/O 分配表（见表 18-3）

表 18-3　I/O 分配表

输　入			
参　数	功　能	参　数	功　能
M0	工频起动	M1	三菱变频器起动页面
M3	工/变频停止	M11	手变一段速
M2	手变二段速	M10	手变三段速
M4	手变四段速	M5	手变五段速
M6	手变六段速	M7	手变七段速
M14	西门子变频器正转起动按钮	M12	三菱变频器起动按钮
M15	西门子变频器反转起动按钮	M16	西门子变频器停止按钮
输　出			
Y0	电动机工频控制输出端	Y1	电动机变频控制输出端
Y2	三菱变频器 RH	Y3	三菱变频器 RM
Y4	三菱变频器 RL	Y5	三菱变频器起动控制端
Y6	西门子变频器正转控制端	Y7	西门子变频器反转控制端

（2）PLC 控制程序

参考程序在配套资源中，其中 0~5 步程序为工/变频切换程序，M0 工频起动，M1 三菱变频器七段速起动，M3 为工/变频停止；12~152 步程序为手动七段速变频程序，Y2~Y4 三个输出端的二进制组合状态中 001~111 七种状态，对应自动七段速度控制；152~157 步程序为正反转无级调速控制程序，Y6、Y7 两个输出端控制西门子变频器的正反端。

66　组态工程

4. 组态工程

（1）窗口组态

新建工程，新建三个用户窗口，并按图 18-2 所示修改窗口名称。

三个窗口的组态分别如图 18-3~图 18-5 所示。

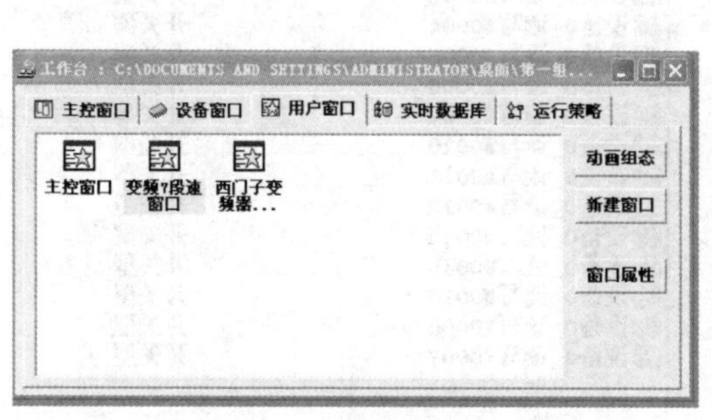

图 18-2　三个用户窗口

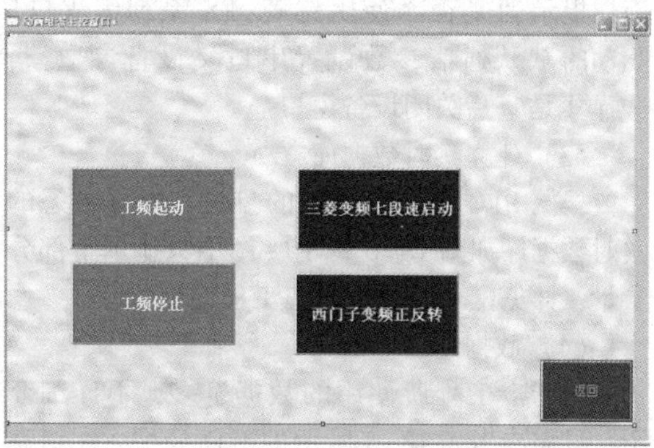

图 18-3　主控窗口组态

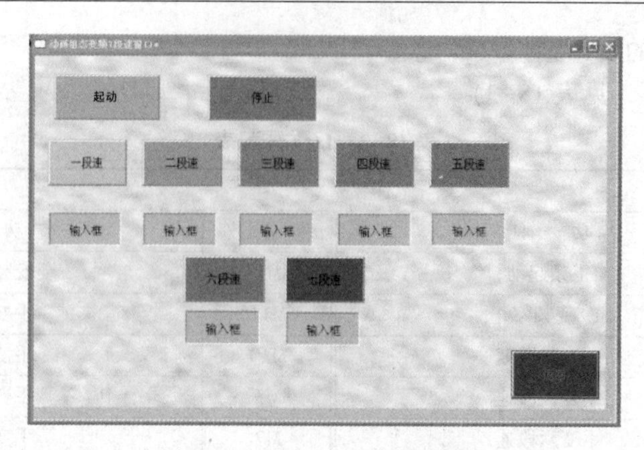

图 18-4　变频七段速窗口组态

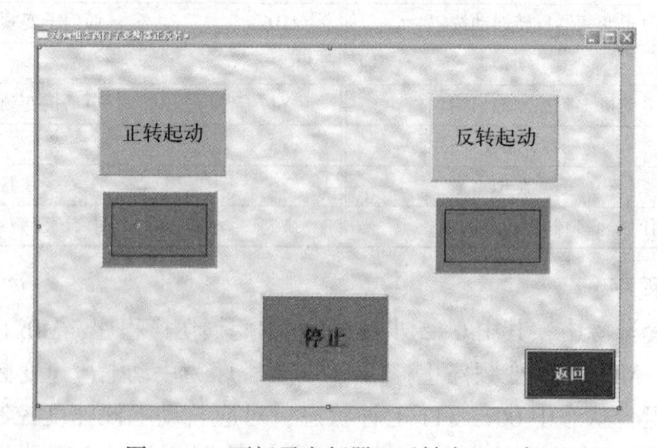

图 18-5　西门子变频器正反转窗口组态

(2) 设备组态

在工作台中激活“设备窗口”，进入设备组态画面，打开“设备工具箱”。在设备工具箱中，按先后顺序双击“通用串口父设备”和“三菱_FX 系列编程口”，将它们添加至组态画面。提示“是否‘使用三菱_FX 系列编程口’驱动的默认通信参数设置串口父设备参数?”，选择“是”后关闭设备窗口。

(3) 建立实时数据库

根据 PLC 程序中使用的参量，建立组态的实时数据库如图 18-6 所示（图中只显示了部分参量，详见配套资源中组态工程案例）。

(4) 数据连接

由于本工程所使用的数据过多，不详细介绍。只需参考表 18-3 所示的 I/O 分配，在组态页面中将对应的参量连接即可。

设备0_读写DWUB0000	数值型
设备0_读写DWUB0001	数值型
设备0_读写DWUB0002	数值型
设备0_读写DWUB0003	数值型
设备0_读写DWUB0004	数值型
设备0_读写DWUB0005	数值型
设备0_读写DWUB0006	数值型
设备0_读写M0000	开关型
设备0_读写M0001	开关型
设备0_读写M0002	开关型
设备0_读写M0003	开关型
设备0_读写M0004	开关型
设备0_读写M0005	开关型
设备0_读写M0006	开关型
设备0_读写M0007	开关型
设备0_读写M0010	开关型
设备0_读写M0011	开关型
设备0_读写M0012	开关型
设备0_读写M0014	开关型
设备0_读写M0015	开关型
设备0_读写M0016	开关型
设备0_读写Y0006	开关型
设备0_读写Y0007	开关型

图 18-6　实时数据库

5. 下载调试

1）在断电状态下，连接好 PC/PPI 通信电缆，将 PLC 运行模式选择开关拨到 STOP 位置，将 PLC 梯形图程序写入 PLC。写入触摸屏画面程序。将触摸屏 RS232 接口与计算机 RS232 接口用通信电缆连接好，进行触摸屏画面程序下载。写入后，观察触摸屏画面显示是否与计算机画面一致。组态工程和 PLC 程序分别下载后，连接触摸屏和 PLC（先不要连接电气控制线路和负载）。

2）根据任务要求操作，观测 PLC 的输出端是否按照任务要求工作。如有差错，及时在组态或者 PLC 程序中修改，直到没有错误为止。

3）连接直流继电器和电动机控制线路的辅助控制电路部分。根据任务要求操作，观测电动机辅助控制电路部分的交流接触器线圈是否按照任务要求工作。如有差错，及时在电动机辅助控制电路中修改，直到没有错误为止。

4）连接电动机主电路部分和变频器，根据任务要求操作，观测变频器是否按照任务要求工作。如有差错，及时修改电动机主电路或者变频器的参数设置，直到没有错误为止。

5）带负载运行，观测有无过载现象及工作不正常现象。

项目总结

1）与项目 17 相比，本项目虽然多接了一个西门子变频器和电动机，表面看问题复杂了。但是只要能够识读图 18-1 所示的系统硬接线图，就会发现其实只要把西门子变频器的三相进线接到三菱变频器的三相进线，这样变频工作时，两台不同厂家的变频器就都接入到电网中了。所以控制两台变频器变频工作的 PLC 输出端 Y0、Y1 也不用改动；至于七段速控制的高、中、低三个端也均由 PLC 输出端 Y2、Y3、Y4 端控制；两个变频器的正反转控制也均由 PLC 输出端 Y6、Y7 端控制。差别就在于两个不同厂家的变频器本身的参数设置不同而已。

2）请参考配套资源中的“拓展与提升参考实训方案”，设计一个组态工程，实现工/变频控制功能。其中三菱变频器控制 1#电动机，能够实现手动、自动七段速、正反转控制；西门子变频器控制 2#电动机，能够实现手动、自动七段速、正反转控制。编写 PLC 程序，实现 TPC 控制 PLC，PLC 控制工/变频转换控制功能。

这个案例的功能较多，用户窗口如图 18-7 所示。由于用户窗口较多，要完成的功能也较多，设计者一定要掌握好设计方法。从最基础的功能做起，然后在原基础上增加功能。一步一步进行调试，切莫急于求成。

图 18-7 用户窗口

拓展与提升

1）三菱 PLC 为继电器输出型时硬件连接。HMI 控制两台不同类型变频器，当三菱 PLC

为继电器输出型时（以 FX$_{3U}$-48MR 为例），系统硬件连接如图 18-8 所示。由于 PLC 输出控制变频器控制端时用的直流 0V 电源，而控制交流接触器线圈时用的是交流 220 电源，所以一定要将 PLC 的输出分组控制。本例控制变频器控制端使用的是 PLC 的公共端 COM1 和 COM2 所对应的输出端 Y2、Y3、Y4、Y6、Y7 端；控制交流接触器使用的是公共端 COM3 所对应的输出端 Y10、Y11 端（交流和直流不能采用同一个公共端）。PLC 程序和组态编程根据图 18-8 的 PLC 端接线进行修改。变频器参数不用变动。

2）当两个变频器可以单独用外部端控制时，电路连接如图 18-9 所示，PLC 程序和变频器参数应如何变动？

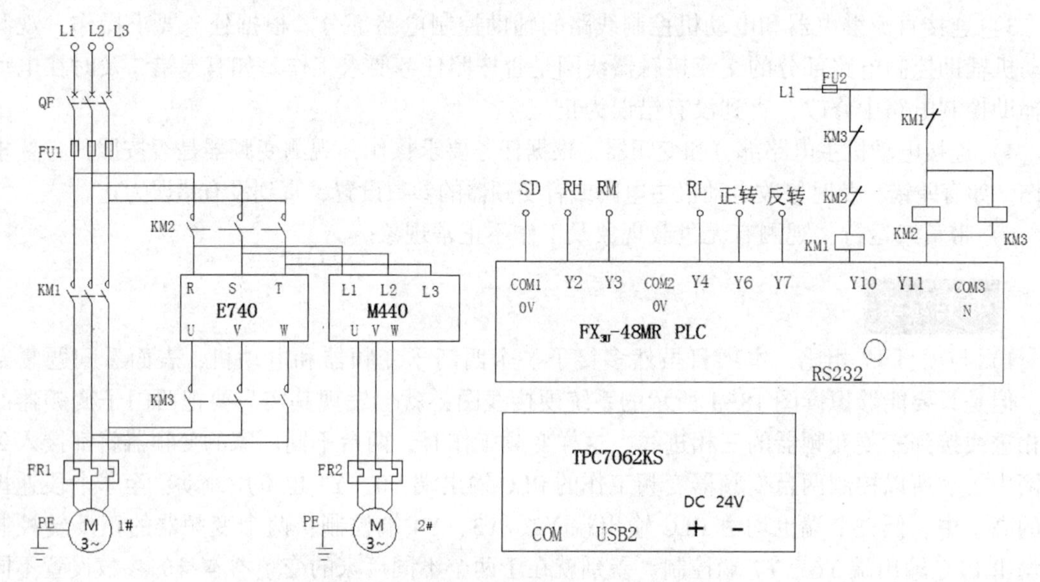

图 18-8　三菱 PLC 为继电器输出型时系统的硬件连接图

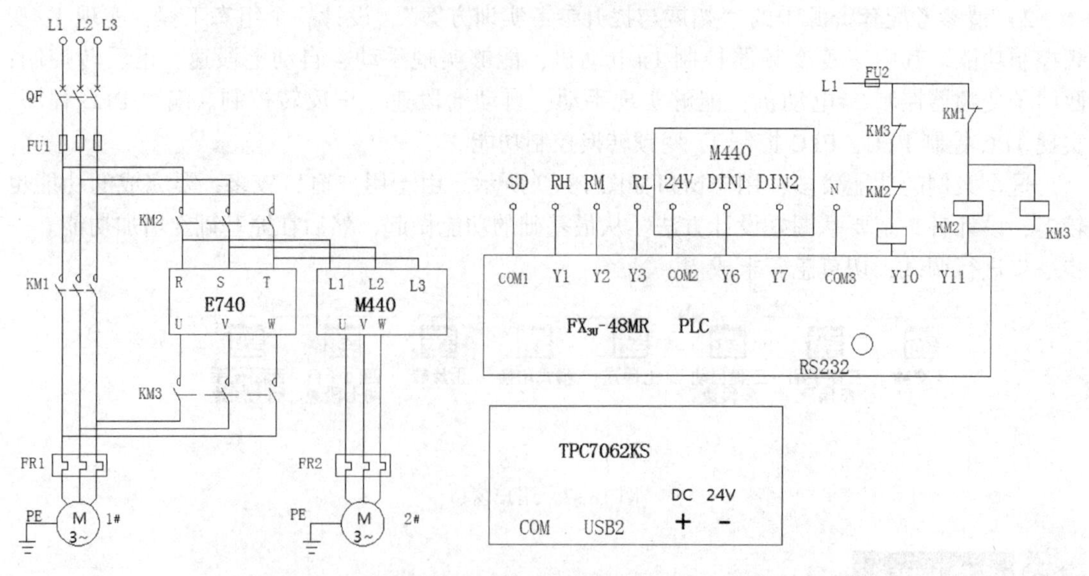

图 18-9　两个变频器可以单独用外部端控制时的硬件接线图

项目 19　HMI 控制电动机星三角起动及变频器三段速控制实训

三相异步电动机全压起动时电源电压全部施加在三相绕组上，起动电流为额定电流的 4~7 倍，电动机功率较大时将导致电源变压器输出电压下降，从而导致电动机起动困难，影响同一线路中其他电器的正常工作。为了减小三相异步电动机的直接起动电流，通常将电压适当降低后，加到电动机定子绕组上进行起动，待电动机起动运转后，再恢复到额定电压运行。减压起动达到了减小起动电流的目的。星三角减压起动时，定子绕组接成星（Y）形，当电动机转速接近额定转速时再换接成三角形（△）。星三角起动属减压起动，它是以牺牲功率为代价换取降低起动电流来实现的，所以不能一概而论以电动机功率的大小来确定是否需采用星三角起动，还要看是什么样的负载。一般在起动时负载轻、运行时负载重的情况下可采用星三角起动，通常笼型电动机的起动电流是运行电流的 5~7 倍，而电网对电压波动要求一般是±10%。为了使电动机起动电流不对电网电压形成过大的冲击，可以采用星三角起动。一般要求在笼型电动机的功率超过变压器额定功率的 10%时就要采用星三角起动。

变频器三段速就是指电动机在工作中需要在不同的速度段运行，电动机速度的改变就是变频器输出频率的改变。调频方式属于有级调速，是通过设定多段速端的组合来选择当前运行段，改变其控制速度端的接线就可以改变其速度。本实训就是完成三相交流异步电动机星三角起动控制和变频器三段速控制。

项目目标

1）进一步巩固、深化和拓展学生的理论知识与专业技能。充分掌握 PLC、触摸屏和变频器的操作，以及不同工控设备的连接方式，提升学生对工控设备的综合应用能力。

2）在全面了解 PLC、变频器、触摸屏的使用和控制系统设计过程的基础上，完成控制系统的设计（编写 PLC 控制流程及控制程序、设置变频器的控制参数、设计触摸屏的控制组态）以及安装与调试（编写调试流程、接线）。提高学生的动脑动手能力，同时也为电气控制安装与调试比赛做好组态知识方面的准备。

项目计划

1）用户根据工作需要选择星三角起动控制或变频器三段速控制。

2）在变频运行时，对变频器进行设置，并通过 HMI 控制，完成三段速运行方式。

3）掌握组合框的应用。

项目实施

1. HMI电动机星三角起动及变频器三段速控制系统硬件连接

HMI电动机星三角起动及变频器三段速控制系统硬件连接如图19-1所示。TPC7062K的COM口通过PC/PPI通信电缆线接PLC的RS232接口。PLC的输出端Y4、Y5、Y6、Y7分别控制交流接触器KM1、KM2、KM3、KM4的线圈。当KM1、KM3的主触点同时闭合时，三相交流异步电动机M1正转星形起动，延时时间到后，KM3的主触点断开，KM4的主触点闭合，三相交流异步电动机M1正转三角形运行，交流接触器KM3、KM4能够实现互锁。当KM2、KM3的主触点同时闭合时，三相交流异步电动机M1反转星形起动，延时时间到后，KM3的主触点断开，KM4的主触点闭合，三相交流异步电动机M1反转三角形运行，交流接触器KM3、KM4能够实现互锁，交流接触器KM1、KM2能够实现互锁。PLC的输出端Y3控制变频器的STF正转端，PLC的输出端Y0、Y1、Y2分别控制变频器的RH、RM、RL端，实现手动三段速控制；图中PLC输出接直流的端Y0、Y1、Y2、Y3共用COM1公共端口，输出接交流的端Y4、Y5、Y6、Y7共用COM2公共端口。图中没有标出热继电器FR动断触点的位置，可根据实际情况在辅助控制电路中实现，或者将FR动断触点作为PLC输入信号体现到PLC程序中。实训时元器件的摆放要整齐、合理，并应考虑其散热、电磁兼容性。导线布线时要注意PLC与变频器的控制线互不干扰。

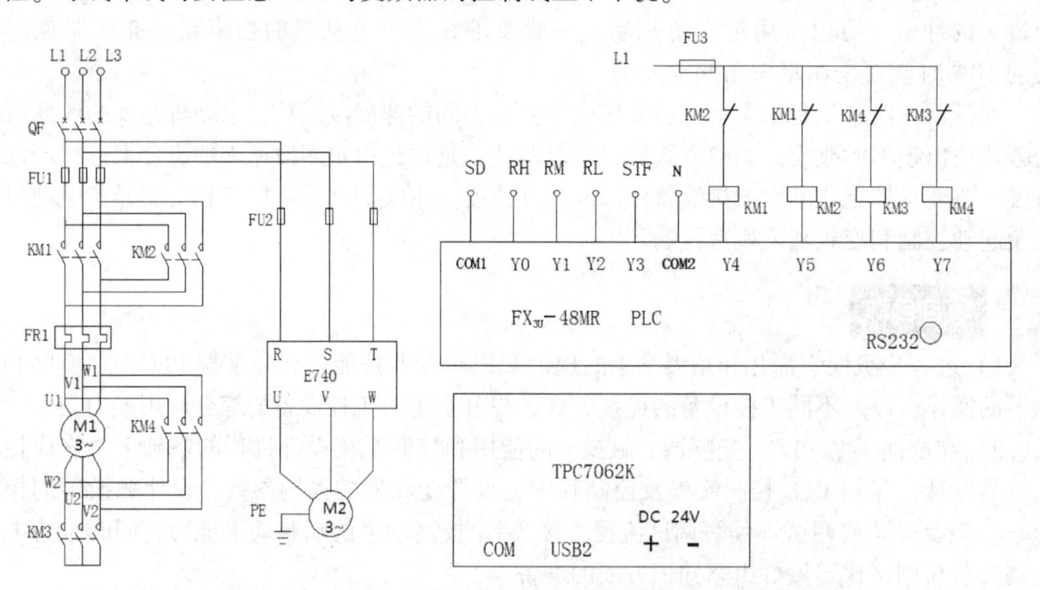

图19-1　HMI电动机星三角起动及变频器三段速控制系统连接图

2. 变频器参数设置

变频器参数可根据电动机的铭牌规定设定。按照控制要求输入保护参数，上、下限频率等。使用变频器外部端口控制电动机运行的操作。三段速运行时变频器参数设置如表19-1所示。

表19-1　三段速运行变频器参数设置表

参数号	设置值
上限频率Pr. 1	50 Hz

（续）

参 数 号	设 置 值
下限频率 Pr. 2	0 Hz
基波频率 Pr. 3	50 Hz
加速时间 Pr. 7	4 s
减速时间 Pr. 8	3 s
操作模式 Pr. 79	3
3 速设定（高速）Pr. 4	10 Hz
3 速设定（中速）Pr. 5	30 Hz
3 速设定（低速）Pr. 6	50 Hz

3. PLC 梯形图的设计

（1）I/O 分配（见表 19-2）

表 19-2　I/O 分配表

输 入			
参 数	功 能	参 数	功 能
M11	电机 M2 起动按钮	M40	电动机 M1 反向起动
M203	全停复位按钮	M20	电动机 M1 正向起动
M30	电动机 M1 停止按钮		
输 出			
参 数	功 能	参 数	功 能
Y0	一段速控制	Y4	电动机 M1 正向运行
Y1	二段速控制	Y5	电动机 M1 反向运行
Y2	三段速控制	Y6	电动机 M1 星形运行
Y3	电动机 M2 正转运行	Y7	电动机 M1 角形运行

（2）电动机星三角起动及变频器三段速控制程序

HMI 电动机星三角起动及变频器三段速控制系统的 PLC 参考程序参见配套资源。

4. 组态工程

（1）设备组态

新建工程后，在工作台中激活设备窗口，进入设备组态画面，打开“设备工具箱”。在设备工具箱中，按先后顺序双击“通用串口父设备”和“三菱_FX 系列编程口”，将它们添加至组态画面。提示“是否使用‘三菱_FX 系列编程口’驱动的默认通信参数设置串口父设备参数?”，选择“是”后关闭设备窗口。

（2）用户窗口组态

在用户窗口，按图 19-2 所示新建三个窗口，并修改三个窗口的名称，将“欢迎界面”窗口设为启动窗口。三个窗口均可以互相打开。

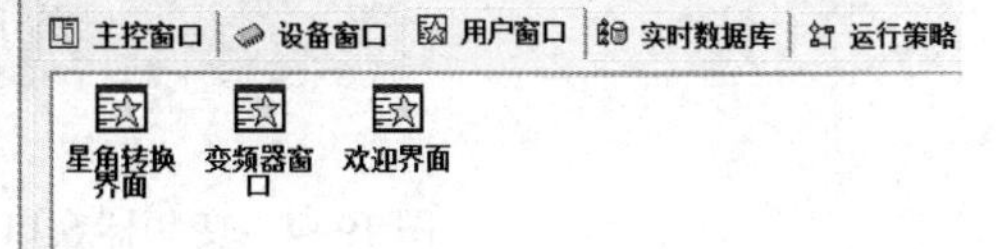

图 19-2　三个用户窗口

1）“星角转换界面”用户窗口如图 19-3 所示。

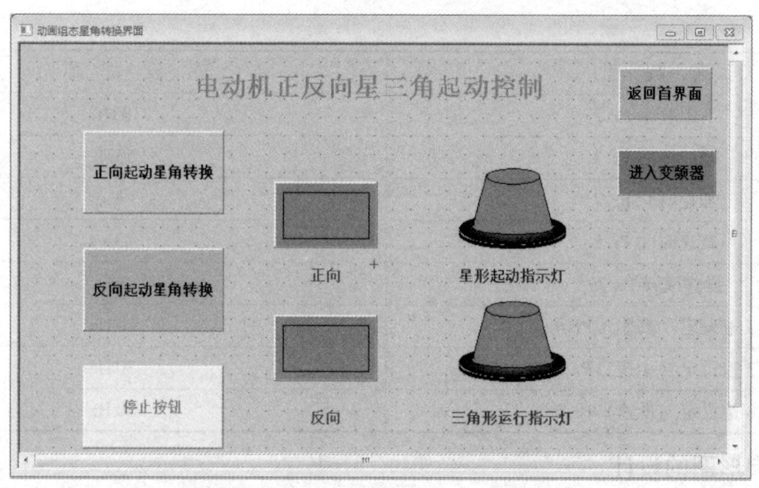

图 19-3　正反向星三角控制主页动画

在窗口中，按下“正向起动星角转换”按钮，电动机正向起动，正向指示灯和星形起动指示灯亮。起动定时时间到，变为正向指示灯和三角形运行指示灯亮，三相异步电动机完成由星形正向起动到三角形运行的转换。按下“停止按钮”，三相异步电动机 M1 停止运行。按下“反向起动星角转换”按钮，电动机反向起动，反向指示灯和星形起动指示灯亮。起动定时时间到，变为反向指示灯和三角形运行指示灯亮，三相异步电动机 M1 完成由星形反向起动到三角形运行的转换。

2）变频器窗口组态如图 19-4 所示。按下“起动按钮”，再单击“组合框”（即下拉列表框），选择“第一段速”“第二段速”“第三段速”中任意一个选项，对应的一段速、二段速、三段速指示灯点亮，变频器控制三相异步电动机 M2 进行有级调速运行。按下“停止按钮”，电动机停止运行。页面中按钮、标签和指示灯的设置均比较简单，这里不做介绍。下面介绍一下“组合框”的设置。

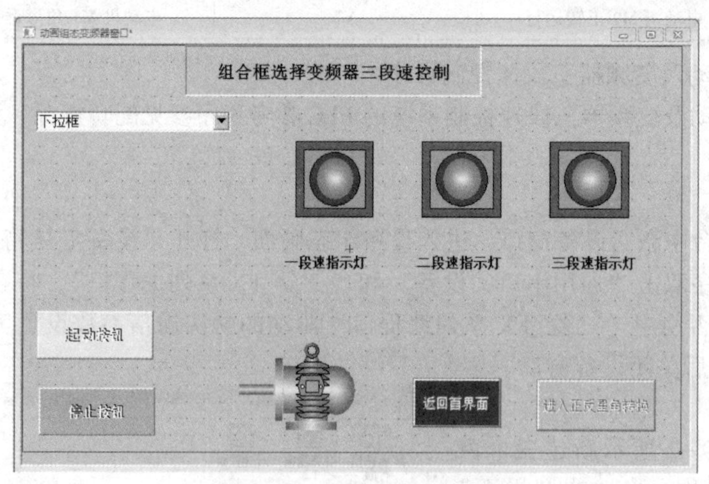

图 19-4　变频器窗口组态

在组态工具箱中单击“组合框”按钮，拖动鼠标指针将其放置到合适位置，并调整到适当大小。双击组合框，弹出“组合框属性编辑”对话框，在“构建类型”区域中选择

“列表组合框”，并在“构建属性”区域中进行数据关联、ID 号关联（均与“设备 0_读写 DWUB0000 ”关联)，如图 19-5 所示。再切换到“选项设置”选项卡，添加要选择的选项名称“空”“第一段速”“第二段速”“第三段速”(注意空格和段落)，如图 19-6 所示。

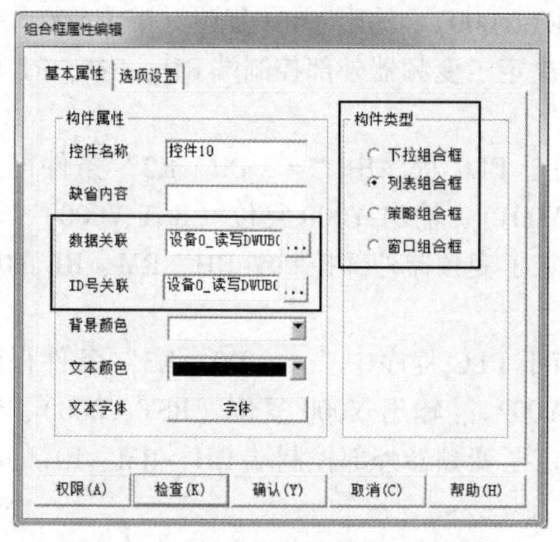

图 19-5　“组合框属性编辑”对话框

图 19-6　“选项设置”选项卡

（3）数据连接

由于本工程所使用的数据过多，无法详细介绍。使用者只需参考表 19-2 所示的 I/O 分配，在组态页面中将对应的参量连接即可。这里介绍一下与组合框数据关联的建立。组合框中数据关联要结合 PLC 程序进行设置。变频器三段速设置的 PLC 程序如图 19-7 所示。

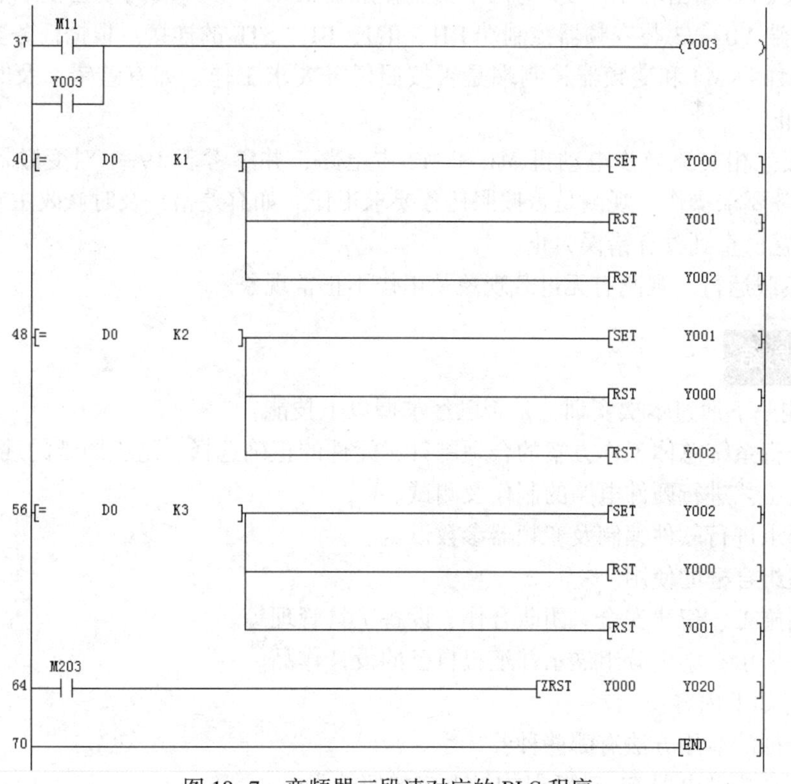

图 19-7　变频器三段速对应的 PLC 程序

运行时闭合“起动按钮”对应的“设备0_读写M011”关联数据M011动合触点，PLC输出“设备0_读写Y003”得电自锁。

这时在组合框中如果选择“第一段速”，则相当于PLC程序中“= D0 K1”条件得到满足，从而完成对PLC的输出Y000置位（SET Y000）、输出Y001复位（RST Y001）、输出Y002复位（RST Y002）。Y000~Y002的状态决定了变频器外部控制端RH、RM、RL的状态是高速运行状态。

如果在组合框中选择“第二段速”，则相当于PLC程序中“= D0 K2”条件得到满足，从而完成对PLC的输出Y001置位（SET Y001）、输出Y000复位（RST Y000）、输出Y002复位（RST Y002）。Y000~Y002的状态决定了变频器外部控制端RH、RM、RL的状态是中速运行状态。

如果在组合框中选择“第三段速”，则相当于PLC程序中“= D0 K3”条件得到满足，从而完成对PLC的输出Y002置位（SET Y002）、输出Y000复位（RST Y000）、输出Y001复位（RST Y001）。Y000~Y002的状态决定了变频器外部控制端RH、RM、RL的状态是低速运行状态。

5. 下载调试

1）组态工程和PLC程序分别下载后，连接TPC和PLC（先不要连接电气控制线路和负载）。

2）根据任务要求操作，观测PLC的输出端是否按照任务要求工作。如有差错，及时在组态或者PLC程序中修改，直到没有错误为止。

3）完成PLC输出端Y4~Y7与四个交流接触器KM1~KM4线圈及互锁触点的连接。完成PLC输出端Y0~Y3与变频器控制端RH、RM、RL、STF的连接。根据任务要求操作，观测接触器KM1~KM4和变频器控制端是否按照任务要求工作。如有差错，及时修改，直到没有错误为止。

4）连接三相交流异步电动机M1和M2主电路，并参考表19-1对变频器参数进行设置。根据任务要求操作，观测是否按照任务要求工作。如有差错，及时修改主电路或者变频器的参数设置，直到没有错误为止。

5）带负载运行，观测有无过载现象及工作不正常现象。

项目总结

1）检测一下通过本次实训，是否已经掌握以下技能：

① 会进行系统总体工作方案的合理制订、元件的正确选择、施工图纸的规范绘制。

② 会按工艺进行硬件电路的制作及测试。

③ 按要求进行软件编制及变频器参数设定。

④ 掌握组合框的使用。

⑤ 文明施工、纪律安全、团队合作、设备工具管理等。

⑥ 成果展示。学生分组展示并汇报自己的设计作品。

2）思考如下内容：

① 组合框的应用方法有哪些种？

② 本例中热继电器FR动断保护触点应如何接入？

拓展与提升

1. 组合框选择功能组态——列表组合框的应用

在全国职业院校技能大赛——现代电气控制系统安装与调试大赛的灌装贴标系统任务书中，组态工程进入调试模式后，组合框选择功能要求如下。

设备进入调试模式后，触摸屏出现调试页面，如图 19-8 所示。通过单击组合框，随意选择需调试的电动机，当前电动机指示灯亮时，按下 SB1 按钮，选中的电动机按下述要求进行调试运行。每个电动机调试完成后，对应的指示灯熄灭。

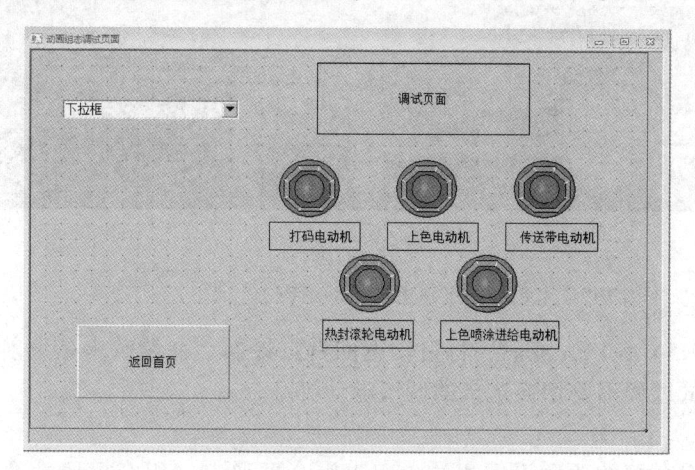

图 19-8　调试模式组态页面

68　拓展与提升 1

（1）打码电动机 M1 调试过程

按下起动按钮 SB1 后，打码电动机低速运行 6 s 后停止，再次按下起动按钮 SB1 后，高速运行 4 s，打码电动机 M1 调试结束。M1 电动机调试过程中，HL1 以 1 Hz 闪烁。

（2）上色喷涂电动机 M2 调试过程

按下起动按钮 SB1 后，上色喷涂电动机起动运行 4 s 后停止，上色喷涂电动机 M2 调试结束。M2 电动机调试过程中，HL1 长亮。

（3）传送带电动机（变频电动机）M3 调试过程

按下 SB1 按钮，M3 电动机以 15 Hz 起动，再按下 SB1 按钮，M3 电动机以 30 Hz 运行，再按下 SB1 按钮，M3 电动机以 40 Hz 运行，再按下 SB1 按钮，M3 电动机以 50 Hz 运行，按下停止按钮 SB2，M3 停止。运行过程中，按下停止按钮 SB2，M3 立即停止（调试没有结束），调试需要重新起动。M3 电动机调试过程中，HL2 以 1 Hz 闪烁。

（4）热封滚轮电动机 M4 调试过程

按下 SB1 按钮，电动机 M4 起动，3 s 后 M4 停止，2 s 后又自动起动，按此周期反复运行，4 次循环工作后自动停止。可随时按下停止按钮 SB2（调试没有结束），调试需要重新起动。电动机 M4 调试过程中，HL2 长亮。

（5）上色喷涂进给电动机（伺服电动机）M5 调试过程

上色喷涂进给电动机的结构示意图如图 19-9 所示。初始状态断电，手动调节回原点 SQ1，按下 SB1 按钮，上色喷涂电动机 M5 正转左移，当 SQ2 检测到信号时，停止旋转，停

2 s 后，电动机 M5 反转右移，当 SQ1 检测到信号时，停止旋转，停 2 s 后，又正转左移至 SQ3 后停 2 s，电动机 M5 反转右移回原点，至此上色喷涂电动机 M5 的调试结束。M5 电动机调试过程中，M5 电动机正转和反转转速均为 1 r/s，HL1 和 HL2 同时以 2 Hz 闪烁。

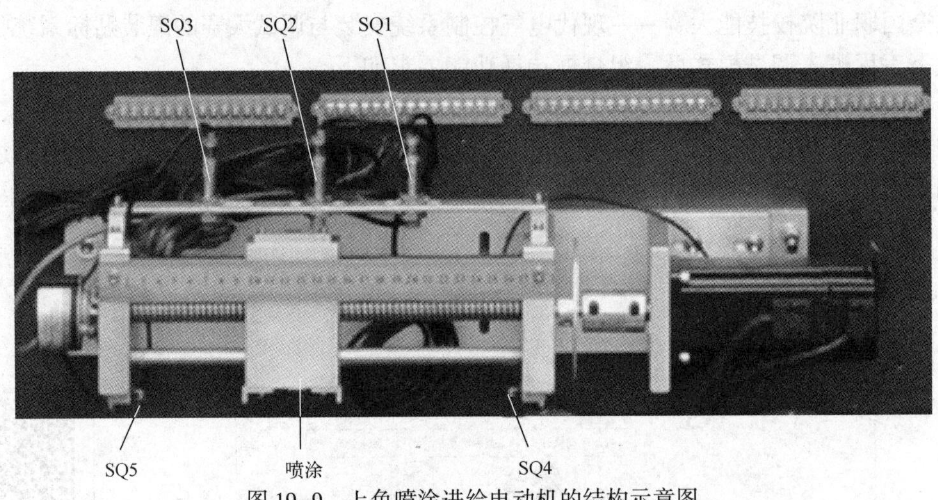

图 19-9　上色喷涂进给电动机的结构示意图

所有电动机（M1～M5）调试完成后，将自动返回首页界面。在调试未结束前，单台电动机可以反复调试。调试过程不要切换选择的调试电动机。

解析方法如下。

参考本项目中有关组合框的关联设置方法，双击组合框弹出“组合框属性编辑”对话框，设置内容如图 19-10 所示。在“构建类型”区域中勾选“列表组合框”，并在“构建属性”区域中进行数据关联、ID 号关联、（均与“设备 0_读写 DWUB0000 ”关联）。再切换到“选项设置”选项卡，添加要选择的选项名称“空”“打码电动机”“上色电动机”“传送带电动机”“热封滚轮电动机”“上色喷涂进给电动机”，如图 19-11 所示。

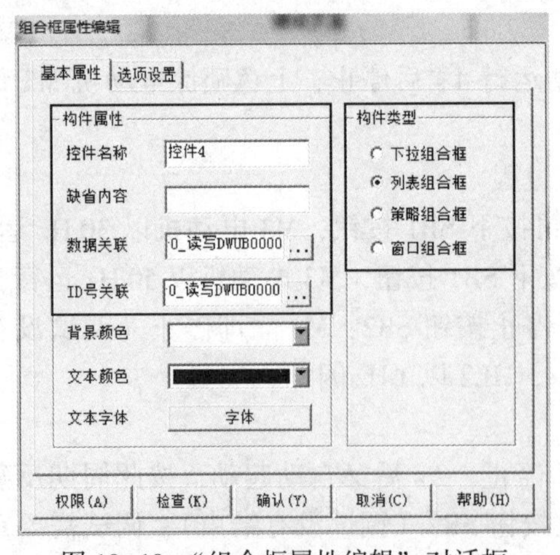

图 19-10　“组合框属性编辑”对话框

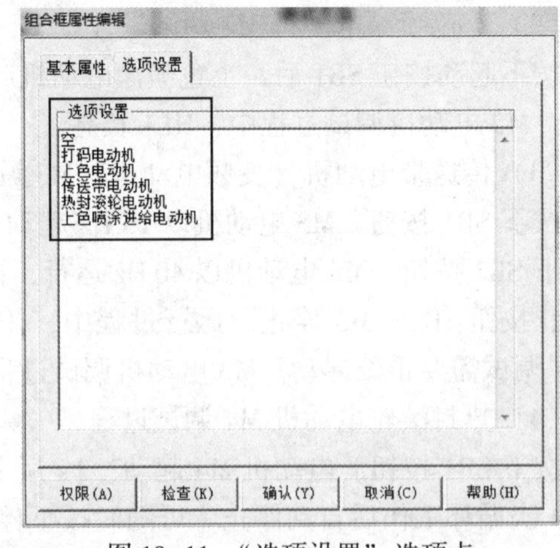

图 19-11　“选项设置”选项卡

以“上色电动机”为例，上色电动机的控制要求是“按下起动按钮 SB1 后，上色喷涂电动机起动运行 4 s 后停止，上色喷涂电动机 M2 调试结束。M2 电动机调试过程中，HL1 长亮”。与其控制要求相对应的 PLC 程序段如图 19-12 所示。

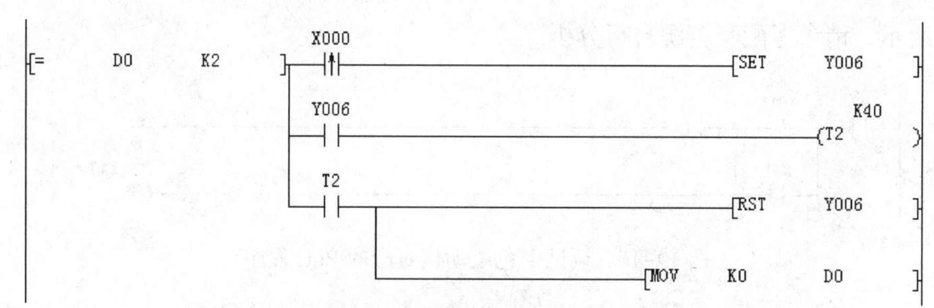

图 19-12　调试上色电动机对应的 PLC 程序

当在组合框中选择“上色电动机”时，则相当于 PLC 程序中“=　D0　K2”条件得到满足，从而完成对 PLC 的输出 Y006 置位（SET Y006），同时 T2 开始计时。当计时时间达到 4 s 后，Y006 复位（RST Y006），同时“=　D0　K0”条件得到满足，组合框恢复到调试准备状态。其他电动机调试时也都要满足各自的关联条件，请参考配套资源学习。

2. 组合框选择功能组态——策略组合框的应用

还是以灌装贴标系统任务为例，解析方法如下。

组合框的设置如图 19-13 所示。在“构件类型”区域中勾选“策略组合框”，这与上述方法不同。“选项设置”选项卡的设置如图 19-14 所示。

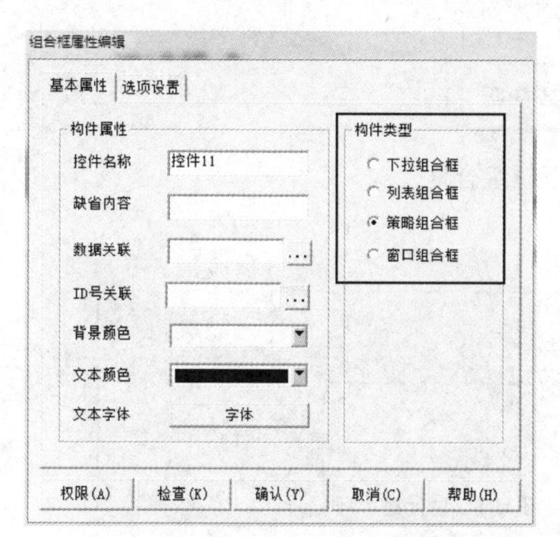

图 19-13　组合框的设置

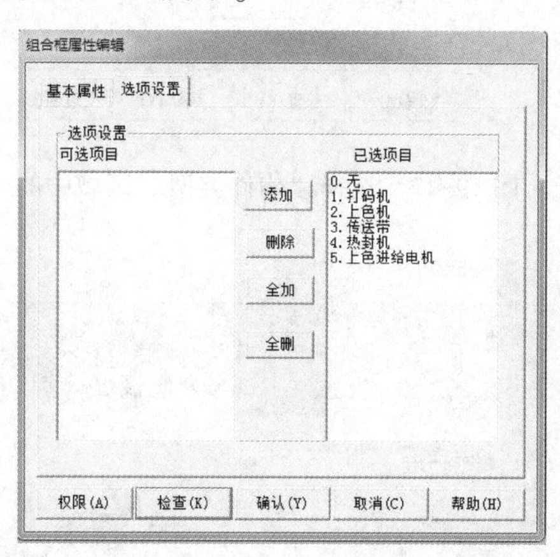

图 19-14　“选项设置”选项卡的设置

69　拓展与提升 2

参考图 19-15 设置“启动脚本”。此时 PLC 程序中与“上色电动机”相关联的是“设备 0_读写 M0002”，当 M0002 满足条件时（在组合框中选择“上色电动机”），按照上色电动机调试过程要求编写其对应的程序即可。上色电动机调试对应的 PLC 程序如图 19-16 所示，其他程序自行编写。组态工程参见配套资源。

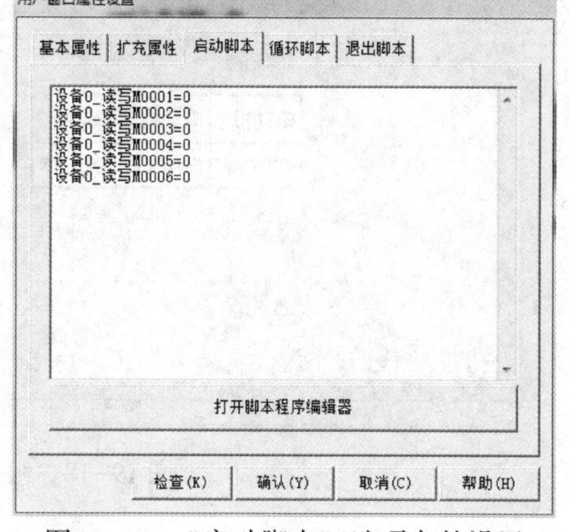

图 19-15　“启动脚本”选项卡的设置

3. 组合框选择功能组态——下拉组合框应用

组合框的设置还可以在“组合框属性编辑”对话框中，选择“构件类型”区域中的“下拉组合框”来完成，如图 19-17 所示 。其用户窗口组态如

图 19-18 所示。请参考配套资源自行分析。

图 19-16　调试上色电动机对应的 PLC 程序

图 19-17　选择“构件类型”区域中的“下拉组合框”

70　拓展与提升 3

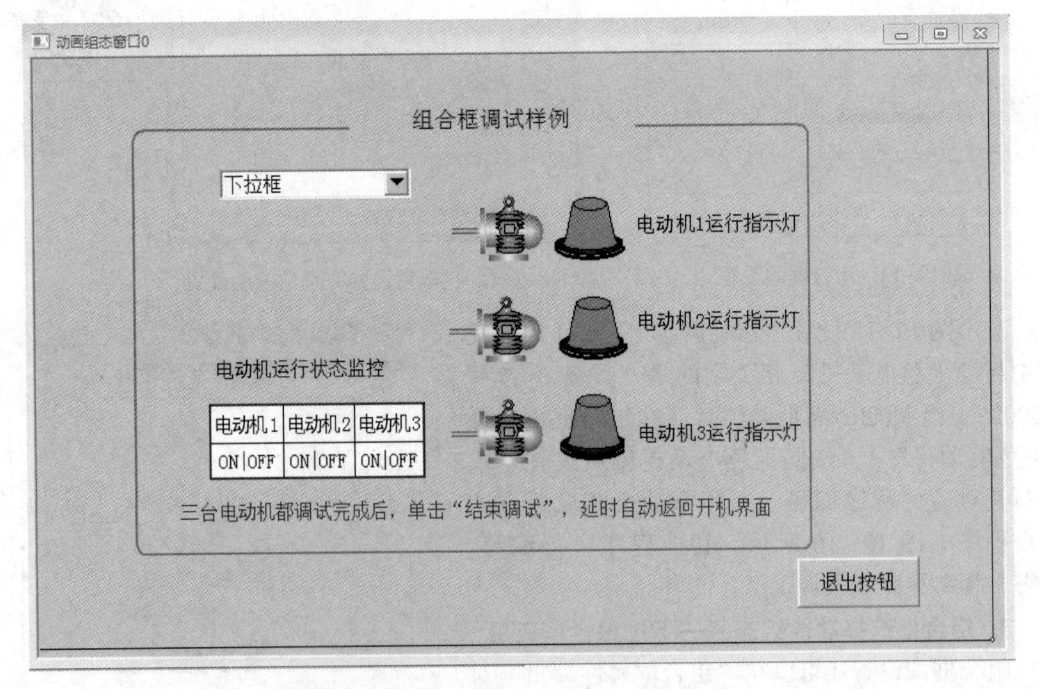

图 19-18　组合框调试样例用户窗口组态

4. 组合框选择功能组态——窗口组合框应用

71　拓展与提升 4

组合框的设置还可以在“组合框属性编辑”对话框中，选择“构件类型”中的“窗口组合框”来完成。在“选项设置”选项卡已选项目中添加的四个窗口对应用户窗口中的“窗口 0”“窗口 1”“功能概述”和“功能演示”窗口，对应关系如图 19-19 所示。用户窗口组态请参考配套资源自行分析。

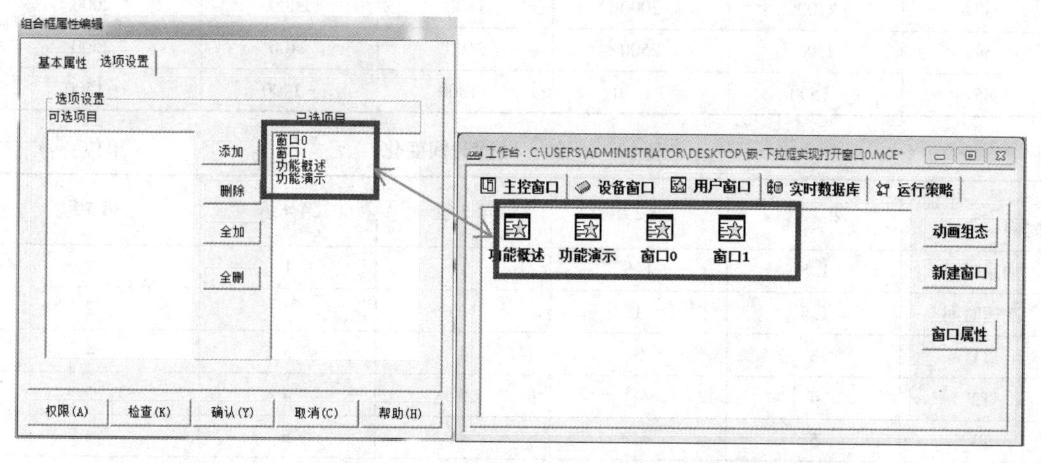

图 19-19　“已选项目”中添加的窗口与“用户窗口”的对应关系

实训与演练

用可编程序控制器（PLC）和变频器控制交流电动机工作，由交流电动机带动流水线工作台运行，交流电动机运行转速变化情况如图 19-20 所示，且能连续运转。

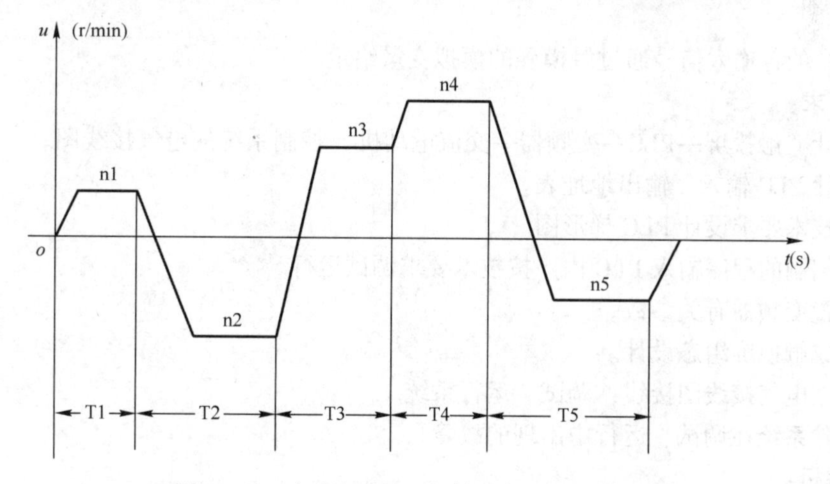

图 19-20　交流电动机运行转速变化情况示意图

1）根据交流电动机运行转速变化的情况，编制半自动循环运行程序，依次按起动按钮，交流电动机以 n1 起动，直至 n5 结束（即半自动循环）。任何时刻按停止按钮，电动机立刻减速停止。各档速度、加速度时间数据分别见表19-3和表19-4。

表19-3 速度变化 （单位：r/min）

组别 速度	第1组	第2组	第3组	第4组	第5组
n1	600	400	300	450	500
n2	-900	-800	-700	-900	-1000
n3	2100	2000	1800	2000	2000
n4	2700	2500	2600	2400	2500
n5	-1500	-1200	-1300	-1400	-1500

表19-4 加、减速时间变化 （单位：s）

组别 时间	第1组	第2组	第3组	第4组	第5组
加速时间	1.5	1.5	1	1	2
减速时间	1.5	1	1.5	2	2
T1	3	3	4	3	4
T2	4	4	5	4	5
T3	5	4	4	5	4
T4	4	5	4	3	4
T5	6	6	6	5	6

2）可单独选任一档速度恒速运行，利用“单速运行、调整/自动运行”选择开关，按起动按钮起动，按停止按钮停止，旋转方向均为正转。

3）检修或调整时可采用点进和点退控制（选择开关处于“调整”位），电动机选用n1转速。

4）PLC的各输入信号通过触摸屏的模拟变量给定。

考核要求：

1）设计“触摸屏—PLC—变频器—交流电动机”控制系统的电气接线图。

2）设计PLC输入、输出地址表。

3）按技术要求设计PLC梯形图。

4）将编制的程序输入PLC内，按技术要求调试运行。

5）设置变频器有关参数。

6）完成触摸屏组态设计。

7）根据电气接线图接线，调试、运行系统。

8）排除系统在调试、运行中出现的故障。

参考解析：

1）自动控制生产流水线电气控制系统接线图如图19-21所示。图中包含了PLC输入、输出地址表。

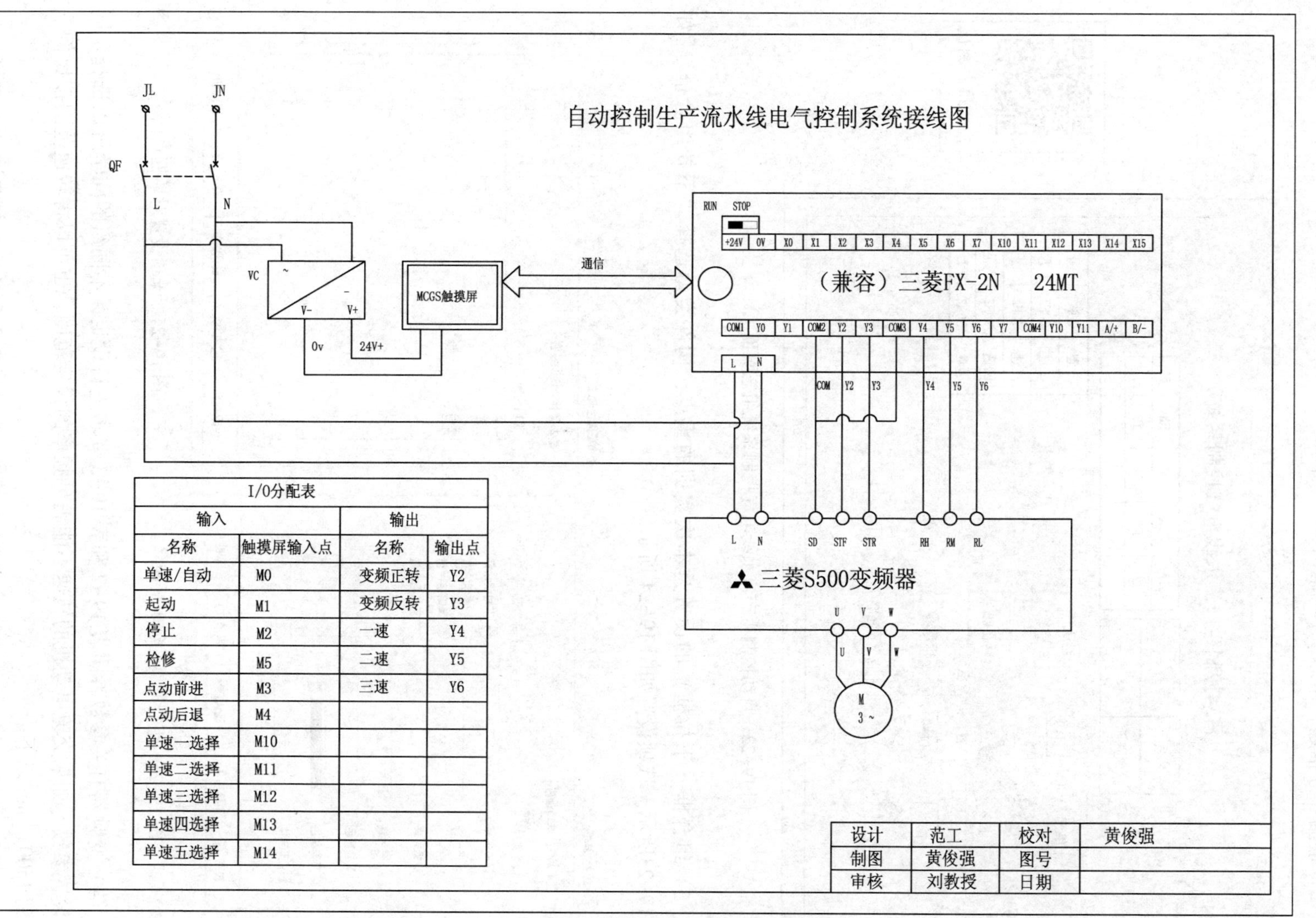

I/0分配表

输入		输出	
名称	触摸屏输入点	名称	输出点
单速/自动	M0	变频正转	Y2
起动	M1	变频反转	Y3
停止	M2	一速	Y4
检修	M5	二速	Y5
点动前进	M3	三速	Y6
点动后退	M4		
单速一选择	M10		
单速二选择	M11		
单速三选择	M12		
单速四选择	M13		
单速五选择	M14		

图19-21　自动控制生产流水线电气控制系统接线图

2）根据任务描述，组态工程如图 19-22 所示。

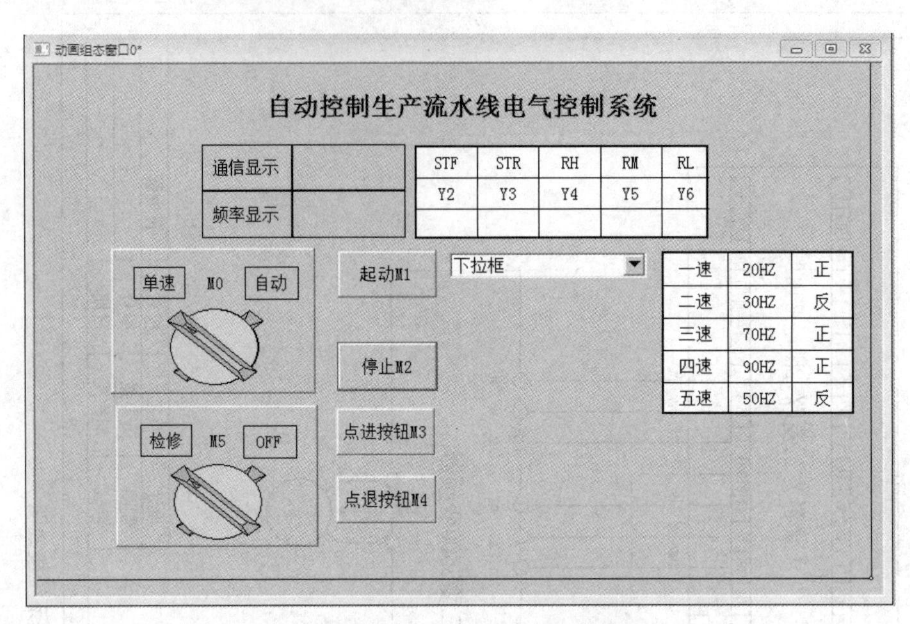

图 19-22 自动控制生产流水线电气控制系统组态页面

3）组合框（下拉框）的设置是本次实训的重点，构件类型选择“下拉组合框”，如图 19-23所示。选项设置如图 19-24 所示。

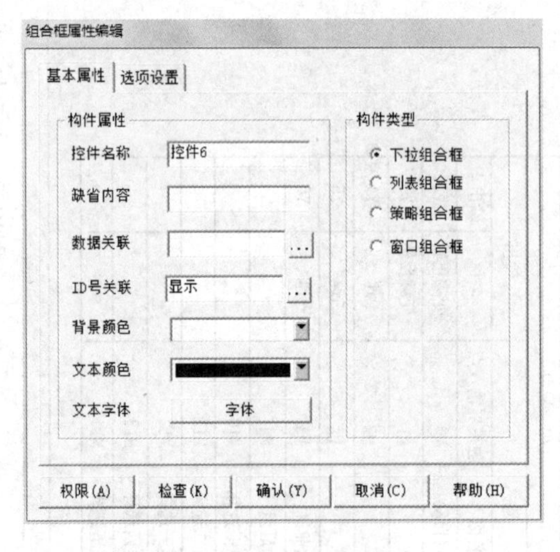

图 19-23 组合框属性编辑页面

图 19-24 选项设置对话框页面

4）变频器有关参数参照表 19-2 和表 19-3 要求进行设定，不同组的同学可以选择不同的设置参数。如果交流电动机的转速不能满足频率的设定范围，也可以将转速范围按比例下调到 1500 r/min 以下。

5）PLC 程序如图 19-25 所示。按题目要求，分成 3 个大模块，分别是单速、自动、检修。这样思路比较清晰，调试时改动也比较容易。

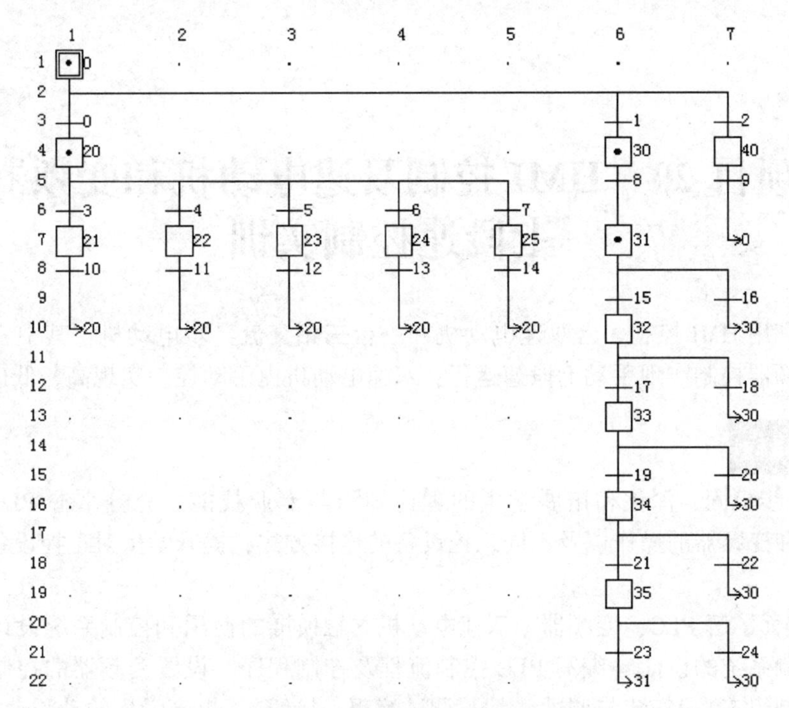

图 19-25　自动控制生产流水线 PLC 程序

6）调试过程可扫描二维码观看。

73　调试过程

项目 20　HMI 控制双速电动机和变频器七段速控制实训

本项目利用 HMI 控制一台双速电动机和一台三相交流异步电动机，其中三相交流异步电动机由变频器控制实现手动七段速运行；双速电动机由手动控制实现高、低速运行。

项目目标

1）进一步巩固、深化和拓展学生的理论知识与专业技能。充分掌握 PLC、双速电动机、触摸屏和变频器的操作以及不同工控设备的连接方式，提升学生对工控设备的综合应用能力。

2）在全面了解 PLC、变频器、双速电动机、触摸屏的使用和控制系统设计过程的基础上，完成控制系统的设计（编写 PLC 控制流程及控制程序、设置变频器的控制参数、设计触摸屏的控制组态）、安装与调试（编写调试流程、接线）。提高学生的动脑动手能力。

3）初步掌握全国职业院校技能大赛——现代电气控制系统安装与调试赛项中，有关密码设定的内容。

项目计划

1）用户根据工作需要选择双速电动机运行或变频器运行。

2）在变频运行时，对变频器进行设置，并通过 HMI 控制变频器，完成七段速运行。

项目实施

1. HMI 控制双速电动机和变频器实训硬件连接。

HMI 控制双速电动机和变频器实训电气控制接线如图 20-1 所示。TPC7062K 的 COM 口通信 PC/PPI 通信电缆线接 PLC 的 RS232 接口。PLC 的输出端 Y4、Y5、Y6 分别控制交流接触器 KM1、KM2、KM3 的线圈。其中 KM1 的主触点闭合时，双速电动机工作在角形低速度状态，KM2、KM3 的主触点同时闭合时，双速电动机工作在双星形高速度状态，KM1 的线圈必须和 KM2、KM3 的线圈实现互锁；PLC 的输出端 Y7 控制交流接触器 KM4，当交流接触器 KM4 的主触点接通时，三相电源给变频器供电。PLC 的输出端 Y3 控制变频器的 STF 正转端，PLC 的输出端 Y0、Y1、Y2 分别控制变频器的 RH、RM、RL 端，实现手动七段速控制；图 20-1 中，PLC 输出接直流的端 Y0、Y1、Y2、Y3 共用 COM1 公共端口，输出接交流的端 Y4、Y5、Y6、Y7 共用 COM2 公共端口。图中没有标出热继电器 FR 的动断触点的位置，可根据实际情况在辅助控制电路中实现，或者将 FR 动断触点作为 PLC 输入信号体现到 PLC 程序中。

2. 变频器参数设置

变频器参数可根据电动机的铭牌规定设定。按照控制要求输入保护参数，上、下限频率等。使用变频器外部端口控制电动机运行的操作。变频器参数设置如表 20-1 所示。

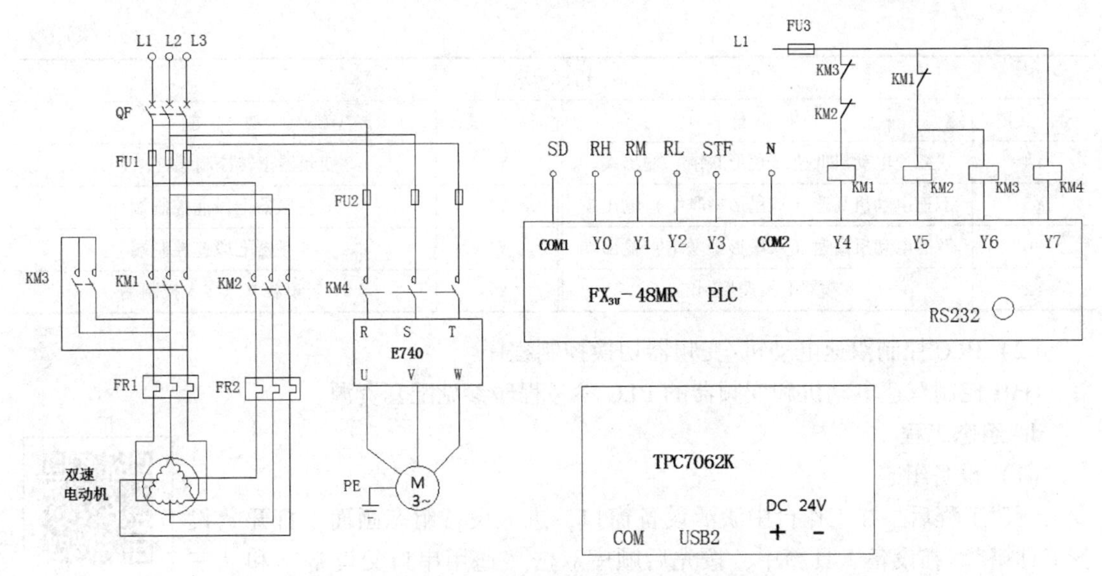

图 20-1　HMI 控制双速电动机和变频器实训硬件连接图

表 20-1　七段速运行变频器参数设置表

参数号	设置值	参数号	设置值
上限频率 Pr. 1	50 Hz	7 速设定（中速）Pr. 5	15 Hz
下限频率 Pr. 2	0 Hz	7 速设定（低速）Pr. 6	20 Hz
基波频率 Pr. 3	50 Hz	7 速设定 Pr. 24	25 Hz
加速时间 Pr. 7	4 s	7 速设定 Pr. 25	30 Hz
减速时间 Pr. 8	3 s	7 速设定 Pr. 26	40 Hz
操作模式 Pr. 79	3	7 速设定 Pr. 27	50 Hz
7 速设定（高速）Pr. 4	10 Hz		

3. PLC 梯形图的设计

（1）I/O 分配（见表 20-2）

表 20-2　I/O 分配表

输入			
参数	功能	参数	功能
M0	变频器运行显示起动按钮	M2	双速电动机低速起动按钮
M1	变频器运行显示停止按钮	M3	双速电动机高速起动按钮
M20	变频器正转控制按钮	M50	变频器上电控制按钮
M4	变频器一段速手动选择按钮	M5	变频器二段速手动选择按钮
M6	变频器三段速手动选择按钮	M7	变频器四段速手动选择按钮
M8	变频器五段速手动选择按钮	M9	变频器六段速手动选择按钮
M10	变频器七段速手动选择按钮	D0	运行频率显示

（续）

输出			
参数	功能	参数	功能
Y4	双速电动机低速（角形联结）输出端	Y3	变频器正转控制端（STF）
Y5	双速电动机高速（双星形型联结）输出端	Y0	变频器七段速控制端
Y6	双速电动机高速（双星形型联结）输出端	Y1	变频器七段速控制端
Y2	变频器七段速控制端	Y7	变频器电源接入控制端

（2）PLC控制双速电动机/变频器切换控制程序

HMI控制双速电动机和变频器的PLC参考程序参见配套资源。

4. 组态工程

（1）设备组态

74 组态工程

新建工程后，在工作台中激活设备窗口，进入设备组态画面，打开“设备工具箱”。在设备工具箱中，按先后顺序双击“通用串口父设备”和“三菱_FX系列编程口”，将它们添加至组态画面。提示“是否使用‘三菱_FX系列编程口’驱动的默认通信参数设置串口父设备参数?”，选择“是”后关闭设备窗口。

（2）用户窗口组态

在用户窗口，按图20-2所示新建三个窗口，并修改三个窗口属性，将“封面”窗口设为启动窗口。三个窗口均可以互相打开。

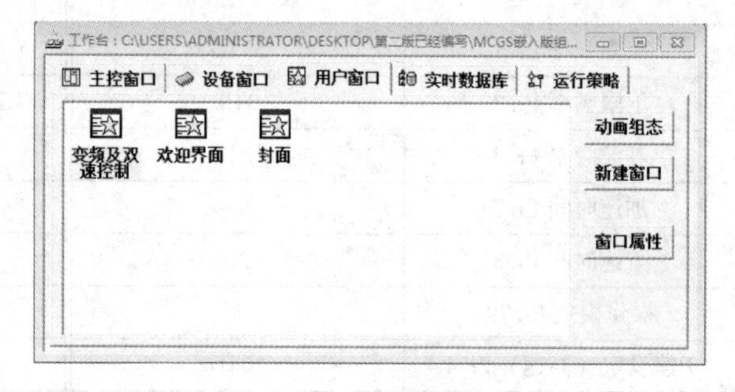

图20-2 三个用户窗口

①“变频及双速控制”用户窗口如图20-3所示。

双速运行控制：在控制在窗口中，按下“起动按钮”，运行状态指示灯点亮，再按“低速按钮”，低速状态指示灯点亮，电动机进入低速运转。按下“高速按钮”，高速状态指示灯点亮，双速电动机高速运转，再次按下“低速按钮”，双速电动机变为低速运转，高、低速两种状态可随意切换。按下“停止按钮”，电动机停止运行。

手动变频运行：按下“变频器上电”按钮，再按下“正转起动”按钮，电动机正向运转。按下图20-3所示手动七段速控制组态中的任意一个多段速按钮，PLC的输出端将会按照设定的组合变化，变频器按照设定的频率输出运行频率，三相交流异步电动机按照变频器设定的频率运行，运行频率在“标签”中实时显示。按下“停止”按钮，三相异步电动机停止运行。

②“欢迎界面”用户窗口如图20-4所示。

“欢迎进入”字体的闪烁设置：双击“欢迎进入”字体，切换到“属性设置”对话框，勾选“闪烁效果”，并将其表达式设置为“1”，即可实现字体闪烁。

③“封面动画”用户窗口如图20-5所示。

“封面动画”用户窗口的关键是“开始”按钮的设置。左键双击“开始”按钮，在弹出的“标准按钮构件属性设置”对话框中，切换到“操作属性”选项卡，勾选“打开用户窗口”，并在右侧下拉列表框中选择“欢迎界面”，如图 20-6 所示。然后，切换到“脚本程序”选项卡，单击“打开脚本程序编辑器”按钮，输入脚本程序如下：

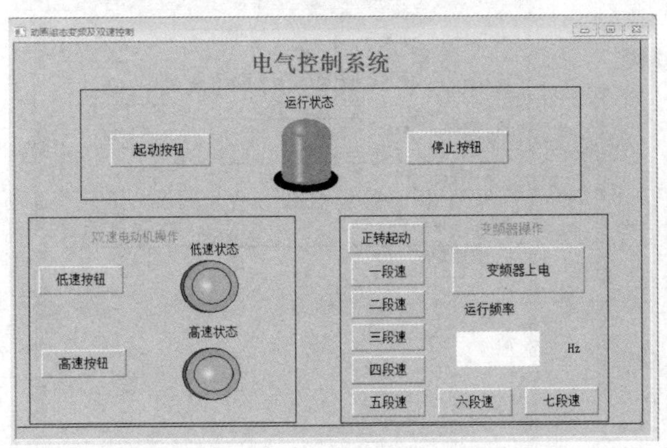

图 20-3　“变频及双速控制”用户窗口

图 20-4　“欢迎界面”用户窗口

图 20-5　“封面动画”用户窗口

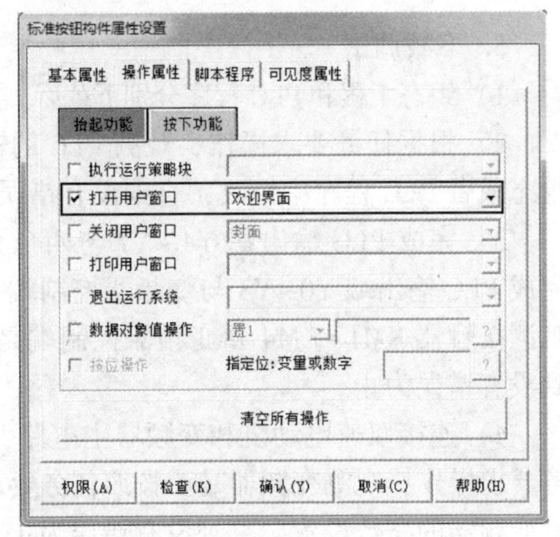

图 20-6　“开始”按钮的设置

```
! LogOn( )
IF ! strComp(! GetCurrentGroup( ),"管理员组" ) = 0 THEN
用户窗口 . 欢迎界面 . Open( )
ENDIF
```

脚本程序输入完成后，单击“确定”按钮。然后在“标准按钮构件属性设置”对话框中单击“确认”按钮，完成“开始”按钮的属性设置。

在“工具”菜单中，选择“用户权限管理”，按照图 20-7 所示，设置用户名和所在用户组，并按图 20-8 所示设置用户密码。完成用户权限及密码设置。

（3）数据连接

由于本工程所使用的数据过多，不详细介绍。使用者只需参照表 20-2 所示的 I/O 分配，在组态页面中将对应的参量连接即可。

比如：“起动按钮”应该与表 20-2 中的 M0 相对应。所以双击“启动按钮”，切换到“操作属性”选项卡，勾选“数据对象值操作”，并设置为“按 1 松 0”。单击浏览按钮 ? 进行变量选择，选择“从数据中心选择自定义”，再选择“M0”变量，然后单击“确认”按钮。以此类推，完成其他数据连接。

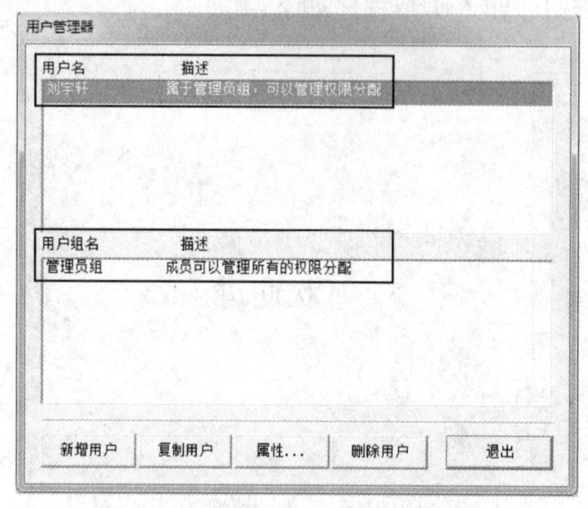

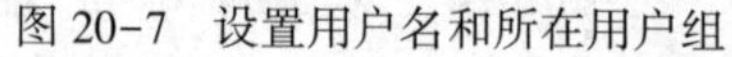

图 20-7　设置用户名和所在用户组

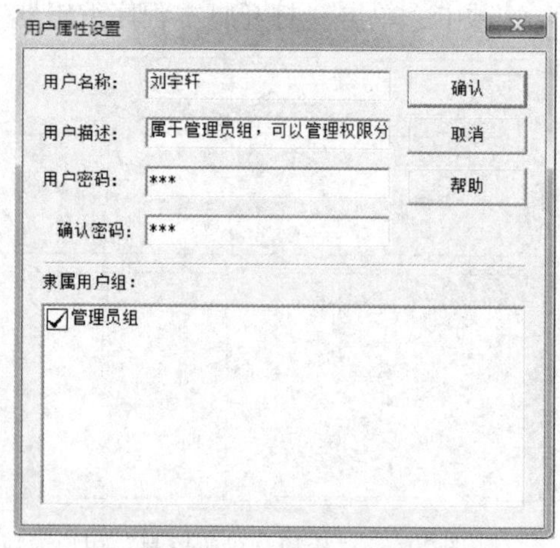

图 20-8　设置用户密码

5. 下载调试

1）组态工程和PLC程序分别下载后，连接TPC和PLC（先不要连接电气控制线路和负载）。

2）根据任务要求操作，观测PLC的输出端是否按照任务要求工作。如有差错，及时在组态或者PLC程序中修改，直到没有错误为止。

3）完成PLC输出端Y4～Y7与四个交流接触器KM1～KM4的线圈及互锁触点的连接。完成PLC输出端Y0～Y3与变频器控制端RH、RM、RL、STF的连接。根据任务要求操作，观测接触器KM1～KM4和变频器控制端是否按照任务要求工作。如有差错，及时修改，直到没有错误为止。

4）连接双速电动机和变频器主电路，并参考表20-1对变频器参数进行设置。根据任务要求操作，观测变频器是否按照任务要求工作。如有差错，及时修改双速电动机主电路或者变频器的参数设置，直到没有错误为止。

5）带负载运行，观测有无过载现象及工作不正常现象。

项目总结

1）检测一下通过本次实训，是否已经掌握以下技能：

① 会进行系统总体工作方案的合理制订、元件的正确选择、施工图纸的规范绘制。

② 会按工艺进行硬件电路的制作及测试。

③ 按要求进行软件编制及变频器参数设定。

④ 掌握双速电动机的控制方法。

④ 文明施工、纪律安全、团队合作、设备工具管理等。

⑤ 成果展示，分组展示并汇报自己的设计作品。

2）思考如下内容：

① 用户权限设置是如何实现的？

② 本例中的PLC输出，是如何分别连接交流量和直流量的？

拓展与提升

75　拓展与提升 1

1. 用户权限管理

在全国职业院校技能大赛——现代电气控制系统安装与调试赛项的某任务书中，组态工程首页界面是启动界面，如图 20-9 所示。

1）单击“进入测试”按钮，弹出“用户登录”窗口（见图 20-10），在用户名下拉列表框中选“负责人”，输入密码“123”，方可进入“调试模式界面”，密码错误不能进入界面，调试完成后自动返回首页界面（也可在调试过程中通过单击按钮返回）。

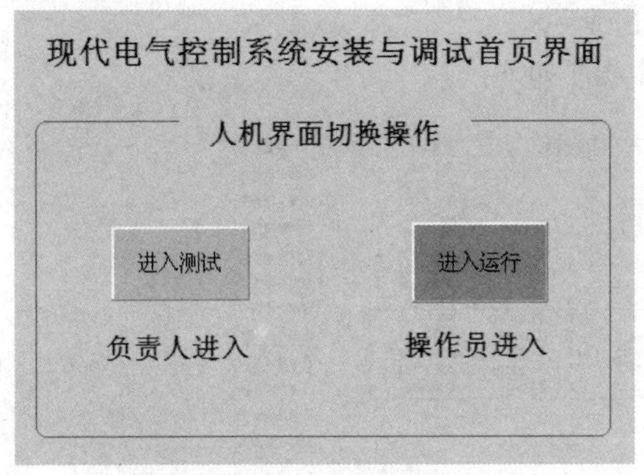

图 20-9　首页界面

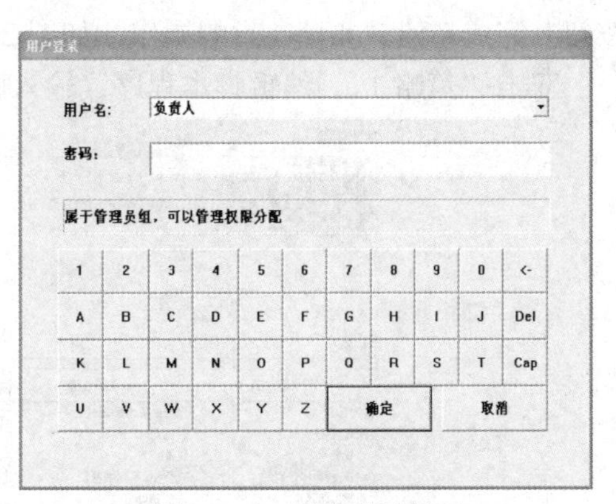

图 20-10　用户登录界面

2）单击“进入运行”按钮，弹出“用户登录”窗口，在用户名下拉列表框中选“操作员”，输入密码“456”，方可进入“加工模式界面”，密码错误不能进入界面，加工完成后返回首页界面。

3）如出现报警，弹出报警窗口，解除报警后返回当前窗口，继续调试或运行。

请自行完成上述组态工程（参见配套资源）。

76　拓展与提升 2

2. 按钮选择功能组态

在全国职业院校技能大赛——现代电气控制系统安装与调试大赛的自动喷涂系统任务书中，组态工程进入调试模式后，按钮选择功能要求如下。

进入如图 20-11 所示的调试界面后，指示灯 HL1、HL2 以 0.5 Hz 频率闪烁点亮，等待选择电动机调试。通过按下“选择电动机调试按钮”，可依次选择需要调试的电动机 M1 ~ M5，对应电动机指示灯亮，HL1、HL2 停止闪烁。按下调试起动按钮 SB1，被选中的电动机进入调试运行。每个电动机调试完成后，触摸屏上对应的指示灯熄灭。这里不对电动机的调试过程做详细介绍，只分析按钮选择功能组态的实现。

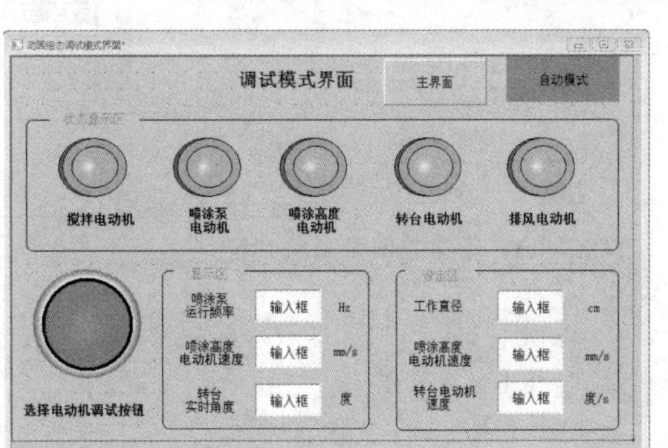

图 20-11　自动喷涂系统调试模式界面

1）在“调试模式界面”用户窗口，参考图20-11添加各种图元符号。

2）在“设备窗口”添加相应的父设备和子设备，并对父设备和子设备根据所选用的PLC型号进行参数设置。双击“设备0-[三菱_FX系列编程口]”，在“三菱_FX系列编程口通道属性设置”对话框中增加通道M0100~M0104并连接对应变量，设置后如图20-12所示。

3）在“实时数据库”窗口，新建一个数值型对象“b”，如图20-13所示。

4）数据连接。在用户窗口中，将搅拌电动机指示灯、喷涂泵电动机指示灯、喷涂高度电动机指示灯、转台电动机指示灯、排风电动机指示灯分别与“设备0_读写M0100”~“设备0_读写M0104”关联。

5）在“运行策略”窗口，单击“新建策略”按钮，选择“用户策略”，单击“确定”按钮，完成新建“策略1”的操作。如图20-14所示。

双击“策略1”，编辑脚本程序，输入脚本程序如下：

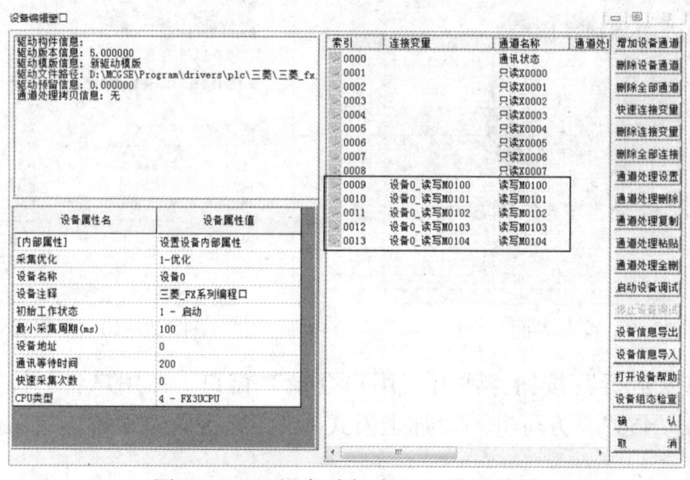

图20-12 “设备编辑窗口”设置效果

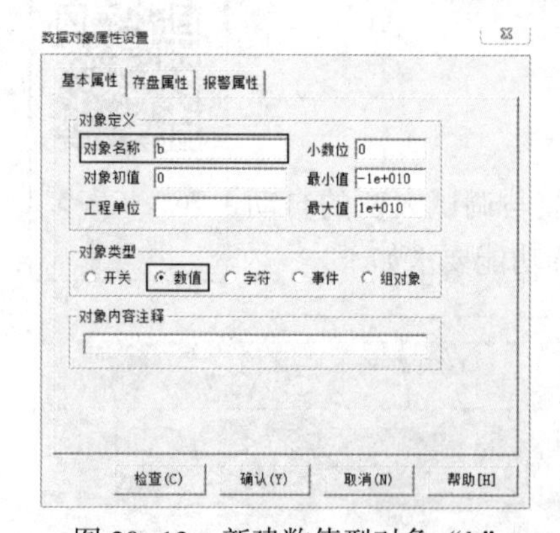

图20-13 新建数值型对象“b”

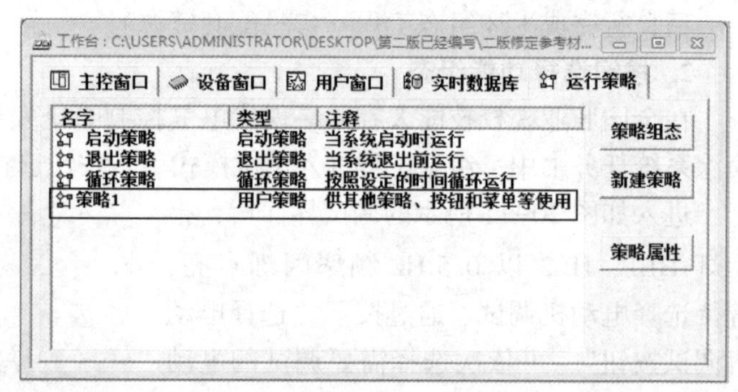

图20-14 新增用户“策略1”

```
b=b + 1
IF b = 6 THEN
b = 0
ENDIF
IF b = 1 THEN
```

```
设备0_读写 M0100 = 1
ELSE
设备0_读写 M0100 = 0
ENDIF
IF b = 2 THEN
设备0_读写 M0101 = 1
ELSE
设备0_读写 M0101 = 0
ENDIF
IF b = 3 THEN
设备0_读写 M0102 = 1
ELSE
设备0_读写 M0102 = 0
ENDIF
IF b = 4 THEN
设备0_读写 M0103 = 1
ELSE
设备0_读写 M0103 = 0
ENDIF
IF b = 5 THEN
设备0_读写 M0104 = 1
ELSE
设备0_读写 M0104 = 0
ENDIF
```

检查没有错误后，单击“确定”按钮。

6）在用户窗口，双击“选择电动机调试按钮”，弹出“动画组态属性设置”对话框，切换到“按钮动作”选项卡，勾选“执行运行策略块”→策略 1。如图 20-15 所示。

以上组态过程完成，即可实现自动喷涂系统任务书中按钮选择功能的要求。其他功能请自行分析。参见配套资源。

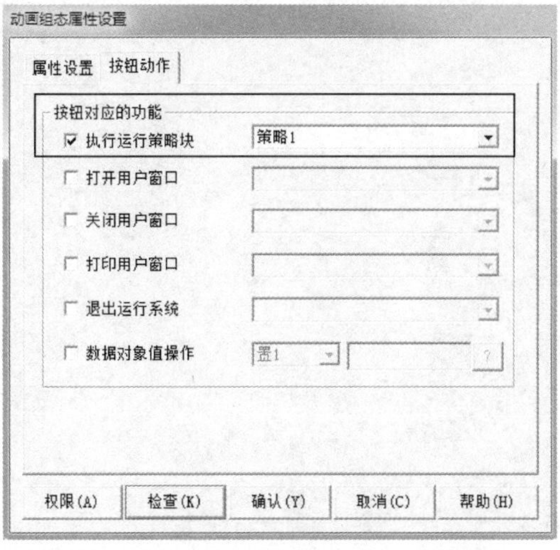

图 20-15　“选择电动机调试按钮”设置

参 考 文 献

[1] 刘长国，黄俊强 . MCGS 嵌入版组态应用技术 [M]. 北京：机械工业出版社，2017.

[2] 张文明，华祖银 . 嵌入式组态控制技术 [M]. 2 版 . 北京：中国铁道出版社，2014.

[3] 汤晓华，蒋正炎 . 电气控制系统安装与调试项目教程：三菱系统[M]. 北京：高等教育出版社，2016.

[4] 陈志文 . 组态控制实用技术 [M]. 2 版 . 北京：机械工业出版社，2015.

[5] 谢军，单启兵 . 组态技术应用教程 [M]. 北京：中国铁道出版社，2012.